7大ゲームの作り方を完全

ゲーム
アルゴリズム
まるごと図鑑

廣瀬 豪 [著]
Tsuyoshi Hirose

キャラクター紹介

プララ
（Pla-la）

プラス（＋）の妖精。
友情・努力・勝利がモットーのまっすぐな勉強家。
好きなバグは「無限1UP」

マナナ
（Mina-na）

マイナス（-）の妖精。
面倒くさがりで、楽する方法をいつも考えている。
好きなバグは「無限落下」

はじめに

　本書は20世紀に人気だったレトロなシューティングゲームから、スマートフォンで配信されるタイプの今時のロールプレイングゲームまで、幅広いジャンルのゲームの制作方法を解説する、ゲーム開発の専門書です。

　著者はゲーム制作会社を経営しながら、大学や専門学校でプログラミングやゲーム開発を指導してきました。その経験を生かし、どなたにもゲーム開発を理解して頂けるように、難しい部分を易しい言葉で説明し、多くの図解を入れています。作りやすいジャンルから制作し、段階的に開発難易度の高いジャンルに進むので、みなさんの力に合わせて開発に必要なアルゴリズムを学んで頂けます。第一章ではJavaScriptの基本文法も説明しているので、プログラミング初心者の方も安心して手に取って頂けます。本書を読破された時、みなさんの技術力は今よりずっと高いレベルに到達されることでしょう。

　この本には類書にはない大きな特徴が2つあります。1つ目は、開発技術だけを解説しているのではなく、ゲームの面白さを追求する内容になっている点です。多数の商用ゲームソフトを開発した著者が習得した知識と技術、経験を元に、ゲームはどのように作り上げれば面白くなるかというノウハウを全体に盛り込んでいます。

　2つ目の特徴は、第一線で活躍するプロのグラフィックデザイナーとサウンドクリエイターが制作したゲーム開発用の素材を、ふんだんに用いている点です。それらの素材を書籍サイトからダウンロードしてご自由にお使い頂けます。

　本書掲載のプログラムはWindows、Macともに動作し、どちらのパソコンでも学んで頂けます。さらに、本書で作るゲームはChromebookでも動きます。また制作したファイルをサーバーにアップロードすれば、iPhoneやiPad、Androidスマートフォンやタブレットでもゲームをプレイできます。パソコン用ソフトやスマートフォン用アプリを趣味で開発したい方から、プロのゲームクリエイターを目指す方まで、多くの方に楽しみながら読んで頂けることを願っています。

ゲームクリエイター　廣瀬　豪

目次

はじめに ……………………………………………………………… 3

本書の使い方 ………………………………………………………… 12

第 1 章

ゲーム制作の基本

15

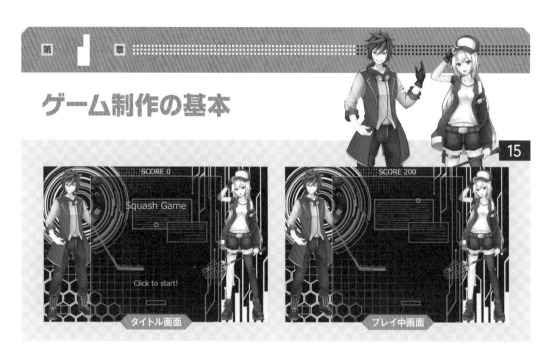

タイトル画面　　　　　　　　　プレイ中画面

1-1　　ゲームのアルゴリズムとは ……………………………………… 16

1-2　　HTMLとJavaScriptの基本知識 ……………………………… 19

1-3　　ゲーム開発に必要な文法を知ろう ……………………………… 22

1-4　　ゲーム開発エンジンWWS.jsの使い方 ……………………… 29

1-5　　ミニゲームを作ろう ……………………………………………… 34

COLUMN　技術を学ぶ大切さ …………………………………………… 46

第2章

シューティングゲーム

タイトル画面

プレイ中画面

47

2-1	シューティングゲームとは	48
2-2	この章で制作するゲーム内容	50
2-3	画面をスクロールさせる	53
2-4	自機を動かす	57
2-5	弾を発射する	61
2-6	敵機を動かす	68
2-7	敵機を撃ち落とせるようにする	73
2-8	自機のエネルギーを組み込む	78
2-9	エフェクト(爆発演出)を組み込む	82
2-10	色々な敵機を登場させる	85
2-11	パワーアップアイテムを組み込む	89
2-12	スマートフォンに対応させる	94
2-13	シューティングゲームの完成	96
2-14	もっと面白くリッチなゲームにする	103
COLUMN	シューティングゲームの元祖	104

第3章

落ち物パズル

105

タイトル画面

プレイ中画面

3-1	落ち物パズルとは	106
3-2	この章で制作するゲーム内容	108
3-3	マス目の管理	111
3-4	マス目上でブロックを動かす	116
3-5	ブロックの移動処理	121
3-6	画面全体のブロックを落とす	125
3-7	ブロックが揃ったかを判定する	129
3-8	ブロックを連続して消す（連鎖）	134
3-9	連鎖の点数計算とエフェクトの追加	138
3-10	スマートフォンに対応させる	144
3-11	落ち物パズルの完成	147
3-12	もっと面白くリッチなゲームにする	154
COLUMN	コンピュータパズル	156

第4章

ボールアクションゲーム

157

タイトル画面

プレイ中画面

4-1	ボールアクションとは	158
4-2	この章で制作するゲーム内容	159
4-3	ボールの動きを変数で管理する	162
4-4	ボールを壁で跳ね返らせる	165
4-5	地面の摩擦を計算する	169
4-6	ボールを引っ張って飛ばす	171
4-7	ボールを引く強さと飛ぶ向きを描く	174
4-8	複数のボールを管理する	177
4-9	ボール同士の衝突	182
4-10	衝突処理を改良する	185
4-11	多数のボールを制御する	188
4-12	ボールを順に操作する	191
4-13	ボールの能力値を定める	194
4-14	ボールアクションゲームの完成	199
4-15	もっと面白くリッチなゲームにする	210
COLUMN	必ずゲームが作れるようになります!	212

第 **5** 章

横スクロールアクション

213

タイトル画面

プレイ中画面

5-1	横スクロールアクションとは	214
5-2	この章で制作するゲーム内容	215
5-3	マップデータの管理	218
5-4	地形の生成とスクロール処理	223
5-5	移動できる場所を知る	227
5-6	左右移動とジャンプ	232
5-7	動きの改良とキャラクターのアニメーション	235
5-8	キャラクターの移動と背景のスクロール	240
5-9	地面に穴を配置する	244
5-10	敵と宝を配置する	246
5-11	ステージが進むほど難しくする	248
5-12	横スクロールアクションゲームの完成	251
5-13	もっと面白くリッチなゲームにする	258
COLUMN	マップエディタでステージを作ろう！	260

第6章

タワーディフェンス

263

タイトル画面

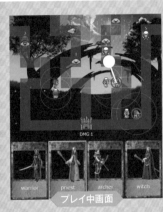

プレイ中画面

6-1 シミュレーションゲームとは ……………………………… 264
6-2 この章で制作するゲーム内容 …………………………… 266
6-3 通路を定義する ……………………………………………… 270
6-4 背景の表示と、敵の出現位置の定義 ………………… 273
6-5 敵の動きを管理する ……………………………………… 275
6-6 敵を自動的に動かす ……………………………………… 281
6-7 複数の敵を同時に動かす ………………………………… 283
6-8 敵の種類を増やす ………………………………………… 287
6-9 城を設置する ………………………………………………… 290
6-10 カードの表示と選択 ……………………………………… 293
6-11 兵を配置する ………………………………………………… 296
6-12 敵を自動的に攻撃する …………………………………… 299
6-13 兵の攻撃範囲、攻撃速度、向きを組み込む ………… 303
6-14 兵の体力を設定する ……………………………………… 307
6-15 仲間を回復する能力を組み込む ……………………… 310
6-16 カードに魔力を設定する ………………………………… 313
6-17 タワーディフェンスの完成 …………………………… 317
6-18 もっと面白くリッチなゲームにする ………………… 326

COLUMN シミュレーションゲームについて ……… 265
　　　　　ゲーム開発の奥深さ ……………………… 289
　　　　　ゲームハードの多様化と遊び方の変化 … 327

今からでも遅くない！
ゲームクリエイターを目指しませんか？ … 328

7-1	ロールプレイングゲームとは	330
7-2	この章で制作するゲーム内容	333
7-3	背景表示と画面遷移	337
7-4	入力を受け付けるボタンを作る	342
7-5	トップメニューを組み込む	346
7-6	メッセージ表示ルーチンを組み込む	350
7-7	キャラクターを管理するクラスの定義	354
7-8	パーティメンバーのパラメーター	360
7-9	クリーチャーを管理する	366
7-10	アイテムを用意する	370
COLUMN	ローグライクゲーム	374

第 **8** 章

ロールプレイングゲーム 後編

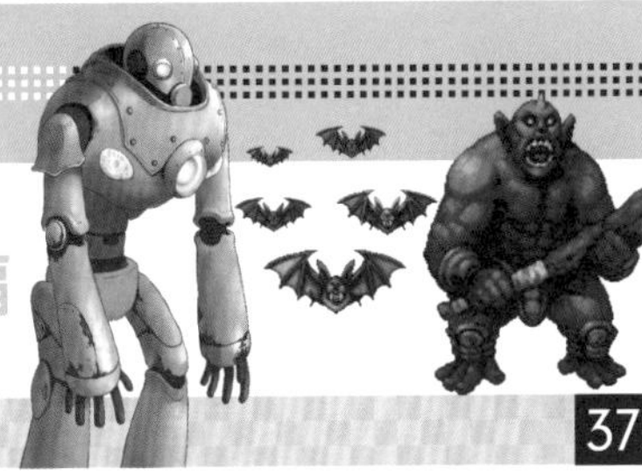

375

8-1	探索シーンを組み込む	376
8-2	敵を登場させる	380
8-3	パーティメンバーと敵のライフを表示する	383
8-4	ターン制を実装する	386
8-5	ダメージ計算と攻撃エフェクトを組み込む	392
8-6	レベルアップの処理を組み込む	397
8-7	クリーチャーの捕獲と負けた時のペナルティ	402
8-8	撤退と回復	405
8-9	フラグでゲーム全体を管理する	409
8-10	オートセーブとオートロード機能を組み込む	415
8-11	ロールプレイングゲームの完成	420
8-12	もっと面白くリッチなゲームにする	427

COLUMN　遊ぶことも楽しく、作ることも楽しいRPG ………… 429

さらに学ぶには ………… 430
WWS.jsリファレンス ………… 442
索引 ………… 444
あとがき ………… 446

How to Use

本書の使い方

本書では、最短でゲームの開発技術を学んでいただけるように、JavaScriptでのゲーム開発をサポートするWWS.jsというゲーム開発エンジンを用いて、7つのジャンルのゲームを制作します。ここでは本書の使い方を説明します。

ゲーム開発エンジン WWS.js とは

WWS.jsは、著者の経営するゲーム制作会社で開発したJavaScriptゲームを開発するためのエンジンです。ゲームメーカーが配信する公式アプリの開発にも使われています。

WWS.js は Windows パソコン、Mac、iPhone や iPad などの iOS を搭載した機器、Android を搭載したスマートフォンやタブレット、それら全てで動くゲームを開発できるエンジンです。WindowsとmacOSに対応しているので、WindowsパソコンだけでなくMacをお使いの方も本書でゲーム開発を学んでいただけます。

開発環境とサンプルプログラムについて

JavaScriptのプログラミングを始めるには、**テキストエディタ**と**ブラウザ**が必要です。テキストエディタとブラウザはWindowsパソコン、Macとも標準で入っているので、**P.14**を参考にWWS.jsをダウンロードすれば、特別な準備無しにゲーム開発を始めることができます。

ただし、OSに付属しているテキストエディタでは、長いプログラムを確認したり入力したりする時に心許ないので、プログラム開発に適したエディタをインストールして用いることをお勧めします。

多くのプログラマーが利用しているテキストエディタがインターネット上で配布されています。次の表で、無料で使うことのできる有名なテキストエディタを紹介します。

表　無料のテキストエディタとダウンロードURL

名称	内容
Visual Studio Code	Microsoft 社が開発するソフトウェア開発用テキストエディタ。拡張機能を追加することで、多数のプログラミング言語に対応できます。 https://code.visualstudio.com/
Atom	GitHub 社が開発するオープンソースのテキストエディタで、こちらも多くのプログラミング言語に対応しています。 https://atom.io/

なお、ChromebookにはTextというテキストエディタが付属しており、それを使ってJavaScriptのプログラム開発を行うことができます。また、上記のエディタをインストールすることもできます。

ブラウザはWindowsパソコンに付属する**Microsoft Edge**、Macに付属する**Safari**などを用います。Microsoft EdgeとSafari以外に、Google社が配布している**Chrome**というブラウザがあります。

Chromeは JavaScript のプログラム開発に向いているので、本書では Chrome を用いることもお勧めします。Chrome は次の URL からインストールして無料で使うことができます。

https://www.google.co.jp/chrome/

本書で制作するゲームジャンル

章		ジャンル	タイトル	内容
1章		スカッシュゲーム （ピンポンゲーム）	Squash	バーでボールを打ち返すレトロゲーム
2章		シューティングゲーム	Shooting Star	敵機を撃ち落としていく横スクロールSTG
3章		落ち物パズル	ウミウミ	落ちてくるブロックを3つ以上揃えて消す PZL
4章		ボールアクション	Dragon Marbles	ボールを引っ張って飛ばし、相手チームのボールに当てて倒していくACT
5章		横スクロールアクション	魔法少女Escape!	左右移動とジャンプでキャラクターを操作し、時間内にゴールを目指すACT
6章		タワーディフェンス （シミュレーションゲーム）	Saint Quartet	城に向かって攻めてくるモンスターを、兵を配置して防ぐSLG
7章	8章	ロールプレイングゲーム	ラストフロンティアの少女	敵が出現するドームを探索し、敵を倒して捕獲し、ゲームを進めるRPG

※STGはシューティングゲーム、PZLはパズルゲーム、ACTはアクションゲーム、SLGはシミュレーションゲーム、RPGはロールプレイングゲームの略語です。

1章

2章

3章

4章

5章

6章

7～8章

開発素材とサンプルコードをダウンロードしよう

　これらのゲーム開発には、様々なグラフィック素材とサウンド素材を用います。以下のURLから書籍サポートページにアクセスして、素材とサンプルコードが同梱されたZIPファイルをダウンロードしてください。

https://gihyo.jp/book/2022/978-4-297-12609-4/support

　ダウンロードしたファイルは圧縮されています。解凍してできるファイル群は、次のようなフォルダ構成になっています。

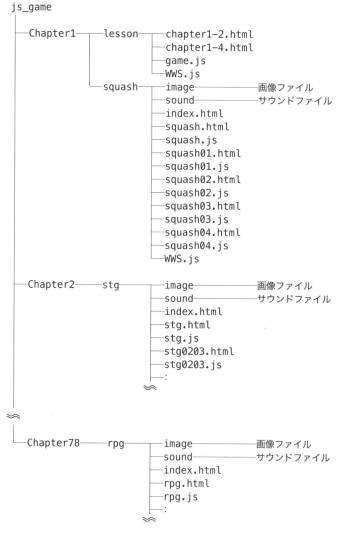

```
js_game
  ├─Chapter1──lesson──chapter1-2.html
  │                 ├─chapter1-4.html
  │                 ├─game.js
  │                 └─WWS.js
  │          └─squash──image────────画像ファイル
  │                  ├─sound────────サウンドファイル
  │                  ├─index.html
  │                  ├─squash.html
  │                  ├─squash.js
  │                  ├─squash01.html
  │                  ├─squash01.js
  │                  ├─squash02.html
  │                  ├─squash02.js
  │                  ├─squash03.html
  │                  ├─squash03.js
  │                  ├─squash04.html
  │                  ├─squash04.js
  │                  └─WWS.js
  ├─Chapter2──stg──image────────画像ファイル
  │              ├─sound────────サウンドファイル
  │              ├─index.html
  │              ├─stg.html
  │              ├─stg.js
  │              ├─stg0203.html
  │              ├─stg0203.js
  │              └─  :
  │
  └─Chapter78──rpg──image────────画像ファイル
                 ├─sound────────サウンドファイル
                 ├─index.html
                 ├─rpg.html
                 ├─rpg.js
                 └─  :
```

図　**開発素材とサンプルコードのファイル構成**

　1章から6章までは、Chapter1からChapter6というフォルダにファイルが入っています。7章と8章は2つの章で1本のゲームを制作するので、Chapter78というフォルダ名になっています。

第 1 章

◆◆◆◆◆◆◆◆

ゲーム制作の基本

この章では、ゲームのアルゴリズムとは何かを説明し、本書のゲーム制作に必須となるJavaScriptの基本文法を確認します。そしてこれからゲームを作っていく準備として、まずは簡単なミニゲームを制作します。コンピューターゲーム開発の第一歩を踏み出しましょう！

1-1

ゲームのアルゴリズムとは

◆　◆　◆　◆　◆　◆　◆

本書では、ゲーム開発に必要な**アルゴリズム**を学びながら制作を進めていきます。ここでは、ゲームのアルゴリズムとはどのようなものかを説明します。

アルゴリズムとは

　アルゴリズムとは、一般的に、「ある問題が与えられた時、それを正しく解く方法」を意味する言葉です。有名なアルゴリズムの1つに、「ユークリッドの互除法」という2つの自然数の最大公約数を求める手法があります。

　数学などの分野では、アルゴリズムは「手順に従うことで問題を解くことができる方法」を意味しますが、ゲームのアルゴリズムとはどのようなものでしょうか？ 次の例を題材に、ゲームのアルゴリズムについて説明します。

> 　Aさんはプログラミングの基礎は習得済みですが、ゲームを開発したことはまだ一度もありません。そのAさんにキャラクターの画像だけを渡し、「方向キーでキャラクターを上下左右に動かすプログラムを組んでください」という問題を出します。

> なんだか「一休さん」っぽいね！
> 一緒に考えてみよ～！

図 1-1-1　キャラクターをキー操作で動かすには？

　ゲーム開発の経験が無いAさんは、どうしたらよいかわからず困ってしまいました。Aさんだけでなく、ゲーム開発は初めてという方の多くは、同じようにどうすればよいのか戸惑ってしまうことでしょう。そのような問題を解いたことがないのですから、悩まれて当然です。

　実は、方向キーでキャラクターを動かすプログラムを組むという問題には、それを解く**基本的な解法**があります。その解法を言葉で表すと、次のようになります。

❶キャラクターの座標を代入する変数を用意する。

❷その変数に座標の初期値を代入する。

❸キーの入力に応じて変数の値を増減する。

　X座標を管理する変数をx、Y座標を管理する変数をyとした時、

　　・左キーが押されたらxの値を減らす

　　・右キーが押されたらxの値を増やす

　　・上キーが押されたらyの値を減らす

　　・下キーが押されたらyの値を増やす

❹座標(x,y)の位置にキャラクターの画像を表示する

　この❸と❹を繰り返すと、キー操作でキャラクターを動かすことができます。キャラクターの画像を表示する前に画面をクリアしたり、背景を描いたりといった処理が別途必要ですが、**❶から❹の手順を知っていれば、どのような開発環境においてもキャラクターを動かすプログラムを組むことができる**のです。「方向キーでキャラクターを動かすプログラムを組むには？」という問題の答えは、この❶から❹の処理を記述したソースコードです。そしてこの手順こそが、方向キーでキャラクターを動かすアルゴリズムになります。

　ゲームを作り慣れている方の中には、これを単なる計算と描画のプログラムだと感じる方がいるかもしれません。しかし、**アルゴリズムは問題を解く手法を意味する言葉**であり、キャラクターを動かすプログラムを組むという問題はすべてこの手順で解くことができるのですから、これも立派なアルゴリズムだといえるのです。

ゲーム開発で使われるアルゴリズム

　ゲーム開発でよく使われるアルゴリズムには、「ヒットチェック」「ソート」「サーチ」などがあります。

　ヒットチェックとは、2つの物体の接触、例えばプレイヤーキャラと敵キャラクターがぶつかったかどうかなどを調べる方法です。色々なヒットチェックのアルゴリズムがありますが、有名なものとしてキャラクターを円に見立てて接触したかを調べる方法と、キャラクターを矩形 (長方形) に見立てて接触したかを調べる方法があります。ヒットチェックを「当たり判定」や「接触判定」、「コリジョン」ということもあります。

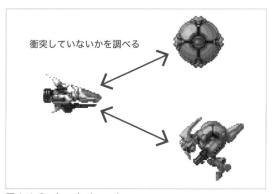

衝突していないかを調べる

図1-1-2　ヒットチェック

ヒットチェック・・・
　それは先人達の
　大いなる知恵・・・

　2つの物体のヒットチェックのアルゴリズムは、この章の最後に制作するミニゲームで説明します。また2章のシューティングゲームでも、ヒットチェックを用います。キャラクターと背景の接触を調べるヒットチェックもあり、そのアルゴリズムは5章で説明します。

　ソートとは、データをある順番に並べ替えるアルゴリズムのことです。ロールプレイングゲームでキャラクターが行動する時、キャラクターを素早さ順に並べ替える処理などに用います。ソートは8章で学びます。

　サーチとは、複数のデータの中から目的の値を探すことをいいます。本書ではサーチは取り上げませんが、例えば、シミュレーションゲームで敵（コンピューター）がプレイヤーのユニットの中から倒しやすいものを選ぶ処理などに用いるアルゴリズムです。

HINT　自分の力でプログラミングする大切さ

本書では、基礎的なゲームの制作技術やアルゴリズムを1から解説します。それは次のような理由からです。

1 基礎から学ぶことで、プログラマーとして活躍できる力が身に付く
2 多くのジャンルのゲームを自分の技術力で開発できるようになる
3 ゲームの面白さをプログラミングで表現できるようになる

　現代社会は "技術" が身を助ける時代です。プログラミングを行わずにツールだけを使ったゲーム開発も可能ですが、そのようなゲーム制作では真の力は身に付きません。一方、プログラミングを学び、ゲームを作るためのアルゴリズムを理解した人たちには、**真の技術力**が備わります。その知識と技術はゲーム開発に限定されるものでなく、**あらゆるソフトウェア開発に応用できる**力になります。

　本章末のコラムでは、情報処理系の学部・学科でプログラミングやゲーム開発を学ぶ方にとって将来のヒントとなる話もさせていただきます。

> 心だけでは
> 自己表現はならず・・・
> まずは技を
> 身に付けよう・・・

> この本でゲームの技術を
> バッチリ学べるよ！
> これから楽しく
> 学んでいこ〜！

HTMLとJavaScriptの基本知識

本書では、ブラウザ上で動くゲームをJavaScriptというプログラミング言語で制作します。JavaScriptは一般的にHTMLと共に記述しますが、本書はゲーム開発エンジンを用いているので、JavaScriptプログラムだけを記述すればゲームを作れます。ただし、ブラウザ上で動くゲームを作る際は、HTMLについて知っておくに越したことはありません。ここでは、HTMLの基礎知識を簡単に説明します。

HTMLとは

　HTMLは「ハイパー テキスト マークアップ ランゲージ」の略で、ホームページの構造を記述するマークアップ言語です。マークアップ言語は、JavaScriptやC、C++などのプログラミング言語とは区別されます。HTMLファイルにはhtmlという拡張子が付きます。HTMLファイルの基本的な構造を図示すると、次のようになります。

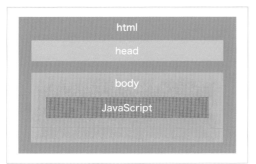

図 1-2-1　HTMLファイルの構造

　JavaScriptは、通常、bodyというホームページ本体を定義する要素内に記述します。必要に応じてhead要素に記述することもあります。JavaScriptをHTML内に記述すれば、そのhtmlファイルだけでJavaScriptが動作します。

　JavaScriptのプログラムをHTMLから分離することもできます。分離する場合はJavaScriptを記述したjsという拡張子のファイルを用意し、HTMLに<script src="ファイル名"></script>と記述してjsファイルを読み込みます。本書ではHTMLとJavaScriptを分離して記述します。みなさんは**JavaScriptのプログラム（jsファイル）だけを記述すればよく、HTMLの記述は不要**です。

HTMLのコードの例

　HTMLファイルの記述例も確認しておきましょう。書籍サイトからダウンロードできるファイル一式にあるChapter1→lessonフォルダに、次のHTMLファイルが入っています。

■コード　chapter1-2.html

```
01  <!DOCTYPE html>
02  <html lang="ja">
03   <head>
04    <meta charset="utf-8">
05    <title>タイトル</title>
06   </head>
07   <body>
08   ここに本文を書く
09   <script>
10   //ここにJavaScriptのプログラムを記述する
11   </script>
12  </body>
13  </html>
```

図1-2-2　chapter1-2.htmlをブラウザで開いた画面

1行目の<!DOCTYPE html>は、このファイルはHTML5形式で書かれているという宣言です。

2行目の<html lang="ja">は、このHMTLは日本語(ja)のファイルであるという指定です。

3行目の<head>(開始タグ)から6行目の</head>(終了タグ)までがhead要素になります。ここにはHTMLファイルの決まりごとやタイトルを書きます。

4行目の<meta charset="utf-8">は、このファイルの文字はUTF-8形式であるという意味です。

5行目の<title>～</title>で、ブラウザのタブに表示されるタイトルを指定します。

7行目の<body>から12行目の</body>の中に、ホームページ本体の構造を記述します。ここでは「ここに本文を書く」と記し、その文字列をブラウザに表示しています。

9～11行目がJavaScriptのプログラムです。ここでは「ここにJavaScriptのプログラムを記述する」というコメントだけを記し、動作はしません。

13行目の</html>がHTMLの終了タグです。

JavaScriptのプログラムはscriptタグを用いて<script>から</script>の間に記述します。開始タグ<***>から終了タグ</***>までが、HTMLを構成する1つの要素になります。HTMLの要素はこのように開始タグと終了タグがセットになりますが、一部の要素は開始タグのみで記述します。

開発に用いるファイルの種類

本書で開発に用いるファイルの種類を表にします。これらのファイルは**P.14**でダウンロードした開発素材とサンプルコード一式に入っています。

表1-2-1 開発に用いるファイルと拡張子

ファイルの種類	拡張子
HTMLファイル	html
JavaScriptプログラム	js
画像ファイル	png
サウンドファイル	m4a※

※JavaScriptは、mp3やogg形式のサウンドファイルも出力できます。
　本書では多くのブラウザで安定して音を流せるm4a形式のファイルを用いています。

　拡張子とは、ファイル名の末尾に付く、ファイルの種類を示す文字列のことです。ファイル名と拡張子はドット(.)で区切られます。拡張子が表示されない場合は、次のヒントを参考に、拡張子を表示しましょう。

HINT　拡張子を表示しよう

　拡張子を表示すると、ファイルを管理しやすくなります。Windowsをお使いの方、Macをお使いの方、それぞれ次の方法で拡張子を表示しましょう。

◆ Windowsでの拡張子の表示

　フォルダーを開き、「表示」→「表示」→「ファイル名拡張子」にチェックを入れる。

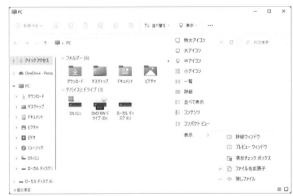

図1-2-3　Windowsでの拡張子の表示

◆ Macでの拡張子の表示

　Finderの「環境設定」を選び、「詳細」の「すべてのファイル名拡張子を表示」にチェックを入れる。

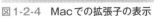

図1-2-4　Macでの拡張子の表示

1-3

ゲーム開発に必要な文法を知ろう

◆ ● ● ● ● ● ● ●

ゲーム開発に入る前に、JavaScriptの基本文法を頭に入れておきましょう。「変数と計算式」「条件分岐」「繰り返し」「関数」「配列」について説明します。JavaScriptを習得済みの方は、この節は読み飛ばしてかまいません。

① 変数と計算式

コンピューターゲームの制作では、キャラクターの座標やスコアなどの値を**変数**で管理します。変数は、コンピューターのメモリ上に用意された、数値や文字列を入れる箱のようなものです。

> キャラの座標や
> 弾数も変数に
> 入れる・・・
> ゲームでは
> とても重要・・・

図 1-3-1　変数のイメージ

この図は、変数に数値や文字列を代入するイメージです。変数xに100という数、変数scoreに0という数、変数txtに"Ready?"という文字列を代入しています。

JavaScriptではvarという命令を用いて、変数を次のように宣言します。

■ 変数宣言の例

var a = 10;	aという変数に10という数を代入
var s = "JavaScript";	sという変数にJavaScriptという文字列を代入

プログラミング言語では、= (イコール) を**代入演算子**といい、変数にデータを入れる時に用います。JavaScriptにはvarの他に、ブロック内でローカル変数を宣言するletと、読み取り専用の値である定数を宣言するconstという命令がありますが、本書では混乱しないように、varだけを用います。

変数名の付け方

変数名の付け方には、次のルールがあります。

- ・アルファベットとアンダースコア(_)を組み合わせて任意の名称にできる
- ・数字を含めることができるが、数字から始めてはいけない

・予約語は使用してはいけない

予約語は、コンピューターに基本的な処理を命じるために使われる単語で、if、else、for、while、break、continue、true、false、functionなどがあります。

算術演算子について

プログラムでは、＋ - * / 及び % の記号で計算を行います。それらを**算術演算子**といいます。

表1-3-1　算術演算子

演算	演算子	記述例と意味
加算	＋	a = a + 1　　　aの値に1を足してaに代入 a+=1、a++　　この記述はa=a+1と同じ意味になる
減算	－	b = b - 1　　　bの値から1を引いてbに代入 b-=1、b--　　この記述はb=b-1と同じ意味になる
乗算	*	a = a * 2　　　aの値に2を掛けてaに代入 a*=2　　　　　この記述はa=a*2と同じ意味になる
除算	/	b = b / 5　　　bの値を5で割りbに代入 b/=5　　　　　この記述はb=b/5と同じ意味になる
剰余 （割り算の余り）	%	a = 7%2　　　7を2で割った余りをaに代入 b = 60%8　　60を8で割った余りをbに代入

2 条件分岐

プログラムに記述した計算式や命令は、上から順に実行されて処理が進みます。**条件分岐**とは、その処理の流れを条件に応じて変化させることをいいます。JavaScriptでは主に、

・if
・if ～ else
・if ～ else if ～ else

という命令で条件分岐を行います。他にもswitch case という条件分岐の命令があります。

まず、ifを用いる条件分岐から順に確認します。ifを使うと、条件が成立した時にだけ行う処理を記述できます。

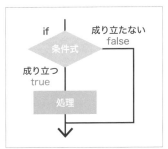

図1-3-2　ifによる条件分岐

　if ~elseを用いると、条件が成立した時としない時で、別の処理を行わせることができます。if ~ else if ~ elseでは、複数の条件を順に判定できます。

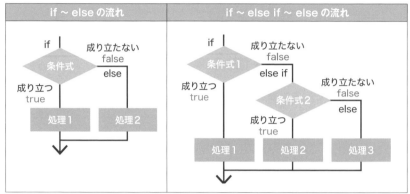

図1-3-3　if ~ else、及び、if ~ else if ~ elseの流れ

■条件分岐の記述例

| `if(life<=0) { 処理 }` | 変数lifeの値が0以下なら、{}内に記述した処理が行われる |

条件式について

　次のような**条件式**をifに続く()内に記述して、条件が成立しているかどうかを調べます。

表1-3-2　条件式

条件式	何を調べるか
a == b	aとbの値が等しいかを調べる
a != b	aとbの値が等しくないか調べる
a > b	aはbより大きいかを調べる
a < b	aはbより小さいかを調べる
a >= b	aはb以上かを調べる
a <= b	aはb以下かを調べる

　条件式が成り立つなら**true**、成り立たないなら**false**になります。
　if文は条件式がtrueの時、ブロックに記述した処理が行われると覚えておきましょう。**ブロック**とは、if()に続く { と } で囲まれた部分のことです。

&&と||について

　and（どちらも）の意味を持つ&&や、or（どちらか）の意味を持つ||を用いて、if文に複数の条件式を記述できます。

■&&と||の記述例

| `if(0<x && x<100) { 処理 }` | xが0より大きくかつ100より小さい時に処理が行われる |
| `if(x>0 || y>0) { 処理 }` | xが0より大きいかあるいはyが0より大きい時に処理が行われる |

switch case について

switch case は、次のように記述することで、複数の処理を分岐します。break を記述した位置で、switchの処理を抜けます。

■ switch case の記述例

```
switch(scene) {        調べる変数を( )内に記述、この例ではそれをsceneとする
  case 1:              その変数の値が1なら、
    処理1              処理1が行われる
    break;             ここで処理を抜ける
  case 2:              変数の値が2なら、
    処理2              処理2が行われる
    break;             ここで処理を抜ける
  :
}
```

3 繰り返し（ループ）

繰り返しとは、コンピューターに複数回、反復して処理を行わせることです。JavaScript では、forやwhileという命令で繰り返しを行います。

forは、for(変数の初期値; 変数の範囲; 変数をいくつずつ増減するか) { 処理 } と記述します。

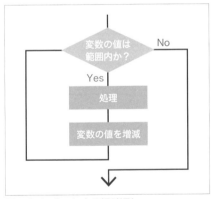

図1-3-4　forによる繰り返し

変数の値を増やしたり
減らしたりしながら
繰り返すことが多い・・・

■ forの記述例

```
for(var i=0; i<5; i++) { 処理 }
```
iの値が0→1→2→3→4と1ずつ増えながら処理を繰り返す

whileによる繰り返し

whileを用いて記述する時は、条件式に記述する変数をwhileの前で宣言します。

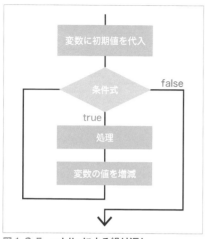

図1-3-5　whileによる繰り返し

■ whileの記述例

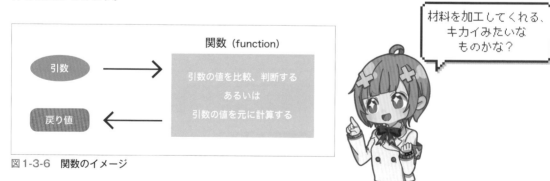

```
var i=0;          繰り返しに用いる変数を宣言し初期値を代入
while(i<10) {     iが10より小さい間、
  処理            処理を繰り返す
}
```

　whileを使う時は、処理が無限に続いてしまわないように、i=i+1など、変数の値を増減させる式を処理の中に記述する必要があります。

　繰り返しには、他に do { 処理 } while(条件式); という記述方法もあります。

関数

　関数とは、コンピューターに行わせる連続した処理を、1つのまとまりとして記述したものです。プログラム中で何度も行う処理を関数として定義することで、無駄がなく、判読性の高いプログラムを作ることができます。

関数（function）

引数

引数の値を比較、判断する
あるいは
引数の値を元に計算する

戻り値

材料を加工してくれる、キカイみたいなものかな？

図1-3-6　関数のイメージ

　関数には**引数**（値を受け取る変数）と**戻り値**（関数から戻す値）を持たせることができますが、それらは必須ではありません。引数はあるが戻り値の無い関数、引数も戻り値も無い関数などを定義できます。

JavaScriptでは、次のように**function**で関数を宣言します。

■ **関数の記述例1**

```
function hello() { console.log("こんにちは"); }
```
コンソールのログに「こんにちは」と出力

この関数helloは、引数も戻り値もありません。

■ **関数の記述例2**

```
function add(a, b) { return a+b; }
```
引数aとbを受け取り、a+bの値を返す

この関数addには、引数と戻り値があります。

引数を設ける場合、関数名に続く()内に引数として用いる変数名を記述します。戻り値を設ける場合、その関数から戻したい値を **return** の後に記述します。

🔢 配列

配列とは、複数のデータをまとめて管理するために用いる、番号を付けた変数のことです。ゲーム開発では、配列を使って複数のキャラクターの座標を管理したり、マップデータを保持したりします。

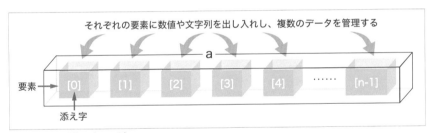

それぞれの要素に数値や文字列を出し入れし、複数のデータを管理する

要素 → [0] [1] [2] [3] [4] …… [n-1]

添え字

図1-3-7 配列のイメージ

この図では、aという名の箱がn個あります。このaが配列です。

a[0]からa[n-1]の箱の1つ1つを、配列の**要素**といいます。箱が全部でいくつあるかを要素数といい、例えば箱が7個あるなら、aという配列の要素数は7になります。

箱を管理する番号を**添え字**あるいは**インデックス**といいます。**添え字は0から始まります。n個の箱がある場合、最後の添え字の番号はn-1になります。**

配列は、次のように記述して初期値を代入します。

■ **配列の記述例**

```
var item = ["薬草", "毒消し", "完全回復薬"];
```
3つのデータ（文字列）を配列に代入

この記述例では、item[0]の中身が薬草、item[1]の中身が毒消し、item[2]の中身が完全回復薬になります。

二次元配列について

二次元配列は、縦方向と横方向の2種類の添え字を用いてデータを管理する配列です。縦方向をy、横方向をxとすると、添え字は次のようになります。

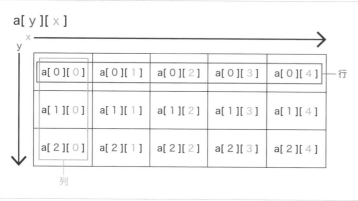

図1-3-8 二次元配列

二次元を
使いこなしてこそ、
真のプログラマー
なり・・・

■二次元配列の記述例

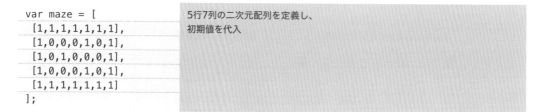

```
var maze = [
    [1,1,1,1,1,1,1],
    [1,0,0,0,1,0,1],
    [1,0,1,0,0,0,1],
    [1,0,0,0,1,0,1],
    [1,1,1,1,1,1,1]
];
```

5行7列の二次元配列を定義し、
初期値を代入

HINT JavaScriptでできること

　HTMLにJavaScriptを組み込む目的の1つに、**動的処理**があります。動的処理とは最新情報を取得してホームページに表示したり、時間が進むごとに画像を変化させたりするような処理をいいます。

　ブラウザでニュースサイトを閲覧していると、常に新しいニュースや最新の天気情報が表示され、一定時間が経つと広告画像が切り替わることがあります。それらが動的処理であり、その処理はJavaScriptで行われています。

　HTMLにはバージョンがあり、**HTML5**からはJavaScriptで画像や音楽を柔軟に扱うことができるようになりました。それ以前のバージョンより高度な動的処理が可能となり、JavaScriptだけで、ブラウザで動く本格的なゲームを開発できるようになったのです。

JavaScript の基礎は
これで終わり！
お疲れさま～！

ゲーム開発エンジン WWS.js の使い方

本書では、JavaScriptでのゲーム開発に役立つ基本機能をまとめたゲーム開発エンジン「WWS.js」を使ってゲームを開発します。詳しい活用方法は2章以降で解説しますが、ここでは、WWS.jsの基本的な使い方を簡単に説明します。

WWS.jsに備わった機能

WWS.jsにはゲーム開発をサポートする関数や変数が備わっています。以下のようなゲーム開発によく使われる機能を、シンプルな命令で記述できます。

- ・画面サイズ（ドット数）を指定する
- ・フレームレート（1秒間の処理回数）を指定する
- ・文字列や変数の値を表示する
- ・円、矩形、多角形などの図形を描く
- ・画像を読み込む
- ・画像を表示する
- ・サウンドファイルを読み込む
- ・サウンドを出力する
- ・キー入力を受け付ける
- ・マウス入力（スマートフォンではタップ入力）を受け付ける

WWS.jsの使い方

P.14でダウンロードしたファイル内のChapter1 → lessonフォルダに、chapter1-4.htmlとgame.jsというファイルがあります。それらのファイルには次のコードが記されています。テキストエディタで2つのファイルを開いてコードを確認しましょう。

■ リスト　chapter1-4.html

```
01  <!DOCTYPE html>
02  <html lang="ja">
03  <head>
04  <title>ひな型HTML</title>
05  <meta charset="utf-8">
06  <!-- for SmartPhone -->
07  <meta name="viewport" content="width=device-width, initial-scale=1.0, minimum-
    scale=1.0, maximum-scale=1.0 user-scalable=no">
08  <!-- for iPhone -->
```

つづく

```
09  <meta name="apple-mobile-web-app-capable" content="yes">
10  <!-- iPhoneなどでアイコンを表示するならここに記述-->
11  </head>
12
13  <body style="background-color:black; text-align:center;">
14  <canvas id="canvas" style="position:absolute; top:0; right:0; bottom:0; left:0;
    margin:auto;"></canvas>
15
16  <!-- WWS ゲームシステム プログラム -->
17  <script src="WWS.js"></script>
18
19  <!-- ゲームプログラム -->
20  <script src="game.js"></script>
21
22  <noscript>JavaScriptをONにして起動して下さい</noscript>
23  </body>
24  </html>
```

※太字部分でゲーム開発エンジンWWS.jsと、ゲームのプログラムgame.jsを読み込んでいます。

■リスト　game.js

```
01  //変数の宣言
02  var counter = 0;                                          変数を宣言する
03
04  //起動時の処理
05  function setup() {                                        起動時に1度だけ実行される
06      canvasSize(1200, 800);                                キャンバスサイズの指定
07      setFPS(60);                                           フレームレートの指定
08  }
09
10  //メインループ
11  function mainloop() {                                     毎フレーム実行される
12      counter++;                                            変数counterの値を1増やす
13      fill("blue");                                         画面全体を塗り潰す
14      fRect(50, 50, 1100, 700, "navy");                     矩形を描く
15      fText("カウンター "+counter, 600, 400, 36, "white");    文字列を表示する
16  }
```

※WWS.jsに用意された関数一覧をP.442に掲載しているので、必要に応じて参照しましょう。

chapter1-4.htmlを開くと、次のような画面が表示されます。

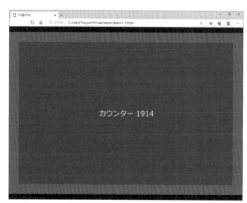

図1-4-1　実行画面

初期化処理は最初の1回だけ・・・
メイン処理は繰り返し実行し続ける・・・
これがゲームプログラムの基本だよ・・・

　この画面を動作させている JavaScript は、game.js に記述されています。また、その裏側では WWS.js も動いています。chapter1-4.html の17行目で WWS.js を、20行目で game.js を script タグに記述していることも確認しておきましょう。

　みなさんが**オリジナルゲームを開発する時は、game.js にある setup() 関数のブロックと、mainloop() 関数のブロックにプログラムを記述します**（リストの太字部分）。

　オリジナルゲームを作るなら、chapter1-4.html や各章のフォルダ内の HTML ファイルをコピーしてファイル名を変更し、必要な部分を書き換えて使えば楽です。chapter1-4.html を用いるなら、20行目に記述してある js ファイル名を、みなさんが用意した JavaScript プログラムのファイル名に変更するだけで済みます。

　具体的には、まず chapter1-4.html を index.html というファイル名に変更して、JavaScript のファイル名が race_game.js の場合は、20行目を <script src="race_game.js"></script> と変更します。

この先の学習の進め方

　ダウンロードした開発用ファイル一式の中に、各章で使う JavaScript のプログラムと HTML ファイルが入っています。この先のゲーム開発の解説では、各段階でどのファイルを用いているかを明記しているので、それらをテキストエディタで開き、本書掲載のソースコードと照らし合わせながら学習を進めましょう。

　プログラミングはコードを入力すればするほど上達するものですから、ただ眺めるのではなく、本書を見ながら実際に同じプログラムを記述して、動作確認することをお勧めします。

HINT　ブラウザのデバッグ機能を使おう

　プログラムを実行してもうまく動かない時は、プログラムの記述ミスなどで不具合が発生しています。ブラウザにはそれを確認する機能があります。うまく動かない時は、次の方法でエラーが起きている個所を探してみましょう。

◆ Microsoft Edge

　ブラウザ右上の…の印をクリックし、「その他のツール」→「開発者ツール」を選びます。

図 1-4-2　Edge で開発者ツールを表示する

エラーが発生している個所が表示されるので、プログラムを見直しましょう。

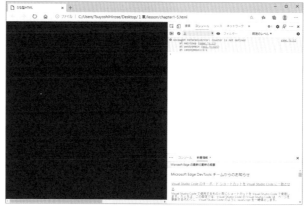

図 1-4-3　Edgeでエラー箇所を確認する

◆ Safari

メニューバーの「Safari」→「環境設定」を選びます。

図 1-4-4　Safariでエラー箇所を確認する1

「詳細」を選び、「メニューバーに"開発"メニューを表示」にチェックを入れます。

図 1-4-5　Safariでエラー箇所を確認する2

メニューバーの「開発」を開き、「JavaScriptコンソールを表示」を選びます。

図 1-4-6　Safariでエラー箇所を確認する3

「コンソール」を選び、エラー箇所を確認しましょう。

図 1-4-7 Safari でエラー箇所を確認する 4

◆ Chrome

右上の：から、「その他のツール」→「デベロッパーツール」を選びます。

図 1-4-8 Chrome でデベロッパーツールを表示する

エラー箇所が Console に表示されます。

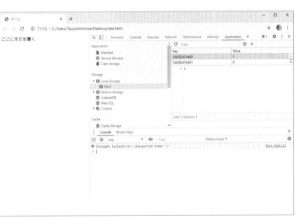

図 1-4-9 Chrome でエラー箇所を確認する

1-5

ミニゲームを作ろう

◆ ● ● ● ● ● ● ● ◆

ここでは、実際にWWS.jsを用いてJavaScriptで記述したミニゲームを制作します。ゲーム開発エンジンの使い方に慣れながら、ゲーム開発の基礎を学んでいきましょう。

スカッシュを作る

　壁を使ってボールを打ち合う**スカッシュ (squash)** というスポーツがあります。ここで制作するミニゲームはそのスポーツを題材にしたもので、ゲーム名もスポーツ名と同じ"スカッシュ"です。

　スカッシュは、パーソナルコンピューターが登場して間もない頃に作られた**レトロゲーム**の1つです。レトロゲームとは、一般的に8bit CPUを搭載したコンピューターが使われていた時代に作られたゲームを指す言葉です。本書執筆時点では、1970年代から90年代前半頃までに作られたゲームを指すことが多いですが、時代が進めば、現在 (2020年代) 遊ばれている最新ゲームも、いずれレトロゲームと呼ばれるようになるかもしれません。

　1970年代に作られたスカッシュは、次のような画面です。

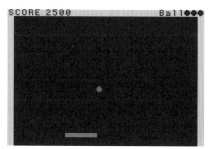

図1-5-1　スカッシュゲーム

　プレイヤーの操作は、バーを左右に動かすことだけです。バーとボールを接触させると、ボールを打ち返し、スコアが増えます。

　本書では1人プレイのスカッシュを制作しますが、バーが左右あるいは上下に2つあり、2人のプレイヤーがそれぞれを操作して互いにボールを打ち返すゲームもあります。2人プレイのゲームは、ピンポンやテニスが題材です。

　スカッシュはとてもシンプルなゲームですが、

　　・物体を動かす
　　・2つの物体が接触したかを判定する

という、ゲームを作るための最も基本となるアルゴリズムを学ぶことができます。

背景画像を用いる

　スカッシュでは、周りの壁でもボールが跳ね返ります。ボールが跳ね返る壁の内側（ボールが移動する範囲）をコートと呼んで説明します。

　昔のパソコンの画素数は今と比べてずっと少なく、使える色数も限られていたので、当時のスカッシュゲームのコートは先の図のように黒一色で塗り潰され、ボールはただの円、バーはただの長方形でした。昔のゲームの雰囲気をそのまま再現するのも趣がありますが、本書で制作するゲームは見た目も重視し、次の画像を背景に表示します。この背景の上に、ボール、バー、コートを円や矩形を描く命令で表示します。

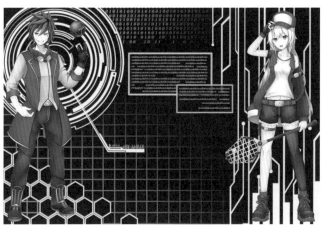

図1-5-2　本書で制作するスカッシュの背景画像

ゲーム全体の流れを考える

　プログラミングに入る前に、ゲームがどのような流れで進行するかを考えてみましょう。今はWWS.jsの使い方に慣れるのが目的ですので、制作するスカッシュはシンプルな流れにして、ボールを一度でも逃すとゲームオーバーというルールにします。

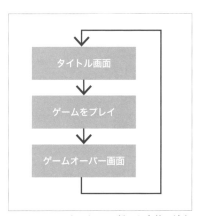

これが全てのゲームに共通する流れ・・・繰り返される・・・ループ・・・

図1-5-3　スカッシュのゲーム全体の流れ

段階的にプログラムを組み込む

次の5つの段階に分けて、スカッシュゲームをプログラミングします。

第1段階	背景画像を読み込んでコートを表示する
第2段階	ボールを壁で跳ね返らせる
第3段階	マウス操作でバーを左右に動かす
第4段階	バーでボールを打ち返す
第5段階	ボールを逃したらゲームオーバー

処理を分割し・・・
段階的に組み込む・・・
これが開発の基本だよ・・・

第5段階の最後にタイトル画面とゲームオーバー画面を表示するプログラムを組み込んで、ゲームを完成させます。

第1段階：背景とコートの表示

Capter1フォルダ内にsquashというフォルダがあります。その中にsquash01.htmlというHTMLファイルがあるので、それを開いてください。このHTMLを開くと、squash01.jsが実行され、次のような画面が表示されます。**本書付属のHTMLファイルとWWS.jsは、ブラウザ内の可能な限り大きな領域にゲーム画面を描くように設定されています。**

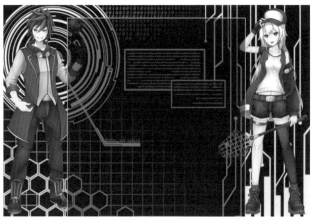

図1-5-4　背景とコートの表示

背景があると
もう完成したような
気分になるね～！

squash01.jsをテキストエディタで開いて、ソースコードを確認しましょう。

HINT 本を見ながら入力しよう

ここで、自分でプログラムを入力してみたい方は、ぜひチャレンジしてください。プログラミングは、自力で入力すればするほど上達するものです。ご自身で入力する時は、テキストエディタで掲載されているコードを入力し、squash01.jsというファイル名を付けてsquashフォルダに保存します。その際、はじめから入っているsquash01.jsに上書きせずに、あらかじめsquash01_bk.jsなどの別のファイル名に変えておき、自分で入力したコードがうまく動かないことがあれば、2つファイルのコードを見比べてみるとよいでしょう。

■ ソースコードの確認　squash01.js

```
01   //起動時の処理
02   function setup() {                              setup()関数
03       canvasSize(1200, 800);                      画面サイズ(ドット数)の指定
04       lineW(3);                                   図形の線の太さを指定
05       loadImg(0, "image/bg.png");                 背景画像を読み込む
06   }
07
08   //メインループ
09   function mainloop() {                            mainloop()関数
10       drawImg(0, 0, 0);//背景画像                  背景画像を表示する
11       setAlp(50);                                 透明度を指定
12       fRect(250, 50, 700, 750, "black");          黒で塗り潰した矩形を描く
13       setAlp(100);                                透明度を100%に戻す
14       sRect(250, 50, 700, 760, "silver");         灰色の線で矩形を描く
15   }
```

setup()関数は、HTMLファイルを開いた時に1回だけ自動的に実行されます。そこに画面のドット数 (キャンバスの幅と高さ) を指定するcanvasSize(幅, 高さ)関数、図形を描く時の線の太さを指定するlineW(太さ)関数、画像ファイルを読み込むloadImg(番号, ファイル名)関数を記述しています。このゲームは幅1200ドット、高さ800ドットの画面で設計します。

画像素材は、squashフォルダ内にあるimageフォルダに入っています。最後に効果音を加えて完成させますが、**音楽素材はsquashフォルダ内にあるsoundフォルダに入っています**。

setup() 関数にsetFPS(フレームレート)関数を記述すると、フレームレートを指定することができます。何も指定しなければWWS.jsは1秒間に30回の処理を行います。**本書のゲームはすべて30フレーム/秒で設計します**。家庭用ゲーム機やパソコン用のゲームソフトは、通常1秒間に30回または60回の処理が行われます。スマートフォンでは1秒間に15回から20回程度で処理を行うアプリもありますが、それは一部の高速に処理できないスマートフォンでも動くようにするためです。

mainloop()関数は、毎フレーム実行されます。このプログラムでは、背景画像を表示するdrawImg(画像番号, X座標, Y座標)、画像や図形の透明度を指定するsetApl(パーセンテージ)、塗り潰した矩形を描くfRect(X座標, Y座標, 幅, 高さ, 色)、線で矩形を描くsRect(X座標, Y座標, 幅, 高さ, 色)を記述しています。これらはWWS.jsに備わっている関数です。**WWS.jsに用意された関数一覧はP.442に掲載しているので、必要に応じて参照してください**。

第2段階：ボールを壁で跳ね返らせる

次はコート内でボールを移動させます。squash02.htmlを開いて動作を確認しましょう。squash02.htmlを開くと、squash02.jsを実行します。

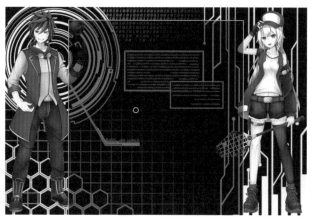

図1-5-5　ボールを跳ね返らせる

squash02.jsをテキストエディタで開いて、ソースコードを確認しましょう。

■ ソースコードの確認　squash02.js　※太字部分が前のプログラムからの追加箇所です。

01	`//変数の宣言`	
02	`var ballX = 600;`	ボールのX座標を代入する変数
03	`var ballY = 300;`	ボールのY座標を代入する変数
04	`var ballXp = 10;`	ボールのX軸方向の速さを代入する変数
05	`var ballYp =  8;`	ボールのY軸方向の速さを代入する変数
06		
07	`//起動時の処理`	
08	`function setup() {`	
09	`    canvasSize(1200, 800);`	
10	`    lineW(3);`	
11	`    loadImg(0, "image/bg.png");`	
12	`}`	
13		
14	`//メインループ`	
15	`function mainloop() {`	
16	`    drawImg(0, 0, 0);//背景画像`	
17	`    setAlp(50);`	
18	`    fRect(250, 50, 700, 750, "black");`	
19	`    setAlp(100);`	
20	`    sRect(250, 50, 700, 760, "silver");`	
21	`    ballX = ballX + ballXp;`	ボールのX座標の値を変化させる
22	`    ballY = ballY + ballYp;`	ボールのY座標の値を変化させる
23	`    if(ballX<=260 || ballX>=940) ballXp = -ballXp;`	左右の壁に当たったらX軸方向の向きを反転
24	`    if(ballY<= 60 || ballY>=790) ballYp = -ballYp;`	上下の壁に当たったらY軸方向の向きを反転
25	`    sCir(ballX, ballY, 10, "lime");//ボール`	ボールを描く
26	`}`	

　このプログラムでは、ボールの座標を代入するballX、ballYという変数、ボールの速さを代入するballXp、ballYpという変数を宣言しています。ballXpとballYpの値はそれぞれ、1フレームごとのX軸方向、Y軸方向の座標の変化量（ドット数）になります。

　ボールは、円を描くsCir(X座標, Y座標, 半径, 色)関数を使って、(ballX, ballY)の位置に表示しています。

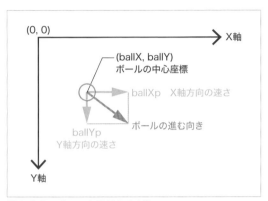

図1-5-6　ボールを管理する変数

　コンピューター画面のX軸の値は、横方向の右に進むほど大きくなり、Y軸の値は縦方向の下に進むほど大きくなります。**Y軸の向きが数学や物理の図とは逆**であることに注意しましょう。**コンピューターの画面の原点(0,0)は、左上の角**になります。

　mainloop()関数でballXにballXpの値を加え、ballYにballYpの値を加えて、ボールの座標を変化させています。

　ボールが左右の壁に触れた場合、ballXpの値がマイナスであればプラスに、プラスであればマイナスに変更して、進む向きを反転させています。上下の壁に触れた場合も、同様にballYpの値を反転させています。

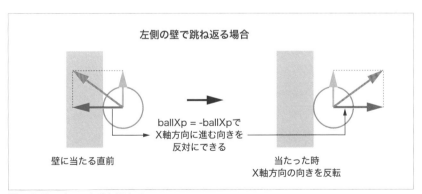

図1-5-7　ボールを跳ね返らせる

　mainloop()関数は毎フレーム実行され続けます。これらの処理により、ボールの座標が変化し、壁で跳ね返りながら、コート内を移動し続けます。

第3段階：マウスでバーを動かす

　本書で制作するスカッシュは、マウスで操作します。この第3段階では、マウスポインターの位置に合わせてバーが左右に動くようにします。

　squash03.htmlを開いて動作を確認しましょう。squash03.htmlはsquash03.jsを実行します。

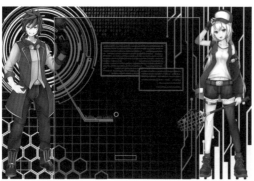

図1-5-8　マウスでバーを動かす

　squash03.jsをテキストエディタで開いて、ソースコードを確認しましょう。

■ソースコードの確認　squash03.js　※太字部分が前のプログラムからの追加箇所です。

```
01  //変数の宣言
02  var ballX = 600;
03  var ballY = 300;
04  var ballXp = 10;
05  var ballYp =  8;
06  var barX = 600;
07  var barY = 700;
08
09  //起動時の処理
10  function setup() {
11      canvasSize(1200, 800);
12      lineW(3);
13      loadImg(0, "image/bg.png");
14  }
15
16  //メインループ
17  function mainloop() {
18      drawImg(0, 0, 0);//背景画像
19      setAlp(50);
20      fRect(250, 50, 700, 750, "black");
21      setAlp(100);
22      sRect(250, 50, 700, 760, "silver");
23      ballX = ballX + ballXp;
24      ballY = ballY + ballYp;
25      if(ballX<=260 || ballX>=940) ballXp = -ballXp;
26      if(ballY<= 60 || ballY>=790) ballYp = -ballYp;
27      sCir(ballX, ballY, 10, "lime");//ボール
28      barX = tapX;
29      if(barX < 300) barX = 300;
30      if(barX > 900) barX = 900;
31      sRect(barX-50, barY-10, 100, 20, "violet");//バー
32  }
```

バーのX座標を代入する変数
バーのY座標を代入する変数

マウスポインターのX座標をbarXに代入
300より小さな値にはしない（コート左端）
900より大きな値にはしない（コート右端）
バーを描く

　ゲーム開発エンジンWWS.jsに用意されているtapX、tapYという変数に、マウスポインターの座標が代入されます。ここでは用いませんが、マウスボタンが押された時はtapCという変数が1になります。

　このプログラムでは、新たにバーの座標を管理するbarX、barYという変数を宣言しています。マウスポインターのX座標のtapXの値をbarXに代入し、(barX, barY)の位置にバーを描くことで、マウスポインターの動きに合わせてバーが左右に動きます（28〜31行目）。その際、if(barX < 300)とif(barX > 900)というif文で、barXの最小値を300、最大値を900に制限して、バーがコートから出ないようにしています。

> **HINT　スマートフォンでも動かせる**
>
> 　WWS.jsを用いて制作したマウスで操作するゲームをWebサーバーにアップロードし、スマートフォンでそのURLにアクセスすれば、スマートフォンでもゲームをプレイできます。スマートフォンの画面に触れると、WWS.jsがタップした座標をtapX、tapYに代入し、tapCの値を1にします。マウス入力と同等の値をスマートフォンで取得するので、スマホ対応のためにプログラムを変更する必要はありません（一部のタブレット端末を除く）。つまり**このスカッシュも、完成ファイルをサーバーにアップすればスマートフォンで遊べます。**
> 　ブラウザで遊ぶゲームや、ブラウザ上で実行するソフトウェアを、**Webアプリ**といいます。WWS.jsを用いて開発したゲームはそのままWebアプリになりますので、サーバーにファイルをアップロードできる環境をお持ちの方はスマートフォンでも動作を確認してみましょう。

第4段階：バーでボールを打ち返す

　バーでボールを打ち返すことができるようにします。また打ち返した時にスコアを加算します。squash04.htmlを開いて動作を確認しましょう。squash04.htmlはsquash04.jsを実行します。

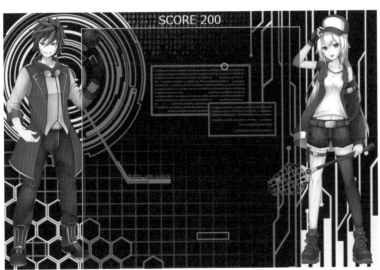

図1-5-9　バーでボールを打ち返す

squash04.jsをテキストエディタで開いて、ソースコードを確認しましょう。

■ ソースコードの確認　squash04.js　※太字部分が前のプログラムからの追加箇所です。

```
01  //変数の宣言
02  var ballX = 600;
03  var ballY = 300;
04  var ballXp = 10;
05  var ballYp =  8;
06  var barX = 600;
07  var barY = 700;
08  var score = 0;                                    スコアを代入する変数
09
10  //起動時の処理
11  function setup() {
12      canvasSize(1200, 800);
13      lineW(3);
14      loadImg(0, "image/bg.png");
15  }
16
17  //メインループ
18  function mainloop() {
19      drawImg(0, 0, 0);//背景画像
20      setAlp(50);
21      fRect(250, 50, 700, 750, "black");
22      setAlp(100);
23      sRect(250, 50, 700, 760, "silver");
24      fText("SCORE "+score, 600, 25, 36, "white");   スコアの表示
25      ballX = ballX + ballXp;
26      ballY = ballY + ballYp;
27      if(ballX<=260 || ballX>=940) ballXp = -ballXp;
28      if(ballY<= 60 || ballY>=790) ballYp = -ballYp;
29      sCir(ballX, ballY, 10, "lime");//ボール
30      barX = tapX;
31      if(barX < 300) barX = 300;
32      if(barX > 900) barX = 900;
33      if(barX-60<ballX && ballX<barX+60 && barY-30<      バーとボールが接触したかを調べる
    ballY && ballY<barY-10) {
34          ballYp = -8-rnd(8);                          接触したらballYpにマイナスの値を代入
35          score = score + 100;                         スコアを加算する
36      }
37      sRect(barX-50, barY-10, 100, 20, "violet");//バー
38  }
```

　ボールとバーが次の図の位置関係にある時、33行のif文の処理で、ballYpに-8-rnd(8)という値を代入しています。これによりY軸方向の速さ（座標の変化量）がマイナスの値になり、ボールは画面上に向かって飛んでいきます。

　rnd(最大値)はWWS.jsに備わった**乱数を発生させる関数**です。0から最大値-1までのいずれかの整数が乱数として返ります。

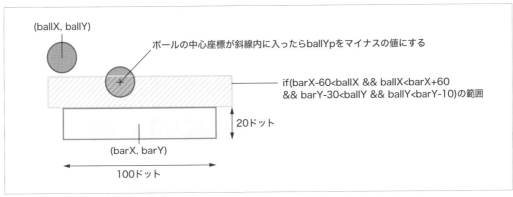

図 1-5-10 ボールとバーのヒットチェック

2つの物体が接触したかを調べるアルゴリズムを**ヒットチェック**といいます。図のif文で、ボールとバーのヒットチェックを行っています。斜線の領域の大きさは幅120ドット、高さ20ドットになります。

ボールを跳ね返らせる際、スコアを代入する変数scoreの値を100増やしています。scoreの値は、fText(文字列, X座標, Y座標, フォントサイズ, 色)という文字列を描く関数で表示しています。

HINT　ballYp = -8-rnd(8) とする理由

ballYpの値を -8-rnd(8) と乱数で変化させているのは、ボールが跳ね返る角度をランダムに変えることでゲームの難易度を調整するためです。乱数を入れないといつも同じ向きに跳ね返るので、遊ぶ人にすぐにパターンを読まれてしまいます。ただし、ここで制作しているスカッシュは難易度を低めにしてあるので、慣れてくればずっとプレイできるでしょう。完成後にこの数値を変更して、みなさんが遊ぶのにちょうどよい難易度に調整するとよいでしょう。

第5段階：スカッシュゲームの完成

ボールを打ち返す時に効果音を流し、ボールを打ち逃すとゲームオーバーになるようにします。タイトル画面も用意し、スカッシュゲームを完成させます。

squashフォルダ内のsquash.htmlもしくはindex.htmlを開いて動作を確認しましょう。squash.htmlはsquash.jsを実行します。ファイル名は第4段階までのようにsquash0*.htmlではなく、完成版ということでsquash.htmlとしています。

index.htmlは、squashフォルダをサーバーにアップロードしてスマートフォンなどで遊ぶ時、アクセス先のURLを https://……/squash とするだけでよいように用意しています。

図1-5-11　スカッシュゲームの完成

squash.jsをテキストエディタで開いて、ソースコードを確認しましょう。

■ソースコードの確認　squash.js　※太字部分が前のプログラムからの追加、変更箇所です。

```
01  //変数の宣言
02  var ballX = 600;
03  var ballY = 300;
04  var ballXp = 0;
05  var ballYp = 0;
06  var barX = 600;
07  var barY = 700;
08  var score = 0;
09  var scene = 0;
10
11  //起動時の処理
12  function setup() {
13      canvasSize(1200, 800);
14      lineW(3);
15      loadImg(0, "image/bg.png");
16      loadSound(0, "sound/se.m4a");
17  }
18
19  //メインループ
20  function mainloop() {
21      drawImg(0, 0, 0);//背景画像
22      setAlp(50);
23      fRect(250, 50, 700, 750, "black");
24      setAlp(100);
25      sRect(250, 50, 700, 760, "silver");
26      fText("SCORE "+score, 600, 25, 36, "white");
27      sCir(ballX, ballY, 10, "lime");//ボール
28      sRect(barX-50, barY-10, 100, 20, "violet");//バー
29      if(scene == 0) {//タイトル
30          fText("Squash Game", 600, 200, 48, "cyan");
31          fText("Click to start!", 600, 600, 36, "gold");
32          if(tapC == 1) {
```

ゲームの場面を管理するための変数

効果音を読み込む

ボールとバーの描画をこの位置に
移動

タイトル画面の処理

画面をクリックしたら

つづく ▶

```
33              ballX = 600;
34              ballY = 300;
35              ballXp = 12;
36              ballYp =  8;
37              score = 0;
38              scene = 1;
39           }
40        }
41        else if(scene == 1) {//ゲームをプレイ中
42           ballX = ballX + ballXp;
43           ballY = ballY + ballYp;
44           if(ballX<=260 || ballX>=940) ballXp = -ballXp;
45           if(ballY<= 60) ballYp = 8+rnd(8);
46           if(ballY > 800) scene = 2;
47           barX = tapX;
48           if(barX < 300) barX = 300;
49           if(barX > 900) barX = 900;
50           if(barX-60<ballX && ballX<barX+60 && barY-30<
      ballY && ballY<barY-10) {
51              ballYp = -8-rnd(8);
52              score = score + 100;
53              playSE(0);
54           }
55        }
56        else if(scene == 2) {//ゲームオーバー
57           fText("GAME OVER", 600, 400, 36, "red");
58           if(tapC == 1) {
59              scene = 0;
60              tapC = 0;
61           }
62        }
63  }
```

変数にゲーム開始時の値を代入

sceneを1にしてゲームを
スタートする

── ゲームをプレイする処理

効果音の出力

── ゲームオーバー画面の処理

画面をクリックしたらsceneの値を
0にしてタイトル画面に戻る
クリックを解除しておく

setup()内にloadSound(番号, ファイル名)関数を記述し、効果音を読み込んでいます。

メインループでタイトル画面、ゲームをプレイ、ゲームオーバーという3つの場面に分けて処理を行うため、sceneという変数を用意しています。

表1-5-1　sceneの値と場面

scene の値	場面
0	タイトル画面
1	ゲームをプレイ中
2	ゲームオーバー画面

変数を用意して
シーンを管理する・・・
ゲーム開発の基本だから
覚えておいて・・・

sceneが0の時、「Squash Game」と「Click to start!」という文字を表示し、タイトル画面であることがわかるようにしています。画面をクリックすると変数tapCが1になるので、その場合、ボールとバーの位置を管理する変数に初期座標の値を入れ、scoreを0にし、sceneを1にしてゲームを開始します。

sceneが1の時、ボールとバーの移動を行います。ボールのY座標が800を超えたら画面下からコート外に出たことになるので、sceneの値を2にしてゲームオーバー画面に移行します。前のプログラ

ムまでは if(ballY<=60 || **ballY>=790**) という if 文で、コートの下側でもボールを跳ね返らせていましたが、このプログラムでは if(ballY<=60) とすることで、下側の壁では跳ね返らないようにしています。

　ボールがバーに当たったらスコアを加算し、ボールを跳ね返らせると共に、playSE(番号)関数で効果音を流しています。

　scene が 2 の時は、「GAME OVER」の文字を表示し、画面をクリックしたら scene を 0 にしてタイトル画面に戻しています。if(tapC == 1) という if 文の中で tapC = 0 としているのは、タイトル画面に戻った直後に 32 行目の if 文の条件式が成り立って、すぐゲームに入らないようにするためです。

 COLUMN

技術を学ぶ大切さ

　筆者は、教育機関でのゲーム開発やプログラミングの指導や、プログラミング教室向けの教材開発なども行っています。一時期は、ツールを使ってゲームが作れるようになった学生を技術者の枠で採用する会社もあったのですが、現在そのような企業はあまり見なくなり、プログラミング言語をしっかり学んだ学生が正社員として採用されていることを、専門学校などで仕事をする中で見てきました。そのような傾向から、筆者の知る限り、ゲーム開発をしっかり教える学校では、ツールを用いたゲーム制作よりも、C 言語などの**プログラミング言語で 1 からゲームを作る学習**に力を入れています。

　世の中にある便利なツールを用いれば、プログラミングせずに手軽にゲームを作れます。しかしそれでは真の技術力は身に付きません。**プログラミングの基礎から学び、その上でゲームが作れるようになった人にはかなわないのです。**プロの開発現場では何より技術力が問われます。企業が真の力を持つ学生を中心に採用するのは当然といえば当然のことです。

　ですから、学生や若い世代の方には、特にしっかりと技術を学んでもらいたいと考えています。JavaScript は C/C++ や Java と文法が似た言語なので、JavaScript を学ぶと C/C++ や Java の学習もスムーズに進みます。C++ や Java よりやさしい JavaScript から始め、次に C++ や Java に挑戦する方法をお勧めします。

　本書で用いるゲーム開発エンジン WWS.js は、画像描画やキー入力をサポートし、パソコンとスマートフォンのゲーム開発を一度に行える便利さを提供しますが、ゲームを作るためのアルゴリズムは自分でプログラミングする必要があります。つまり本書は、面倒な部分はエンジンに任せ、ゲーム開発という楽しいテーマでアルゴリズムの学習を行い、プログラミング技術の根幹を身に付けるという "いいとこ取り" を行っていただけるようになっています。

　また、本書では、章が進むにつれてより高度なゲームを開発します。わかりやすい解説を心掛けましたが、初めてゲーム開発に挑まれる方や、プログラミング経験が少ない方には難しい内容も出てくると思います。もし、すぐに理解できない箇所が出てきたら、付箋紙を貼るなどして、まずはその章を最後まで読んでみてください。そして難しかった箇所を後から読み直してみましょう。プログラミング学習では、ある部分がわかると、それまで理解できなかったことが自然と飲み込めることがあるので、一か所で立ち止まらずに、まずは一通り目を通してみましょう。

　ゲーム制作の基礎をマスターしていて、簡単なゲームなら作れるという方は、好きなジャンルの章から読んでみてください。本書は、一定の開発経験のある方なら、どこから読み始めてもよいように構成されています。

第 2 章

◆ ◆ ◆ ◆ ◆ ◆ ◆ ◆

シューティングゲーム

本書では、初めにシューティングゲームの作り方を学びます。シューティングゲームの制作では、「キー入力やタップ入力でキャラクターを動かす」「複数の物体（弾や機体）を制御する」「物体同士が接触したことを判定する」という、ゲーム開発の基礎となる技法やアルゴリズムを学ぶことができます。

2-1

シューティングゲームとは

・・・・・・・・

シューティングゲームとは、戦闘機や兵士を操作し、弾を撃ちながら敵を倒していくゲームを総称する言葉です。Shooting Gameの英単語を略して**STG**と記すこともあり、ゲームのジャンルを表す時にも用いられます。本書でも、シューティングゲームの略語としてSTGという表記を使います。

シューティングゲームの歴史

　コンピュータゲーム産業が成長していった1980年代は、シューティングゲームの全盛時代でした。当時のSTGの多くは2D（二次元）の画面構成で、画面が上から下にスクロールするタイプ、横にスクロールするタイプ、全方向にスクロールするタイプなどがありました。中には斜め方向にスクロールしたり、疑似的に三次元世界を表現し、画面奥から手前に向かって敵が飛来したりする**疑似3DSTG**もありました。

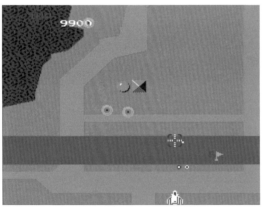

美麗なCGと深い世界設定で大ヒットした縦シュー
「ゼビウス」©1984 BNEI

画面右の隠れ1UPアイテムは
「ラリーX」が元ネタ・・・

武器システムが後発に影響を与えた横シュー
「グラディウス」©Konami Digital Entertainment

うえうえしたした～
ひだりみぎひだりみぎ
ビ～エ～！

　1980年代には業務用ゲーム機、家庭用ゲームソフト共に、様々なシューティングゲームが発売されました。その流れは1990年代になっても続きますが、90年代になるとゲームの種類が多彩になり、新たな人気ジャンルが登場するなどしたため、ブームは終息していきます。80〜90年代にかけて色々なSTGをプレイした筆者の感覚では、80年代後半から90年代中頃までが、STGが最も盛り上がった時代ではないかと思います。

　1990年代には画面に大量の弾丸が飛び交う、いわゆる**弾幕シューティング**が人気となりました。STG好きのプレイヤー達は、激しい攻撃をかいくぐってボス機を倒すゲームをこぞってプレイしました。

左舷〜！
弾幕うすいぞ〜！

"弾幕シューティング" といえばこのシリーズ！
「怒首領蜂 大往生」©2002 CAVE CO., LTD.

　その後、弾幕シューティングは、カラフルな弾が色彩アートのように画面いっぱいに広がるゲームなどに発展していきました。また1990年代には、3DCGの描画機能を備えたゲーム機が普及し、本格的な3Dシューティングゲームが発売されるようになりました。

　さて、シューティングと聞くと、**FPS**を思い浮かべる方もいらっしゃることでしょう。FPSとはファーストパーソン・シューティング(First Person Shooting)、あるいはファーストパーソン・シューターの略語で、3Dの一人称視点で、銃器で敵を倒すゲームを指す言葉です。FPSは戦闘機などを操作して敵機を撃ち落とすゲームとは区別されます。

　シューティングゲームはかつての人気ジャンルでしたので、80〜90年代に少年少女だった世代は誰もが知っているといっても過言ではありません。戦闘機を操作する縦スクロールや横スクロールのSTGを開発するゲームメーカーは今ではごく少数になりましたが、インターネットで検索すると、世界中のクリエイターたちが現在もパソコン用やスマートフォン用のSTGを制作、配信しており、根強い人気があることがわかります。

　シューティングゲームを完成させると、ゲーム開発に必須の基礎的なアルゴリズムのいくつかをスムーズに習得することができます。本書で最初にシューティングゲームを作成するのも、それが理由です。

2-2

この章で制作するゲーム内容

◆ ◆ ◆ ◆ ◆ ◆ ◆ ◆ ◆

この章では、往年の2Dスクロールシューティングゲームの作り方を解説し、ゲーム開発のテクニックと
アルゴリズムを学んでいきます。ここでは、どのような内容のゲームを制作するかを見ていきましょう。

ゲーム画面

プレイヤーの操作する機体を「自機」、敵として登場する機体を「敵機」と称して説明します。

自機を操作し、敵や障害物を避けながら、弾を撃って敵機を撃ち落としていくゲームで、次のような
画面になります。

図 2-2-1　STG「Shooting Star」

ルールと操作方法

ゲームルールと操作の仕方を説明します。

- ・画面は右から左へスクロールし、画面右から敵が出現する
- ・方向キーで自機を8方向に動かし、スペースキーで弾を撃つ
- ・エネルギー制とし、敵機や敵の弾に触れるとエネルギーが減り、0になるとゲームオーバー
- ・エネルギーは出現するアイテムを取ると回復する
- ・武器がパワーアップする2種類のアイテムが出現する
    - 1つは複数の弾が同時に発射されるようになるもの
    - もう1つは貫通レーザーを撃てるようになるもの

パソコンのキーボードだけでなく、スマートフォンでもプレイできるようにします。自動で弾を発射する機能と、タップした位置に自機が移動する仕組みを組み込みます。スマートフォン対応は2-12で行います。

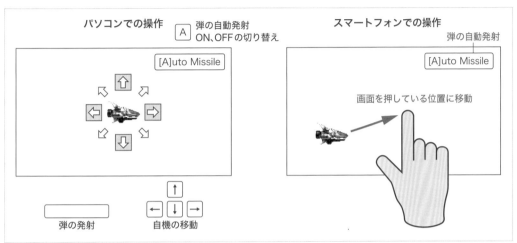

図2-2-2 操作方法

ゲームのフロー

ゲーム全体の流れを示します。この章で制作するSTGは、多くのゲームに共通する、タイトル画面→ゲームをプレイ→ゲーム結果の表示という大きな処理の流れを組み込みます。

次に、ゲームのメインの部分の流れを示します。

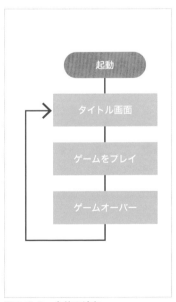

図2-2-3 全体の流れ

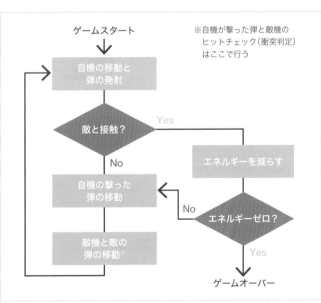

図2-2-4 主要部分の流れ

シューティングゲームやアクションゲームなど多くのゲームは、プレイヤーの処理と敵の処理を交互に行うことが基本です。これから作るSTGも、自機の移動と弾の発射と、敵機の移動などの処理を交互に行います。

学習の流れ

前述のフローチャートに記した各処理を、次の表のように段階的に組み込みながら、ゲーム開発に必要な技術とSTGの作り方を学んでいきます。

表2-2-1　この章の学習の流れ

準備はカンペキ〜！

組み込む処理	どの節で学ぶか
自機の移動	2-4
弾の発射	2-5
敵機の処理	2-6〜2-7　及び　2-10
エネルギーの処理	2-8
エフェクト（爆発演出）	2-9
パワーアップアイテム	2-11
スマートフォン対応	2-12
ゲーム全体の処理の流れ	2-13

制作に用いる画像

ゲームの制作には次の画像を用います。これらの画像は、**書籍サイト**からダウンロードできるZIPファイルに入っています。ZIPファイル内の構造は、**P.14**を参照してください。

bg.png

enemy0.png

enemy1.png

enemy2.png

enemy3.png

enemy4.png

explode.png

item0.png

item1.png

item2.png

laser.png

missile.png

spaceship.png

title_ss.png

図2-2-5　制作に用いる画像

2-3

画面をスクロールさせる

◆　◆　◆　◆　◆　◆　◆　◆　◆

シューティングゲームは、まず自機の移動処理から作り始めてもよいのですが、本書では最初にスクロールするゲーム画面を用意します。それは次のような理由からです。

・STG制作に必要な処理の中で、画面をスクロールさせることが最も簡単だから
・スクロール画面を確認すれば、自機や敵機の移動速度の感覚をつかみやすいから
・画面がスクロールする様子を見ることで制作意欲が増すから

動く画面を見てみよう！

自機と敵機の移動速度は、ゲームのテンポや難易度という、面白さを左右する要素に直結するので、初めに動く画面を作って速度を確認することが役に立ちます。

また、著者はたくさんのゲームを開発してきた経験と、大学や専門学校でゲーム制作を教えてきた経験から、ゲームを作る人たちが開発途中で挫折して投げ出すことがあるのを知っています（もう少し頑張れば完成するのに…）。制作意欲をかきたて、完成させるまでのモチベーションを保つことも重要ですので、その意味からもまず画面全体を動かすことにします。

背景のスクロール処理

画面をスクロールさせるには様々な手法がありますが、本書で制作するSTGでは、星空を描いた一枚の画像を使い、次の手順でスクロールさせます。

❶ゲーム画面のサイズを幅1200ドット、高さ720ドットとし、このサイズの星空の画像を用意する。
❷画像の表示位置を管理するbgXという変数を用意する。
❸画像を2枚、横に並べて表示する。
　左側の画像の表示位置を(-bgX, 0)、右側の画像の表示位置を(1200-bgX, 0)とする。
❹bgXの値を0〜1199(1200未満)の範囲で変化させる。
　具体的には値を増やしていき、1200になったら0に戻す。

これは2枚の画像を横にスライドさせてスクロールする仕組みで、図示すると次のようになります。

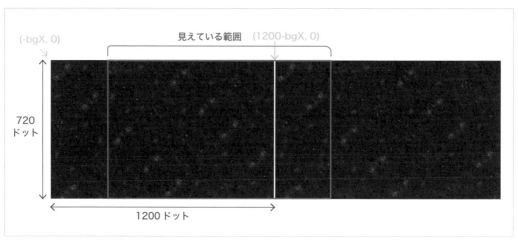

図2-3-1　スクロールの仕組み

　では、画面がスクロールする様子とプログラムを確認します。

◆ **動作の確認**　stg0203.html

◆ **用いる画像**

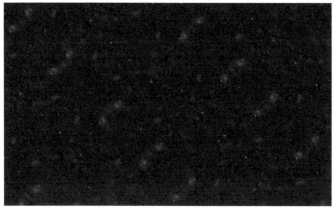

bg.png

◆ ソースコード　stg0203.js

```javascript
//起動時の処理
function setup(){
    canvasSize(1200, 720);
    loadImg(0, "image/bg.png");
}

//メインループ
function mainloop(){
    drawBG(1);
}

//背景のスクロール
var bgX = 0;
function drawBG(spd) {
    bgX = (bgX + spd)%1200;
    drawImg(0, -bgX, 0);
    drawImg(0, 1200-bgX, 0);
}
```

WWS.jsに用意された起動時に実行される関数
キャンバスサイズの設定と
画像の読み込みを行う

WWS.jsに用意されたメイン処理を行う関数
ここで背景をスクロール表示する関数を
呼び出している

背景のスクロール位置を管理する変数
背景をスクロール表示する関数
表示位置を計算し、
左右に2枚の画像を並べて描く

◆ 変数の説明

bgX	背景画像の表示位置 (X座標)

- ・setup()関数は起動時に1回だけ実行されます。
- ・mainloop()関数は毎フレーム実行されます。
- ・canvasSize(w, h)はゲーム画面の幅と高さのドット数を指定する関数です。
- ・loadImg(番号, ファイル名)は画像を読み込む関数です。
- ・drawImg(番号, x, y)は読み込んだ画像を描く関数です。

以上の関数はゲーム開発エンジンWWS.jsに備わったものです。

WWS.jsの関数一覧は**P.442**に記載されていますので、ご参照ください。

drawBG()が画面をスクロールさせるために用意した関数です。引数でスクロール速度を指定できるようにしています。

この関数は呼び出されるたびに変数bgXの値を増やし、1200になったら0に戻しています。その計算を bgX = (bgX + spd)%1200 と、余りを求める演算子%を用いて行っています。これをif文で記述すると次のようになります。

```javascript
bgX = bgX + spd;
if(bgX >= 1200) bgX = bgX - 1200;
```

スクロール画面の図解

左右に並べた背景がどのように動いて、画面がスクロールするかを図解します。

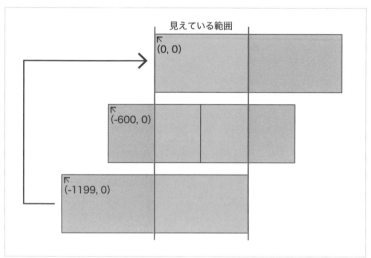

図2-3-2　2枚の背景画像の動き

drawBG()をmainloop()内に記述して毎フレーム実行することで、指定ドット数ずつ背景画像が横にスライドします。簡単な仕組みですが、これは1枚の画像を用いて画面をスクロールさせる立派な技法です。

ゲーム開発エンジンWWS.jsは初期状態で1秒間に約30回（フレーム）の処理を行うので、このプログラムでは秒間30回、背景を描き換えていることになります。

一枚の背景を延々とスクロールさせる・・・
これも立派なアルゴリズム・・・

車窓に流れる風景や、
空と雲のスクロールにも使えるね〜！

2-4

自機を動かす

◆ ● ◆ ● ◆ ● ◆ ● ◆

ここでは、自機を動かす処理を組み込みます。キーの入力値やタップした座標に応じてキャラクターを動かすことは、ゲーム制作の基本中の基本です。その仕組みを学べば、様々なゲームに応用できます。

自機の移動処理

　座標の計算と画像の表示を交互に行うことがキャラクターを動かす基本的な仕組みです。具体的には自機の座標を管理する変数をssX、ssYとし、方向キーが押されたら、それらの変数の値を増減します。そして(ssX, ssY)の位置に自機の画像を描きます。

　ゲーム制作に限らず、ソフトウェア開発で使う変数名はわかりやすいものにしましょう。今回は宇宙船という英単語spaceshipを略し、自機を管理する変数をss*としています。

　本書で制作に用いるゲーム開発エンジンWWS.jsは、キーの同時入力を判定できるので、例えば左キーと上キーを同時に押すと、斜め方向 (左上) に移動させることができます。

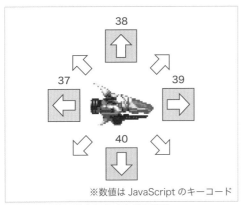

図2-4-1　**キー入力による自機の移動**

　自機の移動とプログラムを確認します。**ブラウザによっては画面をクリックしないとキー入力を受け付けないことがあります。キー入力を受け付けない時は、ブラウザをクリックし、ブラウザのウィンドウを一番手前にしてからキー操作を行ってください。**

◆ **動作の確認** stg0204.html

図2-4-2　動作画面

　方向キーで自機を操作できます。上下左右への移動速度は20ドット／1フレームとしています。

◆ **用いる画像**

spaceship.png

　setup()関数に loadImg(1, "image/spaceship.png"); と記述して読み込みます。

◆ **ソースコード** stg0204.js より抜粋

■ 自機の座標を管理する変数の宣言、及び、ゲーム開始時の座標値を代入する関数

```
//自機の管理
var ssX = 0;                              自機のX座標を管理する変数
var ssY = 0;                              自機のY座標を管理する変数

function initSShip() {                    自機の座標に初期値を代入する関数
    ssX = 400;
    ssY = 360;
}
```

■ キー操作で自機を動かす関数

```
function moveSShip() {                     自機の座標を変化させ、自機を描く関数
    if(key[37] > 0 && ssX > 60) ssX -= 20;   押されているキーに応じて
    if(key[39] > 0 && ssX < 1000) ssX += 20; X座標とY座標を変化させる
    if(key[38] > 0 && ssY > 40) ssY -= 20;
    if(key[40] > 0 && ssY < 680) ssY += 20;
    drawImgC(1, ssX, ssY);                自機を描く
}                                    つづく
```

※ ssX -= 20は ssX = ssX - 20と同じ意味です。

■ 背景のスクロールと自機の移動

```
//メインループ
function mainloop(){
    drawBG(1);
    moveSShip();
}
```

—メイン処理を行う関数
背景をスクロール表示する関数と
自機を動かす関数を実行する

◆ 変数の説明 ◆

ssX, ssY	自機の(X,Y)座標

initSShip()関数は起動時に実行されるsetup()関数に記述します。

moveSShip()関数はメインループのmainloop()関数に記述します。

moveSShip()関数では、押されている方向キーに応じて座標の値を変化させ、自機を描画します。key[キーコード]はWWS.jsに備わるキー入力用の配列です。押されているキーのkey[キーコード]の値は、キーを押している間、加算され続けます。if(key[*] > 0)あるいはif(key[*] != 0)という条件分岐で、キーが押された時の処理を記述します。

moveSShip()関数に記述したdrawImgC()は、引数の座標を画像の中心として描く関数です。

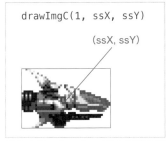

図2-4-3 drawImgC()で自機を描く

中心座標なら、
画像の大きさに影響されずに
位置を指定できるよ・・・

ゲーム開発エンジンWWS.jsは初期状態で1秒間に約30回の処理を行うので、このプログラムは秒間30回入力を受け付け、背景と自機を描いています。

このSTGは幅1200ドット、高さ720ドットの画面サイズで設計しており、自機が移動できる範囲は次の図の緑色の枠内としています。敵機を画面右から登場させるので、右端ぎりぎりには行けないようにしています。

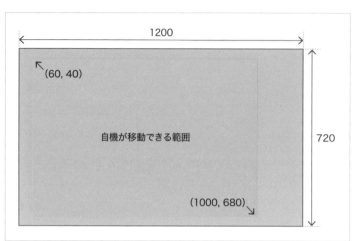

右端は敵の出現位置だから行けないようにするんだね〜！

図2-4-4　自機の移動範囲

自機の移動速度の変更について

本書のプログラムは可読性をよくするため、できるだけシンプルに記述しています。そのため方向キーを押した時の座標の計算を if(key[37] > 0 && ssX > 60) ssX -= 20; と1行で書いています。

例えば自機の移動速度を増やすアイテムを組み込むなら、変数ssSpeedに増えた速度を代入し、

```
if(key[37] > 0) {
    ssX = ssX - ssSpeed;
    if(ssX < 60) ssX = 60;
}
```

と記述するとよいでしょう。

HINT　斜め移動の速度について

ここで確認したプログラムでは、自機が斜めに移動する時、1フレーム当たりの移動距離は約28ドットになります。28という値は $\sqrt{20^2 + 20^2}$ あるいは $20 * \sqrt{2}$ で計算できます。これは上下左右に移動する約1.4倍の速さです。そのため斜め方向に動くと自機が速く移動すると感じられます。

商用のゲーム開発では、斜め方向の移動も、上下左右の移動距離と同じ値にすべきです。しかし趣味のゲーム制作であれば、斜め方向の移動速度のほうが大きくても、それはそのゲームの個性としてよいと著者は考えます。ゲーム内容によっては「斜めに移動すればより早く動け、それを利用して敵の攻撃を避ける」などの攻略要素につなげることもできるでしょう。

2-5

弾を発射する

◆ ◆ ◆ ◆ ◆ ◆ ◆ ◆ ◆

ここでは、弾を撃つ処理を組み込みます。また、キーを連打することで複数の弾を発射できるようにします。複数の物体をまとめて管理する方法は、ゲーム制作に必要不可欠な技術です。その方法を詳しく学んでいきます。

弾の発射処理

弾は、次のルールで発射することにします。

・スペースキーで弾を撃ち、キーを連打すればするほどより多くの弾が出る
・連打が苦手な人のため、またスマートフォン対応のため、弾を自動発射できるようにする

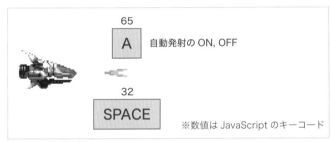

| 65 |
| A | 自動発射の ON, OFF |

| 32 |
| SPACE | ※数値は JavaScript のキーコード |

図2-5-1 弾を撃つキー操作

単発の弾の発射プログラム

ゲーム開発初心者の方がわかりやすいように、まず単発の弾を撃つプログラムを確認します。単発とは1つ撃つと、それが画面外に消えるまで次の弾が撃てないという意味です。

弾の制御は座標を管理する変数の他に、弾が撃ち出された状態かどうかを管理する変数を用意します。単発で弾を撃つ様子とプログラムを確認します。

◆ 動作の確認 ▶ stg0205_1.html

図2-5-2 動作画面

エネルギー弾・・・
美しい・・・

◆ 用いる画像

missile.png

setup()関数に loadImg(2, "image/missile.png"); と記述して読み込みます。

◆ ソースコード　stg0205_1.js より抜粋

■ 弾を管理する変数の宣言、及び、弾を撃ち出す関数

```
var mslX, mslY, mslXp, mslYp;
var mslF = false;

function setMissile(x, y, xp, yp) {
    if(mslF == false) {
        mslX = x;
        mslY = y;
        mslXp = xp;
        mslYp = yp;
        mslF = true;
    }
}
```

弾の座標と移動量を管理する関数
弾が撃ち出された状態かを管理するフラグ

弾を撃ち出す関数
撃ち出された状態でないなら(false)
弾の座標と移動量を変数に代入

撃ち出された状態にする(true)

■ 弾を動かす関数

```
function moveMissile() {
    if(mslF == true) {
        mslX = mslX + mslXp;
        mslY = mslY + mslYp;
        drawImgC(2, mslX, mslY);
        if(mslX > 1200) mslF = false;
    }
}
```

弾を動かす関数
撃ち出された状態なら
座標を変化させ

弾を描く
画面から出たら、撃ち出されていない
状態(false)にする

■ 自機を動かす関数内で弾を撃ち出す関数を実行する（太字部分）

```
function moveSShip() {
    if(key[37] > 0 && ssX > 60) ssX -= 20;
    if(key[39] > 0 && ssX < 1000) ssX += 20;
    if(key[38] > 0 && ssY > 40) ssY -= 20;
    if(key[40] > 0 && ssY < 680) ssY += 20;
    if(key[32] == 1) setMissile(ssX+40, ssY, 40, 0);
    drawImgC(1, ssX, ssY);
}
```

自機を動かす関数

スペースキーが押されたら弾を発射

◆ 変数の説明

mslX、mslY	弾の (X,Y) 座標
mslXp、mslYp	弾のX軸、Y軸方向の座標の変化量（ドット数）
mslF	弾が撃ち出された状態か

弾を管理する変数名は、ミサイルの英単語「missile」をもとに、mslX、mslY、mslXp、mslYp、mslFとしました。もちろんmissileXやmissileYのようにmissileという単語を用いてもよいですが、変数名を短めにするのには理由があります。それは、

- ・1行が横に長くなった時に全体を見渡しやすくする
- ・プログラムを記述する労力を多少なりとも減らす

という理由です。

ただし、変数名を短くして何に使う変数かわからなくなるようでは本末転倒です。わかりやすい形に省略しましょう。

mslFの値は弾を撃ったらtrueとし、その弾が画面外に出たらfalseとします。

弾を撃つ仕組みは、moveSShip()関数内でスペースキーが押されたらsetMissile()関数を実行します。setMissile()関数はmslFがfalseであればmslXとmslYに弾の座標を、mslXpとmslYpに座標の変化量を代入し、mslFをtrueにします。

弾が飛んで行く仕組みは、moveMissile()関数でmslFがtrueならmslXとmslYの値を変化させ、弾の画像を表示し、画面外に出たらmslFをfalseにします。これで再びスペースキーで弾を撃てます。moveMissile()関数は自機を動かす関数と同様に、メインループで実行し続けます。

座標の変化量をmslXpとmslYpという変数に代入しているのは、複数の弾を撃つプログラムで、多数の弾を色々な方向に撃てるようにするための準備です。

複数の弾の発射

このプログラムに手を加え、スペースキーを連打するほど多くの弾を撃てるようにします。**複数の物体を同時に処理するために配列を用います。**

複数の弾を撃つ様子とプログラムを確認します。

◆ **動作の確認** stg0205_2.html

図2-5-3 **動作画面**

◆ ソースコード　stg0205_2.js より抜粋

■ 弾を管理する配列と変数の宣言

```
var MSL_MAX = 100;
var mslX = new Array(MSL_MAX);
var mslY = new Array(MSL_MAX);
var mslXp = new Array(MSL_MAX);
var mslYp = new Array(MSL_MAX);
var mslF = new Array(MSL_MAX);
var mslNum = 0;
```

最大いくつの弾を撃てるかを定数とする
複数の弾を管理するため、Array()命令で
配列を用意する

■ 弾を管理する配列を初期化する関数

```
function initMissile() {
    for(var i=0; i<MSL_MAX; i++) mslF[i] = false;
    mslNum = 0;
}
```

配列を初期化する関数
ここで初期化するのは弾が撃ち出された
状態かを管理する配列だけでよい

■ 弾をセットする（撃ち出す）関数

```
function setMissile(x, y, xp, yp) {
    mslX[mslNum] = x;
    mslY[mslNum] = y;
    mslXp[mslNum] = xp;
    mslYp[mslNum] = yp;
    mslF[mslNum] = true;
    mslNum = (mslNum+1)%MSL_MAX;
}
```

弾をセットする関数
配列に座標と移動量を代入

弾が撃ち出された状態にする(true)
次の要素に代入するための値を計算

■ 弾を動かす関数

```
function moveMissile() {
    for(var i=0; i<MSL_MAX; i++) {
        if(mslF[i] == true) {
            mslX[i] = mslX[i] + mslXp[i];
            mslY[i] = mslY[i] + mslYp[i];
            drawImgC(2, mslX[i], mslY[i]);
            if(mslX[i] > 1200) mslF[i] = false;
        }
    }
}
```

弾を動かす関数
for文で配列の要素全てを調べる
弾が撃ち出された状態なら
座標を変化させる

弾を描く
画面から出たら、撃ち出されていない
状態にする(false)

■ 自機を動かす関数内で弾を撃ち出す関数を実行する（太字部分）

```
function moveSShip() {
    if(key[37] > 0 && ssX > 60) ssX -= 20;
    if(key[39] > 0 && ssX < 1000) ssX += 20;
    if(key[38] > 0 && ssY > 40) ssY -= 20;
    if(key[40] > 0 && ssY < 680) ssY += 20;
    if(key[32] == 1) {
        key[32]++;
        setMissile(ssX+40, ssY, 40, 0);
    }
    drawImgC(1, ssX, ssY);
}
```

自機を動かす関数

スペースキーが押されたら
key[32]++は連打で次の弾を撃つための記述
弾をセットする関数を実行

◆ 変数と配列の説明

MSL_MAX	最大いくつの弾を撃てるか
mslX[]、mslY[]	弾の(X,Y)座標
mslXp[]、mslYp[]	弾のX軸、Y軸方向の座標の変化量(ドット数)
mslF[]	弾が撃ち出された状態か
mslNum	弾のデータを配列に代入する時に用いる

initMissile()関数はsetup()関数内に記述し、起動時に実行しておきます。

moveSShip()関数を確認します。スペースキーが押されたら、弾をセットするsetMissile()関数を呼び出しています。これは単発の弾のプログラムと一緒ですが、複数の弾の発射ではkey[32]++と追記しています。key[32]の値が1の時(スペースキーを押した瞬間)に弾を発射し、key[32]++を入れることで、以後、スペースキーを押したままだとkey[32]が1にならないので弾は出ません。再び弾を撃つには一旦スペースキーを離す必要があります(離されたキーのkey[キーコード]は0になる)。

つまりkey[32]++を入れるだけで、スペースキーの連打で弾が次々に撃てる仕組みを実現しています。

setMissile()関数では、mslX[**mslNum**] = xというように、データを代入する配列の添え字(インデックス)を変数mslNumで指定しています。mslNumの値は弾をセットしたら mslNum = (mslNum+1)%MSL_MAX という式で1増やし、値がMSL_MAXになったら0に戻しています。このプログラムではMSL_MAXを100とし、最大100発の弾を撃てるようにしています。

それから弾を動かす処理は、for文で弾を管理する配列の要素全てを調べ、発射された状態(mslF[]がtrue)なら弾の座標を変化させ、画面外に出たらmslF[]をfalseにします。基本的な仕組みは単発の弾と一緒です。

弾の自動発射

続いて、弾を自動発射できる処理も組み込みます。automaという変数を用意し、値が1の時に自動発射し(ON)、0の時は自動発射しない(OFF)ようにします。Aキーを押すことで自動発射のON、OFFを切り替えられるようにします。

自動発射の処理とプログラムを確認します。

◆ 動作の確認 stg0205_3.html

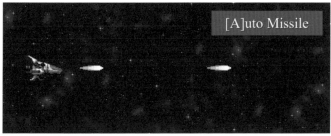

図2-5-4 動作画面

連射は疲れるからね〜
親切設計だね〜!

◆ **ソースコード** ▶　stg0205_3.js より抜粋

■ タイマー用の変数の追加（太字部分）

```
//メインループ
var tmr = 0;
function mainloop(){
    tmr++;
    drawBG(1);
    moveSShip();
    moveMissile();
}
```

メインループ内でタイマーをカウントする

■ 自機を管理する変数と関数　弾の自動発射のコードを追加（太字部分）

```
//自機の管理
var ssX = 0;
var ssY = 0;
var automa = 0;

function initSShip() {
    ssX = 400;
    ssY = 360;
}


function moveSShip() {
    if(key[37] > 0 && ssX > 60) ssX -= 20;
    if(key[39] > 0 && ssX < 1000) ssX += 20;
    if(key[38] > 0 && ssY > 40) ssY -= 20;
    if(key[40] > 0 && ssY < 680) ssY += 20;
    if(key[65] == 1) {
        key[65]++;
        automa = 1-automa;
    }
    if(automa == 0 && key[32] == 1) {
        key[32]++;
        setMissile(ssX+40, ssY, 40, 0);
    }
    if(automa == 1 && tmr%8 == 0) setMissile
(ssX+40, ssY, 40, 0);
    var col = "black";
    if(automa == 1) col = "white";
    fRect(900, 20, 280, 60, "blue");
    fText("[A]uto Missile", 1040, 50, 36, col);
    drawImgC(1, ssX, ssY);
}
```

弾の自動発射のための変数

自機の座標に初期値を代入する関数

自機を動かす関数

Aキーが押されたら

自動発射のON/OFFを切り替える

自動発射OFFかつスペースキーが押されたら

弾を発射

自動発射ONかつtmr%8が0なら
弾を発射

画面右上に[A]uto Missileと表示する
自動発射ONなら文字の色を白に

　fRect(x, y, w, h, 色)はWWS.jsに備わった塗り潰した矩形を描く関数です。
　fText(文字列, x, y, フォントの大きさ, 色)はWWS.jsに備わった文字列を表示する関数で、(x,y)が文字列の中心座標になります。

◆ 変数の説明 ◆

tmr	ゲーム内のタイマー
automa	弾の自動発射のON,OFFを管理

Aキーが押された時に automa = 1-automa という式で、automaの値が0であれば1に、1であれば0にします。そして

- ・automaが0かつスペースキーが押されたら弾を撃つ
- ・automaが1かつタイマー用変数tmrの値を8で割った余りが0なら弾を撃つ

「tmr%8 == 0」の
8を2にすれば・・・
ほぼ"16連射"になるね・・・

という処理を行っています。

このプログラムにはtmrというタイマー用の変数を追加しています。メインループのmainloop()関数にtmr++と記述し、tmrの値を常にカウントアップします。この変数を用いて、自動発射ONの時に次の表の太字のタイミング (tmr%8 == 0) で弾を発射します。

表2-5-1 tmrの値と自動発射のタイミング

$1\to2\to3\to4\to5\to6\to7\to\mathbf{8}\to9\to10\to11\to12\to13\to14\to15\to\mathbf{16}\to17\to18\to19\to20\to21\to22\to23\to\mathbf{24}\to25\cdots$

スマートフォン対応として [A]uto Missile の表示をタップすることでもON/OFFを切り替えられるようにしますが、それは2-12で組み込みます。

昔は、キーを連打する
シューティングゲームのやりすぎで、
キーをすり減らしたり、
壊してしまう人がたくさんいたらしいよ～！

2-6

敵機を動かす

◆ ◆ ◆ ◆ ◆ ◆ ◆ ◆

いよいよ敵機を登場させます。プログラムを確認する前に、ソフトウェア開発におけるポイントをお話しし、どのような方針で敵機の処理を組み込むかを説明します。

無駄のないプログラムについて

コンピュータの**プログラム**は**なるべくシンプル**に**無駄なく記述**すべきです。冗長なプログラムは簡潔に記述したものに比べ可読性が悪く、バグが発生する恐れが増します。

ここでは**敵の機体と弾の処理を1つのルーチンで行うテクニックを学ぶ**ことで、無駄のないプログラムへの理解を深めて頂きます。

このテクニックを使えば、機体と弾を別々に管理せずに済み、更に2-11で組み込むパワーアップアイテムも、同じ処理に入れることができます。敵とアイテムを1つの関数で処理しても可読性が悪くなることはありません。むしろプログラム全体が短くなるため可読性はよくなります。

HINT　商用のゲームソフト開発

商用のゲームソフト開発では、**オブジェクト指向**と呼ばれるプログラムの書き方で、自機、自機の撃つ弾、敵機、敵の弾、パワーアップアイテム、画面上の障害物など、ゲームに登場する全ての物体を管理する**クラス**というものを定義し、そのクラスから作り出した**オブジェクト**と呼ばれるもので、物体一式を管理することが多いでしょう。ですが初心者がゲーム制作を学ぶには、その方法は難しいので、本書では**手続き型**と呼ばれる書き方で、自機をssX、ssYという変数で動くようにし、次に自機の弾をmslX[]、mslY[]という配列で管理し、これから組み込む敵の機体と弾をobjX[]、objY[]という配列で管理するという流れで制作を進めます。なお、オブジェクト指向とクラスについては、本書の最後、7章と8章で作るロールプレイングゲームの開発の際に解説し、実際にプログラミングで使用します。

敵を出現させる

敵機が出現するプログラムを確認した後、敵が弾を撃つようにします。敵機の管理は自機の撃つ弾と同様に、座標を管理する配列や、出現しているかどうかを管理する配列を用いて行います。

敵機が登場する様子とプログラムを確認します。

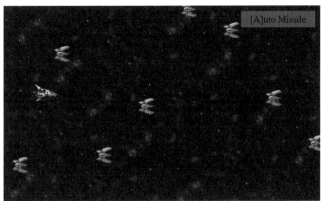

図2-6-1 動作画面

このプログラムでは自機と敵機が接触しても何も起きません。衝突したことの判定（ヒットチェック）は2-7と2-8で組み込みます。

◆ 用いる画像

enemy1.png

setup()関数内に loadImg(5, "image/enemy1.png"); と記述して読み込みます。

◆ ソースコード stg0206_1.js より抜粋

■ 物体（敵機）を管理する配列、及び、配列を初期化する関数

```
var OBJ_MAX = 100;
var objX = new Array(OBJ_MAX);
var objY = new Array(OBJ_MAX);
var objXp = new Array(OBJ_MAX);
var objYp = new Array(OBJ_MAX);
var objF = new Array(OBJ_MAX);
var objNum = 0;

function initObject() {
    for(var i=0; i<OBJ_MAX; i++) objF[i] = false;
    objNum = 0;
}
```

最大いくつの物体を動かすかを定数とする
複数の物体を管理するため、Array()命令で
配列を用意する

配列を初期化する関数
ここで初期化するのは物体が出現して
いるかを管理する配列だけでよい

■ 物体（敵機）をセットする関数

```
function setObject(x, y, xp, yp) {
    objX[objNum] = x;
    objY[objNum] = y;
    objXp[objNum] = xp;
    objYp[objNum] = yp;
    objF[objNum] = true;
    objNum = (objNum+1)%OBJ_MAX;
}
```

物体をセットする関数
配列に座標と移動量を代入

物体が出現した状態とする（true）
次の要素に代入するための値を計算

■ 物体（敵機）を動かす関数

```
function moveObject() {
    for(var i=0; i<OBJ_MAX; i++) {
        if(objF[i] == true) {
            objX[i] = objX[i] + objXp[i];
            objY[i] = objY[i] + objYp[i];
            drawImgC(5, objX[i], objY[i]);
            if(objX[i] < 0) objF[i] = false;
        }
    }
}
```

物体を動かす関数
for文で配列の要素全てを調べる
物体が出現した状態なら
座標を変化させる

物体を描く
画面から出たら、出現していない状態にする

■ 敵を出現させるメインループ内のコード（太字部分）

```
var tmr = 0;
function mainloop(){
    tmr++;
    drawBG(1);
    moveSShip();
    moveMissile();
    if(tmr%10 == 0) setObject(1200, rnd(700), -12, 0);
    moveObject();
}
```

タイマー用の変数を使い、tmr%10==0の
タイミングで敵機を出現させる

◆ 変数と配列の説明 ▶

OBJ_MAX	最大いくつの物体を管理するか
objX[], objY[]	物体の（X,Y）座標
objXp[], objYp[]	物体のX軸、Y軸方向の座標の変化量（ドット数）
objF[]	物体が出現しているか
objNum	物体のデータを配列に代入する時に用いる

　initObject()関数はsetup()関数内に記述し、起動時に実行しておきます。

　setObject()関数で敵機をセットします。この関数の引数は、出現時の(X,Y)座標、X軸方向とY軸方向の座標の変化量（1フレームごとに移動するドット数）です。メインループ内でこの関数を一定間隔で実行し、敵機を出現させています。

　出現した敵機はmoveObject()関数で移動します。moveObject()関数はメインループに記述し、

毎フレーム実行します。moveObject()関数はobjF[]の値がtrueなら敵を動かし、画面から出たらobjF[]をfalseにします。

敵機が弾を撃つようにする

setObject()とmoveObject()の2つの関数を改良し、敵の機体だけでなく弾も管理できるようにします。敵が弾を撃つ様子とプログラムを確認後に、どのように改良したかを説明します。

◆ **動作の確認** stg0206_2.html

図2-6-2 動作画面

◆ **用いる画像**

enemy0.png

setup()関数に loadImg(4, "image/enemy0.png"); と記述して読み込みます。

◆ **ソースコード** stg0206_2.js より抜粋

■ 物体（敵機）を管理する配列　物体の種類と画像番号用の配列（太字部分）

```
var objType = new Array(OBJ_MAX);//0=敵の弾  1=敵機
var objImg = new Array(OBJ_MAX);
var objX = new Array(OBJ_MAX);
var objY = new Array(OBJ_MAX);
var objXp = new Array(OBJ_MAX);
var objYp = new Array(OBJ_MAX);
var objF = new Array(OBJ_MAX);
```

物体の種類を管理する配列を追加
物体の画像番号を管理する配列を追加

■物体（敵機と弾）をセットする関数で、種類と画像番号を代入できるようにする（太字部分）

```
function setObject(typ, png, x, y, xp, yp) {
    objType[objNum] = typ;
    objImg[objNum] = png;
    objX[objNum] = x;
    objY[objNum] = y;
    objXp[objNum] = xp;
    objYp[objNum] = yp;
    objF[objNum] = true;
    objNum = (objNum+1)%OBJ_MAX;
}
```

setObject()関数の2つの引数を追加
配列に物体の種類を代入
配列に物体の画像番号を代入

■物体（敵機と弾）を動かす関数に敵機が弾を撃つコードを追加（太字部分）

```
function moveObject() {
    for(var i=0; i<OBJ_MAX; i++) {
        if(objF[i] == true) {
            objX[i] = objX[i] + objXp[i];
            objY[i] = objY[i] + objYp[i];
            drawImgC(objImg[i], objX[i], objY[i]);
            if(objType[i] == 1 && rnd(100) < 3) setObject(0, 4,
objX[i], objY[i], -24, 0);
            if(objX[i] < 0) objF[i] = false;
        }
    }
}
```

物体が敵機ならランダムに
弾を発射

◆ 配列の説明

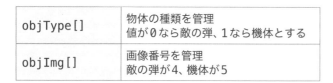

物体の種類を表す配列があれば、
敵の弾と機体をまとめて管理できるね～！

objType[]	物体の種類を管理 値が0なら敵の弾、1なら機体とする
objImg[]	画像番号を管理 敵の弾が4、機体が5

　objType[]とobjImg[]という2つの配列を追加し、objType[]で物体の種類を、objImg[]で画像番号を管理します。setObject()関数にはobjType[]とobjImg[]へ値を代入するための引数を追加しています。

　このプログラムは確認用として敵機がランダムに弾を撃ちます。moveObject()関数内の次のif文が弾を撃つコードです。

```
if(objType[i] == 1 && rnd(100) < 3) setObject(0, 4, objX[i], objY[i], -24, 0);
```

　objType[]が1（敵の機体）なら100分の3の確率で弾を撃ちます。弾の発射もsetObject()関数で行っていることがポイントです。

2-7

敵機を撃ち落とせるようにする

◆ ◆ ◆ ◆ ◆ ◆ ◆ ◆ ◆

自機から発射した弾で、敵機を撃ち落とせるようにします。それを行うには、物体同士のヒットチェック（衝突判定）について理解する必要があります。ヒットチェックはゲーム開発に必要な技術の1つです。一般的なヒットチェックの方法を説明した後、弾と敵機のヒットチェックを組み込みます。

ヒットチェックを理解しよう

ゲームに登場する複数の物体が接触しているかを調べることを、**ヒットチェック**（衝突判定あるいは接触判定）といいます。

ヒットチェックには色々なやり方がありますが、手軽にできる方法として、2つの矩形（長方形）が重なっているかを調べる方法と、2つの円が重なっているかを調べる方法があります。それぞれのヒットチェックの具体的なやり方を解説します。

矩形同士のヒットチェック

まず、2つの矩形が重なっているかを調べる方法を説明します。次のような矩形で考えます。

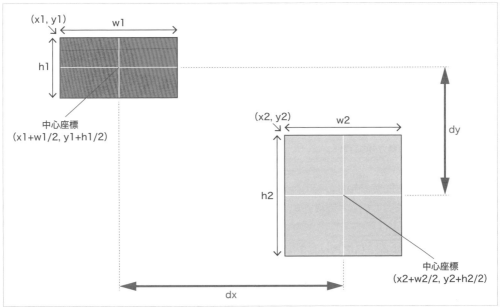

図2-7-1　2つの矩形

　それぞれの矩形の中心座標は、(x1+w1/2, y1+h1/2) と (x2+w2/2, y2+h2/2) です。中心間の X 軸方向の距離 dx と Y 軸方向の距離 dy は

```
dx = (x1+w1/2) - (x2+w2/2);
```

```
dy = (y1+h1/2) - (y2+h2/2);
```

と記述できます。

　この式では矩形の位置関係により、dx と dy の値はマイナスになったりプラスになったりするので、Math.abs() という絶対値を求める JavaScript の関数を用いて

```
dx = Math.abs((x1+w1/2) - (x2+w2/2));
```

```
dy = Math.abs((y1+h1/2) - (y2+h2/2));
```

とします。

　矩形が重なるのは dx < w1/2 + w2/2 かつ dy < h1/2 + h2/2 となる時です。初めてヒットチェックを学ぶ方は、この式がちょっと難しいと思いますので、dx の値がどのような時に重なるかを図示します。

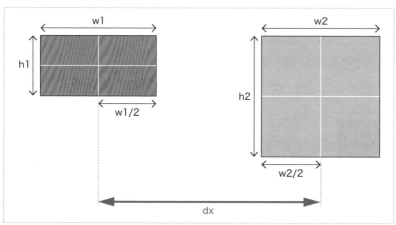

図 2-7-2　2 つの矩形の X 軸方向の距離

　この図から、dx の値が、赤い矩形の幅の半分＋青い矩形の幅の半分の値より小さければ重なることがわかります。Y 軸方向についても同様です。

　ただし、本書で制作する STG のヒットチェックは、矩形同士の判定ではなく、次に説明する 2 つの円の中心間距離を調べる方法で行いますが、矩形のヒットチェックは便利に使えるので、この方法で物体が接触していることを調べられると覚えておきましょう。

円同士のヒットチェック

次に、2つの円が重なっているかを調べる方法を説明します。次のような円で考えます。

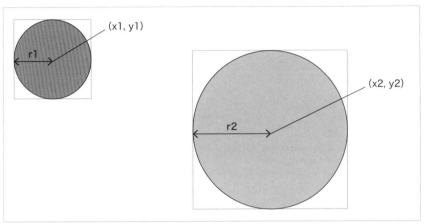

図2-7-3　2つの円

赤い円の中心座標は(x1, y1)で半径はr1、青い円の中心座標は(x2, y2)で半径はr2とします。

円同士のヒットチェックは中心間の距離（ドット数）を計算して行います。中心座標が何ドット離れているかは、数学で学ぶルートを用いた**二点間の距離の公式** $\sqrt{(x_1 - x_2)^2 + (y_1 - y_2)^2}$ で求めることができます。

この値が2つの円の半径の合計値r1+r2未満であれば円は重なります。JavaScriptではルートをMath.sqrt()という関数で計算します。円の中心座標間の距離disは

```
dis = Math.sqrt((x1-x2)*(x1-x2) + (y1-y2)*(y1-y2));
```

と記述でき、dis ＜ r1 + r2 が成立すれば円は重なっています。このヒットチェックも便利に使えるので覚えておきましょう。

さて、ゲーム開発エンジンWWS.jsにはgetDis(x1, y1, x2, y2)という二点間の距離を求める関数が用意されています。次にその関数を使って弾と敵機のヒットチェックを行います。

弾と敵機のヒットチェック

自機から発射した弾と敵機をヒットチェックし、弾が当たったら敵機を消す様子と、プログラムを確認します。

◆ **動作の確認**　stg0207.html

※動作画面は省略します。スペースキーで撃った弾が当たると敵機が消えることを確認してください。また自機の弾と敵が撃つ弾はヒットチェックが行われない（弾同士は衝突しても消えない）ことも確認しましょう。

◆**ソースコード** stg0207.js より抜粋

■**物体を動かす関数に、敵機と自機の撃った弾のヒットチェックのコードを追加（太字部分）**

```javascript
function moveObject() {
    for(var i=0; i<OBJ_MAX; i++) {
        if(objF[i] == true) {
            objX[i] = objX[i] + objXp[i];
            objY[i] = objY[i] + objYp[i];
            drawImgC(objImg[i], objX[i], objY[i]);
            if(objType[i] == 1 && rnd(100) < 3) setObject(0, 4, objX[i],
objY[i], -24, 0);
            if(objX[i] < 0) objF[i] = false;
            //自機が撃った弾とヒットチェック
            if(objType[i] == 1) {//敵機
                var r = 12+(img[objImg[i]].width+img[objImg[i]].height)/4;
                for(var n=0; n<MSL_MAX; n++) {
                    if(mslF[n] == true) {
                        if(getDis(objX[i], objY[i], mslX[n], mslY[n]) < r) {
                            objF[i] = false;
                        }
                    }
                }
            }
        }
    }
}
```

物体が敵機ならヒットチェックする
ヒットチェックの径（距離）をrに代入
for文で発射中の全ての弾を調べる

二点間の距離を求める関数を用いて
その距離がrの値未満なら敵機を消す

※このプログラムに新たな画像は用いていません。
※このプログラムに新たな変数は追加していません。

　敵の機体と弾を動かすmoveObject()関数内で、if(objType[i] == 1)という条件式で敵の機体だけをヒットチェックします。

　弾と敵機が何ドット未満なら当たったことにするかという値を次のように計算しています。

```javascript
var r = 12+(img[objImg[i]].width+img[objImg[i]].height)/4;
```

　弾を半径12ドットの円、敵機を半径(img[objImg[i]].width+img[objImg[i]].height)/4の円に見立てています。

　JavaScriptでは**画像を読み込んだ変数に.widthと.heightを記述して画像サイズを取得**できます。つまり画像サイズから簡易的に敵機のサイズを計算しているのです。図示すると次のようなイメージになります。

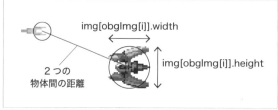

図2-7-4 **自機の弾と敵機のヒットチェック**

　本書で制作するSTGで画像サイズから簡易的に半径を決めているのは、2-10で敵の種類を増やす時に、画像を追加するだけでプログラム変更無しで済むようにする意味があります。

　さて、今のところ弾を当てた敵は単に消えてしまうので演出的に寂しいですが、2-9でエフェクト（爆発演出）を追加します。エフェクトが入ると見た目がぐっと楽しくなります。また2-10で敵の種類を増やす時に、弾を数発当てないと倒せない敵や、撃っても壊せない障害物を用意します。

Math.abs()で絶対値・・・
Math.sqrt()で平方根・・・
.widthと.heightで画像サイズを取得・・・
JavaScriptの知識も増えていく・・・

座標計算は数学の知識も必要だね！
中学校の教科書で復習しよ〜！

2-8

自機のエネルギーを組み込む

◆ ◆ ◆ ◆ ◆ ◆ ◆

このSTGは、**エネルギー制（ライフ制）**のルールを採用します。エネルギー制とは自機が敵機や敵の弾に触れるとエネルギーが減り、それが0になるとゲームオーバーとなるルールです。

残機制というルールもあります。残機制では、自機の手持ち数がいくつかあり、敵に接触するなどしてやられると1つ減り、それが無くなるとゲームオーバーになります。

業務用ゲーム機や市販ゲームソフトでは、残機とエネルギーを組み合わせたルールが一般的です。被弾したり敵機と接触したりするとエネルギーが減り、エネルギーが0になると残機が減り、残機が無くなるとゲームオーバーになります。本書ではゲーム開発初心者が理解しやすいように、エネルギー制だけを採用します。

無敵状態について

　自機がダメージを受けたら、一定時間、自機のヒットチェックを行わない仕組みも合わせて組み込みます。これはゲーム用語で**無敵状態**と呼ばれます。シューティングゲームやアクションゲームでは、ダメージを受けた時に無敵になる時間を設けないと、複数の敵に次々に接触してあっと言う間にゲームオーバーになってしまいかねません。無敵状態はアクション系のゲームを作る時に必須となる仕様です。

エネルギー制を組み込む

　まず、エネルギー制を組み込みます。ここでは敵に接触した時にエネルギーを減らすだけにし、エネルギーが無くなったらゲームオーバーにする処理は2-10で組み込みます。

　エネルギー量が表示され、敵機や弾に触れるとそれが減る様子と、プログラムを確認します。

◆ **動作の確認** stg0208.html

図2-8-1　動作画面

※このプログラムに新たな画像は用いていません。

エネルギー制だと
自機は1機だけ・・・
いのちをだいじに・・・

◆ **ソースコード** stg0208.js より抜粋

■ メインループ　太字がエネルギーの表示

```
function mainloop(){
    tmr++;
    drawBG(1);
    moveSShip();
    moveMissile();
    if(tmr%30 == 0) setObject(1, 5, 1200, rnd(700), -12, 0);
    moveObject();
    for(i=0; i<10; i++) fRect(20+i*30, 660, 20, 40, "#c00000");
    for(i=0; i<energy; i++) fRect(20+i*30, 660, 20, 40, colorRGB
(160-16*i, 240-12*i, 24*i));
}
```

for文で赤い枠を10個描く
for文でエネルギーの残量を描く

fRect(x, y, w, h, color)は矩形を描く関数、colRGB(r, g, b)は赤成分、緑成分、青成分の値を与えると色の文字列を返す関数で、共にWWS.jsに備わった関数です。

■ initSShip()関数でゲーム開始時にエネルギーの値を代入

```
function initSShip() {
    ssX = 400;
    ssY = 360;
    energy = 10;
}
```

ゲーム開始時のエネルギーの値

■ 自機を動かす関数に、無敵状態の時に自機が点滅するコードを追加（太字部分）

```
function moveSShip() {
    if(key[37] > 0 && ssX > 60) ssX -= 20;
    if(key[39] > 0 && ssX < 1000) ssX += 20;
    if(key[38] > 0 && ssY > 40) ssY -= 20;
    if(key[40] > 0 && ssY < 680) ssY += 20;
    if(key[65] == 1) {
        key[65]++;
        automa = 1-automa;
    }
    if(automa == 0 && key[32] == 1) {
        key[32]++;
        setMissile(ssX+40, ssY, 40, 0);
    }
    if(automa == 1 && tmr%8 == 0) setMissile(ssX+40,
ssY, 40, 0);
    var col = "black";
    if(automa == 1) col = "white";
    fRect(900, 20, 280, 60, "blue");
    fText("[A]uto Missile", 1040, 50, 36, col);
    if(muteki%2 == 0) drawImgC(1, ssX, ssY);
    if(muteki > 0) muteki--;
}
```

無敵状態の時に自機を点滅させるif文
mutekiの値が0より大きいなら1減らす

■ moveObject()関数では自機と敵をヒットチェックし、衝突したらエネルギーを減らす（太字部分）

```
function moveObject() {
    for(var i=0; i<OBJ_MAX; i++) {
        if(objF[i] == true) {
            objX[i] = objX[i] + objXp[i];
            objY[i] = objY[i] + objYp[i];
            drawImgC(objImg[i], objX[i], objY[i]);
            if(objType[i] == 1 && rnd(100) < 3) setObject(0, 4, objX[i], objY
[i], -24, 0);
            if(objX[i] < 0) objF[i] = false;
            //自機が撃った弾とヒットチェック
            if(objType[i] == 1) {//敵機
                var r = 12+(img[objImg[i]].width+img[objImg[i]].height)/4;
                for(var n=0; n<MSL_MAX; n++) {
                    if(mslF[n] == true) {
                        if(getDis(objX[i], objY[i], mslX[n], mslY[n]) < r) {
                            objF[i] = false;
                        }
                    }
                }
            }
            //自機とのヒットチェック
            var r = 30+(img[objImg[i]].width+img[objImg[i]].height)/4;
            if(getDis(objX[i], objY[i], ssX, ssY) < r) {
                if(objType[i] <= 1 && muteki == 0) {//敵の弾と自機
                    objF[i] = false;
                    energy--;
                    muteki = 30;
                }
            }
        }
    }
}
```

ヒットチェックの径（距離）の値をrに代入
二点間の距離を求める関数でヒットチェックする
接触したなら、エネルギーを減らし、一定時間、無敵状態にする

◆ 変数の説明 ▶

enemgy	エネルギーの量
muteki	無敵状態になっている時間

　エネルギーの表示はmainloop()関数内で行っています。WWS.jsに備わっている矩形を描くfRect()関数と、RGB値を返すcolorRGB()関数を使い、緑から青に変化するグラデーションの矩形を、変数energyの値の個数、描いています。

　moveObject()関数内で敵機や敵の弾と自機のヒットチェックを行います。ヒットチェックの距離は var r = 30+(img[objImg[i]].width+img[objImg[i]].height)/4; とし、自機を半径30ドットの円に見立てて判定しています。

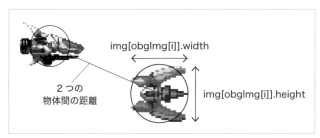

図2-8-2　自機と敵機のヒットチェック

ゲーム開発エンジンWWS.jsに備わっているgetDis()関数を使い、if(getDis(objX[i], objY[i], ssX, ssY) ＜ r)というif文でヒットチェックします。衝突したらエネルギー量を管理する変数energyの値を減らし、無敵状態を管理するmutekiに30を代入しています。mutekiの値が0より大きい間はヒットチェックを行いません。

自機を動かす関数moveSShip()では、mutekiの値が0より大きければ自機を点滅させ、その値を1減らします。点滅はif(muteki%2 == 0) drawImgC(1, ssX, ssY);というif文で行っています。敵と接触して30を代入したmutekiの値は、以後29→28→27→‥‥→2→1→0と減っていきます。muteki%2 == 0が成立するのはこの値が偶数の時です。これで1フレームおきに自機を点滅させることができます。

2-9

エフェクト（爆発演出）を組み込む

コンピュータゲームは演出面も大事です。様々な演出があることでゲームが盛り上がり、いっそう楽しいものになります。このSTGには敵機や自機が爆発するエフェクトを入れ、エフェクトプログラミングの基礎を学びます。

ゲームソフトのエフェクト

ゲームソフトではキャラクターが相手を攻撃したり、ダメージを受ける時、またアイテムを使ったり、必殺技を発動する時などに様々なエフェクトが表示されます。

商用のゲームソフト開発では、開発環境に付属するツールや、エフェクト制作専門のツールなどでエフェクトを用意します。

一方、趣味のゲーム制作では、プログラマーが自らエフェクトをプログラミングすることが多いでしょう。エフェクトのプログラムを自分で組む込むことも、ゲーム開発の技術力を増やす手段の1つです。

好きな時にエフェクトを表示する

画面のどこに何のエフェクトを表示するかを指定できる関数を用意し、それを呼び出せばエフェクトが自動的に表示されると便利です。

このSTGではエフェクトは爆発演出のみとします。座標を指定すれば、そこに爆発の画像が自動的に表示されるプログラムを用意します。

敵機を撃った時に爆発演出が表示される様子と、プログラムを確認します。

◆ 動作の確認　stg0209.html

図2-9-1　実行画面

派手な爆発エフェクトも
単純図形の組み合わせなのね・・・

◆ 用いる画像

explode.png

setup()関数に loadImg(3, "image/explode.png"); と記述して読み込みます。

◆ ソースコード　stg0209.js より抜粋

■エフェクトを管理する配列、及び、配列を初期化する関数

```
//エフェクト（爆発演出）の管理
var EFCT_MAX = 100;
var efctX = new Array(EFCT_MAX);
var efctY = new Array(EFCT_MAX);
var efctN = new Array(EFCT_MAX);
var efctNum = 0;

function initEffect() {
    for(var i=0; i<EFCT_MAX; i++) efctN[i] = 0;
    efctNum = 0;
}
```

エフェクトの最大数を定数で定義
複数のエフェクトを管理するため
Array()命令で配列を用意する

配列を初期化する関数
初期化するのはエフェクトの番号を
管理する配列だけでよい

■エフェクトをセットする関数

```
function setEffect(x, y, n) {
    efctX[efctNum] = x;
    efctY[efctNum] = y;
    efctN[efctNum] = n;
    efctNum = (efctNum+1)%EFCT_MAX;
}
```

エフェクトをセットする関数
配列に座標を代入

配列に表示開始の絵の番号を代入
次の要素に代入するための値を計算

■エフェクトを表示する関数

```
function drawEffect() {
    for(var i=0; i<EFCT_MAX; i++) {
        if(efctN[i] > 0) {
            drawImgTS(3, (9-efctN[i])*128, 0, 128, 128,
efctX[i]-64, efctY[i]-64, 128, 128);
            efctN[i]--;
        }
    }
}
```

エフェクトを表示する関数
for文で配列の要素全てを調べる
表示する番号がセットされていたら
爆発画像の該当する絵を画面に描く

絵の番号を次の値にする

drawImgTS(画像番号, 画像上の(x,y)座標, 幅, 高さ, キャンバス上の(x,y)座標, 幅, 高さ)は、WWS.jsに備わった画像を切り出したり拡大縮小したりして表示する関数です。

■ moveObject()関数内にsetEffect()の実行を追加（太字部分）

```
//自機が撃った弾とヒットチェック
if(objType[i] == 1) {//敵機
    var r = 12+(img[objImg[i]].width+img[objImg[i]].height)/4;
    for(var n=0; n<MSL_MAX; n++) {
        if(mslF[n] == true) {
            if(getDis(objX[i], objY[i], mslX[n], mslY[n]) < r) {
                setEffect(objX[i], objY[i], 9);
                objF[i] = false;
            }
        }
    }
}
```

ヒットチェック時に
エフェクトをセット

◆ 変数の説明 ▶

EFCT_MAX	最大いくつのエフェクトを表示するか
efctX[]、efctY[]	エフェクトの (X,Y) 座標
efctN[]	何番目の絵を表示するか
efctNum	エフェクトのデータを配列に代入する時に用いる

　エフェクトを管理する配列を初期化するinitEffect()関数はsetup()関数内に記述し、起動時に実行しておきます。

　setEffect()が爆発演出をセットする関数です。引数で座標と何番目の絵から表示を始めるかを指定できるようにしています。この関数はmoveObject()関数内で敵機が自機の弾に当たった時に呼び出します。

　drawEffect()がエフェクトを表示する関数で、メインループに記述して毎フレーム実行します。

　efctX[]とefctY[]で爆発演出を表示する座標、efctN[]で絵の番号を管理します。EFCT_MAXという定数でエフェクト用の配列の要素数を定め、今回は最大100個の演出を表示できるようにしています。efctNumという変数はエフェクトの配列に値を代入する時に用います。

　setEffect()関数とdrawEffect()関数を詳しく説明します。

　setEffect()関数ではefctN[]に引数で指定した値を代入します。ここでは9を入れています。

　drawEffect()関数ではefctN[]の値が1以上なら爆発の絵を表示します。efctN[]はエフェクト表示のフラグの役割も果たします。drawEffect()関数はefctN[]が9～1の間、次の絵を表示し、efctN[]の値を1減らします。これで自動的にエフェクトが表示される仕組みを実現しています。

effN[] の値	9	8	7	6	5	4	3	2	1
爆発の絵	●	○	―	○	○	○	○	○	○

絵の大きさはどれも幅128ドット、高さ128ドットです。9つの絵 (爆発パターン) をexplode.pngに横一列に並べてあり、その1枚の画像からdrawImgTS()関数で切り出して表示します。

　ここで確認したプログラムは9～1の爆発の画像を順に表示していますが、次の2-10のプログラムでは、敵機にダメージを与える時 (爆発前) は setEffect(objX[i], objY[i], 3) として3→2→1の画像を表示します。

2-10

色々な敵機を登場させる

◆ ◆ ◆ ◆ ◆ ◆ ◆ ◆ ◆

行動パターンの違う敵をいくつか用意すれば、ゲームの戦略性が増して、より面白くすることができます。
このSTGでは4種類の敵が出現するようにします。

敵の種類を増やす

このSTGに組み込む敵の種類は次のようになります。

表2-10-1　敵機の種類と特徴

	画像	弾を何発当てると壊せるか	動き
❶	enemy1.png	1	右から左に直線上を移動する
❷	enemy2.png	3	画面上下で跳ね返りながら移動する
❸	enemy3.png	5	高速で飛来し、弾を撃って飛び去る
❹	enemy4.png	破壊できない	右から左に直線上を移動する

　それぞれ動きに違いを出し、破壊するために弾を当てる回数も変えます。❹はいくら撃っても壊せない障害物とします。

　これらの敵が出現する様子とプログラムを確認します。❶から❹が同時に出てくるプログラムになっています。

◆ **動作の確認** stg0210.html

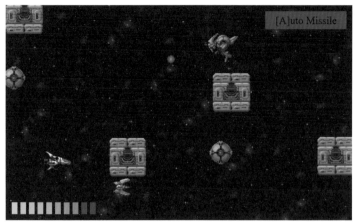

図2-10-1 実行画面

◆ **用いる画像**

表2-10-1の通りです。

setup()関数に for(var i=0; i<=4; i++) loadImg(4+i, "image/enemy"+i+".png"); と記述し、敵の弾を含め5枚の画像を読み込んでいます。

◆ **ソースコード** stg0210.js より抜粋

■ **物体をセットする関数　何発当てると壊せるかを引数で指定できるように変更（太字部分）**

```
function setObject(typ, png, x, y, xp, yp, lif) {
    objType[objNum] = typ;
    objImg[objNum] = png;
    objX[objNum] = x;
    objY[objNum] = y;
    objXp[objNum] = xp;
    objYp[objNum] = yp;
    objLife[objNum] = lif;
    objF[objNum] = true;
    objNum = (objNum+1)%OBJ_MAX;
}
```

引数を1つ追加

何発当てると壊せるかの値を配列に代入

■ **物体を動かす関数　敵の動きと、弾を当てた時の計算を追加（太字部分）**

```
function moveObject() {
    for(var i=0; i<OBJ_MAX; i++) {
        if(objF[i] == true) {
            objX[i] = objX[i] + objXp[i];
            objY[i] = objY[i] + objYp[i];
            if(objImg[i] == 6) {//敵2の特殊な動き
                if(objY[i] < 60) objYp[i] = 8;
                if(objY[i] > 660) objYp[i] = -8;
            }
```

敵2の動きを計算
Y座標が60より小さいなら下へ移動
Y座標が660より大きいなら上へ移動

つづく▶

86

```
            if(objImg[i] == 7) {//敵3の特殊な動き
                if(objXp[i] < 0) {
                    objXp[i] = int(objXp[i]*0.95);
                    if(objXp[i] == 0) {
                        setObject(0, 4, objX[i], objY[i], -20, 0, 0);
                        objXp[i] = 20;
                    }
                }
            }
            drawImgC(objImg[i], objX[i], objY[i]);//物体の表示
            //自機が撃った弾とヒットチェック
            if(objType[i] == 1) {//敵機
                var r = 12+(img[objImg[i]].width+img[objImg[i]].height)/4;
                for(var n=0; n<MSL_MAX; n++) {
                    if(mslF[n] == true) {
                        if(getDis(objX[i], objY[i], mslX[n], mslY[n]) < r) {
                            mslF[n] = false;
                            objLife[i]--;
                            if(objLife[i] == 0) {
                                objF[i] = false;
                                setEffect(objX[i], objY[i], 9);
                            }
                            else {
                                setEffect(objX[i], objY[i], 3);
                            }
                        }
                    }
                }
            }
            //自機とのヒットチェック
            var r = 30+(img[objImg[i]].width+img[objImg[i]].height)/4;
            if(getDis(objX[i], objY[i], ssX, ssY) < r) {
                if(objType[i] <= 1 && muteki == 0) {//敵の弾と敵機
                    objF[i] = false;
                    energy--;
                    muteki = 30;
                }
            }
            if(objX[i]<-100 || objX[i]>1300 || objY[i]<-100 || objY[i]>820)
objF[i] = false;
        }
    }
}
```

敵3の動きを計算
左へ移動しているなら
減速(X軸方向の移動量を減らす)
その値が0になったら
弾を撃ち
右へ飛び去らせる

敵機に弾を何発当てると壊せるかの
値を減らし、0になったら敵機を消す

壊れた時は爆発演出の表示を開始

壊れる前は簡素な爆発演出を表示

■ 4種類の敵を出現させる関数　mainloop()内でこの関数を呼び出す

```
function setEnemy() {
    if(tmr%60 ==  0) setObject(1, 5, 1300, 60+rnd(600), -16, 0, 1);//敵機1
    if(tmr%60 == 10) setObject(1, 6, 1300, 60+rnd(600), -12, 8, 3);//敵機2
    if(tmr%60 == 20) setObject(1, 7, 1300, 360+rnd(300), -48, -10, 5);//敵機3
    if(tmr%60 == 30) setObject(1, 8, 1300, rnd(720-192), -6, 0, 0);//障害物
}
```

敵機1を出すタイミング
敵機2を出すタイミング
敵機3を出すタイミング
障害物を出すタイミング

配列の説明

objLife[]	弾を何発当てると破壊できるか

setObject()関数にlifという引数を追加し、弾を何発当てると壊せるか（敵のライフ）を指定できるようにしています。

moveObject()関数を改良し、敵機を自機の弾とヒットチェックする時、弾が当たったらobjLife[]の値を減らし、0になったら消すようにしています。

破壊できない障害物は出現させる時にobjLife[]に0を代入します。0を代入すれば弾を当てた時にobjLife[]の値が-1になり、以後、ずっとマイナスの値のままです。そのためif(objLife[i] == 0)の条件式が成り立たず、いくら撃っても倒せないようになります。

敵の動きを計算している部分を抜き出して説明します。moveObject()関数内の次の記述です。

```
if(objImg[i] == 6) {//敵2の特殊な動き
    if(objY[i] < 60) objYp[i] = 8;
    if(objY[i] > 660) objYp[i] = -8;
}
if(objImg[i] == 7) {//敵3の特殊な動き
    if(objXp[i] < 0) {
        objXp[i] = int(objXp[i]*0.95);
        if(objXp[i] == 0) {
            setObject(0, 4, objX[i], objY[i], -20, 0, 0);
            objXp[i] = 20;
        }
    }
}
```

if(objImg[i] == 6)が青色の円形の敵、if(objImg[i] == 7)が緑色のメカの敵です。

青い敵機は画面上下でY軸方向の座標の変化量を変え、上下に跳ね返るようにしています。

緑色の敵機はobjXp[i] = int(objXp[i]*0.95)という式でX軸方向の座標の変化量を減らし、急ブレーキを掛けるような動きを表現しています。そしてこの値が0になったら弾を撃ち、objXp[i]に20を代入して右方向に飛び去らせています。int()は引数の小数部分を切り捨てて整数にするWWS.jsに備わった関数です。

このような簡単な計算で、様々な飛行パターンが作れることがわかると思います。

それから敵機を出現させるsetEnemy()という関数を用意しました。この関数をメインループで実行し、一定間隔で4種類の敵を出現させています。

２-１１

パワーアップアイテムを組み込む

◆ ◆ ◆ ◆ ◆ ◆ ◆ ◆ ◆

自機にヒットさせることで武器が強化されるパワーアップアイテムを組み込み、より本格的なシューティングゲームにします。様々な効果を持つパワーアップアイテムを入れると、ゲームはいっそう面白くなります。

強くなる快感

ゲームソフトの多くにはユーザーが操作する主人公やメカなどのキャラクターがパワーアップする要素が入っています。パワーアップ要素を入れる一番の理由は、キャラクターが強くなることでゲームがより楽しくなるからです。

私たちは現実の世界で、何かを練習するなどして、できなかったことができるようになると嬉しくなります。ゲームソフトでそれに近い感覚を体験させることができるのです。ゲームソフトではパワーアップ後に攻撃方法が派手になるなど、見た目の楽しさも加わります。

武器のパワーアップ

このSTGには次のような、エネルギー回復アイテムと武器の強化アイテムを入れます。

表2-11-1　アイテムの種類と効果

画像	効果
E item0.png	エネルギーが1メモリ回復する
M item1.png	発射される弾の数が8段階で増える
L item2.png	貫通レーザーを100発撃てるようになる

これらのアイテムが出現する様子とアイテムの効果、プログラムを確認します。

◆ **動作の確認** stg0211.html

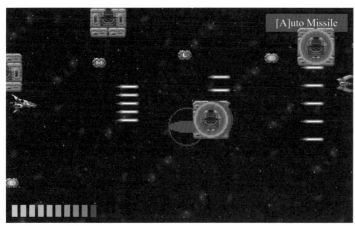

弾幕キター！

図2-11-1　動作画面

◆ **用いる画像**

表2-11-1の他に、レーザー弾の画像を用います。

laser.png

setup()関数に、

```
for(var i=0; i<=2; i++) loadImg(9+i, "image/item"+i+".png");
loadImg(12, "image/laser.png");
```

と記述して、これらの画像を読み込みます。

◆ **ソースコード** stg0211.js より抜粋

■ 複数の弾を一度に放つ関数

```
function setWeapon() {
    var n = weapon;
    if(n > 8) n = 8;
    for(var i=0; i<=n; i++) setMissile(ssX+40,
ssY-n*6+i*12, 40, int((i-n/2)*2));
}
```

複数の弾を一度に放つ関数
同時にいくつ撃つか
最大9個（0〜8）とする
for文でミサイルをセットする関数を実行

■ setWeapon()関数はmoveSShip()関数内で呼び出して弾を発射する（太字部分）

```
    if(automa == 0 && key[32] == 1) {
        key[32]++;
        setWeapon();
    }
    if(automa == 1 && tmr%8 == 0) setWeapon();
```

setMissile()を新たに定義したsetWeapon()
に変更

■ setMissile()関数を改良し、通常弾と貫通レーザーを管理する（太字部分）

```
function setMissile(x, y, xp, yp) {
    mslX[mslNum] = x;
    mslY[mslNum] = y;
    mslXp[mslNum] = xp;
    mslYp[mslNum] = yp;
    mslF[mslNum] = true;
    mslImg[mslNum] = 2;
    if(laser > 0) {//レーザー
        laser--;
        mslImg[mslNum] = 12;
    }
    mslNum = (mslNum+1)%MSL_MAX;
}
```

通常弾の画像番号を配列に代入
レーザー弾を撃てるなら
レーザー弾の数を1減らす
レーザー弾の画像番号を配列に代入

■ moveObject()関数内の敵機と自機の弾のヒットチェックに貫通レーザー用のif文を追加（太字部分）

```
//自機が撃った弾とヒットチェック
if(objType[i] == 1) {//敵機
    var r = 12+(img[objImg[i]].width+img[objImg[i]].height)/4;
    for(var n=0; n<MSL_MAX; n++) {
        if(mslF[n] == true) {
            if(getDis(objX[i], objY[i], mslX[n], mslY[n]) < r) {
                if(mslImg[n] == 2) mslF[n] = false;
                objLife[i]--;
                if(objLife[i] == 0) {
                    objF[i] = false;
                    setEffect(objX[i], objY[i], 9);
                }
                else {
                    setEffect(objX[i], objY[i], 3);
                }
            }
        }
    }
}
```

敵機とのヒットチェックで
通常弾であれば弾を消す

■ moveObject()関数内でアイテムと自機をヒットチェックし、アイテムを取ったらアイテム用の変数に値を代入（太字部分）

```
//自機とのヒットチェック
var r = 30+(img[objImg[i]].width+img[objImg[i]].height)/4;
if(getDis(objX[i], objY[i], ssX, ssY) < r) {
    if(objType[i] <= 1 && muteki == 0) {//敵の弾と敵機
        objF[i] = false;
        energy--;
        muteki = 30;
    }
    if(objType[i] == 2) {//アイテム
        objF[i] = false;
        if(objImg[i] == 9 && energy < 10) energy++;
        if(objImg[i] ==10) weapon++;
        if(objImg[i] ==11) laser = laser + 100;
    }
}
```

触れたものがアイテムなら
アイテムを消す
エネルギー回復アイテムの計算
弾の数が増えるアイテムの計算
レーザー弾のアイテムの計算

■アイテムを出現させる関数　mainloop()内でこの関数を呼び出す

```
function setItem() {
    if(tmr%90 ==  0) setObject(2,  9, 1300, 60+rnd(600), -10, 0, 0);// Energy
    if(tmr%90 == 30) setObject(2, 10, 1300, 60+rnd(600), -10, 0, 0);// Missile
    if(tmr%90 == 60) setObject(2, 11, 1300, 60+rnd(600), -10, 0, 0);// Laser
}
```

エネルギー回復アイテムを出す
弾の数が増えるアイテムを出す
レーザー弾のアイテムを出す

◆ 変数と配列の説明 ▶

weapon	スペースキーを押した時に一度に何発の弾が発射されるか
laser	貫通レーザーを撃てる回数
mslImg[]	弾の画像番号を管理する配列

　武器のパワーアップ用にweaponとlaserという変数を追加しました。それから通常弾（最初の弾）の他に貫通レーザーの画像を用いるので、弾の画像番号を管理するmslImg[]という配列を加えました。

　複数の弾を同時に発射するためにsetWeapon()という新たな関数を用意し、Mマークのアイテムを取ると、一度に発射される弾の数が増えるようにしています。この関数内の処理を抜き出して説明します。

```
var n = weapon;
if(n > 8) n = 8;
for(var i=0; i<=n; i++) setMissile(ssX+40, ssY-n*6+i*12, 40, int((i-n/2)*2));
```

　太字部分が発射した弾のY座標とY軸方向の変化量です。Y座標は複数の弾が縦に並ぶようにしています。Y軸方向の変化量は弾が飛んで行くと上下に少しずつ開いていくようにしています。

　この計算式がわかりにくい人のために、Mマークのアイテムを2つ取り（weaponの値は2）、弾が3発同時に撃てるようになった状態について考えてみましょう。3つの弾のY座標とY軸方向の変化量は、次のようになります。

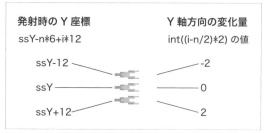

発射時の Y 座標	Y 軸方向の変化量
ssY-n*6+i*12	int((i-n/2)*2) の値
ssY-12	-2
ssY	0
ssY+12	2

図2-11-2　3発同時に撃つ時の値

　一度に撃ち出す弾の数は var n = weapon; if(n > 8) n = 8; とし、最大で9発までとしています。このif文を入れることで、Mマークのアイテムを9個以上取っても、9発より多くの弾が同時に発射されることはなくなります。

setMissile()関数には、貫通レーザーを撃てる回数（laserの値）が0より大きければ、画像番号用の配列に貫通レーザーの番号を入れるif文を追記しています。

アイテムは2-6で述べたように、moveObject()関数で敵機と同じルーチンで管理します。moveObject()関数で物体と自機をヒットチェックする時、if(objType[i] == 2)というif文でアイテムと触れたかを調べ、エネルギーを増やしたり武器を強化したりする変数に値を代入しています。

moveObject()関数には貫通レーザーのための記述も追加しました。敵機と自機の弾をヒットチェックする際、通常弾なら弾を消しますが、貫通レーザーなら消さないことで敵を貫通させます。

それからアイテムを出現させるsetItem()という関数を用意しました。この関数はメインループで呼び出し、毎フレーム実行します。このプログラムでは確認しやすいようにアイテムを次々に出現させていますが、完成版のプログラムではある程度間隔を空けて出すようにします。

何度も使う必要な処理は
関数として追加するんだね〜！

マジックナンバーについて

プログラミング用語にマジックナンバー（magic number）という言葉があります。マジックナンバーとは、プログラム内に直接記された数のことで、そのプログラムを作った本人は何の値かわかっているが、他の人が見てもすぐには何を意味するかわからない数をいいます。

商用のソフトウェア開発は複数のプログラマーが参加して行うことが多いので、他の人が見て理解できないマジックナンバーを用いるべきではありません。例えば、この節のプログラムは、通常弾とレーザー弾の番号を、

```
var IMAGE_NORMAL_MISSILE = 2;
var IMAGE_LASER = 12;
```

と定義し、その定数をプログラムに記述することで、よりわかりやすくなります。しかし本書では、プログラムの文字数を減らして読みやすくするため、一部マジックナンバーを用いています。

2-12

スマートフォンに対応させる

◆ ◆ ◆ ◆ ◆ ◆ ◆ ◆ ◆

スマートフォンのタップ入力で操作できるようにしましょう。ゲーム開発エンジンWWS.jsを用いると、パソコンのマウス操作とスマートフォンのタップ操作に簡単に対応させることができます。

タップした位置に自機を移動

タップした位置に自機を移動するプログラムを確認します。このプログラムはマウスでも操作できます。動作画面は省略しますが、次のHTMLを開き、画面をクリックするかタップして、その位置に自機が移動することを確認しましょう。

◆ 動作の確認 stg0212.html

※このプログラムに新たな画像は用いていません。
※このプログラムに新たな変数は追加していません。

◆ ソースコード stg0212.js より抜粋

■ 自機を動かす関数にタップ（クリック）操作の記述を追加（太字部分）

```
function moveSShip() {
    if(key[37] > 0 && ssX > 60) ssX -= 20;
    if(key[39] > 0 && ssX < 1000) ssX += 20;
    if(key[38] > 0 && ssY > 40) ssY -= 20;
    if(key[40] > 0 && ssY < 680) ssY += 20;
    if(key[65] == 1) {
        key[65]++;
        automa = 1-automa;
    }
    if(automa == 0 && key[32] == 1) {
        key[32]++;
        setWeapon();
    }
    if(automa == 1 && tmr%8 == 0) setWeapon();
    var col = "black";
    if(automa == 1) col = "white";
    fRect(900, 20, 280, 60, "blue");
    fText("[A]uto Missile", 1040, 50, 36, col);

    if(tapC > 0) {//タップ操作
        if(900<tapX && tapX<1180 && 20<tapY && tapY<80) {
            tapC = 0;
            automa = 1-automa;
        }
```

画面をタップしている時
[A]uto Missileの位置なら
tapCに0を代入
自動発射ON/OFFを切り替える

つづく

```
        else {
            ssX = ssX + int((tapX-ssX)/6);
            ssY = ssY + int((tapY-ssY)/6);
        }
    }

    if(muteki%2 == 0) drawImgC(1, ssX, ssY);
    if(muteki > 0) muteki--;
}
```

[A]uto Missileの位置でないなら
自機のX座標とY座標を
タップ位置に近付ける

tapX、tapY、tapCはゲーム開発エンジンWWS.jsに用意された変数です。タップ（クリック）した座標がtapX、tapYに代入され、画面をタップ（クリック）するとtapCが1になります。

moveSShip()関数にプログラムを追記し、[A]uto Missileの表示をタップすると弾の自動発射ON、OFFを切り替えできるようにしています。

タップした位置に自機を移動する計算が、次の2行です。

```
ssX = ssX + int((tapX-ssX)/6);
ssY = ssY + int((tapY-ssY)/6);
```

tapX-ssXとtapY-ssYは、タップ位置と自機がX軸方向、Y軸方向に何ドット離れているかという値です。それらを6で割った数をssXとssYに加えることで、自機がサーッとタップ位置に近付きます。このような簡単な計算で、自機がスマートに移動する操作感覚を実現できます。

このプログラムでは6で割っていますが、割る値を大きくすればゆっくり近付き、小さな値で割れば素早く近付くようになります。

HINT 楽しく開発しよう！

パソコンのキー入力でプレイしていたシューティングゲームが、たった数行のコードの追加だけでスマートフォンでも操作できるようになりました。また、パソコンのマウスのみでもプレイできます。ちなみに著者は、マウスで自機を移動しながら、スペースキー連打で弾を撃つスタイルでのプレイが一番、爽快に感じます。次の2-13でゲームが完成するので、ぜひその操作方法も試してみてください。

プログラミングはアイデア次第で、実はそれほど複雑な処理をせずとも、色々なことが実現できます。ここで行ったスマートフォン対応で、それをおわかり頂けたでしょうか。本書ではこの先も、著者が長年、ゲームソフト開発で培ってきたテクニックを余すことなくお伝えします。

ただ、開発初心者の方は、本書の途中で難しい内容にぶつかることがあるかもしれません。そのような時、すぐに理解しようと頭を悩ませる必要はありません。解説の概要を眺めたら、難しい箇所に付箋紙を貼るなどしてどんどん先へ進みましょう。プログラミングの力が増えてくると、それまでわからなかったことが自然とわかるようになってくるので、わからない箇所は一通り学んだ後で復習するようにしましょう。ぜひ楽しみながら本書を読み進めてください。

2 - 13

シューティングゲームの完成

◆ ◆ ◆ ◆ ◆ ◆ ◆ ◆

タイトル画面→ゲームをプレイ→ゲームオーバーという一連の流れを組み込み、シューティングゲーム
を完成させます。完成させるに当たり、一定距離を進むとステージクリアとし、2周目が始まるように
します。2周目以降は、敵機により多くの弾を当てないと倒せないようにします。また、BGMを追加し
ます。**それからゲームソフトは見た目の楽しさも大切**ですので、画面の下側に立体の地面がスクロール
する様子を追加します。

ゲームの難易度について

このSTGはゲーム制作の学習用のプログラムなので、難易度を低めに設定してあります。難易度は
ゲームの面白さに直結するので、2-14で改めて説明します。

ゲームのクリア条件について

ゲームクリア（ステージクリア）となる条件は、ゲームによって様々です。一般的なクリア条件をい
くつか挙げてみます。

❶ゴールに到達する
❷最後に出現するボスを倒す
❸ステージ内にある必要なものを全て回収する

このSTGのクリア条件は❶とし、ゲームをスタートして一定距離進むとステージクリアとします。
そのプログラミング方法ですが、実はとても簡単で、ゲーム開始時にタイマー用の変数tmrの値を0
にします。tmrの値はメインループでカウントし続けているので、ゲーム開始後、どれくらいの時間が
経過したかがわかります。tmrが一定の値に達したらクリアとすればよいのです。

完成版の動作確認

STGの完成版の動作とプログラムを確認します。タイトル画面→ゲームをプレイ→ゲームオーバー
という流れの組み込み方は、動作確認後に説明します。

◆ **動作の確認** stg.html

※前節までのようにstg02**.htmlでなく、単にstg.htmlというファイル名です。

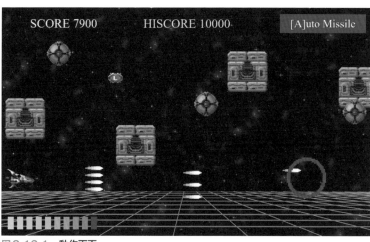

図2-13-1 動作画面

◆ソースコード stg.js より抜粋

■ mainloop()関数 メインループの中で switch case で場面ごとに処理を分ける（太字部分）

```
function mainloop(){
    tmr++;
    drawBG(1);
    switch(idx) {
        case 0://タイトル画面
        drawImg(13, 200, 200);
        if(tmr%40 < 20)fText("Press [SPC] or Click to start.", 600, 540, 40, "cyan");
        if(key[32]>0 || tapC>0) {
            initSShip();
            initObject();
            score = 0;
            stage = 1;
            idx = 1;
            tmr = 0;
            playBgm(0);
        }
        break;

        case 1://ゲーム中
        setEnemy();
        setItem();
        moveSShip();
        moveMissile();
        moveObject();
        drawEffect();
        for(i=0; i<10; i++) fRect(20+i*30, 660, 20, 40, "#c00000");
        for(i=0; i<energy; i++) fRect(20+i*30, 660, 20, 40, colorRGB(160-16*i, 240-12
*i, 24*i));
        if(tmr < 30*4) fText("STAGE "+stage, 600, 300, 50, "cyan");
        if(30*114 < tmr && tmr < 30*118) fText("STAGE CLEAR", 600, 300, 50, "cyan");
        if(tmr == 30*120) {
            stage++;
            tmr = 0;
```

タイトル画面の
処理

BGMの出力

ゲームをプレイ
する処理

つづく

```
        }
        break;

        case 2://ゲームオーバー
        if(tmr < 30*2 && tmr%5 == 1) setEffect(ssX+rnd(120)-60, ssY+rnd(80)-40, 9);
        moveMissile();
        moveObject();
        drawEffect();
        fText("GAME OVER", 600, 300, 50, "red");
        if(tmr > 30*5) idx = 0;
        break;

    }
    fText("SCORE "+score, 200, 50, 40, "white");
    fText("HISCORE "+hisco, 600, 50, 40, "yellow");
}
```

ゲームオーバー
時の処理

スコアの表示
ハイスコアの表示

■背景をスクロールする関数に、立体的な地面を描くコードを追加 (太字部分)

```
function drawBG(spd) {
    bgX = (bgX + spd)%1200;
    drawImg(0, -bgX, 0);
    drawImg(0, 1200-bgX, 0);
    var hy = 580;//地面の地平線のY座標
    var ofsx = bgX%40;//縦のラインを移動させるオフセット値
    lineW(2);
    for(var i=1; i<=30; i++) {//縦のライン
        var tx = i*40-ofsx;
        var bx = i*240-ofsx*6-3000;
        line(tx, hy, bx, 720, "silver");
    }
    for(var i=1; i<12; i++) {//横のライン
        lineW(1+int(i/3));
        line(0, hy, 1200, hy, "gray");
        hy = hy + i*2;
    }
}
```

横方向の線を描く最初の位置
画面を進んでいく表現をするための変数
線の太さを指定
繰り返しで縦の線を描く
線の奥側のX座標
線の手前側のX座標
2点間に線を描く

繰り返しで横の線を描く
線の太さを指定
横線を描く
線の位置を画面下にずらしていく

■敵機を出現させるsetEnemy()関数

P.100の「敵機の出現パターンについて」で説明するので、ソースコード横の簡易説明は省きます。

```
function setEnemy() {
    var sec = int(tmr/30);//経過秒数
    if( 4<= sec && sec <10) {
        if(tmr%20 == 0) setObject(1, 5, 1300, 60+rnd(600), -16, 0, 1*stage);//敵機1
    }
    if(14<= sec && sec <20) {
        if(tmr%20 == 0) setObject(1, 6, 1300, 60+rnd(600), -12, 8, 3*stage);//敵機2
    }
    if(24<= sec && sec <30) {
        if(tmr%20 == 0) setObject(1, 7, 1300, 360+rnd(300), -48, -10, 5*stage);//敵機3
    }
    if(34<= sec && sec <50) {
        if(tmr%60 == 0) setObject(1, 8, 1300, rnd(720-192), -6, 0, 0);//障害物
    }
    if(54<= sec && sec <70) {
```

つづく

```
        if(tmr%20 == 0) {
            setObject(1, 5, 1300,  60+rnd(300), -16,  4, 1*stage);//敵機1
            setObject(1, 5, 1300, 360+rnd(300), -16, -4, 1*stage);//敵機1
        }
    }
    if(74<= sec && sec <90) {
        if(tmr%20 == 0) setObject(1, 6, 1300, 60+rnd(600), -12, 8, 3*stage);//敵機2
        if(tmr%45 == 0) setObject(1, 8, 1300, rnd(720-192), -8, 0, 0);//障害物
    }
    if(94<= sec && sec <110) {
        if(tmr%10 == 0) setObject(1, 5, 1300, 360, -24, rnd(11)-5, 1*stage);//敵機1
        if(tmr%20 == 0) setObject(1, 7, 1300, rnd(300), -56, 4+rnd(12), 5*stage);//敵機3
    }
}
```

◆ **変数の説明**

idx	ゲームの進行を管理
tmr	ゲーム内の時間を管理
score	スコアの値
hisco	ハイスコアの値
stage	ステージ数

本格的なゲームができたよ・・・
すごい達成感を感じる・・・

ゲームソフトには一般的に、タイトル画面、実際にゲームをプレイする画面、ゲーム結果が表示される画面という、3つの大きなシーンが存在します。このようなゲーム全体の流れを管理するには2つの変数を用います。これを**インデックス(index)とタイマー(timer)によるゲーム進行管理**という言葉で説明します。なおインデックスの代わりに、シーン(scene)という言葉を用いることもあります。

インデックスとタイマーで進行を管理

このSTGのプログラムはidxとtmrという2つの変数でゲーム全体の流れを管理しています。idxの値がいくつの時にどのシーンを管理するかを、表で示します。

表2-13-1　**インデックスによるゲーム進行管理**

idx の値	どのシーンか
0	タイトル画面
1	ゲームをプレイする画面
2	ゲームオーバー画面

タイトル画面でスペースキーを押すか画面をタップした時、各種の変数に必要な値を代入し、idxの値を1にしてゲームに移行します。その際tmrの値を0にしておきます。

ゲーム中は自機のエネルギーが0になったらidxを2にしてゲームオーバー画面に移行します。その際もtmrの値を0にします。

ゲームオーバー画面ではGAME OVERの文字を表示し、tmrが30*5を超えたらidxを0にしてタ

イトル画面に戻しています。30*5は30フレーム×5の意味で、5秒間ゲームオーバーの文字を表示しています。

　インデックスとタイマーを使うことで、このようにゲーム全体の流れを管理することができます。

ゲームクリアについて

　今回は、ゲームクリアの表示をidxの値が1のcase文の中で

```
if(30*114 < tmr && tmr < 30*118) fText("STAGE CLEAR", 600, 300, 50, "cyan");
```

という1行だけで行っています。このif文によって、ゲーム開始後114～118秒の間、ステージクリアの表示がされます。そしてその表示後、次のif文でステージ数を増やし、tmrを0に戻しています。

```
if(tmr == 30*120) {
    stage++;
    tmr = 0;
}
```

　こうして再び一定距離進むとステージ2クリアとなります。以後、ステージ3、ステージ4と同じことを繰り返し、自機がやられない限りゲームが続くようになっています。

　なるべくプログラムを短くするためにステージクリアの処理を分けませんでしたが、idxの値3でクリア時の処理を記述してもよいでしょう。

　ステージ2以降は敵機を落とすのに必要な弾を当てる回数を増やしています。具体的には敵機をセットするsetObject()関数の引数の式（次の太字部分）で、ステージが進むほどより多く弾を当てないと破壊できないようにしています。

```
setObject(1, 7, 1300, 360+rnd(300), -48, -10, 5*stage);
```

敵機の出現パターンについて

　setEnemy()関数で敵の出現パターン（どの敵をどのタイミングで出すか）を管理しています。この関数の初めに記述したvar sec = int(tmr/30)という式で、変数secにゲーム開始からの経過時間（秒数）を代入します。そしてsecの値に応じて各種の敵を出現させています。その際、setObject()関数を毎フレーム実行すると出現しすぎるので、if(tmr%** == 0)という条件式で敵の出現するタイミングを調整しています。

　敵機がどのように出現するかで、ゲームの難易度が変わり、面白さも変化します。STGが得意な方は、もっとたくさんの敵が出るようにするなど、setEnemy()関数の中身を書き換えて試してみましょう。

立体的に見える地面の描画方法

　drawBG()関数に以下の記述を追加し、地面が立体的にスクロールする様子を表現しています。

```
var hy = 580;//地面の地平線のY座標
var ofsx = bgX%40;//縦のラインを移動させるオフセット値
lineW(2);
for(var i=1; i<=30; i++) {//縦のライン
    var tx = i*40-ofsx;
    var bx = i*240-ofsx*6-3000;
    line(tx, hy, bx, 720, "silver");
}
for(var i=1; i<12; i++) {//横のライン
    lineW(1+int(i/3));
    line(0, hy, 1200, hy, "gray");
    hy = hy + i*2;
}
```

lineW()は線の太さを指定するWWS.jsに備わった関数で、line(x1, y1, x2, y2, color)が線を引く関数です。

縦のラインは、奥と手前のX座標を計算して線で結びますが、その計算に工夫があります。

- ・ofsx = bgX%40 として変数ofsxに0から39まで繰り返される数を代入
- ・奥のX座標は tx = i*40-ofsx として40ドットずつずらす
- ・手前のX座標は bx = i*240-ofsx*6-3000 として240ドットずつずらす。

-3000はセンタリングするための計算

こうして(tx, 580)から(bx, 720)を結ぶと、手前ほど速く座標が変化する線が引けます。

横のラインは、描き始めるY座標をhy = 580として変数に代入しておき、下に行くほどhy = hy + i*2という式で線と線の間を広げながら横線を引いています。

簡易的な3Dの表現でよいなら、ここで説明した方法を使えば難しい計算は不要です。

BGMの追加

最後にBGMを追加する方法を説明します。

STGのプログラム（stg.html、stg.js、WWS.js）と同じ階層にsoundフォルダを作ります。その中にブラウザで再生できる形式の音楽ファイルを入れます。m4a、mp3、ogg形式が多くのブラウザで再生できる音楽ファイルです。本書ではm4a形式のファイルを用いています。

起動時に実行されるsetup()関数に、音楽ファイルを読み込むloadSound(番号, ファイル名)を記述します。

```
function setup(){
    〜
    loadSound(0, "sound/bgm.m4a");          音楽ファイルを読み込む
}
```

これでゲーム開発エンジンWWS.jsが、何かキーを押した時か画面をタップした時にファイルを読み込みます。キーを押した時か画面タップ時に読み込む理由は、スマートフォンのブラウザでは画面タップ時にしか音楽ファイルを扱えない仕様になっているからです（本書執筆時点）。

サウンドの出力はplayBgm()関数、停止はstopBgm()関数で行います。共にWWS.jsに備わった関数です。playBgm(番号)で出力した音楽は延々と繰り返し流れ続けます。stopBgm()に引数は不要です。

またWWS.jsには1回だけ音楽ファイルを流すplaySE(番号)という関数が用意されています。

複数の音楽ファイルを読み込むことができますが、BGMは1曲ずつ流すようにしてください。例えばplayBgm(番号)でゲームBGMを流し、ゲームオーバーになったらstopBgm()でBGMを止め、次にゲームオーバーのジングルをplaySE()で流すという手順です。

> 本格的なSTGが作れて
> ちょっと自信がついたかも～！

HINT　インデックスとタイマーでゲーム全体の流れを管理しよう

　ゲーム制作の解説で、タイトルを表示するフラグ変数を用意してタイトル画面を管理したり、ゲームオーバーになった時のフラグ変数を用意してゲームオーバーの文字を表示したりしているプログラムを見かけることがあります。シンプルなゲームならそのような作りでも問題ないですが、例えばステージセレクトを入れる、メニュー画面を追加するなどの仕様を増やしていくと、フラグによるゲーム進行管理では処理が煩雑になっていきます。ここで説明したように、インデックスとタイマーという2つの変数を用いて場面ごとにゲームの進行を管理すれば、後から仕様を追加しても、プログラムを混乱なく記述していくことができます。本格的なゲームを制作するのであれば、ここで説明した方法でゲーム進行を管理するとよいでしょう。

2-14

もっと面白くリッチなゲームにする

◆ ◆ ◆ ◆ ◆ ◆ ◆ ◆

前節まででシューティングゲームは完成しましたが、本節では、このシューティングゲームをより楽しく、リッチな内容に改良する方法について説明します。

案1) ボス機を登場させる

シューティングゲーム、アクションゲーム、ロールプレイングゲームなどには、必ずといっていいほど、大きなサイズのボスキャラが登場します。ボスキャラは何度も何度も攻撃しないと倒すことはできません。ボスキャラとの戦いには手に汗握る緊張感があり、倒せた時には大きな達成感を得ることができます。ゲームを盛り上げるためには、ボスキャラが必須であるともいえるでしょう。STGにもボス機を追加すれば、もっと面白くなります。

ボス機を追加するには、ゲームをスタートして何秒後にボスが登場するかを決めます。時間の計測はタイマー用の変数tmrの値で行うことができます。その方法はsetEnemy()関数に組み込み済みです。

ボス機に弾を何発当てると倒せるかは、setObject()関数の引数で指定できるので、例えば100発攻撃しないと倒せないようにします。

ボス機を倒せたらゲームクリアとし、演出を追加するなどすれば、より本格的なSTGに仕上がります。

案2) 敵機とアイテムの種類を増やす

ザコ機の種類を増やすことでも、ゲームは楽しくなります。新しい敵を追加するなら動きも変えましょう。**敵機の飛行パターンを増やす**ことで、自機をどのように動かせば敵を避けられるかという攻略要素が増えます。**攻略要素があるゲームは楽しい**ものです。逆に攻略要素が無いゲームは単調な作業になり、すぐに飽きてしまいます。

パワーアップアイテムを増やすことでも一層楽しくなります。STGには「敵を追い掛けるホーミングミサイル」「広範囲に爆風を放ち、一気に敵を殲滅できる大量破壊兵器」などが入っていることをご存知の方もいらっしゃるでしょう。**多彩な武器を用意**すればゲームが盛り上がります。

とはいえ、開発初心者の方が様々なタイプの武器を追加するのは難しいと思います。今回制作したSTGは、setWeapon()関数に手を加えるだけで、弾を撃ち出す方向などを変更できるので、まずはそのような改良から始めてはいかがでしょうか。

案3) 難易度選択を入れる

ゲームソフトは**難易度調整**が重要です。難易度調整は**バランス調整**とも呼ばれます。難易度は、ゲームの面白さに直結します。難しすぎればプレイするのが苦痛になり、逆に簡単すぎればすぐに飽きて

しまいます。

　それに対応できる仕組みが**難易度選択**です。ゲーム開始時に「Easy」「Normal」「Hard」などからゲームの難易度を選べるようにします。このSTGに難易度選択を入れるなら、難易度を管理する変数を用意し、難易度が高いほど敵を固くしたり（"固い"は攻撃を何発も当てないと倒せないというゲーム用語）、敵がより多くの弾を放つようにしたりすればよいでしょう。

案4）ゲーム用AI（自動難易度）を実装する

　みなさんはゲームの**自動難易度調整機能**という言葉をご存知でしょうか？　自動難易度調整機能が入っているゲームは、ユーザーの力量に応じて難易度が自動的に変化します。

　自動難易度調整機能は、ゲーム用のAI（人工知能）の一種です。AIと聞くと、人間らしく振る舞うNPC（ノンプレイヤーキャラクターの略、コンピュータが動かすキャラを意味する）を思い浮かべる方もいらっしゃるでしょう。そのようなキャラクターはご想像通りAIで動いています。そしてゲーム用のAIには様々なものがあり、難易度を自動調整する仕組みもAIの1つなのです。

　プログラミングの技術力がついてきた方は、自動難易度調整機能の組み込みに挑戦してはいかがでしょうか。例えば、今回制作したSTGであれば、エネルギーの残量を調べ、満タンに近いほど敵の攻撃を激しくします。激しい攻撃は、敵機の出現数を増やしたり、敵機が撃つ弾の数を増やしたりすることで実現できます。また、エネルギーが少なくなった時に回復アイテムを出やすくしてもよいでしょう。

　自動難易度調整機能を入れると、ゲームが得意でないユーザーも、上手なユーザーも、より多くの人たちがそのゲームを楽しめるようになります。

COLUMN
シューティングゲームの元祖

　シューティングゲームを語る時、忘れてはならない作品があります。それは「スペースインベーダー」です。スペースインベーダーは1978年にタイトーが発売した業務用のビデオゲームで、STGの元祖の1つです。ゲーム内容は、宇宙からの侵略者であるインベーダーが画面上から降りてくるので、砲台を左右に動かしミサイルを撃って倒すというものです。ミサイルは単発でしか発射できません。

　スペースインベーダーは大ヒットして社会現象を巻き起こし、多くの会社が模倣品を作りました。著作権に対する意識が希薄だった当時、中身をまるまるコピーしたようなものもたくさん出回ったそうです。小さな頃から大のゲーム好きだった著者は、少年時代に駄菓子屋でスペースインベーダーをプレイしましたが、あれは本当にタイトーの作品だったのだろうかと疑念を抱いています。ちなみに当時は駄菓子屋にも業務用ゲーム機が置かれていました。

　スペースインベーダーに似通ったゲームを総称して**インベーダーゲーム**と言います。インベーダーゲームは、集積回路と液晶表示部や発光素子でできた子供用玩具としても、色々なタイプのものが発売されました。当時の子供たちは誰もが一度くらいはインベーダーゲームを遊んだのではないでしょうか。

　スペースインベーダーのヒットは全国にたくさんのゲームセンターが作られるきっかけにもなりました。スペースインベーダーのヒット後、多くのゲームメーカーがオリジナルのシューティングゲームを作るようになり、STGは1980年代の人気ジャンルとなったのです。

第 3 章

◆ ◆ ◆ ◆ ◆ ◆ ◆ ◆

落ち物パズル

この章では、落ち物パズルの作り方を学びます。本書で制作する落ち物パズルは、同じブロックを3つ以上揃えて消すルールとします。そのようなタイプの落ち物パズルを作るには、ブロックが揃ったかどうかを判定するアルゴリズムが必要ですので、その方法をしっかり解説します。ブロックが揃ったことを判定できるようになれば、色々なパズルゲームを開発できます。

3-1

落ち物パズルとは

◆ ◆ ◆ ◆ ◆ ◆ ◆ ◆ ◆

落ち物パズルとは、画面の上から下へと落ちてくるブロックの絵柄を合わせ、消していくタイプのゲームを総称する言葉です。比較的単純な操作でプレイできるので、スマートフォン用のゲームが主流の現在でも、人気のあるゲームジャンルです。

落ちものパズルの歴史

　落ち物パズルの元祖であり、最も有名なゲームが「**テトリス**」です。テトリスは1980年代中頃にロシア（当時のソビエト連邦）の科学者が考案したゲームです。

　テトリスは80年代の終わりから、業務用ゲーム、家庭用ゲームソフト、パソコン用ソフトなど、多くのハードで発売され、一大ブームを巻き起こしました。現在も新しいゲーム機が出るたびに移植されています。

　テトリスは横1行をブロックでまんべんなく埋めれば、その行が消えるという比較的単純なルールになっています。絵柄（ブロックの色）を合わせると消えるというルールが定着したのは、1990年に発売されたコラムスという業務用ゲーム機からです。コラムスはテトリスに続いてヒットした落ち物パズルです。

　1990年代には多くのゲームメーカーが様々な落ち物パズルを発売しました。それから現在に至るまで、落ち物パズルは定番商品として安定した人気を誇っています。

かわいいイラストとボイスで人気をさらった
「ぷよぷよ」©SEGA

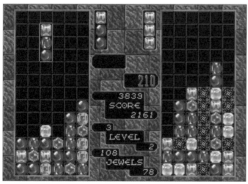

テトリスのルールに色合わせ要素を組み込んだ
「コラムス」©SEGA

マリオシリーズ初のパズルゲーム
「ドクターマリオ」©1990 Nintendo

版権キャラによるシリーズ作品が多数発売された
「進め！対戦ぱずるだま」
©Konami Digital Entertainment

シンプルルールで楽しめる積み上げゲームの元祖
「どうぶつタワーバトル」©Yuta Yabuzaki

　2000年代になり携帯電話が普及すると、落ち物パズルは携帯電話用のゲームとしても人気のジャンルとなりました。2010年代に普及したスマートフォンでも落ち物パズルは人気を博し、LINEのツムツムなどのヒット作品が生まれました。

　また、落ち物パズルから派生したジャンルとして、「どうぶつタワーバトル」や「つみネコ」など、物体をドラッグして積み上げていくゲーム（積み上げゲーム）も人気となりました。

　落ち物パズルはゲームメーカーだけが作っているものではありません。世界中の多くのクリエイターたちが様々な落ち物パズルを作り、ネットで配信しています。ブロックが揃ったことを調べるアルゴリズムを習得すれば、落ち物パズルは、比較的、容易に制作できるので、個人作者が作りやすいゲームジャンルなのです。

　この章で解説する、同じブロックが揃ったことを判定するアルゴリズムは、様々なパズルゲームに応用できます。

HINT　個人クリエイターが作るテトリスもどき

　1980年代終わりから1990年代前半に大ヒットしたテトリスは、ゲームメーカーが公式に開発、販売しただけではありません。当時、個人のクリエイターたちも盛んにテトリスに似たゲームを作りました。個人が作った"テトリスもどき"は、コンピュータ雑誌などにそのプログラムが掲載されました。

　その頃、理系の学生は関数電卓機能付きのポケットコンピュータ（以下、ポケコン）を購入し、授業で使っていました。著者は大学の理工学部に在籍していましたが、周りの学生達が、ポケコンにオリジナルのテトリス風ゲームのプログラムを入れて遊んでいたことを覚えています。2台のポケコンを手製の端子でつなぎ、一方からもう一方へソフトをコピーできました。誰かが作ったテトリスもどきが、そうやってコピーされて出回るほど、テトリスは大人気でした。

　著者もその当時、BASICというプログラミング言語でテトリスもどきを作りました。処理速度の遅いBASICではピース（ブロック）の落下速度に限界があり、友人に遊んでもらったところ、いつまで経ってもゲームオーバーにならず、実にゆるいゲームでした。またピースの回転方向が本家のテトリスと逆で、ブロックの回転がおかしいと笑われたことは、今ではよい青春の思い出です。

この章で制作するゲーム内容

本書では、落下してくる数種類のブロック（キャラクター）を3つ以上揃えて消す、定番商品の落ち物パズルを制作します。どのような内容のゲームを制作するかを見ていきましょう。

ゲーム画面

海がテーマの落ち物パズルです。タコやサカナが落ちてくるので、同じキャラクターを縦、横、斜めに3つ揃えて消します。以後はキャラクターを「ブロック」と称して説明します。

プレイヤーが操作するブロック

次に落ちてくるブロック

時間制とする

スマートフォンではこのアイコンをタップして操作する

図3-2-1　落ち物パズル「ウミウミ」

ルールと操作方法

ゲームルールと操作の仕方を説明します。

- ブロックは横に3つ並んだ状態で落ちてくる。
- 左右キーでブロックを左右に動かし、スペースキーでブロックを横に入れ替える。
- 下キーで一気に落とすことができる。
- 同じブロックが縦、横、斜めのいずれかに3つ以上揃うと消える。
- 消えたマスの上にあるブロックは落下し、別のブロックが再び揃うと、獲得できる点数が倍々に増える（連鎖）。

・ゲームは時間制とし、TIMEが0になるとゲームオーバー。

・ブロックが最上段まで積み上がった時もゲームオーバーになる。

・ブロックを消した時、5、10、15‥‥と5の倍数の個数を消すと、残り時間が増える。

・ブロックを消すごとに落下速度が速くなる。

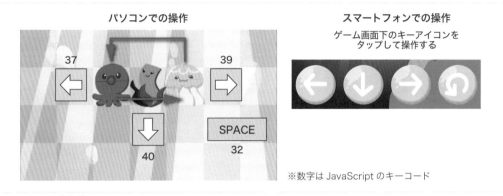

図3-2-2　操作方法

ゲームのフロー

　ゲーム全体の流れを示します。2章のシューティングゲームと同様に、タイトル画面→ゲームをプレイ→ゲームオーバーという流れでゲーム全体が進行します。

　ゲームの主要部分の流れを示します。

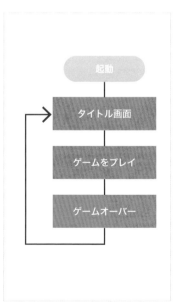

図3-2-3　全体の流れ

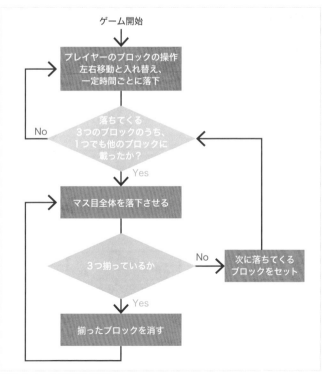

図3-2-4　主要部分の流れ

学習の流れ

フローに記した各処理を、次の表のように段階的に組み込みながら、落ち物パズルの制作方法を学びます。

表3-2-1　この章の学習の流れ

組み込む処理	どの節で学ぶか
マス目の管理（二次元配列）	3-3
プレイヤーのブロックの操作	3-4、3-5
画面全体のブロックを落下させる	3-6
ブロックが揃ったかの判定	3-7
揃ったブロックを消す	3-8
連鎖消し	3-9
スマートフォン対応	3-10
ゲーム全体の処理の流れ	3-11

制作に用いる画像

次の画像を用いて制作します。これらの画像は**書籍サイト**からダウンロードできる ZIP ファイルに入っています。ZIP 内の構造は**P.14**を参照してください。

bg.png

ika.png

kurage.png

sakana.png

shirushi.png

tako.png

title.png

uni.png

wakame.png

図3-2-5　制作に用いる画像

落ち物パズルって
楽しいよね〜！
大好き〜！

ふふ・・・
この章の最後でも・・・
その気持ちでいられる
かしら・・・

マス目の管理

ブロックを並べるマス目を管理する仕組みから制作を始めます。

二次元配列を理解する

これから制作する落ち物パズルは**二次元配列**でマス目を管理します。ゲーム開発初心者の方に理解していただけるように、初めに二次元配列について説明します。

二次元配列を図示すると次のようになります。

図3-3-1　二次元配列

二次元配列は添え字を縦方向と横方向に割り振ります。この図ではyが行、xが列になり、添え字の番号を[行][列]と記述します。添え字は一次元配列と同様に0から始まり、左上角の位置が[0][0]になります。

二次元配列に代入するブロックの番号を次のように定めます。

表3-3-1　配列の値とブロックの種類

図3-3-1と**表3-3-1**を眺めながら、番号の付いたロッカーあるいは下駄箱をイメージし、そこに海の生き物のぬいぐるみを出し入れする様子を思い描いてみましょう。二次元配列によるマス目の管理は、まさにそのようにして行います。

二次元配列の準備

JavaScriptで二次元配列を用意するには、いくつかの書き方があります。わかりやすい書式を2パターン紹介します。

■ **書式1**

```
var 配列変数名 = [  ← 初めの角括弧
    [ 0, 0, 0, 0, 0, 0, 0, 0, 0],  ← [ ～ ], の中にデータをコンマで区切って羅列する
    [ 0, 0, 0, 0, 0, 0, 0, 0, 0],
             :
             :
    [ 0, 0, 0, 0, 0, 0, 0, 0, 0],
    [ 0, 0, 0, 0, 0, 0, 0, 0, 0]  ← 最後の行の終わりにコンマは不要
];  ← 終わりの角括弧
```

■ **書式2**

```
var 配列変数名 = new Array(行数);
for(var y=0; y<行数; y++) {
    配列変数名[y] = new Array(列数);
}
```

書式1では配列に初期値を代入できます。書式2では初期値は代入されませんが、配列変数名[y] = new Array(列数).fill(値) として、初期値を代入する方法もあります。

マス目の設計

ブロックが揃ったかを判定しやすいように、マス目を次のように設計します。

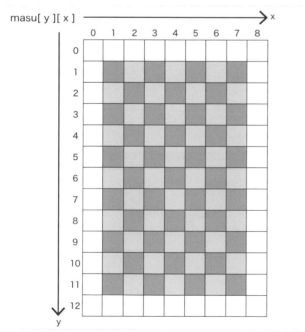

二次元配列は色々な
アルゴリズムで使う・・・
しっかり理解しよう・・・

図 3-3-2　**マス目の設計**

　ブロックが落ちてくるのは、この図の市松模様の範囲（縦11マス、横7マス）とします。その外周の1マスを余分に確保することで、ブロックの移動や揃ったことの判定を簡潔なプログラムで行うことができます。その理由は制作を進めながら説明します。

マス目を定義する

　マス目を管理する二次元配列を記述したプログラムを見ていきましょう。このプログラムは二次元配列を理解することが目的で、わかりやすいように**前頁**の書式1で配列を宣言しています。

　次のHTMLを開いて動作を確認してください。次のような実行画面が表示されます。

◆ 動作の確認　pzl0303.html

図3-3-3　実行画面

空きスペースには可愛いキャラを置きたいね！

サルのほうがいいよ・・・

◆ 用いる画像

bg.png

tako.png

◆ ソースコード　pzl0303.js

```
//起動時の処理
function setup() {
    canvasSize(960, 1200);
    loadImg(0, "image/bg.png");
    loadImg(1, "image/tako.png");
}

//メインループ
```

──起動時に実行される関数
　キャンバスサイズの指定と
　画像の読み込みを行う

つづく▶

```
function mainloop() {
    drawPzl();
}

var masu = [
    [-1,-1,-1,-1,-1,-1,-1,-1,-1],
    [-1, 1, 0, 0, 0, 0, 0, 1,-1],
    [-1, 0, 0, 0, 0, 0, 0, 0,-1],
    [-1, 0, 0, 0, 0, 0, 0, 0,-1],
    [-1, 0, 0, 0, 0, 0, 0, 0,-1],
    [-1, 0, 0, 0, 1, 0, 0, 0,-1],
    [-1, 0, 0, 1, 1, 1, 0, 0,-1],
    [-1, 0, 0, 0, 1, 0, 0, 0,-1],
    [-1, 0, 0, 0, 0, 0, 0, 0,-1],
    [-1, 0, 0, 0, 0, 0, 0, 0,-1],
    [-1, 0, 0, 0, 0, 0, 0, 0,-1],
    [-1, 1, 0, 0, 0, 0, 0, 1,-1],
    [-1,-1,-1,-1,-1,-1,-1,-1,-1]
];

function drawPzl() {//ゲーム画面を描く関数
    var x, y;
    drawImg(0, 0, 0);
    for(y=1; y<=11; y++) {
        for(x=1; x<=7; x++) {
            if(masu[y][x] > 0) drawImgC(masu[y][x], 80*x, 80*y);
        }
    }
}
```

メイン処理を行う関数
ゲーム画面を描く関数を呼び出す

マス目を管理する二次元配列
周囲1マスを余白とし、そこに-1を代入
値1のところにタコが入る
値0は空白のマスになる

ゲーム画面を描く関数

背景画像を表示する
二重ループの繰り返しで

配列の値が1ならタコの画像を描く

◆ 配列の説明

`masu[][]`	マス目を管理する二次元配列

　起動時に1回だけ実行されるsetup()関数と、毎フレーム実行されるメインループのmainloop()関数に、それぞれ必要な処理を記述しています。

　setup()関数では画面の大きさ（キャンバスのサイズ）を指定し、背景とタコの画像を読み込んでいます。このゲームは画面サイズを幅960ドット、高さ1200ドットで設計します。

　mainloop()関数ではゲーム画面を描くdrawPzl()関数を実行しています。

ブロックを描く

　drawPzl()関数では、二重ループのfor文で外周を除く配列全体を調べ、タコが配置されている（値1）ならマス目上にタコの画像を描きます。その部分を抜き出して説明します。

```
for(y=1; y<=11; y++) {
    for(x=1; x<=7; x++) {
        if(masu[y][x] > 0) drawImgC(masu[y][x], 80*x, 80*y);
    }
}
```

変数yを用いたfor文の中に、変数xを用いたfor文があります。

yの値は1から始まり、xの値は1→2→3→4→5→6→7と変化し、masy[y][x]の値が1であればタコの画像を表示します。

xの繰り返しが終わるとyの値は2になり、再びxの値が1→2→3→4→5→6→7と変化し、masy[y][x]が1ならタコを描きます。

xの繰り返しが終わるとyの値は3になり、同様にyが11、xが7になるまで配列の値を調べ、1ならタコを描きます。以上の処理の流れを図示すると次のようになります。

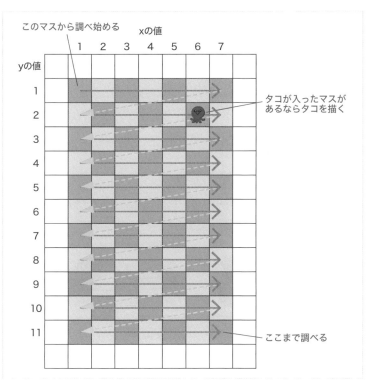

図3-3-4 二重ループのyとxの値の変化

二次元配列の値について

この落ち物パズルの二次元配列masu[y][x]の値をまとめます。

表3-3-2 マス目を管理する二次元配列の値

masu[y][x] の値	何の値か
-1	ブロックを動かしたり、揃ったかの判定を簡潔に記述するために代入しておく
0	空白(値0のマスには何も入っていない)
1～6	タコ、イカなどの6種類のブロック

二次元配列の外周に-1を代入する理由は、3-4のブロックを動かす処理と、3-7のブロックが揃ったかを判定する処理で明らかになります。ここではマス目を管理する配列の外周1マスを余分に確保していることを頭に入れ、次へ進みましょう。

３-４

マス目上でブロックを動かす

◆ ◆ ◆ ◆ ◆ ◆ ◆ ◆

横に３つ並んだブロックを方向キーで上下左右に動かすプログラムを確認します。このプログラムはマス目を管理する仕組みを理解するためのものです。自動的に落ちてくるブロックを方向キーで操れるようにすることは、次の3-5で行います。

ブロックを方向キーで動かす

マス目上のブロックをキー入力で動かす処理を確認します。動作確認後にプログラムの内容を説明します。次のHTMLを開き、方向キーでブロックを動かしてみましょう。

◀ 動作の確認 ▶ pzl0304.html

図 3-4-1　**動作画面**

◀ 用いる画像 ▶

前のbg.pngとtako.pngに加え、次のブロックの画像を用います

wakame.png

kurage.png

sakana.png

uni.png

ika.png

※ウニとイカは完成形のプログラムで出現させます。
※画像の読み込みは次のソースコードを確認してください。

◀ ソースコード ▶ pzl0304.jsより抜粋

■ setup()にブロックの画像を読み込むコードを追記（太字部分）

```
function setup() {
    canvasSize(960, 1200);
    loadImg(0, "image/bg.png");
    var BLOCK = ["tako", "wakame", "kurage", "sakana", "uni", "ika"];
    for(var i=0; i<6; i++) loadImg(1+i, "image/"+BLOCK[i]+".png");
    initVar();
}
```

配列でファイル名を定義
for文で6つの画像を読み込む

■メインループ

```
function mainloop() {
    drawPzl();
    procPzl();
}
```
├メインループ
ゲーム画面を描く関数
ブロックを方向キーで動かす関数

■プレイヤーの操作するブロック用の配列と変数の宣言、変数の初期値の代入

```
var block = [1, 2, 3];
var myBlockX;
var myBlockY;

function initVar() {
    myBlockX = 4;//──┐ブロックの初期位置
    myBlockY = 1;//──┘
}
```
横に3つ並ぶブロックの値（種類）
├マス目上のブロックの位置を管理する

├変数にゲーム開始時の値を代入する関数

■ゲーム画面を描く関数にプレイヤーの操作するブロックを表示するコードを追記（太字部分）

```
function drawPzl() {//ゲーム画面を描く関数
    var x, y;
    drawImg(0, 0, 0);
    for(y=1; y<=11; y++) {
        for(x=1; x<=7; x++) {
            if(masu[y][x] > 0) drawImgC(masu[y][x], 80*x, 80*y);
        }
    }
    for(x=-1; x<=1; x++) drawImgC(block[1+x], 80*(myBlockX+x), 80*myBlockY-2);
}
```
横に3つ並ぶ
ブロックを描く

■ゲーム中の処理を行う関数　方向キーでブロックを動かす処理を記述

```
function procPzl() {//ゲーム中の処理を行う関数
    if(key[37]==1 || key[37]>4) {//左キー
        key[37]++;
        if(masu[myBlockY][myBlockX-2] == 0) myBlockX--;
    }
    if(key[39]==1 || key[39]>4) {//右キー
        key[39]++;
        if(masu[myBlockY][myBlockX+2] == 0) myBlockX++;
    }
    if(key[38]==1 || key[38]>4) {//上キー
        key[38]++;
        if(masu[myBlockY-1][myBlockX-1]+masu[myBlockY-1]
[myBlockX]+masu[myBlockY-1][myBlockX+1] == 0) myBlockY--;
    }
    if(key[40]==1 || key[40]>4) {//下キー
        key[40]++;
        if(masu[myBlockY+1][myBlockX-1]+masu[myBlockY+1]
[myBlockX]+masu[myBlockY+1][myBlockX+1] == 0) myBlockY++;
    }
}
```
左キーが押された時
操作性を良くするための記述
左のマスが空いているなら座標を変更

右キーが押された時
操作性を良くするための記述
右のマスが空いているなら座標を変更

上キーが押された時
操作性を良くするための記述
上のマスが3つとも空いているなら座標を変更

下キーが押された時
操作性を良くするための記述
下のマスが3つとも空いているなら座標を変更

変数と配列の説明

block[]	プレイヤーが動かす3つセットのブロックの値を代入する配列
myBlockX, myBlockY	プレイヤーが動かすブロックのマス目上の位置

　このゲームは横に3つ並んだブロックを操作します。それら3つがどの絵柄かをblock[0]、block[1]、block[2]という配列で管理します。

　3-3の**表3-3-1**で示しましたが、もう一度、ブロックの種類と配列の値を示します。配列の値が0であれば、そこには何も入りません。

表3-4-1　ブロックの種類と配列の値

1	2	3	4	5	6
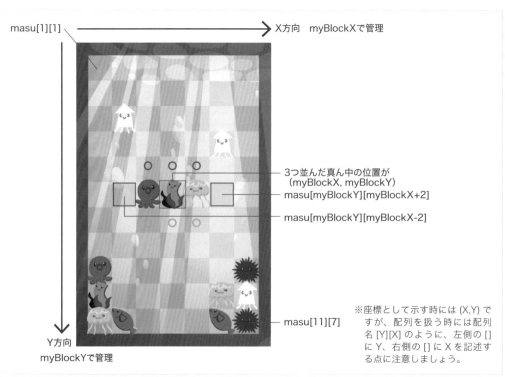					

マス目上の位置

　ブロックのマス目上の位置をmyBlockXとmyBlockYという変数で管理します。それらの変数の値とマス目の位置を図示します。

masu[1][1] ──────────→ X方向　myBlockXで管理

3つ並んだ真ん中の位置が
(myBlockX, myBlockY)
masu[myBlockY][myBlockX+2]
masu[myBlockY][myBlockX-2]

Y方向
myBlockYで管理

masu[11][7]

※座標として示す時には(X,Y)ですが、配列を扱う時には配列名 [Y][X] のように、左側の [] にY、右側の [] にX を記述する点に注意しましょう。

図3-4-2　myBlockX、myBlockYの値とマス目の位置

　procPzl()関数で上下左右のキーが押されている時、その方向の先のマスにブロックがあるかを調べ、空いているならブロックの位置を変化させます。その際、上に動かす時は赤丸、下に動かす時は青丸のマスを調べ、全てのマスが空いていればmyBlockYの値を変化させています。

　マス目を管理する二次元配列の外周1マスに-1を代入しているので、if(masu[myBlockY][myBlockX-2] == 0) や if(masu[myBlockY-1][myBlockX-1]+masu[myBlockY-1][myBlockX]+masu[myBlockY-1][myBlockX+1] == 0) という条件式だけで、移動させるブロックがマスの外に出ないように判定できます。

　物体が移動する範囲の周囲を壁にすることで、移動処理の条件式をシンプルに記述できます。「周りを壁にすれば物体が外に出なくなる」といい換えると、わかりやすいでしょう。これは古くからゲーム開発に使われる手法で、パズルゲームだけでなく様々なジャンルに応用できます。

キー入力の工夫（キーリピート）

　次にprocPzl()関数で行っているキー入力の工夫を説明しますが、その前にゲームの操作性という言葉について触れます。

　操作性とは、ゲームの操作方法の良し悪しをいう時に使う言葉です。主人公キャラをコントローラーで思い通りに操作できるゲームは"操作性がよい"といいます。キャラクターの動きだけでなく、例えばスマートフォン用のアプリのメニュー画面の構成がわかりやすく、どこをタップして操作すべきか一目瞭然である時も操作性がよいと表現します。

　操作性が悪いゲームはプレイしているうちにストレスがたまり、面白く感じることができなくなります。操作性はゲームの面白さに直結するので、パズルゲームも、もちろん操作性が大切です。

　このゲームにはキーリピートを組み込み、操作性を良くします。**キーリピート**とは、キーを押し続けることで、そのキーを連続して入力することを意味する言葉です。パソコンのキーボードは、1文字だけ入力するつもりでキーを押した時、誤って2文字以上入力されないように、最初の1文字はキーを押した瞬間に入力され、キーを押し続けると、少し間を空けてから2つ目以降が連続して入力される仕組みになっています。

　procPzl()関数にそのキーリピートの仕組みを入れることで、キーを押した時に一気にブロックが移動しないようにしています。どのようにそれを行っているかを、左キーを押してブロックを動かすif文で説明します。

```
if(key[37]==1 || key[37]>4) {//左キー
    key[37]++;
    if(masu[myBlockY][myBlockX-2] == 0) myBlockX--;
}
```

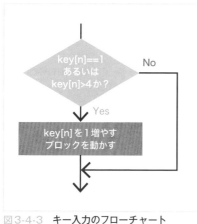

図3-4-3　**キー入力のフローチャート**

key[37]の値は、左キーを押している間、ゲーム開発エンジンのWWS.jsがカウントアップし続けます。key[37]==1という条件式はキーが押された瞬間の判定です。キーを押し続けた時の条件式がkey[37]>4です。それらの条件式を or の意味の || で羅列して判定しています。この判定によりブロックが動くタイミングを図示すると次のようになります。

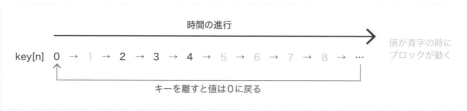

図3-4-4　**ブロックが動くタイミング**

このif文のブロック（{}内）に key[37]++ と記述しているところがポイントです。key[37]==1でキーを押した瞬間を判定し、key[37]++でkey[37]の値を2にすることで、次の入力までに一定の間隔が空きます。

ゲームの開発環境によってはkey[キーコード]++の記述は不要で、if(key[キーコード]==1 || key[キーコード]>4)だけでキーリピートを実現できますが、JavaScriptではキー入力をキーイベントで受け取る仕様上、一定フレームの間、key[キーコード]の値が1になる時があるので、key[37]++を記述しています。

キーリピートの間隔を空けたいなら、key[キーコード]>の値を大きくすれば、その分、次の入力までに間を空けることができます。

３-５

ブロックの移動処理

◆ ◆ ◆ ◆ ◆ ◆ ◆ ◆ ◆

３つ並んだブロックが自動的に落ちてくるようにします。マス目上のブロックに引っ掛かるまでキー入力で動かすことができ、引っ掛かると次のブロックが落ちてくるようにします。

ブロックを自動的に落とす

　これから確認するプログラムは、ブロックが３秒ごとに１マスずつ下に移動します。マス目上のブロックに引っ掛からない間、左右キーで横に動かすことができます。また下キーを押すと一気に下まで落ちます。そしてマス目上のブロックに引っ掛かると、次のブロックが上から落ちてきます。

　次のHTMLを開きブロックを動かしてみましょう。動作確認後に処理の内容を説明します。

◆ 動作の確認　pzl0305.html

※画面は3-4と一緒なので省略します。
※このプログラムに新たな画像は用いていません。

◆ ソースコード　pzl0305.jsより抜粋

■ ブロックの落下速度を管理する変数、及び、処理の流れと時間の進行を管理する変数を追加

```
var block = [1, 2, 3];                        プレイヤーが動かす3つのブロックの番号
var myBlockX;                                  ┬マス目上のブロックの位置を管理する
var myBlockY;                                  ┘
var dropSpd;                                   ブロックの落下速度を管理する変数

var gameProc = 0;                              処理の流れを管理する変数
var gameTime = 0;                              時間の進行を管理する変数

function initVar() {                           ─変数にゲーム開始時の値を代入する関数
    myBlockX = 4;//──┬ブロックの初期位置
    myBlockY = 1;//──┘
    dropSpd = 90;//最初の落下速度
}
```

■ drawPzl()関数でgameTimeの値を表示し、時間の進行がわかるようにしている（太字部分）

```
function drawPzl() {//ゲーム画面を描く関数
    var x, y;
    drawImg(0, 0, 0);
    for(y=1; y<=11; y++) {
        for(x=1; x<=7; x++) {
            if(masu[y][x] > 0) drawImgC(masu[y][x], 80*x, 80*y);
        }
```

つづく▶

```
    }
    fTextN("TIME\n"+gameTime, 800, 280, 70, 60, "white");            タイムを表示
    for(x=-1; x<=1; x++) drawImgC(block[1+x], 80*(myBlockX+x), 80*myBlockY-2);
}
```

※ fTextN(文字列, X座標, Y座標, 文字列を収める高さ, フォントサイズ, 色)はWWS.jsに備わった関数です。この関数は文字列を\nで改行して表示します。なお、バックスラッシュ(\)の記号はテキストエディタによっては半角の¥になります。

■ procPzl()関数にブロックが自動的に落ちていく処理を追記（太字部分）

```
function procPzl() {//ゲーム中の処理を行う関数
    if(gameProc == 0) {
        if(key[37]==1 || key[37]>4) {//左キー
            key[37]++;
            if(masu[myBlockY][myBlockX-2] == 0) myBlockX--;
        }
        if(key[39]==1 || key[39]>4) {//右キー
            key[39]++;
            if(masu[myBlockY][myBlockX+2] == 0) myBlockX++;
        }
        if(gameTime%dropSpd==0 || key[40]>0) {                         ┐一定時間ごと、あるいは
            if(masu[myBlockY+1][myBlockX-1]+masu[myBlockY+1]          │下キーでブロックを落下
[myBlockX]+masu[myBlockY+1][myBlockX+1] == 0) {                        │させる
                myBlockY ++;//下に何もなければ落下させる              ┘
            }
            else {//ブロックをマス目上に置く
                masu[myBlockY][myBlockX-1] = block[0];
                masu[myBlockY][myBlockX  ] = block[1];
                masu[myBlockY][myBlockX+1] = block[2];                ┐gameProcの値を1にし、
                gameProc = 1;                                         │次のフレームに、下の
            }                                                         ┘elseの処理を実行
        }
    }
    else {//(仮)次に落ちてくるブロックをセット                        ┐(仮の処理)
        block[0] = 1+rnd(6);                                          │次に落ちてくるブロックを
        block[1] = 1+rnd(6);                                          │セット
        block[2] = 1+rnd(6);
        myBlockX = 4;
        myBlockY = 1;                                                 ┐再びブロックを落とす
        gameProc = 0;
    }
    gameTime++;                                                       ┐(仮)ゲーム時間の計算
}                                                                     │完成版のプログラムでは
                                                                      │gameTime--とし、
                                                                      │0になるとゲームオーバー
```

※ 3-4のプログラムに入っていた上キーでブロックを上に動かすコードは削除しました。

◆ 変数の説明 ◆

dropSpd	落下速度を管理する変数　値が小さいほど速く落ちる
gameProc	処理の流れを管理
gameTime	時間の進行を管理

このプログラムに追加した3つの変数の用途を説明します。

dropSpdという変数でブロックが落ちる速度を管理します。ブロックが自動的に落ちるコードを抜き出して説明します。procPzl()関数内の次の記述です。

```
if(gameTime%dropSpd==0 || key[40]>0) {
    if(masu[myBlockY+1][myBlockX-1]+masu[myBlockY+1][myBlockX]+masu[myBlockY+1][myBlockX+1] == 0) {
        myBlockY ++;//下に何もなければ落下させる
    }
    else {//ブロックをマス目上に置く
        masu[myBlockY][myBlockX-1] = block[0];
        masu[myBlockY][myBlockX  ] = block[1];
        masu[myBlockY][myBlockX+1] = block[2];
        gameProc = 1;
    }
}
```

gameTime%dropSpd==0という条件式で一定時間ごとにブロックを下に移動します。gameTimeの値は毎フレーム1ずつ増やしています。dropSpdには90を代入しているので、90フレームに1回、この条件式が成り立ちます。ゲーム開発エンジンWWS.jsは初期状態で1秒間に約30回の処理を行い、90フレームは3秒なので、3秒ごとにブロックが1マス下に移動します。

dropSpdの値が小さいほどブロックは速く落ちます。完成版のプログラムでは、ブロックを揃えるごとにdropSpdの値を減らし、ブロックの落下速度が上がっていくようにします。

このif文にはkey[40]>0という条件式も記述し、下キーを押した時にもブロックを落とすようにしています。

gameProcという変数で処理の流れを管理しています。この変数の値が0の時にブロックが自動的に落ちる処理を行っています。そしてマス目上のブロックに引っ掛かったらgameProcの値を1にします。値が1の時は次に落ちてくるブロックをセットし、gameProcの値を0にして、再びブロックが自動的に落ちるようにします。

3-6以降、gameProcの値で処理を分け、画面全体のブロックを落下させる、揃ったブロックを消すなど、いくつかの処理を管理します。

gameTimeでは、時間の進行を管理します。このプログラムではgameTimeの値を1フレームごとに加算し、一定時間ごとにブロックを下に移動させるために使っていますが、完成版のプログラムではゲーム開始時に残り時間（タイム）を代入し、gameTime--として0になるとゲームオーバーになるようにします。

> ブロックの落ちる速さで、
> 難しさや面白さが
> 変わってくるね〜！

123

HINT ゲーム開発で多用する％演算子

　このプログラムでは、ブロックが一定時間ごとに落ちるタイミングを得るために、gameTime%dropSpd
==0という条件式で、余りを求める％演算子を用いています。コンピュータゲームのプログラムでは、この
％演算子がよく使われます。％を用いると処理を簡潔に記述できるからです。

　具体例を紹介します。2Dゲームのキャラクターが歩く様子を、次の3パターンの画像で表現するとします。

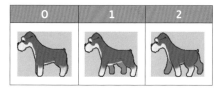

　これらの画像は 0→1→0→2→0→1→0→2 …… と、0→1→0→2の順に繰り返すと歩いているよう
に見えます。このアニメーションの番号を次のように定義します。

```
var ANIMATION = [0, 1, 0, 2];
```

　そして時間の進行を管理するtmr変数などを用いて

```
drawImgC(ANIMATION[tmr%4], X座標, Y座標);
```

　とすると、定義したアニメーション番号順に、絵を繰り返して表示できます。但し秒間30フレームや60フレー
ムで処理していると、高速に絵が切り替わってしまうので、

```
drawImgC(ANIMATION[int(tmr/10)%4], X座標, Y座標);
```

　などの記述で番号が変わるタイミングを調整します。

　if文や計算式を使わず、アニメパターンの番号の定義と％演算子だけで処理が簡潔に記述できます。％演
算子は他にも色々な場面で便利に使えます。本書の中で％演算子を用いる箇所が他にも出てくるので、参考
になさってください。

> こんな風にアニメーションを
> さくっと記述できれば・・・
> もう立派なゲームプログラマーだね・・・

３－６

画面全体のブロックを落とす

◆ ◆ ◆ ◆ ◆ ◆ ◆ ◆

プレイヤーの操作するブロックがマス目上のブロックに引っ掛かったら、画面全体のブロックを下に落とすようにします。

画面全体のブロックの落下

マス目全体のブロックを落とす方法を言葉で説明すると、

- [y][x]のマスにブロックがあり、真下のマス ([y+1][x]) が空いていれば、[y][x]のブロックを[y+1][x]のマスに移し、[y][x]のマスを空にする
- この処理をマス目全体に対して行う

となります。これから確認するプログラムは、この仕組みで画面全体のブロックを落下させています。その際、一つ注意点があります。それはマス目の下から上に向かって二次元配列を調べ、ブロックを１マスずつ移動する必要があることです。図示して説明します。

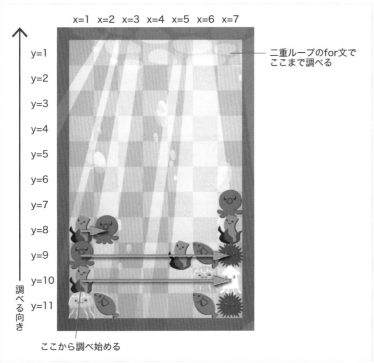

図3-6-1 画面全体のブロックの落とし方

最下段のy=11の行は調べる必要はなく、y=10、x=1のところから始めます。for文で横方向に調べていき、落とすべきブロックがあれば1マス下に移動します。

y=10の行が終わったらy=9の行を調べます。そのようにして下から上に向かい、y=1の行まで調べていきます。こうすることでブロックを一段ずつ落とすことができます。

上から下に向かって処理してはいけない理由

この処理を上から下に向かって行うと、例えばy=1、x=1のマスにタコがあった時、タコをy=2、x=1に移しますが、次の行を調べた時、そのタコをy=3、x=1のマスに移してしまいます。同様に次の行を調べた時にまた下に移すことになり、結局1回の処理でブロックを最下段まで落としてしまうことになります。

ゲームをプレイする人はブロックが落ちる過程が見えないと、何がどうなっているのかわからなくなってしまいます。下から上に向かって調べ、ブロックを1フレームごとに1マスずつ落とし、落ちていく様子を見せるようにします。

動作の確認

ここまで説明した方法で、ブロックを落下させるプログラムを確認します。次のHTMLを開いてブロックを動かしましょう。マス目上のブロックに引っ掛かると下の段まで落下し、次のブロックがマス目の一番上の位置に出現することも確認してください。

◆ 動作の確認　pzl0306.html

図3-6-2　動作画面

◆**ソースコード** pzl0306.jsより抜粋

■ ゲーム中の処理を行うprocPzl()関数　画面全体のブロックを落とす処理が太字部分

```
function procPzl() {//ゲーム中の処理を行う関数
    var c, x, y;
    if(gameProc == 0) {
        if(key[37]==1 || key[37]>4) {//左キー
            key[37]++;
            if(masu[myBlockY][myBlockX-2] == 0) myBlockX--;
        }
        if(key[39]==1 || key[39]>4) {//右キー
            key[39]++;
            if(masu[myBlockY][myBlockX+2] == 0) myBlockX++;
        }
        if(gameTime%dropSpd==0 || key[40]>0) {
            if(masu[myBlockY+1][myBlockX-1]+masu[myBlockY+1]
[myBlockX]+masu[myBlockY+1][myBlockX+1] == 0) {
                myBlockY ++;//下に何もなければ落下させる
            }
            else {//ブロックをマス目上に置く
                masu[myBlockY][myBlockX-1] = block[0];
                masu[myBlockY][myBlockX  ] = block[1];
                masu[myBlockY][myBlockX+1] = block[2];
                gameProc = 1;
            }
        }
    }
    else if(gameProc == 1) {//下のマスが空いているブロックを落とす
        c = 0;//落としたブロックがあるか
        for(y=10; y>=1; y--) {// 【重要】下から上に向かって調べる
            for(x=1; x<=7; x++) {
                if(masu[y][x]>0 && masu[y+1][x]==0) {
                    masu[y+1][x] = masu[y][x];
                    masu[y][x] = 0;
                    c = 1;
                }
            }
        }
        if(c == 0) gameProc = 2;//全て落としたら次へ
    }
    else {//(仮)次に落ちてくるブロックをセット
        block[0] = 1+rnd(6);
        block[1] = 1+rnd(6);
        block[2] = 1+rnd(6);
        myBlockX = 4;
        myBlockY = 1;
        gameProc = 0;
    }
    gameTime++;
}
```

——二重ループの繰り返しで
マス目全体を調べ、
落とすべきブロックが
あれば1マス下に移動

※このプログラムに新たな画像は用いていません。
※このプログラムに新たな変数は追加していません。

マス目全体のブロックを一段ずつ落とすコードを抜き出して説明します。

```
c = 0;//落としたブロックがあるか
for(y=10; y>=1; y--) {//【重要】下から上に向かって調べる
    for(x=1; x<=7; x++) {
        if(masu[y][x]>0 && masu[y+1][x]==0) {//ブロックのある下のマスが空
            masu[y+1][x] = masu[y][x];
            masu[y][x] = 0;
            c = 1;
        }
    }
}
if(c == 0) gameProc = 2;//全て落としたら次へ
```

　変数yとxを用いた二重ループのfor文でマス目全体を調べます。yの値を10から始め、1になるまで（下から上に向かって）繰り返します。

　繰り返しの処理に入る前に、変数cに0を代入しておき、落としたブロックがあればcに1を代入しています。繰り返しが終わった後、cが0であればブロックが落ちなかったことがわかります。その場合は全てのブロックが最下段から隙間なく積み上がった状態になっています。cの値が1なら下に落とせるブロックが存在している可能性があるので、もう一度、画面全体のブロックを落下させます。

　メインループの中で、ブロックを描くdrawPzl()関数と、ブロックの移動と落下を行うprocPzl()関数を実行しており、この仕組みでブロックが一段ずつ落ちるようになります。

二次元配列を
下から上に向かって調べるところが
ポイントなのか～！

ゲームのジャンルごとに、
違うテクニックが必要なのね・・・

∃−ㄱ

ブロックが揃ったかを判定する

◆ ◆ ◆ ◆ ◆ ◆ ◆ ◆ ◆

同じブロックが縦、横、斜めに3つ以上並んだことを判定するアルゴリズムを説明します。この判定方法を理解すれば、様々なパズルゲームに応用できます。この解説は特にしっかりと読んでいただければと思います。

3つ揃ったことを知る

ブロックが揃ったことを判定するにはいくつかの方法がありますが、本書ではゲーム開発初心者にもわかりやすく、様々なゲームに応用可能なアルゴリズムを紹介します。

次の図のように判定用の二次元配列を用意します。今回はその配列名をkesuとしました。ブロックを"消す"ための配列という意味です。

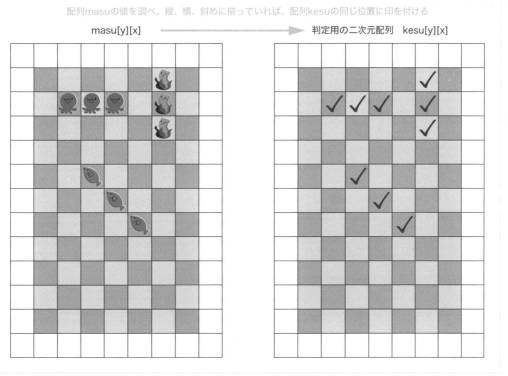

配列masuの値を調べ、縦、横、斜めに揃っていれば、配列kesuの同じ位置に印を付ける

masu[y][x] ⟶ 判定用の二次元配列 kesu[y][x]

図3-7-1 判定用の配列を用意する

どのマスに何のブロックが入っているかを管理するmasu[y][x]の値を調べ、縦、横、斜めに3つ並んだ箇所があれば、kesu[y][x]の同じ位置に印を付けます。印を付けるとは、調べ始める前にkesuの

要素全体を0にしておき、揃っているマスがあればkesu[y][x]の値を1にするという意味です。

　マス目全体を調べ、3つ揃っているところに印を付けるだけで、3つ以上同じブロックが並ぶ箇所を全て把握できます。

本当に判定できるのか

　この方法で全てのマスを正しく判定できことを説明します。例えば十字型に揃ったマスがある時、縦3つの判定と横3つの判定で、次のように印が付きます。

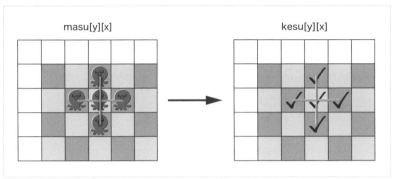

図3-7-2　どのような並び方も判定可能1

　斜めに5つ並んだ時も考えてみます。次の図で、**❶**、**❷**、**❸**のそれぞれに印を付けるので、5つ並んでいることもわかります。

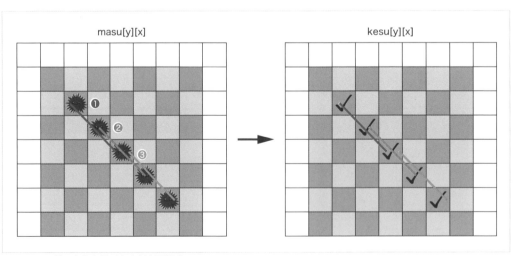

図3-7-3　どのような並び方も判定可能2

判定アルゴリズムの確認

　説明した方法で3つ以上並んだブロックを判定するプログラムを確認します。

　次のプログラムはRキーを押すとブロックがランダムに配置され、Cキーを押すと揃っている箇所

にレ点が付きます。

◆ 動作の確認　pzl0307.html

このアルゴリズムは
他にも応用できそうだね～
がんばって～！

絵柄が揃ったかの判定に「再帰」という
難しい知識を使うこともできるけど・・・
ここではもっとシンプルな
アルゴリズムを使うよ・・・

[R]ランダムに配置 [C]揃ったか確認

図3-7-4　実行画面

◆ 用いる画像

shirushi.png

setup()関数に loadImg(7, "image/shirushi.png"); と記述して読み込みます。
このレ点の画像はプログラムの確認用で、完成版のゲームには使いません。

◆ ソースコード　pzl0307.jsより抜粋

■揃ったかを判定するための二次元配列を用意

```
var kesu = [
    [ 0, 0, 0, 0, 0, 0, 0, 0, 0],
    [ 0, 0, 0, 0, 0, 0, 0, 0, 0],
    [ 0, 0, 0, 0, 0, 0, 0, 0, 0],
    [ 0, 0, 0, 0, 0, 0, 0, 0, 0],
    [ 0, 0, 0, 0, 0, 0, 0, 0, 0],
    [ 0, 0, 0, 0, 0, 0, 0, 0, 0],
    [ 0, 0, 0, 0, 0, 0, 0, 0, 0],
    [ 0, 0, 0, 0, 0, 0, 0, 0, 0],
    [ 0, 0, 0, 0, 0, 0, 0, 0, 0],
```

つづく

```
    [ 0, 0, 0, 0, 0, 0, 0, 0, 0],
    [ 0, 0, 0, 0, 0, 0, 0, 0, 0],
    [ 0, 0, 0, 0, 0, 0, 0, 0, 0],
    [ 0, 0, 0, 0, 0, 0, 0, 0, 0]
];
```

■ drawPzl()関数　レ点と操作説明の文言の表示（太字部分）

```
function drawPzl() {//ゲーム画面を描く関数
    var x, y;
    drawImg(0, 0, 0);
    for(y=1; y<=11; y++) {
        for(x=1; x<=7; x++) {
            if(masu[y][x] > 0) drawImgC(masu[y][x], 80*x, 80*y);
            if(kesu[y][x] == 1) drawImgC(7, 80*x, 80*y);//(確認用)   確認用のレ点の表示
        }
    }
    fText("[R]ランダムに配置 [C]揃ったか確認", 480, 1100, 50, "red");   確認用の文言の表示
}
```

■ procPzl()関数　RキーでブロックをＣキーで揃ったかを判定する

```
function procPzl() {//ゲーム中の処理を行う関数
    var c, x, y;
    if(key[82] == 1) {//Rキーでランダムに配置                             Rキーを押した時
        key[82] = 2;
        for(y=1; y<=11; y++) {                                          ブロックをランダム配置
            for(x=1; x<=7; x++) {
                masu[y][x] = 1+rnd(4);
                kesu[y][x] = 0;
            }
        }
    }
    if(key[67] == 1) {//Cキーで揃ったかチェック                            Cキーを押した時
        key[67] = 2;
        for(y=1; y<=11; y++) {                                          二重ループの繰り返しで
            for(x=1; x<=7; x++) {                                       マス目全体を調べる
                c = masu[y][x];                                         変数cにmasu[y][x]の値を代入
                if(c > 0) {                                             そのマスにブロックがあるなら
                    if(c==masu[y-1][x  ] && c==masu[y+1][x  ]) {        縦に同じブロックが並んでいるか？
kesu[y][x]=1; kesu[y-1][x  ]=1; kesu[y+1][x  ]=1; }//縦に揃っている
                    if(c==masu[y  ][x-1] && c==masu[y  ][x+1]) {        横に同じブロックが並んでいるか？
kesu[y][x]=1; kesu[y  ][x-1]=1; kesu[y  ][x+1]=1; }//横に揃っている
                    if(c==masu[y+1][x-1] && c==masu[y-1][x+1]) {        斜めに並んでいるか？
kesu[y][x]=1; kesu[y+1][x-1]=1; kesu[y-1][x+1]=1; }//斜め／に揃っている
                    if(c==masu[y-1][x-1] && c==masu[y+1][x+1]) {        逆の斜めも調べる
kesu[y][x]=1; kesu[y-1][x-1]=1; kesu[y+1][x+1]=1; }//斜め＼に揃っている
                }
            }
        }
    }
}
```

（補足）このプログラムは3-5と3-6で組み込んだブロックの移動処理などを省いています。

◆ 配列の説明 ▶

kesu[ ]	揃ったかを判定するための二次元配列

　このプログラムで最も重要なのは、procPzl()関数に記述した、同じブロックが縦、横、斜めに3つ並んでいるかを調べるコードです。そこを抜き出して説明します。

```
for(y=1; y<=11; y++) {
    for(x=1; x<=7; x++) {
        c = masu[y][x];
        if(c > 0) {
            if(c==masu[y-1][x  ] && c==masu[y+1][x  ]) { kesu[y][x]=1; kesu[y-1][x  ]=1;
 kesu[y+1][x  ]=1; }
            if(c==masu[y  ][x-1] && c==masu[y  ][x+1]) { kesu[y][x]=1; kesu[y  ][x-1]=1;
 kesu[y  ][x+1]=1; }
            if(c==masu[y+1][x-1] && c==masu[y-1][x+1]) { kesu[y][x]=1; kesu[y+1][x-1]=1;
 kesu[y-1][x+1]=1; }
            if(c==masu[y-1][x-1] && c==masu[y+1][x+1]) { kesu[y][x]=1; kesu[y-1][x-1]=1;
 kesu[y+1][x+1]=1; }
        }
    }
}
```

　二重ループのfor文でマス目全体を調べていきます。

　c = masu[y][x]でマスの値（タコ1、クラゲ2、ワカメ3、サカナ4）を変数cに代入し、cが0より大きいなら（つまりブロックあるなら）、その周囲のブロックを調べます。

　縦の判定は if(c==masu[y-1][x] && c==masu[y+1][x]) で、masu[y][x]の上下のマスが同じ値かを調べて行います。3つ揃っているなら、印を付けるための二次元配列kesu[y][x]、kesu[y-1][x]、kesu[y+1][x]に1を代入します。

　横の判定と斜めの判定も同様に行います。斜めは二方向あるので、その両方を判定します。

　このプログラムは揃ったマスに印を付けているだけですが、ゲームとして完成させるには、揃ったブロックを消し、消した数に応じてスコアを加算します。また揃って消えたマスの上にブロックがあるなら、それを落とす必要があるので、マス目全体を落下させる処理を行います。次は揃ったブロックを消し、消したマスの上にブロックがあれば、再びそれを落とす処理を組み込みます。

3-8

ブロックを連続して消す（連鎖）

落ち物パズルを楽しくするルールに、ブロックを消して空いたマスの上にブロックがあれば、それが落下し、再び揃ったらスコアがどんどん増える "連鎖" があります。ブロックが次々に消える様子は見ていて爽快です。この落ち物パズルにも連鎖を組み込みます。

揃ったところを消し、再びブロックを落とす

連鎖の処理は次の手順で行います。

- ・マス目全体を落下させる
- ・ブロックが揃ったかを調べる
- ・揃ったブロックがあるなら消し、再びマス目全体を落下させる
- ・揃ったブロックが無いならプレイヤーの操作に移る

フロー図で表すと次のようになります。

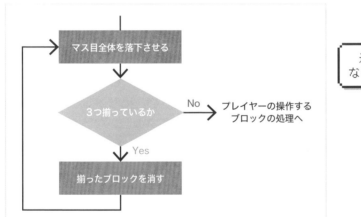

図 3-8-1　連鎖のフロー

　落ち物パズルが上達すると、ブロックをわざと消さずに、連鎖する配置に積み上げることができます。そしてあるタイミングで連鎖させ一気に消すことができます。

　連鎖させる意味を明確にするため、連鎖を繰り返すほど、より多くの点数が加算されるようにします。ですが一度にたくさんの処理を組み込むと、開発の過程がわかりにくいので、点数計算は次の 3-9 で組み込み、ここではブロックが連鎖して消えるところまで組み込みます。また次の 3-9 でブロックを消した時のエフェクトも追加します。

連鎖の確認

3つ以上並んでいるブロックが消え、消えたマスの上にあるブロックが落下し、再び揃ったら消えることを繰り返す仕組みを入れたプログラムを確認します。次のHTMLを開き、自動的に落ちてくるブロックを左右キーと下キーで操作し、うまく揃えて連鎖することを確認しましょう。

◆ 動作の確認　pzl0308.html

※ゲーム画面は省略します。
※このプログラムに新たな画像は用いていません。

◆ ソースコード　pzl0308.jsより抜粋

■ setup()関数　動作確認しやすいようにフレームレート（1秒間の処理回数）を15に設定（太字部分）
完成版は秒間30フレームで処理します。

```
function setup() {
    setFPS(15);
    canvasSize(960, 1200);
    loadImg(0, "image/bg.png");
    var BLOCK = ["tako", "wakame", "kurage", "sakana", "uni", "ika"];
    for(var i=0; i<6; i++) loadImg(1+i, "image/"+BLOCK[i]+".png");
    loadImg(7, "image/shirushi.png");
    initVar();
}
```

フレームレートを指定

※ setFPS()はゲーム開発エンジンWWS.jsに備わったフレームレートを指定する関数です。

■ ゲーム中の処理を行うprocPzl()関数　switch case文で処理を分ける（太字部分）

```
function procPzl() {//ゲーム中の処理を行う関数
    var c, x, y;
    switch(gameProc) {

    case 0://ブロックの移動
        //キーでの操作
        if(key[37]==1 || key[37]>4) {
            key[37]++;
            if(masu[myBlockY][myBlockX-2] == 0) myBlockX --;
        }
        if(key[39]==1 || key[39]>4) {
            key[39]++;
            if(masu[myBlockY][myBlockX+2] == 0) myBlockX ++;
        }
        //下に落とす
        if(gameTime%dropSpd==0 || key[40]>0) {
            if(masu[myBlockY+1][myBlockX-1]+masu[myBlockY+1]
[myBlockX]+masu[myBlockY+1][myBlockX+1] == 0) {
                myBlockY ++;//下に何もなければ落下させる
            }
            else {//ブロックをマス目上に置く
                masu[myBlockY][myBlockX-1] = block[0];
                masu[myBlockY][myBlockX  ] = block[1];
                masu[myBlockY][myBlockX+1] = block[2];
```

方向キーでブロックを移動する3-5で組み込んだコード

つづく▶

```
                gameProc = 1;//全体のブロックを落下させる処理へ
            }
        }
        break;

    case 1://下のマスが空いているブロックを落とす
        c = 0;//落としたブロックがあるか
        for(y=10; y>=1; y--) {//【重要】下から上に向かって調べる
            for(x=1; x<=7; x++) {
                if(masu[y][x]>0 && masu[y+1][x]==0) {
                    masu[y+1][x] = masu[y][x];
                    masu[y][x] = 0;
                    c = 1;
                }
            }
        }
        if(c == 0) gameProc = 2;//全て落としたら、揃ったか確認する
        break;

    case 2://ブロックが揃ったかの判定
        for(y=1; y<=11; y++) {
            for(x=1; x<=7; x++) {
                c = masu[y][x];
                if(c > 0) {
                    if(c==masu[y-1][x  ] && c==masu[y+1][x  ]) {
kesu[y][x]=1; kesu[y-1][x  ]=1; kesu[y+1][x  ]=1; }//縦に揃っている
                    if(c==masu[y  ][x-1] && c==masu[y  ][x+1]) {
kesu[y][x]=1; kesu[y  ][x-1]=1; kesu[y  ][x+1]=1; }//横に揃っている
                    if(c==masu[y+1][x-1] && c==masu[y-1][x+1]) {
kesu[y][x]=1; kesu[y+1][x-1]=1; kesu[y-1][x+1]=1; }//斜め／に揃っている
                    if(c==masu[y-1][x-1] && c==masu[y+1][x+1]) {
kesu[y][x]=1; kesu[y-1][x-1]=1; kesu[y+1][x+1]=1; }//斜め＼に揃っている
                }
            }
        }
        n = 0;//揃ったブロックを数える
        for(y=1; y<=11; y++) {
            for(x=1; x<=7; x++) if(kesu[y][x] == 1) n++;
        }
        //揃った場合
        if(n > 0) {
            gameProc = 3;//消す処理へ
        }
        else {
            myBlockX = 4;//X座標
            myBlockY = 1;//Y座標
            block[0] = 1+rnd(4);//──次のブロックのセット（仮）
            block[1] = 1+rnd(4);//─┐
            block[2] = 1+rnd(4);//─┘
            gameProc = 0;//再びブロックの移動へ
            tmr = 0;
        }
        break;

    case 3://ブロックを消す処理
        for(y=1; y<=11; y++) {
```

──画面全体のブロックを
下の段まで落とす
3-6で組み込んだコード

──ブロックが3つ揃ったか調べ
揃ったところに印を付ける
3-7で組み込んだコード

ここで数えたブロックの数は
3-9で点数計算に用いる

──印を付けたブロックを消す

つづく◀

```
        for(x=1; x<=7; x++) {
            if(kesu[y][x] == 1) {
                kesu[y][x] = 0;
                masu[y][x] = 0;
            }
        }
    }
    gameProc = 1;//再び落下処理を行う
    break;
}
gameTime++;//(仮)
}
```

※このプログラムに新たな変数は追加していません。

3-5から3-7で用意した処理を、このpzl0308.jsで1つにまとめました。

行うことが増えたので switch case 文で各処理を記述しています。処理の進行は3-5で追加した変数gameProcで管理しています。gameProcの値と行う処理の内容は次のようになっています。

表3-8-1 **gameProcの値と行う処理**

gameProc	処理の内容	組み込んだ節
0	プレイヤーのブロックの操作	3-5
1	画面全体のブロックを落下させる	3-6
2	ブロックが揃ったか判定する	3-7
3	揃ったブロックを消す	3-8

gameProcの値が0の時にプレイヤーがブロックを動かします。マス目上のブロックに引っ掛かったらgameProcの値を1にして画面全体のブロックを落下させます。全て落としたらgameProcの値を2にしてブロックが揃ったかを判定します。揃ったブロックが無いなら、次に落ちてくるブロックをセットし、gameProcの値を0にして再びプレイヤーがブロックを動かせるようにします。ブロックが揃ったらgameProcの値を3にして消す処理を行います。そしてgameProcの値を1にし、再び画面全体を落下させます。

gameProcの値3が新たに組み込んだ処理です。procPzl()関数の次のコードです。

```
case 3://ブロックを消す処理
    for(y=1; y<=11; y++) {
        for(x=1; x<=7; x++) {
            if(kesu[y][x] == 1) {
                kesu[y][x] = 0;
                masu[y][x] = 0;
            }
        }
    }
    gameProc = 1;//再び落下処理を行う
    break;
```

揃ったマスはkesu[y][x]の値が1になっています。マス目全体を二重ループの繰り返しで調べ、kesu[y][x]が1ならmasu[y][x]に0を代入しブロックを消します。

gameProcの値0〜2の処理は、3-5、3-6、3-7で説明した通りです。procPzl()関数の中で曖昧な箇所があれば、3-5から3-7で復習しましょう。

∃-9

連鎖の点数計算とエフェクトの追加

◇ ◇ ◇ ◆ ◆ ◆ ◆ ◆

連続してブロックを消すことができたら、スコアに加算される点数が倍々に増える計算を行います。またブロックを消した時にエフェクトが表示されるようにします。

点数計算のルール

このゲームは次のように点数を加算し、連鎖を続けるとスコアが青天井で増えるようにします。

- ・ブロックを1つ消した時の基本点は50
- ・連鎖すると基本点が倍々に増える

例1) 五つのブロックを連鎖させずに1回で消すと、250点 (基本点50×5) スコアが増える

例2) 1回目に四つ消すと200点 (50×4)、
連鎖して2回目に五つ消すと500点 (100×5)、
更に連鎖して3回目に三つ消すと600点 (200×3) 増える

エフェクトの追加

コンピュータゲームは演出面でも人を楽しませることが大切です。ブロックを消した時のエフェクトを追加します。シューティングゲームに組み込んだ爆発演出と同じ仕組みで、エフェクトを表示したい座標を引数で渡す関数を用意し、その関数を呼び出すとエフェクトが自動的に表示されるようにします。次のHTMLを開いて動作を確認しましょう。

◤ 動作の確認 ▶ pzl0309.html

図3-9-1　動作画面

エフェクトがあるだけで、
ゲームの雰囲気が
ずいぶん変わってくるね・・・

※このプログラムに新たな画像は用いていません。

ソースコード pzl0309.jsより抜粋

■ 点数計算を行うための変数を宣言

```
var score = 0;                                          スコア
var rensa = 0;                                          連鎖回数
var points = 0;                                         ブロックを消した時の得点
var eftime = 0;                                         ブロックを消す演出時間
```

■ ゲーム画面を描くdrawPzl()関数で、スコアと、ブロックを消した時の得点を表示（太字部分）

```
function drawPzl() {//ゲーム画面を描く関数
    var x, y;
    drawImg(0, 0, 0);
    for(y=1; y<=11; y++) {
        for(x=1; x<=7; x++) {
            if(masu[y][x] > 0) drawImgC(masu[y][x], 80*x, 80*y);
        }
    }
    fTextN("TIME\n"+gameTime, 800, 280, 70, 60, "white");
    fTextN("SCORE\n"+score, 800, 560, 70, 60, "white");           スコア
    if(gameProc == 0) {                                            の表示
        for(x=-1; x<=1; x++) drawImgC(block[1+x], 80*(myBlockX+x), 80*myBlockY-2);
    }
    if(gameProc == 3) {//消す処理
        fText(points+"pts", 320, 120, 50, RAINBOW[gameTime%8]);//得点   得点の
    }                                                                    表示
}
```

■ ゲーム中の処理を行うprocPzl()関数にスコアの計算とエフェクトの呼び出しを追記（太字部分）

```
function procPzl() {//ゲーム中の処理を行う関数
    var c, n, x, y;
    switch(gameProc) {

    case 0://ブロックの移動
        〜
        //下に落とす
        if(gameTime%dropSpd==0 || key[40]>0) {
            if(masu[myBlockY+1][myBlockX-1]+masu[myBlockY+1][myBlockX]+
masu[myBlockY+1][myBlockX+1] == 0) {
                myBlockY ++;//下に何もなければ落下させる
            }
            else {//ブロックをマス目上に置く
                masu[myBlockY][myBlockX-1] = block[0];
                masu[myBlockY][myBlockX  ] = block[1];
                masu[myBlockY][myBlockX+1] = block[2];
                rensa = 1;//連鎖回数を1に                          ここで連鎖回数の値を1に
                gameProc = 1;//全体のブロックを落下させる処理へ      しておく
            }
        }
        break;

    case 1://下のマスが空いているブロックを落とす
        〜
        break;
```

つづく▶

```
case 2://ブロックが揃ったかの判定
    for(y=1; y<=11; y++) {
        for(x=1; x<=7; x++) {
            ⟨
        }
    }
    n = 0;//揃ったブロックを数える
    for(y=1; y<=11; y++) {
        for(x=1; x<=7; x++) {
            if(kesu[y][x] == 1) {
                n++;
                setEffect(80*x, 80*y);//エフェクト
            }
        }
    }
    //揃った時のスコアの計算
    if(n > 0) {
        if(rensa == 1 && dropSpd > 5) dropSpd--;//消すごとに落下速度が増す
        points = 50*n*rensa;//基本点数は消した数x50
        score += points;
        rensa = rensa*2;//連鎖した時、得点が倍々に増える
        eftime = 0;
        gameProc = 3;//消す処理へ
    }
    else {
        myBlockX = 4;//X座標
        myBlockY = 1;//Y座標
        block[0] = 1+rnd(4);//┌──次のブロックのセット(仮)
        block[1] = 1+rnd(4);//│
        block[2] = 1+rnd(4);//└
        gameProc = 0;//再びブロックの移動へ
        tmr = 0;
    }
    break;

case 3://ブロックを消す処理
    eftime ++;
    if(eftime == 20) {
        for(y=1; y<=11; y++) {
            for(x=1; x<=7; x++) {
                if(kesu[y][x] == 1) {
                    kesu[y][x] = 0;
                    masu[y][x] = 0;
                }
            }
        }
        gameProc = 1;//再び落下処理に移行
    }
    break;
}
gameTime++;//(仮)
}
```

揃ったブロックに
エフェクトをセットする

得点を計算する
得点をスコアに加算する
連鎖すると基本点が倍になる
ブロックを消す演出の時間を
管理する変数の値を0にする

eftimeの値を1ずつ増やし、
20フレームの間、ブロック
を消す演出を行う

■ エフェクトを管理する変数と配列の宣言、関数の定義

```
var RAINBOW = ["#ff0000", "#e08000", "#c0e000", "#00ff00", "#00c0e0",          七つの色を定義
"#0040ff", "#8000e0"];
var EFF_MAX = 100;
var effX = new Array(EFF_MAX);
var effY = new Array(EFF_MAX);
var effT = new Array(EFF_MAX);
var effN = 0;
for(var i=0; i<EFF_MAX; i++) effT[i] = 0;                                        エフェクトの表示時間を
                                                                                初期化
function setEffect(x, y) {//エフェクトをセット                                    エフェクトをセットする
    effX[effN] = x;                                                             関数
    effY[effN] = y;
    effT[effN] = 20;
    effN = (effN+1)%EFF_MAX;
}

function drawEffect() {//エフェクトを描く                                         エフェクトを描く関数
    lineW(20);
    for(var i=0; i<EFF_MAX; i++) {
        if(effT[i] > 0) {
            setAlp(effT[i]*5);
            sCir(effX[i], effY[i], 110-effT[i]*5, RAINBOW[(effT[i]+0)%8]);       円を描く命令で
            sCir(effX[i], effY[i],  90-effT[i]*4, RAINBOW[(effT[i]+1)%8]);       エフェクトを表現する
            sCir(effX[i], effY[i],  70-effT[i]*3, RAINBOW[(effT[i]+2)%8]);
            effT[i]--;
        }
    }
    setAlp(100);
    lineW(1);
}
```

lineW(太さ)は線の太さを指定する関数で、ここでは円を描く線の太さを設定しています。

setAlp(α値)は表示する画像や図形の透明度を指定する関数で、0で完全な透明、100で完全な不透明になります。

sCir(X座標, Y座標, 半径, 色)は円を描く関数です。

これらはWWS.jsに用意された関数です。

■ メインループにエフェクトを描く関数を追記（太字部分）

```
function mainloop() {
    drawPzl();
    drawEffect();                                                               エフェクトの表示
    procPzl();
}
```

◆ 変数と配列の説明 ▶

■ 点数を計算する変数

score	スコア
rensa	連鎖回数
points	ブロックを消した時の得点
eftime	ブロックを消す演出の時間を管理

※変数 rensa の値は、連鎖するごとに 1 → 2 → 4 → 8 →‥と増えます。

■ エフェクトを管理する配列と変数

RAINBOW	エフェクトの色（7色の虹の色を定義）
EFF_MAX	エフェクトの最大数
effX[]、effY[]	エフェクトの (X,Y) 座標
effT[]	エフェクトの表示時間
effN	エフェクトのデータを配列に代入する時に用いる

　rensa が点数計算を行う重要な変数です。この変数は点数計算に入る前に 1 を代入しておきます。ブロックを消すことができたら points = 50*n*rensa という式で得点を計算し、score += points でスコアに加算します。 score += points は score = score + points と同じ意味です。そして rensa = rensa*2 とし、連鎖のたびに基本点が倍になるようにしています。

　ブロックを消すエフェクトについて説明します。エフェクトをセットする setEffect(x, y) 関数と、エフェクトを表示する drawEffect() 関数を用意しています。

　drawEffect() 関数はメインループ内で毎フレーム実行します。今回はエフェクトの画像を用意せず、円を描く命令で虹のような色の円を描いています。その色は var RAINBOW = ["#ff0000", "#e08000", "#c0e000", "#00ff00", "#00c0e0", "#0040ff", "#8000e0"]; として、赤、橙、黄、緑、水色、青、紫の 7 色を 16 進数の値で定義しています。

　円を描く際、effT[] の値を用いて透明度と半径を変化させ、色の濃い（不透明に近い）小さな円が、色の薄い（透明に近い）大きな円に変化するようにしています。

> 連鎖でスコアがどどど～～っと
> 増えると嬉しいよね～！

HINT ☀ **16進数で色指定しよう**

16進数の値で色を扱えば様々な色を表現できます。16進数での色指定を説明します。

16進数で色指定するには**光の三原色**を知る必要があります。赤、緑、青の光を三原色といい、赤と緑が混じると黄に、赤と青が混じるとマゼンタ（明るい紫）に、緑と青が混じるとシアン（水色）になります。赤、緑、青3つを混ぜると白になります。光の強さが弱い（暗い）なら、混ぜた色も暗い色になります。

図3-9-2　光の三原色

コンピュータでは赤（**R**ed）、緑（**G**reen）、青（**B**lue）の光の強さを0〜255の256段階の値で表します。例えば明るい赤はR=255、濃い緑はG=128です。暗い水色を表現するならR=0,G=128,B=128になります。

JavaScriptでの16進数による色指定は **#RRGGBB** あるいは **#RGB** と記述します。**#RRGGBB** では、赤、緑、青の値は256段階となり、例えば#000000は黒、#FF0000は明るい赤、#00FF00は明るい緑、#808080は灰色になります。**#RGB** では、赤、緑、青の値は16段階となり、例えば#000は黒、#F00は明るい赤、#888は灰色、#FFFは白です。

16進数は0〜9の数字と、A、B、C、D、E、Fのアルファベットで数を表します。A〜Fは小文字でもかまいません。0〜255の10進数の値を16進数にすると次のようになります。

表3-9-1　**10進数と16進数**

10進数	16進数	10進数	16進数
0	00	16	10
1	01	17	11
2	02	18	12
3	03	19	13
4	04	20	14
5	05	:	:
6	06	126	7E
7	07	127	7F
8	08	128	80
9	09	129	81
10	0A	:	:
11	0B	251	FB
12	0C	252	FC
13	0D	253	FD
14	0E	254	FE
15	0F	255	FF

厳密には「十六進法の数」なの・・・
でも開発の現場では
「16進数」ということが多いの・・・

ヨ-10

スマートフォンに対応させる

◆ ◆ ◆ ◆ ◆ ◆ ◆ ◆ ◆

ここまで作ってきたゲームを、スマートフォンのタップ入力で操作できるようにします。

タップの状態を取得する変数

　ゲーム開発エンジンWWS.jsには、スマートフォンのタップ入力とパソコンのマウス操作のための変数、tapX、tapY、tapCが用意されています。画面をタップ（クリック）した座標がtapX、tapYに代入され、画面をタップした時（マウスボタンを押した時）にtapCの値が0から1になります。

　これらの変数を用いて、スマートフォンのタップ操作とパソコンのマウス操作に同時に対応させることができます。

ボタンアイコンで操作する

　この落ち物パズルは画面下に並ぶボタンのアイコンでも操作できるようにします。アイコンを押しているかどうかをtapX、tapY、tapCの値で判定します。

　次のHTMLを開き、ボタンのアイコンをタップするかクリックして動作を確認しましょう。動作画面は3-9と同じなので省略します。

◆ **動作の確認**　　pzl0310.html

※このプログラムに新たな画像は用いていません。

◆ **ソースコード**　　pzl0310.js より抜粋

■ ゲーム中の処理を行う procPzl() 関数に、タップ操作のコードを追記（太字部分）

```
var tapKey = [0, 0, 0, 0];//ボタンのアイコンをタップしているか    タップ判定用の配列を宣言
function procPzl() {//ゲーム中の処理を行う関数
    var c, i, n, x, y;
    if(tapC>0 && 960<tapY && tapY<1200) {//タップ操作              ボタンのアイコンをタップしているなら
        c = int(tapX/240);                                       ボタンの番号を計算し変数cに代入
        if(0<=c && c<=3) tapKey[c]++;                             cの値が0〜3ならtapKey[]の値を増やす
    }
    else {
        for(i=0; i<4; i++) tapKey[i] = 0;                         アイコンをタップしていないなら
    }                                                            tapKey[]の値をクリア

    switch(gameProc) {

    case 0://ブロックの移動
```

つづく◀

```
        //キーでの操作
        if(key[37]==1 || key[37]>4) {
            key[37]++;
            if(masu[myBlockY][myBlockX-2] == 0) myBlockX --;
        }
        if(key[39]==1 || key[39]>4) {
            key[39]++;
            if(masu[myBlockY][myBlockX+2] == 0) myBlockX ++;
        }
        //タップでの操作
        if(tapKey[0]==1 || tapKey[0]>8) {
            if(masu[myBlockY][myBlockX-2] == 0) myBlockX --;
        }
        if(tapKey[2]==1 || tapKey[2]>8) {
            if(masu[myBlockY][myBlockX+2] == 0) myBlockX ++;
        }
        if(tapKey[3]==1 || tapKey[3]>8) {//ブロックの入れ替え
            i = block[2];
            block[2] = block[1];
            block[1] = block[0];
            block[0] = i;
        }
        //下に落とす
        if(gameTime%dropSpd==0 || key[40]>0 || tapKey[1]>1) {
            if(masu[myBlockY+1][myBlockX-1]+masu[myBlockY+1]
[myBlockX]+masu[myBlockY+1][myBlockX+1] == 0) {
                myBlockY ++;//下に何もなければ落下させる
            }
            else {//ブロックをマス目上に置く
                masu[myBlockY][myBlockX-1] = block[0];
                masu[myBlockY][myBlockX   ] = block[1];
                masu[myBlockY][myBlockX+1] = block[2];
                rensa = 1;//連鎖回数を1に
                gameProc = 1;//全体のブロックを落下させる処理へ
            }
        }
        break;
        :
以下、省略
```

左矢印のアイコンをタップしており
左のマスが空いていれば座標を変化させる

右矢印のアイコンをタップしており
右のマスが空いていれば座標を変化させる

入れ替えアイコンをタップしているなら
ブロックを入れ替える

下矢印のアイコンをタップしており
下の3つのマスに何もなければ
座標を変化させる

※タップ操作でのブロックの左右移動、入れ替え、下に落とす処理を加えています。スペースキーでブロックを入れ替える処理は3-11で組み込みます。

◆ **配列の説明**

tapKey[]	ボタンのアイコンが押されているかを判定する

　タップ操作に対応するため、ボタンのアイコンが押されている時に、値を加算する配列を用意しました。その配列名をtapKeyとしています。tapKey[ボタンの番号]が0より大きければ、そのボタンが押されているとわかるようにします。

表3-10-1　**tapKeyとそれに対応するボタン**

tapKey[0]	tapKey[1]	tapKey[2]	tapKey[3]
←	↓	→	↺

　ゲーム中の処理を行うprocPzl()関数内の次のコードで、画面下に並んだ4つのボタンのいずれか
をタップ（クリック）しているなら、tapKey[ボタンの番号]の値を加算しています。

```
if(tapC>0 && 960<tapY && tapY<1200) {//タップ操作
    c = int(tapX/240);
    if(0<=c && c<=3) tapKey[c]++;
}
else {
    for(i=0; i<4; i++) tapKey[i] = 0;
}
```

　各ボタンの画像は、縦、横240ドット内に描かれています。if(tapC>0 && 960<tapY && tapY<
1200)というif文で、タップされているY座標がボタンのアイコンの位置か判定し、その場合は c =
int(tapX/240) という式でボタンの番号を計算します。この値が0～3であればtapKey[c]を加算し
ます。またボタンのアイコンが押されていないなら、tapKey[0]～[3]の全てに0を代入します。

　これでtapKey[0]の値が0でなければ ← が、tapKey[1]が0でなければ ↓ が、tapKey[2]が
0でなければ → が、tapKey[3]が0でなければ ↺ が押されているとわかります。tapKey[0]～
tapKey[3]の値を調べ、プレイヤーの操作するブロックを移動するコードは、キー入力でブロックを
移動するコードと一緒です。

わーい、これで
スマホでも遊べるよ～！

落ち物パズルの完成

◆ ◆ ◆ ◆ ◆ ◆ ◆ ◆

タイトル画面→ゲームをプレイ→ゲームオーバーという一連の流れを組み込み、落ち物パズルを完成させます。

追加する処理

ゲームとして完成させるために次の処理を追加します。

- ・スペースキーを押すと、ブロックが入れ替わる
- ・一定スコアを超えると、落ちてくるブロックの種類が増える
- ・次に落ちてくるブロックを表示する
- ・ハイスコアを表示する
- ・BGMとSE（効果音）を出力する

ゲームオーバーの条件

ゲームの残り時間を「タイム」という言葉で説明します。このゲームは時間制とし、ゲーム開始後、タイムが減っていき、0になるとゲームオーバーです。タイムは5の倍数の個数のブロックを一度に消すことで増えるようにします。

ステージは設けず、延々とプレイしてハイスコアを目指すゲームとします。なおステージを追加する改良方法などは、3-12で説明します。

完成版の動作確認

落ち物パズルの完成版の動作とプログラムを確認します。追加した処理は動作確認後に説明します。

 pzl.html

※前節までのようにpzl03**.htmlでなく、単にpzl.htmlというファイル名です。

図3-11-1　動作画面

◆ **用いる画像**

title.png

setup()関数に loadImg(7, "image/title.png"); と記述して読み込みます。

◆ **ソースコード**　pzl.js より抜粋

■ mainloop()関数　メインループの中で switch case で場面ごとに処理を分ける（太字部分）

```
function mainloop() {
    tmr++;
    drawPzl();
    drawEffect();
    switch(idx) {

    case 0://タイトル画面
    drawImgC(7, 480, 400);//タイトルのロゴ
    if(tmr%40 < 20) fText("TAP TO START.", 480, 680, 80, "pink");
    if(key[32]>0 || tapC>0) {
        clrBlock();
        initVar();
        playBgm(0);
        idx = 1;
        tmr = 0;
    }
    break;

    case 1://ゲームをプレイ
    if(procPzl() == 0) {
```

タイトル画面の
処理

ゲームをプレイ
する処理

つづく▶

```
        stopBgm();
        idx = 2;
        tmr = 0;
    }
    break;

    case 2://ゲームオーバー
    fText("GAME OVER", 480, 420, 100, "violet");
    if(tmr > 30*5) idx = 0;
    break;
    }
}
```

ゲームオーバーの
処理

■マス目を管理する二次元配列の準備　書式を変更

```
var masu = new Array(13);//マス目
var kesu = new Array(13);//ブロックを消す判定で使う配列
for(var y=0; y<13; y++) {//二次元配列の作成
    masu[y] = new Array(9);
    kesu[y] = new Array(9);
}
```

Array()とforで二次元配列を
用意する

■二次元配列を初期化する関数　この関数で二次元配列の外周1マスの値を-1にする

```
function clrBlock() {//マス目の初期化
    var x, y;
    for(y=0; y<=12; y++) {
        for(x=0; x<=8; x++) {
            masu[y][x] = -1;//全体を-1で埋める
        }
    }
    for(y=1; y<=11; y++) {
        for(x=1; x<=7; x++) {
            masu[y][x] = 0;
            kesu[y][x] = 0;
        }
    }
}
```

二重ループの繰り返しで

配列の要素全てを-1にする

二重ループの繰り返しで

ブロックが移動する範囲には
0を代入する

■initVar()関数　各変数にゲームスタート時の値を代入

```
function initVar() {//変数の初期化
    myBlockX = 4;//    ブロックの初期位置
    myBlockY = 1;//
    dropSpd = 90;//最初の落下速度

    block[0] = 1;//現在のブロック
    block[1] = 2;
    block[2] = 3;

    block[3] = 2;//次のブロック
    block[4] = 3;
    block[5] = 4;

    gameProc = 0;//処理の進行を管理
    gameTime = 30*60*3;//タイム　約3分
    score = 0;//スコア
}
```

プレイヤーの操作するブロック
の種類

次に落ちてくるブロックの種類

■ drawPzl()関数　次に落ちてくるブロック、ハイスコア、タイム増加時の値の表示を追記（太字部分）

```
function drawPzl() {//ゲーム画面を描く関数
    var x, y;
    drawImg(0, 0, 0);
    for(x=0; x<3; x++) drawImg(block[3+x], 672+80*x, 50);
    fTextN("TIME\n"+gameTime, 800, 280, 70, 60, "white");
    fTextN("SCORE\n"+score, 800, 560, 70, 60, "white");
    fTextN("HI-SC\n"+hisco, 800, 840, 70, 60, "white");
    for(y=1; y<=11; y++) {
        for(x=1; x<=7; x++) {
            if(masu[y][x] > 0) drawImgC(masu[y][x], 80*x, 80*y);
        }
    }
    if(gameProc == 0) {//ブロックの移動
        for(x=-1; x<=1; x++) drawImgC(block[1+x], 80*(myBlockX+x),
80*myBlockY-2);
    }
    if(gameProc == 3) {//消す処理
        fText(points+"pts", 320, 120, 50, RAINBOW[tmr%8]);//得点
        if(extend > 0) fText("TIME+" + extend + "!", 320, 240, 50,
RAINBOW[tmr%8]);//増えたタイム
    }
}
```

次に落ちてくるブロックの表示

ハイスコアの表示

タイムが増えた時にその値を表示

■ procPzl()関数　ブロックを入れ替えるコードを追記（太字部分）

```
function procPzl() {//ゲーム中の処理を行う関数
    〜
    switch(gameProc) {

    case 0://ブロックの移動
        if(tmr < 10) break;
        //キーでの操作
        if(key[37]==1 || key[37]>4) {
    〜
        }
        if(key[39]==1 || key[39]>4) {
    〜
        }
        if(key[32]==1 || key[32]>4) {//ブロックの入れ替え
            key[32]++;
            i = block[2];
            block[2] = block[1];
            block[1] = block[0];
            block[0] = i;
        }
        //タップでの操作
        if(tapKey[0]==1 || tapKey[0]>8) {
    〜
        }
        if(tapKey[2]==1 || tapKey[2]>8) {
    〜
        }
        if(tapKey[3]==1 || tapKey[3]>8) {//ブロックの入れ替え
            i = block[2];
            block[2] = block[1];
```

下キーを押し続けた時、ブロックが即座に落ちることを防ぐためのif文

スペースキーが押されているなら配列の中身をずらし、ブロックを入れ替える

が押されているなら配列の中身をずらし、ブロックを入れ替える

つづく▶

```
            block[1] = block[0];
            block[0] = i;
        }
        //下に落とす
        if(gameTime%dropSpd==0 || key[40]>0 || tapKey[1]>1) {
    )
以下、省略
```

■ procPzl()関数内の次のコードで、スコアが1万点と2万点を超えたらブロックの種類を増やす

```
c = 4;//ブロックの種類                          変数cに4を代入（ブロックの種類）
if(score > 10000) c = 5;                         1万点を超えたら5種類にする
if(score > 20000) c = 6;                         2万点を超えたら6種類にする
block[3] = 1+rnd(c);//──次のブロックのセット   ──乱数で次のブロックを決める
block[4] = 1+rnd(c);//─┐
block[5] = 1+rnd(c);//─┘
```

■ procPzl()関数内の次のコードで、5の倍数の個数のブロックを消したらタイムを増やす（太字部分）

```
//揃った時のスコアの計算
if(n > 0) {
    playSE(1);
    if(rensa == 1 && dropSpd > 5) dropSpd--;
    points = 50*n*rensa;//基本点数は消した数x50
    score += points;
    if(score > hisco) hisco = score;
    extend = 0;
    if(n%5 == 0) extend = 300;
    gameTime += extend;
    rensa = rensa*2;
    eftime = 0;
    gameProc = 3;
}
```

5の倍数の個数のブロックを消すと
タイムが増えるようにする

変数と配列の説明

idx	ゲーム全体の処理の進行を管理
tmr	ゲーム全体の時間の進行を管理
hisco	ハイスコアを保持
extend	条件を満たした時、増えるタイムの値を代入

var block = [0, 0, 0, 1, 2, 3];	操作するブロックと次に落ちてくるブロック

　blockの要素数を6にし、プレイヤーが動かす3つセットのブロックと、次に落ちてくる3つのブロックを管理します。

　以下、完成させるに当たって追加、改良した部分を説明します。

二次元配列の宣言の書式を変更

　3-10まではマス目を管理する二次元配列を**P.112**の書式1で記述していました。それはプログラミング初心者にとってわかりやすい書式ですが、データ数が多いと、その分、多くの行数を費やします。ゲームを完成させるに当たり、行数が短くて済む書式2に変更し、clrBlock()という関数を用意して、二次元配列に初期値を代入するようにしました。

ゲーム全体の進行管理と、ゲーム中の処理の進行管理

　このプログラムでは、タイトル画面→ゲームをプレイ→ゲームオーバーという処理の大きな流れを変数idxとtmrで管理しています。またゲームをプレイ中、ブロックを操作したり、ブロックが揃ったかを判定したりする処理の流れをgameProcという変数で管理しています。

　インデックスとタイマーという2つの変数で、ゲーム全体の大きな流れを管理する仕組みは、2章で制作したシューティングゲームと一緒です。idxの値と管理するシーンを表にまとめます。

表3-11-1　**インデックスによるゲーム進行管理**

idx の値	どのシーンか
0	タイトル画面
1	ゲームをプレイする画面
2	ゲームオーバー画面

　mainloop()関数内のswitch case文で、これらの処理を分けています。その流れを説明します。

　タイトル画面でスペースキーを押すか画面をタップした時、各種の変数に必要な値を代入し、idxの値を1にしてゲームをスタートします。

　ゲームをプレイ中、タイムが0になるかブロックが最上段まで積み上がったら、idxを2にしてゲームオーバーに移行します。その際tmrの値を0にします。

　ゲームオーバー画面ではGAME OVERの文字を表示し、tmrの値が30*5を超えたらidxを0にしてタイトル画面に戻します。30*5は30フレーム×5、つまり5秒になります。

タイム（ゲームの残り時間）について

　変数gameTimeでゲームの残り時間を管理します。ゲーム中の処理を行うprocPzl()関数内でgameTime--としてタイムを減らし、return gameTimeでその値を戻り値として返すようにしました。またプレイヤーの操作するブロックが最上段に達した時にreturn 0として0を返すようにしています。

　procPzl()関数に戻り値を設けたところがポイントです。メインループ内でif(procPzl() == 0)としてこの関数を働かせつつ、0が返ったかを監視しています。0が返るのはゲームオーバーになった時なので、その場合はidxを2にしてゲームオーバーに移行していることも確認しましょう。

　時間制のゲームは何らかの条件を満たすとタイムが増えます。今回はextendという変数を用意し、5の倍数の個数のブロックを消した時にextendに300を代入し、gameTimeに加算してタイムを増やしています。またextendの値を画面に表示することで、タイムが増えたことを知らせています。

ハイスコアの更新

ハイスコアの更新は、スコアを加算後、ハイスコアの値を超えたら、ハイスコアの変数にスコアの値を代入します。procPzl()関数内の次のコードです。

```
score += points;
if(score > hisco) hisco = score;
```

BGMとSEの追加

BGMとSEを追加しました。サウンドの追加方法を説明します。

プログラム（pzl.html、pzl.js、WWS.js）と同じ階層に置いたsoundフォルダにbgm.m4aとse.m4aというファイルを入れます。setup()関数に音楽ファイルを読み込むloadSound(番号, ファイル名)を記述し、それらのファイルを読み込みます。

```
function setup(){
    ⁞
    loadSound(0, "sound/bgm.m4a");      音楽ファイルを読み込む
    loadSound(1, "sound/se.m4a");
}
```

これでゲーム開発エンジンWWS.jsが、キーを押した時か画面をタップした時に音楽ファイルを読み込みます（シューティングゲームのBGMの追加の際に説明したように、本書執筆時点でスマートフォンのブラウザが画面タップ時にしか音楽ファイルを扱えない仕様のため）。

BGMの出力と停止は、WWS.jsに備わったplayBgm()関数とstopBgm()関数で行います。playBgm(番号)で出力した音楽ファイルは、延々と繰り返して再生されます。

playSE(番号)関数を用いると、指定のサウンドを1回のみ出力します。ブロックを消した時の効果音はplaySE()で出力しています。

HINT エクステンドと1UP

ゲーム用語にエクステンドと1UPという言葉があります。**エクステンド**は、シューティングゲームで残機が一つ増えることを意味したり、タイムという単語とつなげ「エクステンドタイム」でゲームをプレイできる時間が延長されることを意味したりします。この落ち物パズルでは、延長される時間の変数名をextendとしました。またゲームによっては、エクステンドを装備や機能が拡張する意味で用いることもあります。

1UPは、手持ちのキャラの数が増えることを意味します。著者は1UPをワンナップと発音しますが、ワンアップやイチアップと呼ぶ人もいます。1UPを手持ちのキャラ数（残機）が増えるという意味で初めて使ったのは、任天堂のスーパーマリオブラザーズであるといわれています。スーパーマリオブラザーズは1980年代に大ヒットし、国民的コンピュータゲームになり、1UPも多くの人が知る単語となりました。

3-12

もっと面白くリッチなゲームにする

落ち物パズルをより楽しく、リッチな内容に改良する方法を説明します。

案1) ブロックを揃えるルールの変更

斜め判定を無くしてみる

この章で制作した落ち物パズルは、ブロックが縦、横、斜めに並んだ時に消えます。斜めの判定を無くし、縦か横に揃った時にだけ消えるようにすれば、シンプルなルールになり、面白さも変わってきます。

斜めに揃った時の判定を無しにして試してみましょう。判定を縦横のみにするにはprocPzl()関数の次の2行をコメントアウトします。

```
if(c==masu[y+1][x-1] && c==masu[y-1][x+1]) { kesu[y][x]=1; kesu[y+1][x-1]=1; kesu[y-1][x+1]=1; }//斜め／に揃っている
if(c==masu[y-1][x-1] && c==masu[y+1][x+1]) { kesu[y][x]=1; kesu[y-1][x-1]=1; kesu[y+1][x+1]=1; }//斜め＼に揃っている
```

みなさんは、斜め判定ありと無しのどちらが、より面白いと感じるでしょうか？　著者は、斜め判定あり無しのどちらが面白いかは、個人差があると考えます。例えば初心者向けのゲームとするなら、斜め判定無しにするとよいのではないでしょうか。

鉤形につながった判定

ここで学んだブロックの判定方法で、次の図のように鉤形に繋がったことを知ることもできます。

改造することで・・・
プログラムへの理解が深まり、
技術力がアップするよ・・・

図3-12-1　鉤形につながったブロック

鉤形の判定は次の4つのif文で行います。

```
if(c==masu[y][x-1] && c==masu[y-1][x]) { kesu[y][x]=1; kesu[y][x-1]=1; kesu[y-1][x]=1;
}//┘の型につながっている
if(c==masu[y][x+1] && c==masu[y-1][x]) { kesu[y][x]=1; kesu[y][x+1]=1; kesu[y-1][x]=1;
}//└の型につながっている
if(c==masu[y][x-1] && c==masu[y+1][x]) { kesu[y][x]=1; kesu[y][x-1]=1; kesu[y+1][x]=1;
}//┐の型につながっている
if(c==masu[y][x+1] && c==masu[y+1][x]) { kesu[y][x]=1; kesu[y][x+1]=1; kesu[y+1][x]=1;
}//┌の型につながっている
```

斜めの判定の代わりに、この4行を追加してプレイしてみてください。楽にブロックが消せるようになるので、ブロックの種類を増やすなどしてバランス調整する必要が出てくるでしょう。落ち物パズルはブロックの種類が多いほど難しくなります。ブロックの揃え方を変えたり、ブロックの種類を増やしたりして難易度を調整すると、より楽しいゲームにすることができます。

案2）ステージの追加

複数のステージを用意すると、プレイする人は先のステージが見たいという気持ちになるので、ユーザーをよりゲームに熱中させることができます。

ステージをクリアしていくゲームにするには、ステージ番号を管理する変数、例えばstageという名の変数を用意します。そしてステージが進むほどゲームが難しくなるようにするとよいでしょう。難易度は落ちてくるブロックの種類を多くしたり、落下速度を上げたりすることで、変化させることができます。

各ステージにクリア条件を設けるのも面白いでしょう。例えば「タコをn個以上消す」「ワカメとサカナをn個以上消す」「同じブロックを同時にn個以上消す」などです。ブロックの種類はmasu[][]に入っているので、揃ったブロックを消す時に種類を数えれば、色々なクリア条件を設けることができます。

案3）世界観（デザイン）の変更

ゲームの**世界観**とは、そのゲームがどのような世界設定になっているかを意味する言葉です。元々は「この世界を人がどう捉え、理解するか」が世界観の意味だそうですが、ゲーム、アニメ、漫画などでは少し違った意味で使われています。

ゲームは世界観も重要です。例えば武器を振るって敵を倒していくアクションゲームを想像してみましょう。

- ・ゲームAは剣と魔法のファンタジー世界が舞台で、旅装束の剣士がスライムやドラゴンを倒していく
- ・ゲームBは日本の戦国時代が舞台で、忍者が敵国の武者や魑魅魍魎を倒していく
- ・ゲームCは荒廃した近未来が舞台で、女の子が大剣を振るいゾンビを倒していく
- ・ゲームDはアニメの世界が舞台で、魔法少女がステッキを振るい、お菓子や文具を擬人化した敵を倒していく

　ゲームのシステム自体は全て同じものとした時、みなさんはどの商品を手に取りますか？

　時にはこれまで遊んだことのないものをプレイしようという気持ちも働きますが、たいていは最も好きな世界観のゲームを選ぶはずです。多くの人は世界観が自分の肌に合う商品を楽しく感じるものです。これは落ち物パズルにもいえることです。

　今回は海の世界でタコやイカのキャラクターを出しましたが、好きなデザインに差し替えてみると面白さも変わってきます。デザイン素材はインターネットで検索すれば無料で使えるものが見つかります。著作権フリーで再配布OKという素材を使えば、オリジナルのゲームとして発表することもできます。ただし、**ネットで手に入れた素材を用いる時は、著作権を侵害しないように、素材の配布元が定めた規約を守り、正しく使う**ようにしてください。

━━━━━ COLUMN ━━━━━
コンピュータパズル

　コンピュータで遊ぶパズルゲームには、アクション要素があるものと、アクション要素が無いものがあります。アクション要素が無く、じっくり考えるタイプとしては、例えばナンバープレース（ナンプレ）が知られています。

　ナンプレやクロスワードパズルのように、紙と鉛筆があれば遊べるパズルはペンシルパズルなどと呼ばれ、昔から様々なものが考案されてきました。一方、**コンピュータパズル**はコンピュータが発明されたからこそ実現されたパズルです。コンピュータパズルの元祖に、1982年に発売された倉庫番と1983年に発売されたフラッピーというゲームがあります。

　倉庫番は上から見下ろした2D画面（トップビュー画面）でキャラクターを動かし、全ての荷物を所定の位置に押していくとステージクリアとなります。時間制限が無く、敵キャラも出ず、じっくり考えて解くタイプのゲームです。

　フラッピーは横から見た2D画面（サイドビュー画面）でキャラクターを動かし、青い石を押して所定の位置に運ぶとステージクリアとなるゲームです。こちらは時間制で敵キャラが登場し、アクション要素の濃い内容です。

　ゲーム機とパソコンが家庭に普及した1980年代から1990年代、数多くのゲームソフトが発売され、ゲームのジャンルは多様化し、コンピュータパズルも様々なタイプに発展、進化を遂げました。インターネットが普及すると、手軽に遊べるWEBアプリのパズルも登場しました。例えば2000年代にWEBアプリで人気となったパズルに、**マッチ3パズル**（マッチ3ゲーム）があります。マッチ3パズルは宝石などを3つ以上並べて消していくゲームです。

　スマートフォンのアプリとしても、数多くのマッチ3パズルが配信されています。スマホのソーシャルゲームとして一世を風靡した「パズル＆ドラゴンズ」も、メインとなるゲームはマッチ3パズルに他なりません。

　この章で学んだブロックが揃ったことを判定するアルゴリズムで、マッチ3パズルを作ることもできます。ちなみにテトリスのようなゲームであれば、色が揃ったかを調べる必要が無いので、もっと簡単な処理で作ることができます。

　みなさんがこの章で学んだ知識を生かし、オリジナルのパズルゲーム制作に挑戦されることを期待します。

第 **4** 章

◆ ◆ ◆ ◆ ◆ ◆ ◆ ◆

ボールアクションゲーム

この章ではスマートフォンのゲームアプリとして人気となった、キャラクター（ボール）を引っ張って飛ばし、敵を倒していくアクションゲームの作り方を解説します。

このタイプのゲームは、ひっぱりアクション、弾丸系アクションなど、様々なジャンル名で呼ばれていますが、本書では"ボールアクションゲーム"と呼んで説明します。

4-1

ボールアクションとは

◆ ◆ ◆ ◆ ◆ ◆ ◆ ◆

ボールアクションは、画面をタッチして操作を行うスマートフォンが普及してから登場した、比較的新しいジャンルのゲームです。ボールなどの物体をドラッグして離す操作で遊ぶことから、**ひっぱりアクション**とも呼ばれます。

ボールアクションの歴史

　株式会社ミクシィがスマートフォンで配信した「モンスターストライク」(以下、モンスト) は、キャラクターを引っ張って飛ばすという操作で敵を倒していくゲームです。モンストは多くのファンを獲得し、ヒット商品となりました。

　モンストのヒットに追従し、他のメーカーも様々なボールアクションゲームを配信するようになります。例えば株式会社カヤックは、「キン肉マン」というボールアクションと親和性の高い版権キャラを使用する形で「キン肉マン　マッスルショット」(以下、マッスルショット) というアプリを配信し、こちらも人気となりました。

スマホゲームにひっぱり系ジャンルを確立した
「モンスターストライク」©XFLAG

人気版権キャラを採用したボールアクション
「キン肉マン マッスルショット」
©ゆでたまご/©COPRO/©KAYAC

　キャラクターを飛ばして遊ぶアクションゲームは、スマホ用のゲームアプリとして広く普及し、今では一大ジャンルとなりました。

4-2

この章で制作するゲーム内容

◆ ◆ ◆ ◆ ◆ ◆ ◆

本書で制作するボールアクションゲームの内容を説明します。ここから先は、引っ張って飛ばすキャラクターを"ボール"と称します。

ゲーム画面

この章で制作するゲームは、プレイヤーとコンピューターがそれぞれ3つのボールを飛ばし、相手のボールにぶつけ、ぶつけた相手の体力を奪い、倒していくルールとします。

ボールアクションゲームの操作方法は、ボールを引っ張り、飛ばす強さと向きを決めるタイプが主流です。このゲームも同様の操作でボールを飛ばします。

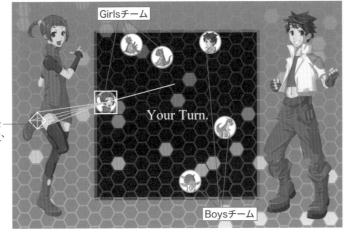

図4-2-1　ボールアクション「Dragon Marbles」

ルールと操作方法

ゲームルールと操作の仕方を説明します。ここから先はコンピューターをCOMと称します。

- ・Girlsチーム、Boysチームのどちらかを選ぶ。先攻、後攻はランダムに決まる
- ・プレイヤーはボールを引っ張って飛ばし、COMのボールに当てる
  当てると、相手の体力を奪うことができ、体力が0になったボールは消失する
- ・COMも3つのボールを飛ばし、プレイヤーのボールを狙ってくる
- ・プレイヤーとCOMの操作を交互に繰り返し、先に相手チームのボールを全て倒した方の勝ち

マウス入力で操作します。スマートフォンでもタップ入力で操作できるようにします。ゲームの性質上、キーボードは使いません。

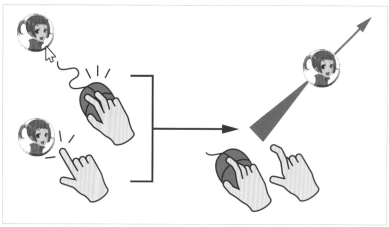

図4-2-2　操作方法

ボールの衝突と跳ね返りを学ぶ

スマートフォンのボールアクションゲームの多くは、二つのボールが衝突しても跳ね返りませんが、本書ではボール同士が跳ね返るようにし、その計算方法も学びます。物体の衝突と跳ね返り運動を計算できるようになれば、ピンボール、ビリヤードなど、開発できるゲームの種類はぐっと多くなります。これから学ぶ知識を元に、みなさんはより幅広いジャンルのゲームを制作できるようになります。

ゲームのフロー

ゲーム全体の流れを示します。タイトル画面→チーム選択→ゲームをプレイ→結果表示という大きな処理の流れを組み込みます。

次にゲームの主要部分の流れを示します。

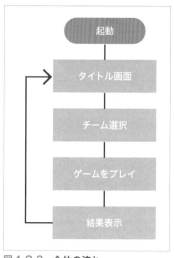

図4-2-3　全体の流れ

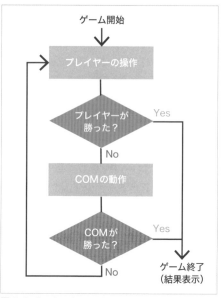

図4-2-4　主要部分の流れ

学習の流れ

各処理を次の表のように段階的に組み込みながら、ボールアクションゲームの作り方を学びます。

表4-2-1　この章の学習の流れ

組み込む処理	どの節で学ぶか
ボールを管理する変数	4-3
壁での跳ね返り	4-4
地面の摩擦（減速）	4-5
ボールを引っ張って飛ばす	4-6、4-7
二つのボールの管理（配列）	4-8
ボール同士の衝突	4-9、4-10
多数のボールを制御する	4-11
ボールを順に操作する	4-12
ボールの能力を設定する	4-13
ゲーム全体の処理の流れ	4-14

めんこじゃないよ・・・
ボールだからね・・・

制作に用いる画像

次の画像を用いて制作します。これらの画像は**書籍サイト**からダウンロードできるZIPファイルに入っています。ZIP内の構造は**P.14**を参照してください。

ball0.png　ball1.png　ball2.png　ball3.png　ball4.png　ball5.png

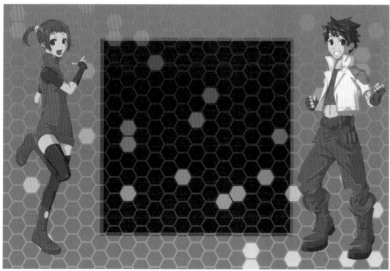

bg.png

図4-2-5　制作に用いる画像

4-3

ボールの動きを変数で管理する

◆ ◆ ◆ ◆ ◆ ◆ ◆ ◆

画面に背景とボールを表示するところから、ボールアクションゲームのプログラミングを始めていきます。

ゲームの操作性について

　優れたゲームソフトは、そのゲームに慣れていないうちから、戸惑わずに操作できるものです。キャラクターが操作しやすいことを"操作性がよい"といいます。操作性の良さはボールアクションゲームにも大切なものです。できるだけ簡素な計算式で、ボールを気持ちよく動かせるようにプログラムを組んでいきます。

ボールを管理する変数

　これから制作するゲームは、(X,Y)座標を管理する変数と、X軸方向とY軸方向の速さ（移動量）を管理する変数の、4つの変数だけでボールを制御します。

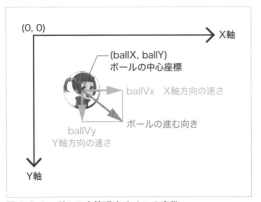

図4-3-1　ボールを管理する4つの変数

背景とボールを表示する

　背景とボールを表示するプログラムを確認します。次のHTMLを開いて動作を確認しましょう。次のような画面が表示されます。

◆ 動作の確認 ball0403.html

図4-3-2 実行画面

◆ 用いる画像

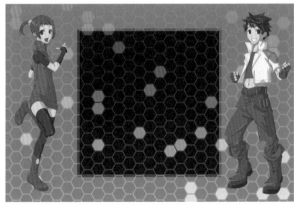

bg.png

ball0.png

◆ ソースコード ball0403.js

```javascript
var ballX  = 600;
var ballY  = 400;
var ballVx = 0;
var ballVy = 0;

//起動時の処理
function setup() {
    canvasSize(1200, 800);
    loadImg(0, "image/bg.png");
    loadImg(1, "image/ball0.png");
}
```

ボールを管理する変数

起動時に実行される関数
キャンバスサイズの指定と
画像の読み込みを行う

つづく

```
//メインループ
function mainloop() {
    drawImg(0, 0, 0);//背景画像
    drawImgC(1, ballX, ballY);
}
```

メイン処理を行う関数
背景を表示する
ボールを表示する

◆ **変数の説明** ▶

ballX, ballY	ボールの (X,Y) 座標
ballVx, ballVy	ボールの X 軸方向と Y 軸方向の速さ

ballVx と ballVy には、ボールが 1 フレームごとに、各軸の向きに何ドット移動するかという値 (移動量) を代入します。

ボールを制御するには様々な方法がある

本書ではこれらの変数でボールを管理しますが、ボールの動きをプログラミングするには様々な方法が考えられます。例えばボールの進む向き (角度) と速さを管理する変数を用いたり、ベクトルを扱える開発環境やプログラミング言語であれば、**ベクトル**で動きを管理します。ベクトルの知識はゲーム制作に役立つので、**P.168**のヒントで説明します。

次の 4-4 でボールを動かし壁で跳ね返らせます。4-5 では面の摩擦に関する計算を入れ、ボールを減速させます。それらの処理を組み込む過程で変数を増やすことはせず、ここに挙げた 4 つの変数だけでボールを動かすプログラムを組んでいきます。

なおコンピューターゲームの物体の動きは、物理の公式通りに計算すればよいわけではありません。この先、簡潔な記述で実用に値するプログラムを組みながら、そのことについてもお伝えします。

角度やベクトルは
計算が複雑だから・・・
簡潔に動かす方法を
紹介するよ・・・

ボールを壁で跳ね返らせる

◆ ◆ ◆ ◆ ◆ ◆ ◆

ボールアクションゲームの基本となるボールの動きは、四方の壁で跳ね返ることです。それをプログラミングします。

入射角と反射角

ボールが平らな面で跳ね返る時、次の図のように入射角と反射角が等しくなります。

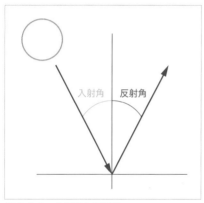

図4-4-1　入射角と反射角

このように跳ね返らせるには、ボールが壁に当たった時、画面の上下の壁ではY軸方向の移動量を逆向きにし、左右の壁ではX軸方向の移動量を逆向きにします。図示すると次のようになります。

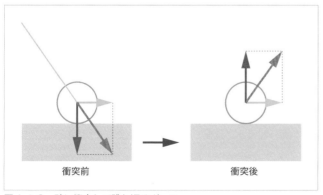

図4-4-2　壁に衝突して跳ね返るボール

この図はゲーム画面の下側の壁で跳ね返る様子です。ballVxの値は変化させず、ballVy = -ballVy

としてY軸方向の移動量を反転させることで、ボールが跳ね返ります。左右の壁での跳ね返りは、ballVx = -ballVxとし、X軸方向の移動量を反転させます。

　この処理を組み込んだプログラムで、ボールが四方の壁で跳ね返る様子を見てみましょう。次のHTMLを開いて動作を確認してください。

◆ **動作の確認**　ball0404.html

　動作画面は前の**図4-3-2**と同じなので省略しますが、ボールが画面内を跳ね返り続けることを確認しましょう。

※このプログラムに新たな画像は用いていません。

◆ **ソースコード**　ball0404.jsより抜粋

■ ボールの速さを変数に代入（太字部分）

```
var ballX  = 600;
var ballY  = 400;
var ballVx = 16;
var ballVy = 8;
```

X軸方向の移動量（速さ）を代入
Y軸方向の移動量（速さ）を代入

■ メインループでボールを動かす関数を実行（太字部分）

```
function mainloop() {
    drawImg(0, 0, 0);//背景画像
    drawImgC(1, ballX, ballY);
    moveBall();
}
```

ボールを動かす関数

■ ボールを動かす関数

```
function moveBall() {
    ballX = ballX + ballVx;
    ballY = ballY + ballVy;
    if(ballX< 340 && ballVx<0) ballVx = -ballVx;
    if(ballX> 860 && ballVx>0) ballVx = -ballVx;
    if(ballY< 140 && ballVy<0) ballVy = -ballVy;
    if(ballY> 660 && ballVy>0) ballVy = -ballVy;
}
```

X座標にX軸方向の移動量を加える
Y座標にY軸方向の移動量を加える
左の壁に当たったらX軸方向の向きを反転
右の壁に当たったらX軸方向の向きを反転
上の壁に当たったらY軸方向の向きを反転
下の壁に当たったらY軸方向の向きを反転

※このプログラムに新たな変数は追加していません。

　ボールを動かすmoveBall()という関数を用意し、メインループの中で毎フレーム実行しています。その関数に記述した、左側の壁でボールを跳ね返らせるif文を見てみましょう。次のようになっています。

```
if(ballX< 340 && ballVx<0) ballVx = -ballVx;
```

　ボールが左方向に進んでいるならballVxはマイナスの値です。ボールのX座標が左端に達し、かつballVxの値がマイナスであれば ballVx = -ballVx としてballVxをプラスの値にします。ballVxがプラスになればボールは右方向に移動します。

条件式 ballVx<0、ballVx>0、ballVy<0、ballVy>0 について

　四方の壁で跳ね返らせるif文に、それぞれballVx<0、ballVx>0、ballVy<0、ballVy>0という条件式が入っています。ボールの速さが一定であれば、これらの式を入れなくても正しく跳ね返ります。ですがこの先、ボールを減速したり、複数のボールを衝突させるので、ballVx<0、ballVx>0、ballVy<0、ballVy>0を省くと、ボールの座標と移動量によっては壁際で振動するようにバウンドを繰り返し、うまく跳ね返らないことがあります。そのためにこれらの条件式を記述しています。

ボールの移動範囲について

　このゲームは次の図のように、画面全体の幅を1200ドット、高さを800ドットとし、その中に600×600ドットの正方形でボールの移動範囲を描いています。

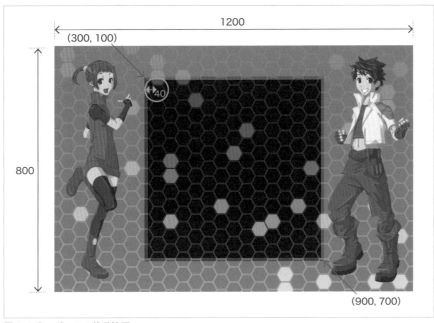

図4-4-3　ボールの移動範囲

　ボールの移動範囲の左上の角の座標は(300,100)、右下の角の座標は(900,700)になります。
　ボールは半径40ドット（直径80ドット）で描かれているので、ボールの移動範囲は600×600ドットの正方形の40ドット内側になります。つまりボールは左上角の座標が(340,140)、右下角の座標が(860,660)の領域内を移動することになります。ボールを跳ね返らせるif文の条件式 ballX<340、ballX>860、ballY<140、ballY>660 の値が、それらの座標になっています。

HINT　ベクトルを理解しよう

　物体の運動をプログラミングする時、ベクトルの知識が役に立ちます。ベクトルとはどのようなものかを説明します。

　ベクトルとは "大きさ" と "向き" を持った値のことです。

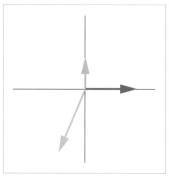

> ベクトルを学んでおくと、いろいろなゲーム開発で役に立つよ・・・

図4-4-4　ベクトル

　この図の赤い矢印は青い矢印の2倍の長さ、緑の矢印は青い矢印の3倍の長さで描かれています。青い矢印は時計でいうと12時の方向、赤い矢印は3時の方向、緑の矢印は7時の方向を向いています。

　青い矢印の長さを大きさ1という基準とすると、赤い矢印は大きさ2で3時の向きであり、緑の矢印は大きさ3で7時の向きであるといい表せます。このように大きさと向きを持つ量がベクトルです。

　ベクトルは足し引きできます。例えば2つのベクトルAとBの足し算は次のようになります。

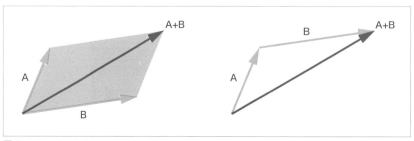

図4-4-5　ベクトルの足し算（合成）

・左はベクトルAとBを平行四辺形の二辺とし、対角線を引いて合成ベクトルを作図
・右はベクトルAの先端にベクトルBを引き、Aの根元からBの先端を結び合成ベクトルを作図

　P.165の図4-4-1と4-4-2をもう一度見てみましょう。ボールの進む向きを記した矢印がベクトルです。そしてballVxとballVyは、そのベクトルをX軸方向とY軸方向に分解したものになります。

４−５

地面の摩擦を計算する

◆ ◆ ◆ ◆ ◆ ◆ ◆ ◆

前のプログラムでは、ボールは画面内を永遠に動き続けます。次は摩擦の計算を入れ、ボールの動きが
遅くなり止まるようにします。

摩擦力について

物体が動く時、次の図のように、面との間に進行方向と逆向きの力が生じます。これが摩擦力で、転
がるボールは摩擦によって運動エネルギーが減少し、やがて停止します。

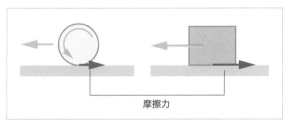

図4-5-1 摩擦力

ボールアクションゲームにもこの計算を入れます。Ｘ軸方向とＹ軸方向の移動量を毎フレーム減ら
していく簡単な計算で、これを実現します。

次のHTMLを開いて、ボールの動きが遅くなり停止する様子を確認しましょう。動作画面は**図
4-3-2**と同じなので省略します。

◆ 動作の確認 ▶ ball0405.html

※このプログラムに新たな画像は用いていません。

◆ ソースコード ▶ ball0405.jsより抜粋

■ボールの初速度（太字部分）

```
var ballX  = 600;
var ballY  = 400;
var ballVx = 40;                          X軸方向の速さを代入
var ballVy = 30;                          Y軸方向の速さを代入
```

■ボールを動かすmoveBall()関数に、移動量を減らすコードを追記（太字部分）

```
function moveBall() {
    ballX = ballX + ballVx;
    ballY = ballY + ballVy;                    つづく▶
```

```
    if(ballX< 340 && ballVx<0) ballVx = -ballVx;
    if(ballX> 860 && ballVx>0) ballVx = -ballVx;
    if(ballY< 140 && ballVy<0) ballVy = -ballVy;
    if(ballY> 660 && ballVy>0) ballVy = -ballVy;
    ballVx = ballVx * 0.95;
    ballVy = ballVy * 0.95;
}
```
———— 0.95を掛けて減速する

※このプログラムに新たな変数は追加していません。

　X軸方向とY軸方向の移動量に0.95を掛けています。0以上1未満の小数を掛けることで、ボールの速さは1フレームごとに遅くなります。掛ける値が小さいほどボールはすぐに止まります。例えば0.95を0.8にして試してみましょう。また0.99ではどうかも試しましょう。

シンプルに記述しよう

　コンピューターゲームでは様々な動きを簡易的な計算で"それっぽく"見せることがポイントです。変数を無駄に増やさず、計算式をシンプルにすることで、バグの発生を抑えることができ、プログラムの動作を確認するのに掛かる時間を減らすことができます。

たったこれだけの計算で
本物っぽい動きになった！
すごいね~！

無駄な記述を減らすと開発効率もアップ・・・
でも慣れないうちは難しいから・・・
少しずつ慣れていこう・・・

4-6

ボールを引っ張って飛ばす

◆ ◆ ◆ ◆ ◆ ◆ ◆ ◆

ボールを引っ張って飛ばす処理を組み込みます。シューティングゲームや落ち物パズルもマウス入力（タップ入力）で遊べるようにしましたが、その時に用いたtapX、tapY、tapCの3つの変数で、パソコンのマウス操作とスマートフォンのタップ操作に対応させます。

ボールの操作方法

次の操作の処理を組み込みます。

・パソコンではマウスでボールをドラッグし、マウスボタンを離すとボールが飛んで行く
・スマートフォンでは指でボールを引っ張り、指を離すとボールが飛んで行く

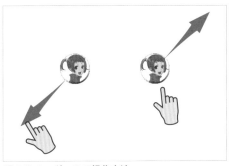

びよ〜〜〜んと
飛ばそ〜〜！

図4-6-1 ボールの操作方法

ゲーム開発エンジンWWS.jsに備わったtapX、tapY、tapCの値を用いて操作を組み込めば、パソコンでもスマートフォンでもプレイできるようになります。パソコンとスマートフォンで処理を分ける必要はありません。

入力を受け付ける

ボールを引っ張って飛ばす過程には、次の3つの段階があります。

❶ボールをクリック（タップ）してつかむ
❷マウスポインター（あるいは指）を動かし、飛ばす強さと向きを決める
❸マウスボタン（指）を離すことで、ボールが飛んで行く

操作がどの段階にあるかを管理する変数を用意し、これらの処理を組み込みます。その変数名を

drag とします。

　次のHTMLを開いて動作を確認しましょう。マウスポインターをボールに合わせ、ボタンを押しながらボールを引っ張り、ボタンを離すとボールが飛びます。動作確認後に組み込んだ処理を説明します。

◆ **動作の確認**　ball0406.html

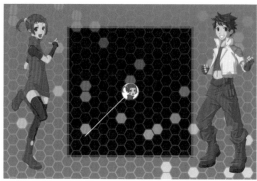

図4-6-2　動作画面

※このプログラムに新たな画像は用いていません。

◆ **ソースコード**　ball0406.jsより抜粋

■ メインループにボールを引っ張って飛ばす関数を追記（太字部分）

```
function mainloop() {
    drawImg(0, 0, 0);//背景画像
    drawImgC(1, ballX, ballY);
    myBall();
    moveBall();
}
```

ボールを引っ張って飛ばす関数

■ ボールを引っ張って飛ばす関数

```
function myBall() {
    if(drag == 0) {//つかむ
        if(tapC == 1 && getDis(tapX, tapY, ballX, ballY) <
60) drag = 1;
    }
    if(drag == 1) {//ひっぱる
        lineW(3);
        line(tapX, tapY, ballX, ballY, "white");
        if(tapC == 0) {//離した時
            if(getDis(tapX, tapY, ballX, ballY) < 60) {
                drag = 0;//やり直し
            }
            else {
                ballVx = (ballX - tapX)/8;
                ballVy = (ballY - tapY)/8;
                drag = 0;
            }
        }
    }
}
```

dragの値が0の時
クリックしている座標がボールの近くなら
dragを1にする

dragの値が1の時
描く線の太さを指定
マウスポインターとボールの間に線を引く
ボタンや指を離した時
ボールの近くで離したなら
dragを0にして入力し直す

そうでないなら
ボールのX軸方向の速さを計算し代入
ボールのY軸方向の速さを計算し代入
dragの値を0にする

lineW(太さ)は線の太さを指定する命令、line(x1, y1, x2, y2, 色)は線を引く命令で、共にWWS.jsに備わった関数です。

tapXとtapYにマウスポインターの座標値 (スマートフォンではタップしている座標値) が入ります。tapCはマウスボタンをクリックしたり画面をタップすると1になり、ボタンを離したり画面から指を離すと0になります。

◆ **変数の説明** ▶

drag	次の説明を参照

dragの値で処理を分ける

ボールを引っ張って飛ばす過程を管理する変数の値は、0か1とします。それぞれの値で次の処理を行っています。

┌─ dragが0の時 ──────────────
・クリック (タップ) している座標がボールに近い位置ならdragを1にする
──────────────────────

┌─ dragが1の時 ──────────────
・マウスポインター(タップしている位置) とボールを線で結ぶ
・ボタンや指を離した時、
　ボールの近くで離したならdragを0にし、ボールは飛ばさず再入力させる
　そうでなければballVxとballVyに移動量を代入する
──────────────────────

ボールの初速度について

次の式でボールの初速度を決めています。

```
ballVx = (ballX - tapX)/8;
ballVy = (ballY - tapY)/8;
```

(ballX-tapX) と (ballY-tapY)はマウスポインターとボールの距離で、それらを8で割った値をballVxとballVyに代入しています。8で割るのは速さを調整するためです。大きな値で割れば長く引っ張ってもゆっくり飛び、小さな値で割れば少し引いただけでも速く飛ぶようになります。このような数は値をいくつにすると、プレイする人が気持ちよい操作感だと感じてくれるかを検討することが大切です。今回は8としましたが、割る値を変えて飛ばす時の感覚が違ってくることを確認しましょう。

それからこのプログラムでは、ボールを引っ張っていることがわかるように、マウスポインターからボールに直線を引いています。しかし単に線を引くだけでは表現が不十分なので、次はボールを飛ばす向きと強さがわかりやすくなるように表示を改良します。

4-7

ボールを引く強さと飛ぶ向きを描く

◆　◆　◆　◆　◆　◆　◆

ボールを引く強さと飛ぶ向きを画面上に示すことで、ゲームが遊びやすくなります。その表示を追加します。

強さと向きをどう示すか

　ボールを引く強さは、マウスポインターの座標（タップしている座標）とボールの間に線を引いて表現できます。前の節で既に線を引いていますが、多角形を描く命令でマウスポインターからボールに向かって弾を突くような図形に改良し、ボールを飛ばすことをわかりやすくします。

　ボールの飛ぶ向きは、マウスポインターからボールに向かった、ちょうど反対側の位置に、ボールから線を引くことで表現できます。それらを図示すると次のようになります。

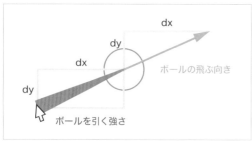

図4-7-1　ボールを引く強さと飛ぶ向き

　この表示を組み込んだプログラムを確認します。次のHTMLを開いて動作を確認しましょう。

◆ 動作の確認 　ball0407.html

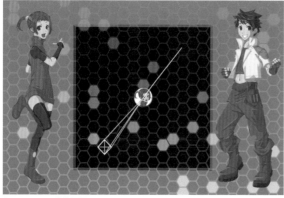

図4-7-2　動作画面

※このプログラムに新たな画像は用いていません。

◆**ソースコード** ball0407.jsより抜粋

■ myBall()関数に、引く強さと飛ぶ向きを描くコードを追記（太字部分）

```
function myBall() {
    if(drag == 0) {//つかむ
        if(tapC == 1 && getDis(tapX, tapY, ballX, ballY) < 60) drag = 1;
    }
    if(drag == 1) {//ひっぱる
        //引く強さがわかるように多角形を表示
        lineW(3);
        sPol([tapX-30, tapY, tapX+30, tapY, ballX, ballY], "silver");
        sPol([tapX, tapY-30, tapX, tapY+30, ballX, ballY], "lightgray");
        sPol([tapX-30, tapY, tapX, tapY+30, tapX+30, tapY, tapX, tapY-30], "white");
        //どの向きに飛ぶかわかるように線を表示
        var dx = ballX - tapX;
        var dy = ballY - tapY;
        line(ballX, ballY, ballX+dx, ballY+dy, "white");
        if(tapC == 0) {//離した時
            if(getDis(tapX, tapY, ballX, ballY) < 60) {
                drag = 0;//やり直し
            }
            else {
                ballVx = (ballX - tapX)/8;
                ballVy = (ballY - tapY)/8;
                drag = 0;
            }
        }
    }
}
```

多角形で
強さを
描く

直線で
向きを
描く

※このプログラムに新たな変数は追加していません。

sPol([配列], 色)はWWS.jsに備わった多角形を描く命令です。座標は [x0, y0, x1, y1, x2, y2, ····] と一次元配列で指定します。

ボールを引く強さを描く

ボールを引く強さは多角形を組み合わせて描いています。図解すると次のようになります。

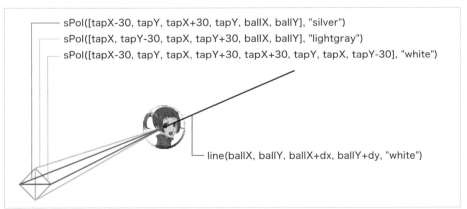

sPol([tapX-30, tapY, tapX+30, tapY, ballX, ballY], "silver")
sPol([tapX, tapY-30, tapX, tapY+30, ballX, ballY], "lightgray")
sPol([tapX-30, tapY, tapX, tapY+30, tapX+30, tapY, tapX, tapY-30], "white")

line(ballX, ballY, ballX+dx, ballY+dy, "white")

図4-7-3 多角形を組み合わせて描く

ボールの飛ぶ向きを描く

　ボールが飛んで行く向きの描き方は、まず次の式でボールとマウスポインターのX軸方向とY軸方向の距離（ドット数）を変数dxとdyに代入します。

```
var dx = ballX - tapX;
var dy = ballY - tapY;
```

　そしてボールの中心座標(ballX, ballY)と(ballX+dx, ballY+dy)を線で結びます。マウスポインターの座標からボールに向かった、ちょうど反対側の位置が(ballX+dx, ballY+dy)になります。

ガイドが出るようになって、
どのくらいの強さでどこに飛んでいくか
わかりやすくなったね〜！

うん・・・
ゲームはユーザーフレンドリーな
設計が大事・・・

4-8

複数のボールを管理する

◆ ◆ ◆ ◆ ◆ ◆ ◆ ◆

前の4-7までのプログラムは、ballX、ballY、ballVx、ballVyという変数で、ボールを1つだけ扱ってきました。ここからはそれらの変数を配列に変更し、複数のボールを扱います。

2つのボールを扱う

最終的にはプレイヤーのボール3つと、COMのボール3つの、合わせて6つを制御しますが、4-8から4-10まではプログラムを作る過程がわかりやすいように、次の2つのボールの動きを組み込んでいきます。

ボール0	ボール1

中心座標　(ballX[0], ballY[0]) 　　　　中心座標　(ballX[1], ballY[1])
X軸方向の速さ　ballVx[0] 　　　　X軸方向の速さ　ballVx[1]
Y軸方向の速さ　ballVy[0] 　　　　Y軸方向の速さ　ballVy[1]

図4-8-1　ボールを管理する配列

ボールを管理する変数を配列に変更し、2つのボールを扱うようにしたプログラムを確認します。次のHTMLを開いて動作を確認しましょう。

◆ 動作の確認　ball0408.html

女の子のボールは4-7で組み込んだ通り、マウスでドラッグして飛ばすことができます。このプログラムではボール同士が衝突しても何も起きません。ボールのヒットチェックと跳ね返らせる計算は4-9と4-10で組み込みます。

ボールの個性を配列で管理すれば・・・
プログラムもスッキリするね・・・

図4-8-2 動作画面

◆ 用いる画像

ball1.png

ボールを管理する変数を配列に変え、プログラムの随所を変更したので、全てのコードを掲載します。

◆ ソースコード ball0408.js

```
var BALL_MAX = 2;
var ballX  = new Array(BALL_MAX);
var ballY  = new Array(BALL_MAX);
var ballVx = new Array(BALL_MAX);
var ballVy = new Array(BALL_MAX);

var drag = 0;

//起動時の処理
function setup() {
    canvasSize(1200, 800);
    loadImg(0, "image/bg.png");
    for(var i=0; i<BALL_MAX; i++) loadImg(1+i, "image/ball"+i+".png");
    initVar();
}

//メインループ
function mainloop() {
    drawImg(0, 0, 0);//背景画像
    for(var i=0; i<BALL_MAX; i++) drawImgC(1+i, ballX[i], ballY[i]);
    myBall();
    moveBall();
}
```

扱うボールの数を定める定数
ボールを管理する配列

起動時に実行する関数

メインループ

つづく▶

```
function moveBall() {//ボールを動かす関数
    for(var i=0; i<BALL_MAX; i++) {
        ballX[i] = ballX[i] + ballVx[i];
        ballY[i] = ballY[i] + ballVy[i];
        if(ballX[i]< 340 && ballVx[i]<0) ballVx[i] = -ballVx[i];
        if(ballX[i]> 860 && ballVx[i]>0) ballVx[i] = -ballVx[i];
        if(ballY[i]< 140 && ballVy[i]<0) ballVy[i] = -ballVy[i];
        if(ballY[i]> 660 && ballVy[i]>0) ballVy[i] = -ballVy[i];
        ballVx[i] = ballVx[i] * 0.95;
        ballVy[i] = ballVy[i] * 0.95;
    }
}
```

ボールを動かす関数
繰り返しで全ての
ボールの動きを
計算する

```
function myBall() {//ボールを引っ張って飛ばす関数
    if(drag == 0) {//つかむ
        if(tapC == 1 && getDis(tapX, tapY, ballX[0], ballY[0]) < 60) drag = 1;
    }
    if(drag == 1) {//ひっぱる
        //引く強さがわかるように多角形を表示
        lineW(3);
        sPol([tapX-30, tapY, tapX+30, tapY, ballX[0], ballY[0]], "silver");
        sPol([tapX, tapY-30, tapX, tapY+30, ballX[0], ballY[0]], "lightgray");
        sPol([tapX-30, tapY, tapX, tapY+30, tapX+30, tapY, tapX, tapY-30],
"white");
        //どの向きに飛ぶかわかるように線を表示
        var dx = ballX[0] - tapX;
        var dy = ballY[0] - tapY;
        line(ballX[0], ballY[0], ballX[0]+dx, ballY[0]+dy, "white");
        if(tapC == 0) {//離した時
            if(tapX < 10 || 1190 < tapX || tapY < 10 || 790 < tapY) {
                drag = 0;//やり直し
            }
            else if(getDis(tapX, tapY, ballX[0], ballY[0]) < 60) {
                drag = 0;//やり直し
            }
            else {
                ballVx[0] = (ballX[0] - tapX)/8;
                ballVy[0] = (ballY[0] - tapY)/8;
                drag = 0;
            }
        }
    }
}
```

ボールを引っ張って
飛ばす関数

```
function initVar() {//配列に初期値を代入
    for(var i=0; i<BALL_MAX; i++) {
        ballX[i] = 400+i*80;
        ballY[i] = 200+i*80;
        ballVx[i] = rnd(80)-40;//     確認用に乱数の値を代入
        ballVy[i] = rnd(80)-40;//
    }
}
```

配列に初期値を
代入する関数

4

◆ **変数と配列の説明**

BALL_MAX	扱うボールの数
ballX[]、ballY[]	ボールの (X,Y) 座標
ballVx[]、ballVy[]	ボールのX軸方向とY軸方向の速さ

　ソースコードの始めの位置で var BALL_MAX = 2; とし、ボールの数を定数として定めています。完成形のゲームではこの値を6とします。定数は他の変数と区別しやすいように、全て大文字で記すことが一般的です。本書でも定数として用いる変数は大文字とします。

　配列名 = new Array(要素数) という書式で、ボールを管理する配列 ballX[]、ballY[]、ballVx[]、ballVy[] を宣言しています。それらの配列の初期値はinitVar() という関数内で代入するようにしました。このプログラムでは動作の確認のため、ボールの速さを乱数で決めています。

　読み込むボールの画像が複数になったので、setup() 関数に

```
for(var i=0; i<BALL_MAX; i++) loadImg(1+i, "image/ball"+i+".png");
```

　と記述し、for文で画像を読み込んでいます。

　複数のボールを表示するので、mainloop() 関数でもforを用い

```
for(var i=0; i<BALL_MAX; i++) drawImgC(1+i, ballX[i], ballY[i]);
```

　としています。

　それからボールを動かすmoveBall() 関数でも、for文で全てのボールを動かしていることを確認しましょう。

　このプログラムでは、ボールを引っ張って飛ばすmyBall() 関数で、配列[0]番のボールだけを操作しています。具体的には if(tapC == 1 && getDis(tapX, tapY, ballX[0], ballY[0]) < 60) drag = 1; のように、ballX[0]、ballY[0]、ballVx[0]、ballVy[0] だけを扱っています。この先4-11までは女の子の絵柄のボールだけを操作し、4-12で指定の番号のボールが操作できるように、この関数を書き換えます。

操作性の改良について

　前の4-7のプログラムでは、ボールを引っ張り続けてマウスポインターがゲーム画面 (キャンバス) の外に出ると、マウスボタンを離したことになり、ボールが飛びました。

　ボールが勝手に飛ぶのは親切な操作設計とは言えないので、ここで確認したball0408.jsには、マウスポインターが画面外に出るとボールを掴むことがキャンセルされるif文を追加しました。myBall() 関数にある次の太字部分がそのコードです。

```
if(drag == 1) {//ひっぱる
    //引く強さがわかるように多角形を表示
    sPol([tapX-30, tapY, tapX+30, tapY, ballX[0], ballY[0]], "silver");
    sPol([tapX, tapY-30, tapX, tapY+30, ballX[0], ballY[0]], "lightgray");
    sPol([tapX-30, tapY, tapX, tapY+30, tapX+30, tapY, tapX, tapY-30], "white");
    //どの向きに飛ぶかわかるように線を表示
    var dx = ballX[0] - tapX;
    var dy = ballY[0] - tapY;
    line(ballX[0], ballY[0], ballX[0]+dx, ballY[0]+dy, "white");
    if(tapC == 0) {//離した時
        if(tapX < 10 || 1190 < tapX || tapY < 10 || 790 < tapY) {
            drag = 0;//やり直し
        }
        else if(getDis(tapX, tapY, ballX[0], ballY[0]) < 60) {
            drag = 0;//やり直し
        }
        else {
            ballVx[0] = (ballX[0] - tapX)/8;
            ballVy[0] = (ballY[0] - tapY)/8;
            drag = 0;
        }
    }
}
```

　ただしマウスポインターを素早く画面外に移動させると、座標を拾い切れずにボタンを離したとみなされ、ボールが飛ぶことがあります。

HINT　ボールの衝突と跳ね返り

　モンストやマッスルショットは、飛ばしたボールが他のボールに衝突した時、ボール同士は跳ね返りません。これがビリヤードを題材にしたゲームであれば、ボール同士が衝突した時に跳ね返らせる必要があります。

図4-8-3　ビリヤード

　モンストやマッスルショットのように他のボールを弾かないルールなら、ビリヤードに比べ計算はずいぶん楽です。モンストが人気になったことを考えれば、難しい計算をしなくてもアイデア次第で面白いゲームが作れるとわかります。難しいなら省いてしまえ（笑）という考えもあるかもしれません。しかし著者はみなさんにボール同士の跳ね返りをぜひ教えたいと思いました。その理由は**物体の動きをしっかり計算できるようになれば、作れるゲームの幅がぐんと広がる**からです。またビリヤードのように**ボール同士を跳ね返らせる計算ができるプログラマーは能力が高い**と認められます。

　とはいえ、球体の跳ね返り運動を正確に再現するには、高校物理の範囲を超え、理系大学で学ぶような難しい知識が必要です。その計算は簡単に行えるものではないので、本書では著者が考案した簡易的なアルゴリズムを採用し、できるだけ簡素な式でボール同士の跳ね返りを表現します。次の4-9と4-10でその計算方法を説明します。

4-9

ボール同士の衝突

◆ ◆ ◆ ◆ ◆ ◆ ◆

ここでは、ボールの衝突と跳ね返りの動きをプログラミングしていきます。

"速さ"と"速度"について

ここから先は、ボールのX軸方向とY軸方向の1フレーム当たりの移動量 (ドット数) を"速さ"、それらの2つの速さを合成したものを"速度"と呼んで説明します。速度とは、移動する物体の位置の変化を表すベクトル量であり、物理や数学に準じる呼び方で説明します。

図4-9-1　速さと速度

ボールの速度を入れ替える

プログラムのわかりやすさと作りやすさを重視し、このゲームは簡易的な計算でボールを跳ね返らせます。ボール同士が衝突した時、跳ね返らせる最も簡単な方法は、2つのボールの速度を入れ替えることです。

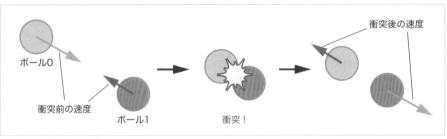

図4-9-2　ボールの速度の入れ替え

この方法なら、ボール0の速さの値をボール1の速さにし、ボール1の速さの値をボール0の速さにするだけで済みます。

次のHTMLを開き、ボールの速度を入れ替えるプログラムの動作を確認します。女の子のボールを飛ばし、モンスターの絵柄のボールに当て、それぞれの動きを見てみましょう。

◆ **動作の確認** ball0409.html

図4-9-3 動作画面

※このプログラムに新たな画像は用いていません。

◆ **ソースコード** ball0409.jsより抜粋

■ ボールを動かすmoveBall()関数に、ヒットチェックと速度の入れ替えを追記（太字部分）

```
function moveBall() {//ボールを動かす関数
    for(var i=0; i<BALL_MAX; i++) {
        ballX[i] = ballX[i] + ballVx[i];
        ballY[i] = ballY[i] + ballVy[i];
        if(ballX[i]< 340 && ballVx[i]<0) ballVx[i] = -ballVx[i];
        if(ballX[i]> 860 && ballVx[i]>0) ballVx[i] = -ballVx[i];
        if(ballY[i]< 140 && ballVy[i]<0) ballVy[i] = -ballVy[i];
        if(ballY[i]> 660 && ballVy[i]>0) ballVy[i] = -ballVy[i];
        ballVx[i] = ballVx[i] * 0.95;
        ballVy[i] = ballVy[i] * 0.95;
    }
    if(getDis(ballX[0], ballY[0], ballX[1], ballY[1]) <= 80) {
        var vx = ballVx[0];
        var vy = ballVy[0];
        ballVx[0] = ballVx[1];
        ballVy[0] = ballVy[1];
        ballVx[1] = vx;
        ballVy[1] = vy;
    }
}
```

2つのボールの距離が
80ドット以下なら
速度を入れ替える

※このプログラムに新たな変数は追加していません。

WWS.jsに備わる二点間の距離を求めるgetDis()関数で2つのボールの距離を求めています。ボールの半径は40ドットなので、ボールの中心間の距離が80以下なら衝突しています。その場合は太字で示したように、ballVx[0]とballVx[1]の値、及びballVy[0]とballVy[1]の値を入れ替えます。

衝突後の動作について

　何度かボールをぶつけてみましょう。衝突後に飛ぶ向きがおかしいと感じることがあるはずです。現実世界で衝突したボールは、ぶつかる角度によって跳ね返る向きが変わりますが、速度の入れ替えではそれが実現できないためです。

　また停止したボールにぶつけると、自分のボールは瞬時に止まり、ぶつけた相手だけが動き出すため、ボールの動きに違和感があります。

　次の4-10で計算式を改良し、見た目に正しい動きをするようにします。

ゲームの内容に合わせて
アルゴリズムを変えるんだね～！

そうそう・・・
何事も臨機応変に・・・

HINT ゲーム開発こぼれ話

　このゲームは物体の形が円なので、跳ね返った時の動きがおかしいと感じますが、人間やモンスターのような複雑な形の物体同士の衝突なら、速度の入れ替えで、それほどおかしな動きであるとは感じません。実際に著者は、速度の入れ替えに多少ランダムな値を加えるだけの計算で、キャラクターを弾き飛ばすゲームを作ったことがあります。簡易的な計算でもユーザーから相手を飛ばす向きがおかしいなどの苦情は出ませんでした（笑）

　つまりゲーム内容やルールによっては、ここで行った計算で十分なこともあります。速度の入れ替えで簡易的に跳ね返りを実現できると覚えておくと、役に立つこともあるはずです。

4-10

衝突処理を改良する

◆ ◆ ◆ ◆ ◆ ◆ ◆ ◆

衝突したボールが互いに弾かれる様子を、現実の跳ね返りに近いものに改良します。

角度を計算する

改良方法は、衝突した時、2つのボールの中心座標を結ぶ線上を、互いに逆向きにボールが移動し始めるようにします。図示すると次のようになります。

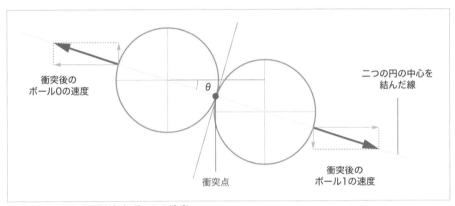

図4-10-1　互いに弾かれたボールの速度

次の計算でこの処理を行います。

❶ 2つのボールの衝突前の速度の合計値（運動エネルギーの総和）を求める

❷ 2つのボールの中心座標を結ぶ線とX軸との角度（この図のθ）を求める

❸ それぞれのボールの速度を、❶の半分の値で、中心間を結んだ線上の互いに逆向きとする

この計算には**三角関数**を用います。動作確認後に計算方法を説明します。

次のHTMLを開き、女の子のボールを飛ばし、モンスターのボールに当て、ボールが跳ね返る様子が改良されたことを確認しましょう。動作画面は前の**図4-9-3**と同じなので省略します。

◆ **動作の確認**　ball0410.html

※このプログラムに新たな画像は用いていません。

◆ソースコード　ball0410.js より抜粋

■ moveBall() 関数の衝突時の計算方法を改良（太字部分）

```
function moveBall() {//ボールを動かす関数
    for(var i=0; i<BALL_MAX; i++) {
        ballX[i] = ballX[i] + ballVx[i];
        ballY[i] = ballY[i] + ballVy[i];
        if(ballX[i]< 340 && ballVx[i]<0) ballVx[i] = -ballVx[i];
        if(ballX[i]> 860 && ballVx[i]>0) ballVx[i] = -ballVx[i];
        if(ballY[i]< 140 && ballVy[i]<0) ballVy[i] = -ballVy[i];
        if(ballY[i]> 660 && ballVy[i]>0) ballVy[i] = -ballVy[i];
        ballVx[i] = ballVx[i] * 0.95;
        ballVy[i] = ballVy[i] * 0.95;
    }
    if(getDis(ballX[0], ballY[0], ballX[1], ballY[1]) <= 80) {
        var sp0 = Math.sqrt(ballVx[0]*ballVx[0]+ballVy[0]*ballVy[0]);
        var sp1 = Math.sqrt(ballVx[1]*ballVx[1]+ballVy[1]*ballVy[1]);
        var spa = (sp0+sp1)/2;
        var dx = ballX[0] - ballX[1];
        var dy = ballY[0] - ballY[1];
        var ang = Math.atan2(dy, dx);
        ballVx[0] = spa * Math.cos(ang);
        ballVy[0] = spa * Math.sin(ang);
        ballVx[1] = -ballVx[0];
        ballVy[1] = -ballVy[0];
    }
}
```

ヒットチェック
ボール0の速度
ボール1の速度
2つのボールの平均速度
中心座標間の距離（X軸）
中心座標間の距離（Y軸）
角度を求める
ボール0の速さを代入
〃
ボール1の速さを代入
〃

※このプログラムに新たな変数は追加していません。

　衝突したボールの速度を計算するコードを抜き出して説明します。三角関数で次の計算を行っています。なお三角関数は次頁のヒントで解説していますので、そちらをご参照ください。

```
if(getDis(ballX[0], ballY[0], ballX[1], ballY[1]) <= 80) {
    var sp0 = Math.sqrt(ballVx[0]*ballVx[0]+ballVy[0]*ballVy[0]);
    var sp1 = Math.sqrt(ballVx[1]*ballVx[1]+ballVy[1]*ballVy[1]);
    var spa = (sp0+sp1)/2;
    var dx = ballX[0] - ballX[1];
    var dy = ballY[0] - ballY[1];
    var ang = Math.atan2(dy, dx);
    ballVx[0] = spa * Math.cos(ang);
    ballVy[0] = spa * Math.sin(ang);
    ballVx[1] = -ballVx[0];
    ballVy[1] = -ballVy[0];
}
```

　変数 sp0 と sp1 がそれぞれのボールの速度です。それらの値は次の図のように√を用いた式で計算しています。JavaScript では√の値を Math.sqrt() という命令で求めます。

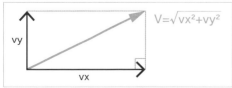

$$V=\sqrt{vx^2+vy^2}$$

図 4-10-2　ボールの速度の計算

spaはsp0とsp1を足して2で割った値です。

変数angがボール同士を結ぶ直線とX軸が作る角度の値です。逆三角関数のアークタンジェントでこれを求めています。Math.atan2()はX軸方向とY軸方向の長さから角度を求めるJavaScriptの命令です。

spaとangの値から、三角関数のsin、cosで、ボール0の速度（X軸方向とY軸方向の速さ）を計算します。ボール1の速度はボール0の逆向きにするので ballVx[1] = -ballVx[0] と ballVy[1] = -ballVy[0] としています。

HINT 三角関数と逆三角関数

◆三角関数の基礎知識

三角関数は、三角形の角の大きさと辺の長さの比を表す関数のことです。数学では次の図において、右の式で三角関数を表します。円の半径がr、(x,y)は円周上にある点の位置になります。

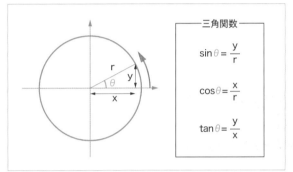

図4-10-3　三角関数

数学の図に合わせY軸上向きを正としています。また数学の角度は、図の赤矢印のように反時計回りに数え、一周すると360度です。一方、JavaScript、C/C++、Javaなど多くのプログラミング言語では、Y軸下向きが正で、角度は数学と逆（時計回り）になり、角度は私たちが日常使う度(degree)でなく、ラジアン(radian)という単位を用いて計算します。

表4-10-1　度とラジアンの関係

度	ラジアン
0°	0rad
90°	$(\pi /2)$ rad
180°	π rad
270°	$(\pi \times 1.5)$ rad
360°	$(\pi \times 2)$ rad

◆逆三角関数の基礎知識

sin、cos、tanの逆関数を逆三角関数といいます。逆三角関数はそれぞれarcsin、arccos、arctanと書きますが、JavaScriptではasin、acos、atanと記述します。

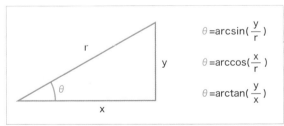

図4-10-4　逆三角関数

逆三角関数では三角形の辺の長さから角度を求めることができます。ball0410.jsではこの図のxとyの値からMath.atan2(y, x)で角度を求めています。

さて、三角関数は難しい知識なので、ここで説明した内容をすぐに理解できなくても大丈夫です。ボールの跳ね返る計算を難しいと感じた方は、「こんな計算でボールが弾かれる様子を表現できるのか」と軽い気持ちで考えておきましょう。

4-11

多数のボールを制御する

◆ ◆ ◆ ◆ ◆ ◆ ◆

4-10までは処理の内容がわかりやすいように、ボールを2つに限定してプログラムを組んできました。ゲームとして完成させるには、6つのボールを同時に制御する必要があります。その方法を説明します。

全てのボール同士でヒットチェックする

複数のボールを扱う方法を、次の図のように4つのボールで説明します。これらを同時に制御するには、ボールを1つずつ動かしながら、他の全てのボールとヒットチェックを行います。

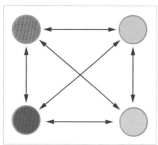

図4-11-1 複数のボールのヒットチェック

この図の線で結んだボール同士を調べるようにプログラムを組むわけです。ボールが6つ、あるいはそれより多数の時も同様です。1つずつボールを動かし（座標計算）、他の全てのボールとの距離を調べ、衝突しているなら2つのボールの速度を4-10で学んだ計算で変化させます。

この処理を組み込んだプログラムを確認します。次のHTMLを開き動作を確認しましょう。ボールは6つ表示されます。女の子のボールを飛ばし、他のボールに当て、動きを確認してください。

◆ **動作の確認** ball0411.html

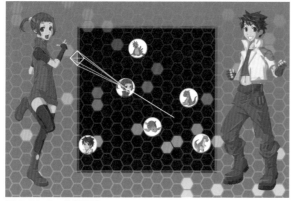

図4-11-2 動作画面

◆ 用いる画像

ball2.png

ball3.png

ball4.png

ball5.png

◆ ソースコード　ball0411.jsより抜粋

■ ボールを6つにする

```
var BALL_MAX = 6;                                    扱うボールの数
```

■ moveBall()関数を改良し、他の全てのボールとヒットチェックする（太字部分）

```
function moveBall() {//ボールを動かす関数
    for(var i=0; i<BALL_MAX; i++) {
        ballX[i] = ballX[i] + ballVx[i];
        ballY[i] = ballY[i] + ballVy[i];
        if(ballX[i]< 340 && ballVx[i]<0) ballVx[i] = -ballVx[i];
        if(ballX[i]> 860 && ballVx[i]>0) ballVx[i] = -ballVx[i];
        if(ballY[i]< 140 && ballVy[i]<0) ballVy[i] = -ballVy[i];
        if(ballY[i]> 660 && ballVy[i]>0) ballVy[i] = -ballVy[i];
        ballVx[i] = ballVx[i] * 0.95;
        ballVy[i] = ballVy[i] * 0.95;
        for(var j=0; j<BALL_MAX; j++) {
            if(i == j) continue;
            if(getDis(ballX[i], ballY[i], ballX[j], ballY[j]) <= 80) {
                var sp0 = Math.sqrt(ballVx[i]*ballVx[i]+ballVy[i]*ballVy[i]);
                var sp1 = Math.sqrt(ballVx[j]*ballVx[j]+ballVy[j]*ballVy[j]);
                var spa = (sp0+sp1)/2;
                var dx = ballX[i] - ballX[j];
                var dy = ballY[i] - ballY[j];
                var ang = Math.atan2(dy, dx);
                ballVx[i] = spa * Math.cos(ang);
                ballVy[i] = spa * Math.sin(ang);
                ballVx[j] = -ballVx[i];
                ballVy[j] = -ballVy[i];
            }
        }
    }
}
```

他のボールと
衝突したかを
調べる

※このプログラムに新たな変数は追加していません。

ボール同士のヒットチェックを行うコードを抜き出して説明します。

```
for(var i=0; i<BALL_MAX; i++) {
    〉
    ボールの移動（座標計算）
    〉
    for(var j=0; j<BALL_MAX; j++) {
        if(i == j) continue;
        if(getDis(ballX[i], ballY[i], ballX[j], ballY[j]) <= 80) {
```

```
        var sp0 = Math.sqrt(ballVx[i]*ballVx[i]+ballVy[i]*ballVy[i]);
        var sp1 = Math.sqrt(ballVx[j]*ballVx[j]+ballVy[j]*ballVy[j]);
        var spa = (sp0+sp1)/2;
        var dx = ballX[i] - ballX[j];
        var dy = ballY[i] - ballY[j];
        var ang = Math.atan2(dy, dx);
        ballVx[i] = spa * Math.cos(ang);
        ballVy[i] = spa * Math.sin(ang);
      }
    }
  }
```

　全てのボール同士のヒットチェックは、二重ループの繰り返しで行います。このプログラムでは変数 i の for の中に、変数 j の for を入れた構造になっています。

　i の値が座標を計算するボールの番号です。i は 0（女の子のボール）から始まり、for(var j=0; j<BALL_MAX; j++) の for 文で、他のボールと衝突していないかを調べます。この時、if(i == j) continue; という if 文で、自分自身とはヒットチェックしないようにします。ボールの中心間の距離を調べ、衝突していたら速度を変更する計算は、4-10 で組み込んだ通りです。

　i=0 の繰り返しが終わると、次は i=1 になり、変数 j の繰り返しが行われます。そのようにして全てのボール同士を調べていくプログラムになっています。

わ～い！
たくさんのボールが
いっしょに動いた～！

この連鎖反応の動き・・・
これぞボールアクションの
神髄・・・

4-12

ボールを順に操作する

◆ ◆ ◆ ◆ ◆ ◆ ◆

4-11までのプログラムは、ボールを1つだけ操作するものでしたが、ゲームの完成に向け、ボールにカーソルを表示し、順に引っ張って飛ばせるようにします。

操作するボールの順番を管理する

操作できるボールにカーソルを表示します。このプログラムでは0番（女の子のボール）から順に操作し、6つのボールを飛ばすと、再び女の子のボールを操作できるようにしています。

操作するボールの番号を管理する変数を用意し、この処理を組み込みます。その変数名をbnumとしています。bnumはball numberを略して変数名としています。

次のHTMLを開き動作を確認しましょう。動作確認後に組み込んだ処理を説明します。

◆ 動作の確認　ball0412.html

図4-12-1　動作画面

※このプログラムに新たな画像は用いていません。

◆ ソースコード　ball0412.jsより抜粋

■ ボールにカーソルを表示するための配列を追加

```
var cursor = new Array(BALL_MAX);
```
カーソルの色を代入する

initVar()関数のfor文で cursor[i] = "" として、この配列を初期化しています。

■ 引っ張って飛ばすボールの番号を代入する変数を追加

```
var bnum = 0;
```
操作するボールの番号

■ ボールを描く関数を追加

　前のball11.jsまでは、mainloop()関数内にボールを表示するコードを記述していましたが、この先、ボールに体力値やエフェクトを描き、表示に関するコードが増えるので、関数として定義します。

```
function drawBall() {//ボールを描く関数
    for(var i=0; i<BALL_MAX; i++) {
        drawImgC(1+i, ballX[i], ballY[i]);
        if(cursor[i] != "") {//カーソル
            lineW(4);
            sRect(ballX[i]-40, ballY[i]-40, 80, 80, cursor[i]);
            cursor[i] = "";
        }
    }
}
```

cursor[]に値が入っているなら、矩形を描く命令でカーソルを表示し、cursor[]の値をクリアする

■ mainloop()関数でボールを描く関数を呼び出す（太字部分）

```
function mainloop() {
    drawImg(0, 0, 0);//背景画像
    drawBall();
    myBall();
    moveBall();
}
```

ボールを描く関数

■ myBall()関数を、変数bnumの番号のボールを引っ張って飛ばすように改良

```
function myBall() {
    cursor[bnum] = "white";
    if(drag == 0) {//つかむ
        if(tapC == 1 && getDis(tapX, tapY, ballX[bnum], ballY[bnum]) < 60) drag = 1;
    }
    if(drag == 1) {//ひっぱる
        //引く強さがわかるように多角形を表示
        lineW(3);
        sPol([tapX-30, tapY, tapX+30, tapY, ballX[bnum], ballY[bnum]], "silver");
        sPol([tapX, tapY-30, tapX, tapY+30, ballX[bnum], ballY[bnum]], "lightgray");
        sPol([tapX-30, tapY, tapX, tapY+30, tapX+30, tapY, tapX, tapY-30], "white");
        //どの向きに飛ぶかわかるように線を表示
        var dx = ballX[bnum] - tapX;
        var dy = ballY[bnum] - tapY;
        line(ballX[bnum], ballY[bnum], ballX[bnum]+dx, ballY[bnum]+dy, "white");
        if(tapC == 0) {//離した時
            if(tapX < 10 || 1190 < tapX || tapY < 10 || 790 < tapY) {
                drag = 0;//やり直し
            }
            else if(getDis(tapX, tapY, ballX[bnum], ballY[bnum]) < 60) {
                drag = 0;//やり直し
            }
            else {
                ballVx[bnum] = (ballX[bnum] - tapX)/8;
                ballVy[bnum] = (ballY[bnum] - tapY)/8;
                drag = 0;
                bnum = bnum + 1;
                if(bnum == BALL_MAX) bnum = 0;
            }
        }
    }
}
```

カーソルの色の値を代入

ボールを飛ばしたらbnumの値を1増やし、全て操作したら0に戻す

◆ 変数と配列の説明 ▷

cursor[]	カーソルを表示するための配列（カーソルの色の値を代入する）
bnum	操作するボールの番号

操作するボールをbnumで指定

myBall()関数は前のball0411.jsまで0番のボールを操作していました。ball0412.jsではballX[0]、ballY[0]、ballVx[0]、ballVy[0]という記述を、ballX[bnum]、ballY[bnum]、ballVx[bnum]、ballVy[bnum]に変え、変数bnum番のボールを引っ張って飛ばすようにしました。

このbnumの値を0→1→2→3→4→5→再び0と変えて、全てのボールを順に操作できるようにしています。

カーソルの表示方法

myBall()関数の最初のところで、cursor[bnum] = "white"として色の英単語を代入し、ボールを描くdrawBall()関数で、その色でカーソルを表示しています。そのコードを抜き出して説明します。

```
if(cursor[i] != "") {//カーソル
    lineW(4);
    sRect(ballX[i]-40, ballY[i]-40, 80, 80, cursor[i]);
    cursor[i] = "";
}
```

cursor[i]の値が空でなければ、ボールの位置に矩形を表示します。特に難しいコードではありませんが、矩形を表示したらcursor[i] = ""としてcursorを空にしているところがポイントです。こうしておけばカーソルを表示したい時に、この配列に色の指定値を代入するだけで済みます。カーソルを消すためのコードを別途、記述する必要はありません。このような工夫でプログラムを簡潔に記述することができます。

> ここにも・・・
> プログラムを簡潔に記述する
> プロのテクニックあり・・・

4-13

ボールの能力値を定める

◆ ◆ ◆ ◆ ◆ ◆ ◆ ◆

ゲームとして完成させる準備として、ボールに体力と攻撃力を設定します。ボールを当てた相手の体力を減らし、体力が無くなったらそのボールを消す処理を組み込みます。

能力値の定義

　これから確認するプログラムは、ボールに体力の値が表示され、飛ばしたボールが当たった相手はその数値が減ります。体力が0以下になったボールは「lost.」と表示され、操作できなくなります。

　またこのプログラムでは、全てのボールの動きが止まってから、次のボールを操作するようにしています。これもゲームを完成させるための準備の1つです。

　以上の動作を次のHTMLを開いて確認しましょう。動作確認後に追加した処理を説明します。

◆ 動作の確認 　ball0413.html

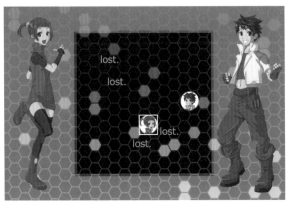

ボールに体力と攻撃力を設定すれば、いよいよ完成に近づくよ～がんばっていこ～！

図4-13-1　動作画面

※このプログラムに新たな画像は用いていません。

◆ ソースコード 　ball0413.js より抜粋

■ボールの体力を管理する配列を追加

```
var life    = new Array(BALL_MAX);
```
体力の値を代入する

■ボールの初期位置、体力、攻撃力を定義

```
var BALLX  = [350, 450, 550, 850, 750, 650];
var BALLY  = [350, 250, 150, 450, 550, 650];
var LIFE   = [160, 100,  80, 200, 120, 100];
var POWER  = [ 30,  20,  10,  40,  20,  30];
```
座標初期値

体力の最大値
攻撃力

■ メインループ内で変数idxの値で処理を分ける

```
function mainloop() {
    drawImg(0, 0, 0);//背景画像
    drawBall();

    switch(idx) {
        case 0://動かす順番を決める
        bnum = bnum + 1;
        if(bnum == BALL_MAX) bnum = 0;
        if(life[bnum] > 0) {
            drag = 0;
            idx = 1;
        }
        break;

        case 1://プレイヤーの操作
        if(myBall() == true) idx = 2;
        break;

        case 2://ボールを動かす
        if(moveBall() == BALL_MAX) idx = 0;
        break;
    }
}
```

動かす順番を決める処理
変数bnumの値を1増やし
BALL_MAXになったら0に戻す
体力が0より大きいボールなら
引っ張って飛ばす処理に移行

プレイヤーの操作
ボールを飛ばしたら
idxを2にする

ボールを動かす
全てのボールが止まったら
idxを0にする

■ drawBall()関数に、体力の値と、体力が無くなった時のlost.の表示を追記（太字部分）

```
function drawBall() {//ボールを描く関数
    for(var i=0; i<BALL_MAX; i++) {//ボールを描く
        if(life[i] == 0) {
            fText("lost.", ballX[i], ballY[i], 40, "silver");
        }
        else {
            drawImgC(i+1, ballX[i], ballY[i]);
            fText(life[i], ballX[i], ballY[i]+24, 24, "lime");
        }
        if(cursor[i] != "") {//カーソル
            lineW(4);
            sRect(ballX[i]-40, ballY[i]-40, 80, 80, cursor[i]);
            cursor[i] = "";
        }
    }
}
```

体力が0なら
「lost.」と表示する

■ moveBall()関数に、止まっているボールを数えるコードと、ボールが相手に当たった時に呼び出す関数を追記（太字部分）

```
function moveBall() {//ボールを動かす関数
    var cnt = 0;
    for(var i=0; i<BALL_MAX; i++) {
        ballX[i] = ballX[i] + ballVx[i];
        ballY[i] = ballY[i] + ballVy[i];
        if(ballX[i]< 340 && ballVx[i]<0) ballVx[i] = -ballVx[i];
        if(ballX[i]> 860 && ballVx[i]>0) ballVx[i] = -ballVx[i];
        if(ballY[i]< 140 && ballVy[i]<0) ballVy[i] = -ballVy[i];
        if(ballY[i]> 660 && ballVy[i]>0) ballVy[i] = -ballVy[i];
```

止まっているボールを数える変数

つづく▶

```
        ballVx[i] = ballVx[i] * 0.95;
        ballVy[i] = ballVy[i] * 0.95;
        if(abs(ballVx[i])<1 && abs(ballVy[i])<1) {
            ballVx[i] = 0;
            ballVy[i] = 0;
            cnt = cnt + 1;//止まっているボールの数を数える
        }
        if(life[i] == 0) continue;
        for(var j=0; j<BALL_MAX; j++) {//他のボールと衝突したか
            if(i == j) continue;
            if(life[j] > 0 && getDis(ballX[i], ballY[i], ballX[j], ballY[j])
 <= 80) {
                var sp0 = Math.sqrt(ballVx[i]*ballVx[i]+ballVy[i]*ballVy[i]);
                var sp1 = Math.sqrt(ballVx[j]*ballVx[j]+ballVy[j]*ballVy[j]);
                var spa = (sp0+sp1)/2;
                var dx = ballX[i] - ballX[j];
                var dy = ballY[i] - ballY[j];
                var ang = Math.atan2(dy, dx);
                ballVx[i] = spa * Math.cos(ang);
                ballVy[i] = spa * Math.sin(ang);
                ballVx[j] = -ballVx[i];
                ballVy[j] = -ballVy[i];
                if(i == bnum) hitBall(i, j);
            }
        }
    }
    return cnt;
}
```

ボールが長時間、動き続けないように、X軸とY軸方向の速さが−1〜1になったら停止させる
止まっているボールを数える

操作中のボールが、いずれかのボールに当たったらhitBall()関数を呼び出す

止まっているボールの数を返す

■ myBall()関数に、ボールを飛ばした時にtrueを返すように追記（太字部分）

```
function myBall() {
    cursor[bnum] = "white";
    if(drag == 0) {//つかむ
        if(tapC == 1 && getDis(tapX, tapY, ballX[bnum], ballY[bnum]) < 60) drag = 1;
    }
    if(drag == 1) {//ひっぱる
        //引く強さがわかるように多角形を表示
        lineW(3);
        sPol([tapX-30, tapY, tapX+30, tapY, ballX[bnum], ballY[bnum]], "silver");
        sPol([tapX, tapY-30, tapX, tapY+30, ballX[bnum], ballY[bnum]], "lightgray");
        sPol([tapX-30, tapY, tapX, tapY+30, tapX+30, tapY, tapX, tapY-30], "white");
        //どの向きに飛ぶかわかるように線を表示
        var dx = ballX[bnum] - tapX;
        var dy = ballY[bnum] - tapY;
        line(ballX[bnum], ballY[bnum], ballX[bnum]+dx, ballY[bnum]+dy, "white");
        if(tapC == 0) {//離した時
            if(tapX < 10 || 1190 < tapX || tapY < 10 || 790 < tapY) {
                drag = 0;//やり直し
            }
            else if(getDis(tapX, tapY, ballX[bnum], ballY[bnum]) < 60) {
                drag = 0;//やり直し
            }
            else {
                ballVx[bnum] = (ballX[bnum] - tapX)/8;
                ballVy[bnum] = (ballY[bnum] - tapY)/8;
```

つづく ▶

```
            return true;
        }
    }
}
    return false;
}
```

飛ばしたことがわ
かるようにtrue
を返す

飛ばさない間は
falseを返す

■ hitBall()関数　ボールの衝突時に体力計算を行う関数を用意

```
function hitBall(n1, n2) {
    life[n2] -= POWER[n1];
    if(life[n2] < 0) life[n2] = 0;
}
```

当たったボールの体力から、当てたボールの攻
撃力を引く

■ initVar()　ボールを管理する配列にゲーム開始時の値を代入する

```
function initVar() {//配列に初期値を代入
    for(var i=0; i<BALL_MAX; i++) {
        ballX[i] = BALLX[i];
        ballY[i] = BALLY[i];
        ballVx[i] = 0;
        ballVy[i] = 0;
        cursor[i] = "";
        life[i] = LIFE[i];
    }
}
```

ゲーム開始時のボールの座標

X軸方向、Y軸方向の速さ

体力の値

◆ 変数と配列の説明 ▶

life[]	各ボールの体力値
idx	メインループ内で処理を分ける

処理を分ける変数を用意する

　このプログラムでは変数idxの値で処理を分け、ボールの動きが完全に止まってから、次のボールを
操作するようにしています。

表4-13-1　インデックスによる処理の進行管理

idx の値	どのシーンか
0	体力のあるボールの番号を探し、動かす順番を決める
1	ボールを引っ張って飛ばす
2	全てのボールを動かす

　idxの値が0の時、lifeが0より大きいボールを探し、bnumにそのボールの番号を入れ、idxを1に
します。
　idxが1の時、myBall()関数でボールbnum番を引っ張って飛ばします。ボールを飛ばしたら、
myBall()関数はtrueを返します。trueが返ったらidxを2にし、ボールを動かす処理に移ります。
　idxが2の時、moveBall()関数で全てのボールを動かします。moveBall()関数は止まっているボー

ルを数え、その値をreturnしています。6が返ったら全てのボールの動きが止まったので、idxを0に
して、次に動かすボールを検索するという流れで、全体の処理が進みます。

　次の4-14では、シューティングゲームや落ち物パズルと同様に、idxの値によってタイトル画面、ゲー
ムをプレイ、ゲームの結果表示などに処理を分岐させます。

ボールの衝突と体力値の計算

　moveBall()関数のボールの衝突判定(ヒットチェック)と体力値の計算が、このプログラムの大切
な部分です。そこを抜き出して説明します。

```
function moveBall() {//ボールを動かす関数
    var cnt = 0;
    for(var i=0; i<BALL_MAX; i++) {
        〈
        if(abs(ballVx[i])<1 && abs(ballVy[i])<1) {//長時間、動き続けないように
            ballVx[i] = 0;
            ballVy[i] = 0;
            cnt = cnt + 1;//止まっているボールの数を数える
        }
        if(life[i] == 0) continue;
        for(var j=0; j<BALL_MAX; j++) {//他のボールと衝突したか
            if(i == j) continue;
            if(life[j] > 0 && getDis(ballX[i], ballY[i], ballX[j], ballY[j]) <= 80) {
                〈
                if(i == bnum) hitBall(i, j);
            }
        }
    }
    return cnt;
}
```

　既に説明したように、ヒットチェックは2つのボールの中心座標間の距離で行います。WWS.jsに
備わっている二点間の距離を求めるgetDis()関数を用いています。

　操作中のボールが他のボールに当たった時、hitBall()関数を呼び出すようにしています。hitBall()
の引数iが当てたボールの番号、jが当たった相手の番号になります。

　呼び出されたhitBall(n1, n2)は

```
life[n2] -= POWER[n1];
if(life[n2] < 0) life[n2] = 0;
```

として、当てた相手の体力を減らしています。

　次の4-14ではhitBall()関数に、当たった相手が同じチームの仲間であれば、体力を回復させるなど
のコードを追加します。

4-14

ボールアクションゲームの完成

タイトル画面→チーム選択→ゲームをプレイ→結果表示という一連の流れを組み込み、ボールアクションゲームを完成させます。

追加する処理

完成させるために次の処理を追加します。

これで完成・・・
もう少し・・・

- ・チーム選択 (Girls か Boys を選ぶ)
- ・プレイヤーとCOMが交互にボールを飛ばす
- ・COMのAI (プレイヤーチームのボールを狙う思考ルーチン)
- ・勝敗の判定
- ・ボールの特殊能力 (仲間の回復)
- ・ボール同士が衝突した時のエフェクト
- ・BGMとSE (効果音) の出力

コンピューターの思考ルーチンについて

COMがボールを飛ばす時、プレイヤーチームのボールを狙うようにします。これは初歩的なゲーム用のAI (思考ルーチン) です。コンピューターの思考をプログラミングできるようになれば、ゲーム制作技術が一段階レベルアップしたと言えるでしょう。完成版のゲームの動作確認後に、コンピューターにどのように思考させているかを説明します。

ボールの特殊能力について

背景のイラストにある少年と少女が各チームのリーダーという設定にします。Boys チームでは男の子のボールを仲間に当てると仲間の体力が回復し、Girls チームでは女の子のボールを仲間に当てると仲間の体力が回復するようにします。

完成版の動作確認

ボールアクションゲームの完成版の動作とプログラムを確認します。タイトル画面をクリックするとチーム選択になります。Girls チームの方がBoys チームより弱く、Girls チームを選ぶとCOMに勝つことが難しいバランスになっています。

　画面の構成上、ボールが上下の壁際にあると引っ張りにくいことがありますが、その時は壁で反射させて相手を狙うテクニックで、COMチームを倒していきましょう。

◆ **動作の確認**　ball.html

※前節までのようにball04**.htmlでなく、単にball.htmlというファイル名です。

図4-14-1　動作画面

◆ **ソースコード**　ball.js より抜粋

■演出を管理する配列の追加

```
var eff_col= new Array(BALL_MAX);
var eff_tmr= new Array(BALL_MAX);
```
エフェクトの色
エフェクトの表示時間

■ボールの特殊能力（仲間の体力回復）と、チームを管理する値を追加

```
var CURE    = [ 30,   0,   0,  10,   0,   0];
var G_OR_B  = [  0,   0,   0,   1,   1,   1];
var TEAM_COL = ["#ff80c0", "#40c0ff"];
```
味方を回復させるか
0=Girls、1=Boys
チームカラー

■起動時に音楽ファイルを読み込む（太字部分）

```
function setup() {
    canvasSize(1200, 800);
    loadImg(0, "image/bg.png");
    for(var i=0; i<BALL_MAX; i++) loadImg(1+i, "image/ball"+i+".png");
    var SND = ["bgm", "win", "lose", "se_shot", "se_hit", "se_recover"];
    for(var i=0; i<SND.length; i++) loadSound(i, "sound/"+SND[i]+".m4a");
    initVar();
}
```
ファイル名を定義
ファイルを読み込む

■ mainloop()関数　メインループの中で switch case で場面ごとに処理を分ける（太字部分）

```
function mainloop() {
    var i, n, x, y;
    tmr++;
    drawImg(0, 0, 0);//背景画像
    drawBall();

    switch(idx) {

        case 0://タイトル画面
        fText("Dragon", 400, 320, 100, "red");
        fText("Marbles", 800, 320, 100, "blue");
        if(tmr%40 < 20) fText("TAP TO START.", 600, 540, 50, "lime");
        if(tapC > 0) {
            initVar();
            idx = 1;
            tmr = 0;
        }
        break;

        case 1://チーム選択
        sRect(300, 100, 298, 600, TEAM_COL[0]);
        fText("Girls", 450, 380, 80, TEAM_COL[0]);
        sRect(602, 100, 298, 600, TEAM_COL[1]);
        fText("Boys", 750, 380, 80, TEAM_COL[1]);
        if(tmr%40 < 20) fText("SELECT TEAM", 600, 480, 40, "orange");
        if(tapC>0 && tmr > 30) {
            team = 0;
            if(tapX > 600) team = 1;
            bnum = team*3-1;
            if(rnd(100) < 50) bnum = (1-team)*3-1;//COMの先攻
            idx = 2;
            tmr = 0;
            playBgm(0);
        }
        break;

        case 2://ボールを操作する順番を決める
        bnum = bnum + 1;
        if(bnum == BALL_MAX) bnum = 0;
        if(life[bnum] > 0) {
            if(G_OR_B[bnum] == team) {//プレイヤーのボール
                ally = team;
                drag = 0;
                idx = 3;
                tmr = 0;
            }
            else {//COMのボール
                ally = 1 - team;
                idx = 4;
                tmr = 0;
            }
        }
        break;

        case 3://プレイヤーチームの操作
        fText("Your Turn.", 600, 400, 50, "white");
        if(tmr%20 < 10) cursor[bnum] = "white";
```

タイトル画面

チーム選択
画面

ボールを操作
する順番を
決める

プレイヤーが
ボールを
飛ばす

つづく ◀

```
        if(myBall() == true) idx = 5;
        break;

    case 4://COMチームの操作（ゲーム用のAI）
        fText("Com's Turn.", 600, 400, 50, "white");
        if(tmr%20 < 10) cursor[bnum] = "yellow";
        if(tmr >= 90) {
            var etapX = rnd(1200); //┬ COMも画面タップで操作するとした時のタップ位置
            var etapY = rnd(800);  //│ ランダムな値を入れておき、次のfor文で狙う相手
            for(i=0; i<10; i++) {       //┘ を決める
                n = rnd(BALL_MAX);
                if(life[n] > 0 && G_OR_B[n] == team) {
                    x = ballX[bnum] - (ballX[n] - ballX[bnum]);
                    y = ballY[bnum] - (ballY[n] - ballY[bnum]);
                    if(0 < x && x < 1200 && 0 < y && y < 800) {
                        etapX = x;
                        etapY = y;
                        break;
                    }
                }
            }
            playSE(3);
            ballVx[bnum] = (ballX[bnum] - etapX)/8;
            ballVy[bnum] = (ballY[bnum] - etapY)/8;
            idx = 5;
        }
        break;

    case 5://全てのボールを動かす
        if(moveBall() == BALL_MAX) {
            idx = 2;
            tmr = 0;
            if(life[0]+life[1]+life[2] == 0) {//Girlsチーム全滅？
                victory = 1;
                idx = 6;
            }
            if(life[3]+life[4]+life[5] == 0) {//Boysチーム全滅？
                victory = 0;
                idx = 6;
            }
        }
        break;

    case 6://ゲーム結果の表示
        if(tmr == 1) stopBgm();
        if(victory == team) {
            fText("You win!", 600, 400, 80, "cyan");
            if(tmr == 2) playSE(1);//勝利ジングル
        }
        else {
            fText("Com wins.", 600, 400, 80, "gold");
            if(tmr == 2) playSE(2);//敗北ジングル
        }
        if(tmr == 30*8) idx = 0;
        break;
    }
}
```

COMがボール
を飛ばす

全てのボール
を動かす

ゲーム結果を
表示する画面

■ drawBall()関数に、それぞれのチームカラーの縁の表示と、エフェクトの描画を追記（太字部分）

```
function drawBall() {//ボールを描く関数
    for(var i=0; i<BALL_MAX; i++) {//ボールを描く
        if(life[i] == 0) {
            fText("lost.", ballX[i], ballY[i], 40, "silver");
        }
        else {
            drawImgC(i+1, ballX[i], ballY[i]);
            lineW(3);
            sCir(ballX[i], ballY[i], 39, TEAM_COL[G_OR_B[i]]);
            fText(life[i], ballX[i], ballY[i]+24, 24, "lime");
        }
        if(cursor[i] != "") {//カーソル
            lineW(4);
            sRect(ballX[i]-40, ballY[i]-40, 80, 80, cursor[i]);
            cursor[i] = "";
        }
        if(eff_tmr[i] > 0) {//エフェクト
            eff_tmr[i]--;
            setAlp(50);//描画処理を半透明に
            fCir(ballX[i], ballY[i], 50, eff_col[i]);
            setAlp(100);//不透明に戻す
        }
    }
}
```

eff_tmr[]の値が0より
大きければ、値を1減らし
eff_col[]の色で
半透明の円を描く

setAlp()は透明度をパーセンテージで指定する関数、sCir(X座標, Y座標, 半径, 色)は線で円を描く関数、fCir(X座標, Y座標, 半径, 色)は塗り潰した円を描く関数です。sCirはstroke circle、fCirはfill circleの略です。それらは全てWWS.jsに備わっている関数です。

■ moveBall()関数でのhitBall()関数の呼び出し方を改良（太字部分）

```
function moveBall() {//ボールを動かす関数
    〉
    省略
    〉
    for(var j=0; j<BALL_MAX; j++) {//他のボールと衝突したか
        if(i == j) continue;
        if(life[j] > 0 && getDis(ballX[i], ballY[i], ballX
[j], ballY[j]) <= 80) {
            〉
            省略
            〉
            if(i == bnum)
                hitBall(i, j);
            else if(j == bnum)
                hitBall(j, i);
        }
    }
}
    return cnt;
}
```

操作中のボールが、いずれ
かのボールに当たった時
いずれかのボールが、操作
中のボールに当たった時

■体力計算を行うhitBall()関数に、味方を回復させる処理を追記（太字部分）

```
function hitBall(n1, n2) {//ボールの衝突時に体力計算を行う関数
    if(eff_tmr[n2] > 0) return;//連続して処理が通らないようにする
    if(G_OR_B[n2] == ally) {//味方に当てた
        if(CURE[n1] > 0) {
            life[n2] += CURE[n1];
            if(life[n2] > LIFE[n2]) life[n2] = LIFE[n2];
            setEffect(n2, "lime", 10);
            playSE(5);
        }
    }
    else {//敵に当てた
        life[n2] -= POWER[n1];
        if(life[n2] < 0) life[n2] = 0;
        setEffect(n2, "red", 10);
        playSE(4);
    }
}
```

当たった相手が味方であり
回復能力のあるボールなら
相手の体力を回復させる

エフェクトの表示
SEの出力

■エフェクトをセットする関数を用意

```
function setEffect(n, c, t) {
    eff_col[n] = c;
    eff_tmr[n] = t;
}
```

色の代入
表示時間の代入

◆ **変数と配列の説明**

eff_col[]	エフェクトの色
eff_tmr[]	エフェクトの表示時間
team	プレイヤーがどちらのチームを選んだか　0=Girls、1=Boys
ally	味方を判定するための変数
victory	どちらのチームが勝ったか
idx	ゲームの進行を管理
tmr	ゲーム内の時間を管理

インデックスによるゲーム進行管理

idxとtmrでゲーム全体の進行を管理します。

表4-14-1　インデックスによるゲーム進行管理

idx の値	どのシーンか
0	タイトル画面
1	チーム選択
2	ボールを操作する順番を決める
3	プレイヤーチームの操作
4	COMチームの操作（思考ルーチン）
5	全てのボールを動かす
6	ゲーム結果の表示

チームの管理方法

チームを管理するために、GirlsチームとBoysチームを、次のように値0と1で定義しています。この配列名は girls or boys を略して G_OR_B としています。

```
var G_OR_B = [  0,   0,   0,   1,   1,   1];//0=Girls、1=Boys
```

プレイヤーがどちらのチームを選んだかを変数teamで管理します。チーム選択画面でGirlsチームを選んだらteamに0を、Boysチームを選んだら1を代入しています。これでG_OR_B[ボールの番号]がteamの値であれば、そのボールはプレイヤーチームのものであることがわかります。

プレイヤーとCOMの操作の分岐

ボールを飛ばす順番を決める時、if(G_OR_B[bnum] == team)でプレイヤーとCOMの操作を分岐させています。その際、ボールを当てた相手が仲間かを調べるために、allyという変数に次の値を代入しています。

- ・Girlsチームを選んだ時(teamの値は0)、プレイヤーの操作中には0、COMの操作中には1を代入
- ・Boysチームを選んだ時(teamの値は1)、プレイヤーの操作中には1、COMの操作中には0を代入

以下のコードの太字部分がallyへの値の代入です。

```
case 2://動かす順番を決める
bnum = bnum + 1;
if(bnum == BALL_MAX) bnum = 0;
if(life[bnum] > 0) {
    if(G_OR_B[bnum] == team) {//プレイヤーのボール
        ally = team;
        drag = 0;
        idx = 3;
        tmr = 0;
    }
    else {//COMのボール
        ally = 1 - team;
        idx = 4;
        tmr = 0;
    }
}
break;
```

hitBall()関数を呼び出すタイミング

　ボールを動かすmoveBall()関数内で、hitBall()を呼び出すタイミングを、次のように2つのif文で記述しています。

```
if(i == bnum)//操作中のボール → いずれかのボールに当たる
    hitBall(i, j);
else if(j == bnum)//いずれかのボール → 操作中のボールに当たる
    hitBall(j, i);
```

　これは、

- ・操作中のボールの座標を変化させ、相手に当たった時
- ・操作中でないボールの座標を変化させ、操作中のボールに当たった時

の2つの状況を判定する必要があるためです。

　なお、前の節のball0413.jsでは if(i == bnum) hitBall(i, j); だけを記述していますが、それだけでは衝突時の体力計算が正しく行われないことがあります。

hitBall()関数の改良

　hitBall()関数に次のif文を加えることで、衝突時に体力計算が連続して行われることを防いでいます。このif文を省くと、衝突したボールの位置関係によっては、体力が一気に減る不具合が発生することがあります。

```
if(eff_tmr[n2] > 0) return;//連続して処理が通らないようにする
```

　それからhitBall()関数に加えた次のコードで、ボールを当てた相手が同じチームの仲間かを調べています。回復能力のあるボールを味方に当てると、その相手の体力を回復し、緑色のエフェクトを表示し、効果音を鳴らしています。

```
if(G_OR_B[n2] == ally) {//味方に当てた
    if(CURE[n1] > 0) {
        life[n2] += CURE[n1];
        if(life[n2] > LIFE[n2]) life[n2] = LIFE[n2];
        setEffect(n2, "lime", 10);
        playSE(5);
    }
}
```

COMの思考ルーチン

　コンピューターがプレイヤーチームのボールを狙う処理を抜き出して説明します。メインループ内の次のコードです。

```
var etapX = rnd(1200); //─┐  COMも画面タップで操作するとした時のタップ位置
var etapY = rnd(800);  //─┘  ランダムな値を入れておき、次のfor文で狙う相手を決める
for(i=0; i<10; i++) {
    n = rnd(BALL_MAX);
    if(life[n] > 0 && G_OR_B[n] == team) {
        x = ballX[bnum] - (ballX[n] - ballX[bnum]);
        y = ballY[bnum] - (ballY[n] - ballY[bnum]);
        if(0 < x && x < 1200 && 0 < y && y < 800) {
            etapX = x;
            etapY = y;
            break;
        }
    }
}
playSE(3);
ballVx[bnum] = (ballX[bnum] - etapX)/8;
ballVy[bnum] = (ballY[bnum] - etapY)/8;
```

　このコードがゲームを完成させるために組み込んだ重要な処理です。狙う相手の番号をランダムに決め、そのボールがプレイヤーチームのボールなら、変数xとyにどの位置までボールを引っ張って飛ばすかという値を代入します。xとyの値は、プレイヤーの操作では画面をタップした位置に相当するものです。(x,y)が画面内ならetapXとetapYにその値を代入し、プレイヤーがボールを飛ばすのと同じ計算式でボールの初速度を決めています。

　狙う相手をランダムに決めることを10回繰り返す中で、相手が決まればbreakでfor文を抜けます。相手が決まらない場合、あらかじめetapXとetapYに代入しておいたランダムな位置にボールを引っ張って飛ばすことになります。

　シンプルな思考ルーチンですが、COMがプレイヤーのボールを狙ってくると感じることができます。**コンピューターの知性を表現できれば、それが立派なゲーム用のAIになります**。思考ルーチンを作り込むとゲームはより面白くなります。次の4-15の改良方法で、ゲーム用のAIについて改めてお話しします。

勝敗判定について

勝敗の判定はメインループ内の次のコードで、全てのボールの動きが止まった時に行っています。

```
if(moveBall() == BALL_MAX) {
    idx = 2;
    tmr = 0;
    if(life[0]+life[1]+life[2] == 0) {//Girlsチーム全滅？
        victory = 1;
        idx = 6;
    }
    if(life[3]+life[4]+life[5] == 0) {//Boysチーム全滅？
        victory = 0;
        idx = 6;
    }
}
```

　moveBall()関数はボールを動かし、止まっているボールを数え、その値を返します。if(moveBall() == BALL_MAX)で全てのボールが止まったか判定し、止まっているなら if(life[0]+life[1]+life[2] == 0)と if(life[3]+life[4]+life[5] == 0)の2つの if文で、Girlsチーム、Boysチーム、どちらが勝ったか判定します。

　勝敗判定時に勝ったチームの値をvictoryという変数に代入しています。そして次のコードで、victoryの値に応じてゲーム結果を表示しています。

```
if(victory == team) {
    fText("You win!", 600, 400, 80, "cyan");
    if(tmr == 2) playSE(1);//勝利ジングル
}
else {
    fText("Com wins.", 600, 400, 80, "gold");
    if(tmr == 2) playSE(2);//敗北ジングル
}
```

エフェクトの追加

　シューティングゲームや落ち物パズルでは、エフェクトを表示したい座標を関数に引数で渡すと、その位置に自動的にエフェクトが描かれるようにしました。このボールアクションでは setEffect()関数にエフェクトを表示したいボールの番号、色、表示時間を渡すと、そのボールにエフェクトが表示されるようにしています。

　今回のエフェクトは、ボールを当てた相手が敵なら赤く光らせ、味方を回復させる時は緑色に光らせるだけのシンプルなものです。エフェクトは drawBall()関数内の次のコードで、半透明の円をボールに重ねて描いています。

```
if(eff_tmr[i] > 0) {//エフェクト
    eff_tmr[i]--;
    setAlp(50);//描画処理を半透明に
    fCir(ballX[i], ballY[i], 50, eff_col[i]);
    setAlp(100);//不透明に戻す
}
```

チームカラーの追加

　どのボールがGirlsチームか、あるいはBoysチームかを判別しやすいように、TEAM_COLという配列でピンク(#ff80c0)と空色(#40c0ff)のチームカラーを定義し、drawBall()関数内の次のコードで、ボールにその色の縁を付けるようにしました。

```
lineW(3);
sCir(ballX[i], ballY[i], 39, TEAM_COL[G_OR_B[i]]);
```

BGMとSEの追加

シューティングゲームや落ち物パズルの制作と同じ手順で、BGMとSEを追加しています。

プログラムと同じ階層に置いたsoundフォルダに音楽ファイルを入れ、setup()関数に、それらのファイルを読み込むloadSound(番号, ファイル名)を記述します。

BGMの出力と停止はplayBgm()関数とstopBgm()関数で行い、ジングルやSEの出力はplaySE()関数で行います。ジングルとは、演出などに用いる数秒程度の短い曲を意味する言葉です。

ボールアクションが完成〜
お疲れさま〜！

ドラッグ操作する
ゲームの開発・・・
また1つ、新しい技を
この身に宿したり・・・

HINT　物体の衝突と跳ね返り運動について

　ゲームソフトでは物体の運動を物理学通りの難しい計算で行う必要はありません。このゲームに組み込んだボールの衝突と跳ね返り運動の計算は簡易的なものですが、実用に値するものになっているとおわかりいただけたと思います。**コンピューターゲームは、なるべくシンプルな処理でそれらしく見せることが大切**です。シンプルな計算ならバグは発生しにくく、複雑な計算ほどバグが発生しやすくなります。また複雑な処理はプログラムのチェックに要する手間も時間も増えます。シンプルなプログラムはゲームバランス（難易度）を調整しやすいというメリットもあります。シンプルなソースコードは"いいことずくめ"なのです。これはゲーム開発に限ったことではなく、あらゆるソフトウェア開発に共通して言えることです。

　みなさんはこの章でボール同士を跳ね返らせるアルゴリズムを手に入れることができました。このアルゴリズムは様々なゲームに応用できます。読者のみなさんが、このアルゴリズムを使ったオリジナルゲーム開発に挑戦されることを期待しています。

4-15

もっと面白くリッチなゲームにする

◆ ◆ ◆ ◆ ◆ ◆ ◆ ◆

ボールアクションゲームをより楽しく、リッチな内容に改良する方法を説明します。

【案1】COMの思考ルーチン（AI）の改良

このボールアクションゲームには**ゲーム用のAI**を組み込みました。コンピューターのボールがプレイヤーのいずれかのボールを直接、狙える位置にあるなら、狙えるボールに向かって飛ばすという単純な計算ですが、"コンピューターがちゃんと狙ってくる"と感じることができるはずです。シンプルなアルゴリズムでもコンピューターに"知性"を持たせることができると、おわかりいただけたのではないでしょうか。ただし今回、組み込んだのは簡易的な思考ルーチンのため、座標の位置関係によっては、あらぬ方向へコンピューターがボールを飛ばすこともあります。

この思考ルーチンを発展させ、

- ・確実に倒せる相手（自分の攻撃力より体力が低いボール）を狙う
- ・壁での反射を計算し、壁を利用して狙ってくる
- ・体力の少ない仲間がいるなら、その仲間に当てて回復させる

などの処理を組み込むと、コンピューターがぐんと賢くなります。

ただしコンピューターを賢くしすぎるとプレイヤーは勝てなくなってしまいます。AIを作り込むなら難易度の調整も必要になります。思考ルーチンと難易度を程よく調整していくことで、コンピューターゲームは格段に面白くなるでしょう。

【案2】ボール（キャラクター）の個性

このゲームでは各ボールに体力と攻撃力を設定し、それぞれのチームのリーダーに仲間を回復させる能力を持たせました。そのような仕様を追加し、ボールごとに色々な個性を用意すれば、より楽しくなるでしょう。プログラミングしやすいボールの個性として、次のような例が考えられます。

- ・素早さのパラメータを設定し、飛ばした時の初速度に変化を持たせる
- ・他のボールを突き抜ける能力を持たせる

また、必殺技としては、

・相手の体力を奪い自分のものにする

・ぶつかった相手の攻撃力を減らす

などが考えられます。追加しやすそうな仕様を考え、ボールの個性や必殺技のプログラミングに挑戦してはいかがでしょうか。

【案3】操作するボールの順番

このボールアクションゲームは、各チームとも3つのボールを順に操作しますが、チーム内の好きなボールから飛ばせるようにしてもよいでしょう。そのように変更するなら、例えばballTurn[]という配列を用意し、操作していないボールには0あるいはfalse、操作したら1あるいはtrueを代入し、操作前と操作後を区別できるようにします。

【案4】エフェクトの改良

コンピューターゲームは見た目や雰囲気でもユーザーを楽しませるものです。市販のゲームソフトや公式に配信されるアプリには、豪華なエフェクトが満載されています。みなさんが作るゲームにも色々なエフェクトを組み込むと楽しさがアップします。

今回、組み込んだエフェクトは、当てた相手を光らせるだけのシンプルなものです。これをもっと派手に光らせるなど、改良する方法を考えるところから始めてみるとよいでしょう。

エフェクトを組み込む前に、どのような表現を行うかというアイデアが必要です。アイデアが出ないという方は、好きなゲームソフトにどのようなエフェクトが入っているか確認してみましょう。プロのクリエイターが作ったエフェクトをそのまま再現するのは難しいですが、現時点のできる範囲で、気に入ったエフェクトを真似てみることに挑戦すると、プログラミングの技術力アップにもなるはずです。

⎯⎯⎯ COLUMN ⎯⎯⎯
必ずゲームが作れるようになります！

　ここまでシューティング、落ち物パズル、ボールアクションの作り方を学びました。本書では全部で6つ（Chapter1のミニゲームを入れると7つ）のジャンルを開発するので、ちょうど半分、学んだわけです。難しい内容もあったと思いますが、一度に全てを理解しようと苦しむ必要はありません。壁にぶつかったら、初めは「そんな感じでそうなるのか」という捉え方で結構です。まずは最後まで読み通してみましょう。そして一番好きなジャンルの章を読み返し、本書のプログラムの計算式を変えたり、画像を差し替えるなどの改良を行ってみましょう。

　プログラミングを続けるうちに、初めはわからなかったことも理解できるようになります。楽しみながら続けていけば、必ずオリジナルゲームが作れるようになります。そのことは著者がよくわかっています。著者はプログラミングを学び始めてしばらくの間、ゲームが作れるようになりませんでした。ですが諦めずプログラミングを続け、やがて自分の力で作れるようになりました。そしてゲームクリエイターになる夢を叶え、ついには自分のゲーム開発会社を持つこともできたのです。ご参考までに著者（以下、私）がどんな少年時代を過ごしたかをお話しさせていただきます。

◆　◆　◆

　私が小学校に入学した頃、駄菓子屋に業務用ゲーム機が置かれるようになりました。駄菓子屋は子供たちの"社交場"で、かつて全国どこにでも存在しました。ゲームが大好きな私は、毎日のように小遣いを握り締め駄菓子屋に通いました。

　やがて中学生になり自分のパソコンを手に入れることができました。「よし、ゲームを作るぞ！」とプログラミングを学び始めました。しかし、なかなかゲームを作れるようになれません。BASICというプログラミング言語の命令を覚え、その命令を1つ1つ試したりするのですが、命令と計算式をどう組み合わせればゲームとして成り立つのか、全くわからないという状態が続きました。コンピューター雑誌を買い、そこに載っているゲームソフトのプログラムを入力して遊ぶようなことをしていました。

　一年位、プログラミングを続け、変数や命令の使い方に慣れ、何とか簡単なミニゲームが作れるようになりました。初めて作ったのはサーフィンを題材にしたワンキーアクションで、波を模した画像がプレイヤーキャラに迫ってくるので、接触する直前にスペースキーを押すだけのシンプルな内容です。海無し県で生まれ育った私はサーフィンをしたことなど一度も無く、海への憧れからそんなゲームを作ったのだと思います。

　ああでもない、こうでもないと、何日もプログラムを書き換え、何とか完成させました。単純な内容ですが、自分の力で作ったゲームが動いた時、何と嬉しかったことか。あの日からかなりの歳月が経過しましたが、今でもその感動を覚えています。

　私は物覚えがよいほうではありません。正直に言えば、小学校低学年の頃は、勉強も運動も全くダメな子供でした。幸運にも何事も粘り強く続けると、やがて道が開けることを知り、現在に至ります。プログラミングもこつこつ続けることで道が開けました。コンピューターを手に入れ、プログラミングを学び始めたけれど、何が何だか全くわからず、ゲームクリエイターになることなど夢のまた夢だった日々は、いつしか自分で簡単なゲームが作れる日々に変わり、やがて高度なものを作れる日々に変化していきました。大好きなプログラミングとコンピューターいじりを続け、そして勉学にも励み、ナムコに就職してゲームクリエイターになることができたのです。

◆ ◆ ◆ ◆ ◆ ◆ ◆ ◆

第 5 章

横スクロールアクション

:::::::::::

この章では、画面が横にスクロールするアクションゲームの作り方を学びます。コンピューターゲーム産業の黎明期から現在に至るまで、アクションというジャンルは長年に渡り人気を保っています。

アクションゲームはこれまで数多くの作品がリリースされ、代表作といえば任天堂のスーパーマリオブラザーズが挙げられます。1980年代から90年代にかけて作られた横スクロールタイプのスーパーマリオブラザーズと、現在もリリースされ続けている続編や派生作品を、多くの方が遊んだ経験があるのではないでしょうか。国民的ゲームジャンルともいえる横スクロールアクションの作り方を学び、開発技術を伸ばしていきましょう。

5-1

横スクロールアクションとは

▼ ▼ ▼ ▼ ▼ ◆ ◆ ◆

横スクロールアクションとは、横にスクロールする画面でキャラクターを操り、敵や障害物を避けたり倒したりしながら、ゴールを目指すタイプのゲームを総称する言葉です。ゲームの中でも歴史が古いジャンルの1つで、ここから派生して**アクションRPG**などのジャンルが誕生しました。

横スクロールアクションの歴史

スーパーマリオブラザーズ（以下、スーマリ）は、横スクロールアクションゲームの代名詞ともいえます。任天堂が1980年代半ばに発売したスーマリは大ヒットし、現在まで多くのシリーズ作品が作られています。

これまで多くのゲームメーカーが様々な横スクロールアクションを発売しました。1980年代から1990年代に発売された有名タイトルに、セガのソニック・ザ・ヘッジホッグ、カプコンの魔界村とロックマン、KONAMIの悪魔城ドラキュラなどがあります。それらのゲームソフトは現在も続編や派生作品が発売されています。

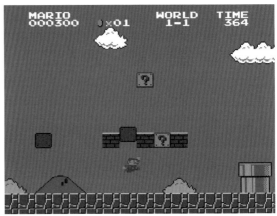

横スクロールアクションブームの立役者
「スーパーマリオブラザーズ」©1985 Nintendo

キャラがめまぐるしく動く
高速アクション
「ソニック・ザ・ヘッジホッグ」
©SEGA

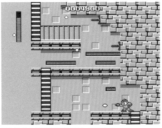

様々な武器を駆使して戦う
ロボットアクション「ロックマン」
©CAPCOM CO., LTD. 1987,2015
ALL RIGHTS RESERVED.

海外人気も高いゴシックホラーアクション
「悪魔城ドラキュラ」
©Konami Digital Entertainment

3DCGゲーム機の普及が進んだ1990年代後半以降は、三次元の世界を冒険するタイプのアクションゲームが主流となりました。そのような流れの中でも、3DCGで画面を描きつつ、2Dの横スクロール視点でゲームが進行する新作ソフトが、数多く発売、配信されています。このことから横スクロールのアクションゲームを好むユーザーが多いことが伺えます。

5-2

この章で制作するゲーム内容

◆ ◆ ◆ ◆ ◆ ◆ ◆ ◆

本書では画面が左右にスクロールし、ジャンプして敵や地面の穴を避けながらゴールを目指す、定番商品のアクションゲームを制作します。どのような内容のゲームを制作するかを見ていきましょう。

ゲーム画面

魔法少女が主人公のゲームです。プレイヤーは魔法少女を操作し、画面を右にスクロールさせた先にあるゴールを目指します。魔法少女ですが、魔法は使いません。

時間制で、タイムが0になるとゲームオーバー

取ると、タイムとスコアが増える宝

敵

最下段の穴に落ちてはいけない

図5-2-1　横スクロールアクション「魔法少女Escape!」

ルールと操作方法

ゲームルールと操作の仕方を説明します。

・左右の方向キーでプレイヤーキャラを移動し、スペースキーでジャンプ
・画面は左右にスクロールし、来た道を戻ることもできる
・足元に床（地面やブロック）が無いと落下する
・最下段の穴に落ちたり、敵や針に触れるとゲームオーバー
・時間切れでもゲームオーバーになる
・ゴールに辿り着くとゲームクリア

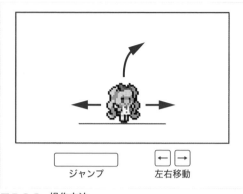

図5-2-2 **操作方法**

このゲームはキーボードで操作するものとします。マウス操作への対応やスマートフォン対応は行いません。

ゲームのフロー

ゲーム全体の流れを示します。タイトル画面→ゲームをプレイ→ゲームクリアもしくはゲームオーバーという、コンピューターゲームの基本的な処理の流れを組み込みます。

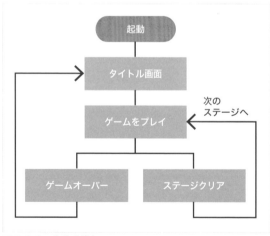

図5-2-3 **全体の流れ**

次にゲームの主要部分の流れを示します。

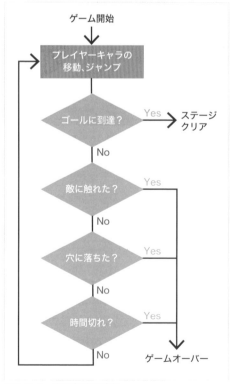

図5-2-4 **主要部分の流れ**

学習の流れ

フローに記した処理を次のように段階的に組み込みながら、アクションゲームの開発に必要な技術を学びます。

表5-2-1　この章の学習の流れ

組み込む処理	どの節で学ぶか
マップデータの管理	5-3
地形の生成とスクロール処理	5-4
移動できる場所を知る	5-5
左右移動とジャンプ	5-6
動きの改良とアニメーション	5-7
キャラクターの移動に合わせ背景をスクロールする	5-8
地面に穴を配置する	5-9
敵と宝を配置する	5-10
ステージが進むほど難しくする	5-11
ゲーム全体の処理の流れ	5-12

各ステージの地形について

これから制作する横スクロールアクションゲームでは、各ステージの地形（マップデータ）をプログラムで自動生成します。地形を自動生成し、ステージが進むほど難易度の高い地形を作り出す処理は、5-4、及び、5-9〜5-11で組み込みます。

それから地形を自動生成するのではなく、マップエディタを用いて各ステージのマップデータを作る方法を、本章末のコラムで解説します。

制作に用いる画像

次の画像を用いて制作します。これらの画像は**書籍サイト**からダウンロードできるZIPファイルに入っています。ZIP内の構造は**P.14**を参照してください。

bg.png

chip1.png

chip2.png

chip3.png

chip4.png

chip5.png

chip6.png

mg_illust.png

mgirl0.png

mgirl1.png

mgirl2.png

mgirl3.png

mgirl4.png

mgirl5.png

title.png

図5-2-5　制作に用いる画像

5-3

マップデータの管理

◆ ◆ ◆ ◆ ◆ ◆ ◆ ◆ ◆

この章では各ステージの構成を「地形」と呼ぶことにします。その地形を定義する数値がマップデータです。

ゲーム画面を構成するマップデータの管理からプログラミングを始めていきます。

マップチップについて

　ゲーム画面を構成する最小単位の画像を**マップチップ**と呼びます。これから制作するゲームで用いるマップチップとマップデータの値は次のようになります。

表5-3-1　マップチップとデータの値

値	0	1	2	3	4	5	6
マップチップ	無し						

　これらの画像で地形を構成します。

　値0はキャラクターが自由に移動できる空間です。何も表示する必要が無いので、マップチップの画像はありません。

　1と2は**壁**になります。壁とはキャラクターが入ることができない場所を意味するゲーム用語です。このゲームでは1と2のチップの上にプレイヤーキャラが載り、左右に移動できるようにします。キャラクターが上に載ることを説明する時には、1と2を**床**と呼びます。

　3と4はプレイヤーキャラが触れてはいけないもので、接触するとゲームオーバーになるようにします。

　5は取るとタイム（残り時間）とスコアが増える宝で、ゴールドパールと呼ぶことにします。

　6はゴール地点にあるクリスタルで、そこまで辿り着くとステージクリアです。

二次元配列で地形を定義する

　2D（二次元）の画面構成のコンピューターゲームは、一般的に二次元配列でマップデータを扱います。二次元配列の扱い方は、3章の落ち物パズルで学びましたが、ここで改めて説明します。

　例えば次の図のような地形は、右に羅列した数のように、マップチップに割り当てた番号を二次元配列でデータとして定義します。

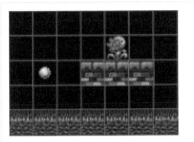

```
0, 0, 0, 0, 0, 0, 0,
0, 0, 0, 0, 4, 0, 0,
0, 5, 0, 2, 2, 2, 0,
0, 0, 0, 0, 0, 0, 0,
1, 1, 1, 1, 1, 1, 1,
```

図5-3-1　数値による地形の定義

何もない空間は0、壁は1と2、敵は4、宝は5になっています。

二次元配列は、次の図のように、X軸方向とY軸方向の2つの添え字でデータを管理します。

a[y][x]

a[0][0]	a[0][1]	a[0][2]	a[0][3]	a[0][4]	··
a[1][0]	a[1][1]	a[1][2]	a[1][3]	a[1][4]	··
a[2][0]	a[2][1]	a[2][2]	a[2][3]	a[2][4]	··
:	:	:	:	:	

図5-3-2　二次元配列

地形を定義する

　マップデータを二次元配列で管理するプログラムを確認します。次のHTMLを開いて動作を確認しましょう。**図5-3-3**のような実行画面が表示されます。

動作の確認　action0503.html

図5-3-3　実行画面

用いる画像

bg.png

chip1.png

chip2.png

chip3.png

chip4.png

chip5.png

chip6.png

ソースコード　action0503.js

```
//起動時の処理
function setup() {
    canvasSize(1080, 720);
    loadImg(0, "image/bg.png");
    for(var i=1; i<=6; i++) loadImg(i, "image/chip"+i+".png");
    setStage();
}


//メインループ
function mainloop() {
    drawGame();
}


//マップデータ
var mapdata = new Array(10);
for(var y=0; y<10; y++) mapdata[y] = new Array(150);

function setStage() {//地形を用意する
    var x, y;
    for(y=0; y<10; y++) {//データをクリア
        for(x=0; x<150; x++) mapdata[y][x] = 0;
    }
    for(x=0; x<150; x++) mapdata[9][x] = 1+x%6;
}


var SIZE = 72;
function drawGame() {//ゲーム画面を描く
    var c, x, y;
    drawImg(0, 0, 0);//背景画像
    for(y=0; y<10; y++) {//マップチップの表示
        for(x=0; x<15; x++) {
            c = mapdata[y][x];
            if(c > 0) drawImg(c, x*SIZE, y*SIZE);
        }
    }
}
```

起動時に実行される関数
キャンバスサイズの指定
背景画像の読み込み
マップチップの読み込み
マップデータをセットする

メイン処理を行う関数
ゲーム画面を描く関数を呼び出す

マップデータを代入する二次元配列
の準備

マップデータをセットする関数

マップチップのサイズを定義する変数
ゲーム画面を描く関数

二重ループの繰り返しで

マップチップを表示する

変数と配列の説明

mapdata[][]	マップデータを代入する二次元配列
SIZE	マップチップの大きさ（幅、高さのドット数）

起動時に1回だけ実行されるsetup()関数と、毎フレーム実行されるmainloop()関数に、それぞれ必要な処理を記述しています。

setup()関数では画面の大きさ（キャンバスのサイズ）を指定し、画像を読み込みます。このゲームは画面の幅を1080ドット、高さを720ドットで設計します。

マップデータを配列に代入する

setStage()がマップデータを配列に代入する関数です。このプログラムではマップチップの表示を確認するために、次のように記して配列にマップデータを代入しています。

```
var x, y;
for(y=0; y<10; y++) {//データをクリア
    for(x=0; x<150; x++) mapdata[y][x] = 0;
}
for(x=0; x<150; x++) mapdata[9][x] = 1+x%6;
```

変数yとxを用いた二重ループのfor文で配列全体をクリアします。"クリアする"とは、値を0にして、ステージ全体を何もない空間にするという意味です。そして変数xを用いたfor文で、mapdata[9][x] = 1+x%6;とし、最下段の横一行にマップチップを繰り返して配置しています。

マップチップで画面を描く

drawGame()がゲーム画面を描くために用意した関数で、メインループ内で呼び出しています。この関数は次の二重ループのfor文で背景を描いています。

```
for(y=0; y<10; y++) {//マップチップの表示
    for(x=0; x<15; x++) {
        c = mapdata[y][x];
        if(c > 0) drawImg(c, x*SIZE, y*SIZE);
    }
}
```

変数yの範囲は0～9、変数xの範囲は0～14で、高さ10マス×幅15マスの領域にマップチップを描いています。

ステージの全体像

　ステージ全体は、次の図のように、横に10画面分つながるようにします。このプログラムではステージの一番左の領域を描いています。

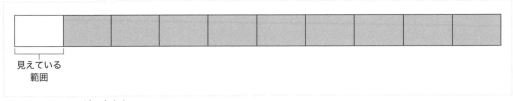

見えている
範囲

図5-3-4　**ステージの大きさ**

　次の5-4では画面をスクロールして、ステージ全体を見渡せるようにします。

横スクロールアクションは
国民的ゲーム！
がんばって作ろ～！

国民的ゲームはスーマリ・・・
このゲームではないよ・・・

5-4

地形の生成とスクロール処理

▸ ▸ ▸ ▸ ▸ ◆ ◆ ◆

地形をプログラムでランダムに作り出します。また左右キーで画面をスクロールさせ、ステージ全体を確認できるようにします。

地形の自動生成について

　自動生成されるダンジョンを探索する**ローグライク**というゲームがあります。ローグライクゲームは次の階層に進むたびに新しい迷路が作られます。その迷路一つ一つをどう攻略するかを考えながらプレイするので、何度も遊ぶことができる特徴があります。

　この横スクロールアクションもプログラムでマップデータを生成し、**プレイするたびに地形が変わり、飽きずに遊べる**ゲームを目指します。また本書はゲーム開発の入門書ですので、地形を自動生成することで、マップデータを用意する手間を省き、ゲーム本体のプログラミングに集中できようにする意図があります。

地形を作り出す

　ランダムに地形を作るプログラムを確認します。次のHTMLを開いて動作を確認しましょう。自動生成の方法は動作確認後に説明します。

◀ **動作の確認**　action0504.html

図5-4-1　**実行画面**

　このプログラムは確認用に画面全体に格子を描き、スクロール位置を管理する変数の値を表示しています。左右キーで画面をスクロールさせ、ステージ全体を確認してください。

※このプログラムに新たな画像は用いていません。

◀ **ソースコード** ▶　action0504.js より抜粋

■ メインループに、左右キーでスクロール位置を管理する変数の値を増減する if 文を追記（太字部分）

```
function mainloop() {
    if(inkey == 37 && scroll > 0) scroll -= 12;
    if(inkey == 39 && scroll < SIZE*135) scroll += 12;
    drawGame();
}
```

左キーが押されたら scroll の値を減らす
右キーが押されたら scroll の値を増やす

※ inkey は WWS.js に備わった変数で、現在、押されているキーコードが代入されます。

■ ステージを作る setStage() 関数

```
function setStage() {
    var i, n, x, y;
    for(y=0; y<10; y++) {//データをクリア
        for(x=0; x<150; x++) mapdata[y][x] = 0;
    }
    for(x=0; x<150; x++) mapdata[9][x] = 1;
    x = 0;
    y = 8;
    n = 5;
    do {//ランダムにブロックを配置
        for(i=0; i<n; i++) {
            mapdata[y][x] = 2;
            x++;
        }
        y = 2+rnd(7);
        n = 2+rnd(3);
    }
    while(x < 140);

    mapdata[8][149] = 6;
}
```

最下段に地面を設置
空中に並ぶブロックの初めの位置と
個数

do ～ while の繰り返しと
for 文で
ブロックを n 個並べる

次の y 座標をランダムに決める
次に並べる個数をランダムに決める
ステージ右端まで処理を繰り返す

ゴール位置にクリスタルを配置

■ ゲーム画面を描く drawGame() 関数にスクロールさせる処理を追記（太字部分）

```
function drawGame() {//ゲーム画面を描く
    var c, x, y;
    var cl = int(scroll/SIZE);
    var ofsx = scroll%SIZE;
    drawImg(0, 0, 0);//背景画像
    for(y=0; y<10; y++) {//マップチップの表示
        for(x=0; x<16; x++) {
            c = mapdata[y][x+cl];
            if(c > 0) drawImg(c, x*SIZE-ofsx, y*SIZE);
            sRect(x*SIZE, y*SIZE, SIZE, SIZE, "white");
        }
    }
    fText("scroll="+scroll, 144, 72, 30, "cyan");
}
```

マップデータのどの位置を参照するか
画像を横に何ドットずらして表示するか

変数 c にマップチップの値を代入
マップチップを横にずらして描く
確認用の格子を表示

scroll の値を表示

◀ **変数の説明** ▶

scroll	スクロール位置を管理する

ランダムに地形を作る

setStage()関数でランダムにブロックを配置しています。その処理を抜き出して説明します。

```
for(x=0; x<150; x++) mapdata[9][x] = 1;//一番下の地面
x = 0;
y = 8;
n = 5;
do {//ランダムにブロックを配置
    for(i=0; i<n; i++) {
        mapdata[y][x] = 2;
        x++;
    }
    y = 2+rnd(7);
    n = 2+rnd(3);
}
while(x < 140);
```

地形の自動生成も
重要なアルゴリズムの1つ・・・

まず for(x=0; x<150; x++) mapdata[9][x] = 1; で最下段に地面を配置します。

次に変数x、y、nを用いて、空中にブロックを置いていきます。ブロックの配置はdo 〜 whileのループ内にfor文が入る処理で行っています。ここで用いているxとyは、どこにブロックを置くか（二次元配列のどの要素に値を代入するか）を指定する変数です。また変数nには、横にいくつブロックを並べるかという値を代入しています。

for(i=0; i<n; i++) { 〜 }でn個分のブロックを並べています。このfor文でmapdata[y][x]に2を代入し、xの値を1ずつ増やします。横にn個並べたら、次のyとnの値を乱数で決めます。そしてxの値が140になるまで配置を続けています。

現時点ではブロックを配置するだけですが、ゲームの完成に向け、5-9で最下段の地面に穴を配置し、5-10で敵や宝を置くようにsetStage()関数を改良します。

画面をスクロールする

画面を左右にスクロールさせる処理を説明します。

スクロール位置を管理するために、scrollという変数を用意しています。scrollの値はメインループ内で、左キーが押されたら12減らし、右キーが押されたら12増やしています。

drawGame()関数でscrollの値に応じ、マップチップを描く位置を左右にずらします。次のコードがそれを行っている部分です。

```
var cl = int(scroll/SIZE);
var ofsx = scroll%SIZE;
drawImg(0, 0, 0);//背景画像
for(y=0; y<10; y++) {//マップチップの表示
    for(x=0; x<16; x++) {
        c = mapdata[y][x+cl];
        if(c > 0) drawImg(c, x*SIZE-ofsx, y*SIZE);
        sRect(x*SIZE, y*SIZE, SIZE, SIZE, "white");//確認用の格子
    }
}
```

cl = int(scroll/SIZE) という式で、二次元配列mapdata[y][x] のX方向の位置を、どこから参照するかという値を、変数clに代入しています。SIZEにはマップチップ画像の幅のドット数である72が代入されています。int(scroll/SIZE)の値は72ドットごとに1ずつ変化します。マップデータの入った配列からマップチップの番号を取得する時、c = mapdata[y][x+cl] として、このclの値だけ参照位置をずらします。

　変数ofsxにはofsx = scroll%SIZE という式で、マップチップを横に何ドットずらして描くかという値を代入しています。%は剰余を求める演算子で、A%BはAをBで割った余りになります。ofsxの値は0〜71の範囲で変化します。

　以上の計算で、変数clと変数ofsxの値は連動して変化します。それらの2つの変数で、マップデータのX軸方向の参照位置と、マップチップを描画するX座標をずらし、画面をスクロールさせる仕組みになっています。

　計算自体はそれほど難しくはありませんが、はじめのうちはこの計算で画面をスクロールできるイメージがつかみにくいかもしれません。次の図も合わせて確認し、理解していきましょう。

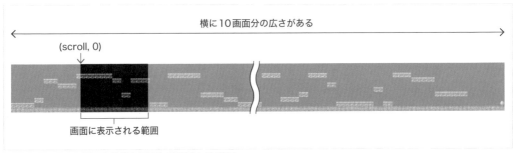

図5-4-2　ステージの全体像と画面に表示される範囲

　この仕組みが難しいと感じる方のために、もう少し説明します。

　scrollの値が72ドット増減するごとに、変数clの値は1ずつ変化し、マップデータの入った二次元配列を参照する位置が1マスずつ横にずれます。またマップチップを描くX座標は0〜71ドットの範囲でずれます。

　例えばscrollの値が0から73に変化した時のことを考えてみます。

- ・cl = int(scroll/SIZE) とc = mapdata[y][x+cl] という式で、配列の参照位置が右に1マスずれる
- ・ofsx = scroll%SIZE という式とdrawImg(c, x*SIZE-ofsx, y*SIZE) という描画命令で、マップチップを描く座標は左に1ドットずれる

　配列のX方向の参照位置が1増えるので、画面全体のマップチップは左に1マス分の72ドットずれます。更にマップチップを描く座標を1ドット左にずらしています。つまり合計73ドット分、画面が横に動きます。

　前のプログラムでは横方向 (X軸方向) に15マス分のマップチップを描きましたが、このプログラムでは、スクロールした時に右端が途切れないように、for(x=0; x<16; x++) として横に16マス分のマップチップを描いています。

5-5

移動できる場所を知る

▸ ▸ ▸ ▸ ▸ ◆ ◆ ◆

ここからはキャラクターに関する処理を組み込んでいきます。この5-5ではプレイヤーキャラの魔法少女を操作する準備として、移動できる場所を知る方法を説明します。

壁の判定を正確に行う

キャラクターが入ることのできない場所をゲーム用語で壁といいます。壁の判定が甘いと、キャラクターが壁にめり込んで動けなくなる、行けるはずのない場所に出てしまうなどの不具合が発生します。読者のみなさんの中には、壁をすり抜けるバグなどが残ったまま発売されたゲームソフトをご存知の方もいらっしゃるでしょう。アクションゲームのキャラクターはめまぐるしく動くので、そのような不具合が出ないように壁をしっかり判定します。

キャラクターの四隅を調べる

2Dのアクションゲームでは、キャラクターの四隅が壁かどうかを調べることで、入れない場所を正確に把握し、どの方向に移動しても壁にめり込まないようにすることができます。

具体的な判定方法を説明します。このゲームのマップチップの大きさは、幅72ドット、高さ72ドットです。この章で扱う魔法少女の画像も、次の図のように同サイズになっています。

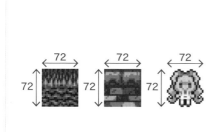
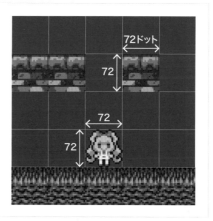

図5-5-1　マップチップとキャラクターのサイズ

キャラクターの四隅を調べると、身体の一部が壁に入っているかどうかを判定できます。

5

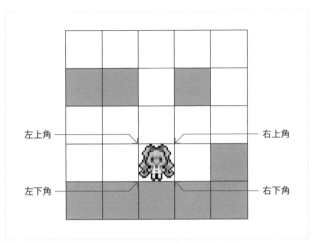

図5-5-2 キャラクターの四隅を調べる

実際には壁に入ってはいけないので、キャラクターを移動する時、四隅のいずれか1つでも壁に入るなら、そこには移動しないように座標を計算します。

例えば斜め上にジャンプし、次の図のようになったなら、天井か壁の側面にぶつかったことがわかります。このような時は、キャラクターの座標を壁にめり込む直前の値とします。

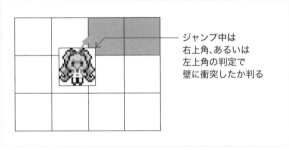

ジャンプ中は
右上角、あるいは
左上角の判定で
壁に衝突したか判る

図5-5-3 ジャンプした時

また、左下角と右下角の1ドット下側を調べることで、足元に床があるかどうかがわかります。例えば次の図のような時は、落下させる処理を開始します。

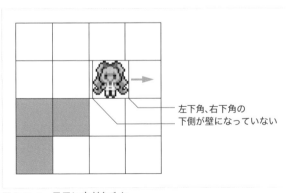

左下角、右下角の
下側が壁になっていない

図5-5-4 足元に床があるか

キャラの四隅を
調べるのが
ポイントだね～！

キャラクターの四隅を調べる関数

キャラクターの四隅を調べる関数を定義したプログラムを確認します。次のHTMLを開き、方向キーで魔法少女を4方向に移動させ、壁に入らないことを確認しましょう。

▶ 動作の確認   action0505.html

図5-5-5   動作画面

このプログラムは壁の判定を学ぶためのもので、キャラクターを上下左右に動かします。ジャンプや落下の処理は次節で組み込みます。また前の節で組み込んだスクロールは行わず、固定画面になっています。

ブラウザによっては画面をクリックしない時、入力を受け付けないことがあります。キー入力を受け付けない時は、ブラウザをクリックし、ブラウザのウィンドウを一番手前にしてからキー操作を行ってください。

▶ 用いる画像

mgirl0.png

setup()関数に loadImg(10, "image/mgirl0.png"); と記述して読み込みます。

▶ ソースコード   action0505.js より抜粋

■ 魔法少女 (プレイヤーキャラ) の座標を管理する変数を宣言

```
var plX = 36;                                    X座標を管理する変数
var plY = 36;                                    Y座標を管理する変数
```

■ メインループ内で魔法少女の座標を変化させる

```
function mainloop() {
    var dots = 12
    if(inkey == 38 && plY > 36) {//上キー
        if(chkWall(plX, plY-dots) == false) plY -= dots;
    }
    if(inkey == 40 && plY < 684) {//下キー
        if(chkWall(plX, plY+dots) == false) plY += dots;
    }
    if(inkey == 37 && plX > 36) {//左キー
        if(chkWall(plX-dots, plY) == false) plX -= dots;
    }
    if(inkey == 39 && plX < 1044) {//右キー
        if(chkWall(plX+dots, plY) == false) plX += dots;
    }
    drawGame();
}
```

何ドットずつ移動させるかを変数に代入
上キーが押され、Y座標が36より大きく
上に壁が無ければ、Y座標の値を減らす

下キーが押され、Y座標が684より小さく
下に壁が無ければ、Y座標の値を増やす

左キーが押され、X座標が36より大きく
左に壁が無ければ、X座標の値を減らす

右キーが押され、X座標が1044より小さく
右に壁が無ければ、X座標の値を増やす

■ 四隅が壁かどうかを調べる関数

```
var CXP = [-36,  35, -36, 35];
var CYP = [-36, -36,  35, 35];
var WALL = [0, 1, 1, 0, 0, 0, 0];
function chkWall(cx, cy) {
    var c = 0;
    for(var i=0; i<4; i++) {//四隅を調べる
        var x = int((cx+CXP[i])/SIZE);
        var y = int((cy+CYP[i])/SIZE);
        if(0 <= x && x <=149 && 0<=y && y<=9) {
            if(WALL[mapdata[y][x]] == 1) c++;
        }
    }
    return c;
}
```

調べる四隅の座標を定義

どのマップチップが壁かを定義（1が壁）

変数cに0を代入

座標をSIZEで割り、
調べる配列の添え字を計算
マップデータの範囲内で
そのチップが壁ならcの値を1増やす

cの値を返す

変数と配列の説明

plX、plY	魔法少女の座標
CXP[]、CYP[]	キャラクターの四隅の座標値
WALL[]	マップチップが壁かを定義する

　魔法少女の中心座標を(plX, plY)としています。この変数名はplayerのX、Y座標ということで、plX、plYとしています。この座標から斜め方向に何ドットの位置を調べるか（四隅の値）を、CXP[]とCYP[]という配列で定義しています。

　魔法少女の画像は、drawGame()関数内でdrawImg(10, plX-SIZE/2, plY-SIZE/2);として描いています。

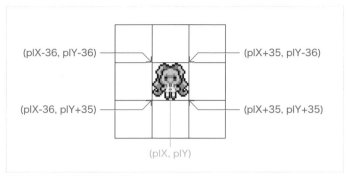

図5-5-6 調べる四隅の位置

chkWall()がキャラクターの四隅が壁かどうかを調べる関数です。この関数の次の式で計算しているxとyの値が、マップデータを代入したmapdata[y][x]の添え字の番号になります。

```
var x = int((cx+CXP[i])/SIZE);
var y = int((cy+CYP[i])/SIZE);
```

SIZEにはマップチップの幅、高さの値である72が代入されています。例えば座標(X, Y)の位置に何があるかを調べるには、x = int(X/SIZE)、y = int(Y/SIZE) とし、mapdata[y][x]を参照すると、その座標にあるマップチップを知ることができます。

今回はそこが壁かどうかを判断します。そのために、どのマップチップが壁かをWALL[]という配列で定義しています。chip1.pngとchip2.pngが壁なので、WALL[1]とWALL[2]の値を1にし、それ以外は0にしています。そして if(WALL[mapdata[y][x]] == 1) というif文で、壁かを判定しています。マップチップの画像一覧はP.218の表5-3-1で確認してください。

次の5-6でプレイヤーキャラの左右移動とジャンプを組み込み、床のない場所で落下するようにします。ここで用意したchkWall()関数を用いて、キャラクターをどのように動かしても、壁にめり込むことなどがないように、座標の計算を行います。

キャラが移動できる場所を
調べる仕組みも
大切なアルゴリズム・・・
理解しておいてね・・・

5-6

左右移動とジャンプ

◆ ◆ ◆ ◆ ◆ ◆ ◆ ◆

魔法少女のアクションを組み込んでいきます。この5-6では左右の移動とジャンプという基本動作を組み込みます。そして次の5-7で、その動きを、よりアクションゲームらしく、また操作しやすいように改良します。

ジャンプを管理する変数

これから確認するプログラムには、X軸方向の移動量を代入する変数plXp、Y軸方向の移動量を代入する変数plYp、そしてジャンプ中かどうかを管理するplJumpという変数を追加しています。プログラムの動作確認後に、それらの変数でどのようにキャラクターを制御しているかを説明します。

次のHTMLを開き、左右キーで魔法少女を移動させ、スペースキーでジャンプする様子を確認しましょう。

◀ 動作の確認 ▶　action0506.html

※動作画面は前の**図5-5-1**と同じなので省略します。
※このプログラムに新たな画像は用いていません。

◀ ソースコード ▶　action0506.js より抜粋

■ 魔法少女を動かすmovePlayer()関数を追加し、それをメインループで実行する

```
function mainloop() {
    movePlayer();          魔法少女を動かす関数
    drawGame();            ゲーム画面を描く関数
}
```

■ プレイヤーキャラの移動量とジャンプを管理する変数を追加

```
var plX = 108;             X座標を管理する
var plY = 36;              Y座標を管理する
var plXp = 0;              X軸方向の移動量を管理する
var plYp = 0;              Y軸方向の移動量を管理する
var plJump = 2;            ジャンプの動作を管理する
```

■ checkWall()関数に、キャラクターが画面の左右端から出ないようにif文を追記（太字部分）

```
function chkWall(cx, cy) {
    var c = 0;
    if(cx < 0 || 15*SIZE < cx) c++;      画面の左端と右端から出ないようにする
    for(var i=0; i<4; i++) {//四隅を調べる
        var x = int((cx+CXP[i])/SIZE);
        var y = int((cy+CYP[i])/SIZE);
        if(0 <= x && x <=149 && 0<=y && y<=9) { つづく▶
```

```
                if(WALL[mapdata[y][x]] == 1) c++;
            }
        }
    return c;
}
```

■ 魔法少女を動かすmovePlayer()関数を用意

```
function movePlayer() {

    //X軸方向の移動
    if(key[37] > 0) {
        plXp = -12;
    }
    else if(key[39] > 0) {
        plXp = 12;
    }
    else {
        plXp = 0;
    }
    if(chkWall(plX+plXp, plY) != 0) {
        plXp = 0;
    }
    plX += plXp;

    //Y軸方向の移動（ジャンプと落下の処理）
    if(plJump == 0) {//床にいる
        if(chkWall(plX, plY+1) == 0) {//床が無いと落下
            plJump = 2;
        }
        else if(key[32] == 1) {
            plYp = -72;
            plJump = 1;
        }
    }
    else if(plJump == 1) {//ジャンプ中
        plYp += 12;
        if(plYp > 0) plJump = 2;
    }
    else {//落下中
        plYp += 12;
        if(plYp > 36) plYp = 36;
    }
    if(chkWall(plX, plY+plYp) != 0) {
        plYp = 0;
        if(plJump == 1) {//ジャンプ中→壁に当たったか
            plJump = 2;
        }
        else if(plJump == 2) {//落下中→床に着いたか
            plJump = 0;
        }
    }
    plY += plYp;

}
```

左キーが押されたら
plXpに-12を代入

右キーが押されたら
plXpに12を代入

左右キーのどちらも押されていないなら
plXpに0を代入

(plX+plXp, plY)の位置で壁に
ぶつかるなら、plXpを0にする

X座標を変化させる

床に載っている時の処理
キャラの下側を調べ、床が無いなら
plJumpを2にして落下させる

スペースキーが押されたら
plYpに-72を代入し、
plJumpを1にしてジャンプさせる

ジャンプ中の処理
Y軸方向の変化量を12増やす
plYpが0より大きくなったら落下させる

落下する処理
Y軸方向の変化量を12増やす
但し最大値を36とする

(plX, plY+plYp)の位置で壁に
ぶつかるなら、plYpを0にする
ジャンプ中ならplJumpを2にして
落下させる

落下中ならplJumpを0にして
床に載った状態にする

Y座標を変化させる

※ plX += plXp は plX = plX + plXp と同じ意味です。またplYp += 12 は plYp = plYp + 12 と同じ意味です。

plX、plY	魔法少女の座標
plXp、plYp	魔法少女のX軸方向、Y軸方向の移動量
plJump	床の上にいる時は0、ジャンプ中は1、落下中は2

plJumpの値で、床の上にいるか、落下しているかという状態も管理します。

左右移動の処理

左右の移動は、カーソルキーの左 (key[37]) と右 (key[39]) が押されているかを調べ、X軸方向の移動量 (ドット数) をplXpに代入します。そして5-5で用意したchkWall()関数で(plX+plXp, plY)の位置に壁がないかを調べます。壁があるならplXpを0にし、そこへは移動させません。

ジャンプと落下の処理

ジャンプと落下を管理するために、plJumpという変数を用意しています。plJumpの値は0、1、2のいずれかで、各値で次の図の状態を管理します。

plJumpが0の時、魔法少女の下側を調べ、床が無いならplJumpを2にして落下させます。床のある場所でスペースキーが押されたら、plJumpを1にしてジャンプする計算に入ります。

plJumpが1の時がジャンプして上昇していく状態です。Y軸方向の変化量はplYpという変数で管理しています。ジャンプ開始時にplYpに-72を代入し、ジャンプ中はplYp += 12 としてその変化量を増やしています。この計算によりキャラクターが放物線を描いてジャンプします。

ジャンプ中に頂点に達したら、plJumpを2にして落下に移ります。頂点に達したことはplYpの値が正になったかで判断できます。またジャンプ中に壁があったと判定された時もplJumpを2にして落下に移ります。

plJumpが2の時、落下する計算を行います。落下中に壁があると判定された場合、床に載ったことになるので、plJumpを0にします。

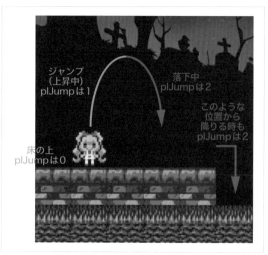

図5-6-1　**変数でジャンプと落下を管理する**

5-7

動きの改良とキャラクターの アニメーション

▸ ▸ ▸ ▸ ▸ ◆ ◆ ◆

5-6のプログラムを改良し、左右キーを押し続けると魔法少女の歩く速さが上がり、ジャンプした時にスペースキーを押し続けることで、より高く跳ねるようにします。また左右キーを押した方を向き、歩く時に手足を動かすアニメーションを追加します。

慣性について

　アクションゲームの多くは、方向キーを押し続ける、あるいは、いずれかのボタンを押しながら方向キーを押すことで、キャラクターの移動速度が上がります。速度を上げて動いているとキーを離しても即座には止まらず、少し進んでから停止します。

　物体が運動状態あるいは静止状態を維持する性質を**慣性**といいます。アクションゲームのキャラクターの動きには、そのような物体の運動が表現されていることが多いのです。この節ではいくつかの計算を追加し、よりアクションゲームらしい操作感でプレイできるようにします。

向きとアニメーションを管理する変数

　これから確認するプログラムには、魔法少女の向きを管理するplDirという変数と、手足を動かして歩くアニメーションを管理するplAniという変数を追加しています。そして前のプログラムに

- ・左右キーを押し続けると加速する
- ・スペースキーを短く押すと低く跳ね、長く押すと高く跳ねる

という改良を加えています。次のHTMLを開いて、これらの動作を確認しましょう。

◀ 動作の確認　action0507.html

図 5-7-1　実行画面

慣性の動きを表現すると、
ぐっとリアルな操作感になるね・・・

mgirl1.png　　mgirl2.png　　mgirl3.png

setup()関数に for(var i=0; i<=3; i++) loadImg(10+i, "image/mgirl"+i+".png"); と記述して読み込みます。

▶ ソースコード　action0507.js より抜粋

■ 魔法少女の向きとアニメーションを管理する変数を追加

```
var plDir = 0;
var plAni = 0;
var MG_ANIMA = [0, 0, 1, 1, 0, 0, 2, 2];
```

向きを管理する
アニメーションを管理する
魔法少女のアニメーションパターン

■ ゲーム画面を描くdrawGame()関数に、魔法少女の各画像を表示するコードを追記（太字部分）

```
function drawGame() {//ゲーム画面を描く
    var c, x, y;
    var cl = int(scroll/SIZE);
    var ofsx = scroll%SIZE;
    drawImg(0, 0, 0);//背景画像
    for(y=0; y<10; y++) {//マップチップの表示
        for(x=0; x<16; x++) {
            c = mapdata[y][x+cl];
            if(c > 0) drawImg(c, x*SIZE-ofsx, y*SIZE);
        }
    }
    if(plDir == -1) drawImgLR(11+MG_ANIMA[plAni%8], plX-SIZE/2, plY-SIZE/2);
    if(plDir == 0) drawImg(10, plX-SIZE/2, plY-SIZE/2);
    if(plDir == 1) drawImg(11+MG_ANIMA[plAni%8], plX-SIZE/2, plY-SIZE/2);
}
```

左向きの画像の表示
正面向きの画像の表示
右向きの画像の表示

drawImgLR(番号, X座標, Y座標)は、WWS.jsに備わった、画像を左右反転させ表示する関数です。

■ movePlayer()関数の処理を改良

```
function movePlayer() {

    //X軸方向の移動
    if(key[37] > 0) {
        if(plXp > -32) plXp -= 2;
        plDir = -1;
        plAni++;
    }
    else if(key[39] > 0) {
        if(plXp < 32) plXp += 2;
        plDir = 1;
        plAni++;
    }
```

左キーが押されたら
plXpが-32より大きければ2減らす
plDir(向き)に-1を代入
アニメーション用の変数の値を増やす

右キーが押されたら
plXpが32より小さければ2増やす
plDir(向き)に1を代入
アニメーション用の変数の値を増やす

つづく▶

```
        else {
            plXp = int(plXp*0.7);
        }
        //壁にめり込まない限りX座標を変化させる
        var lr = Math.sign(plXp);
        var loop = Math.abs(plXp);
        while(loop > 0) {
            if(chkWall(plX+lr, plY) != 0) {
                plXp = 0;
                break;
            }
            plX += lr;
            loop--;
        }

        //Y軸方向の移動（ジャンプと落下の処理）
        if(plJump == 0) {//床にいる
            if(chkWall(plX, plY+1) == 0) {//床が無いと落下
                plJump = 2;
            }
            else if(key[32] == 1) {
                plYp = -60;
                plJump = 1;
            }
        }
        else if(plJump == 1) {//ジャンプ中
            if(key[32] > 0)
                plYp += 6;
            else
                plYp += 18;
            if(plYp > 0) plJump = 2;
        }
        else {//落下中
            if(key[32] > 0)
                plYp += 6;
            else
                plYp += 12;
            if(plYp > 48) plYp = 48;
        }
        //壁にめり込まない限りY座標を変化させる
        var ud = Math.sign(plYp);
        loop = Math.abs(plYp);
        while(loop > 0) {
            if(chkWall(plX, plY+ud) != 0) {
                plYp = 0;
                if(plJump == 1) {
                    plJump = 2;
                }
                else if(plJump == 2) {
                    plJump = 0;
                    if(key[32] == 1) key[32] = 2;
                }
                break;
            }
            plY += ud;
            loop--;
        }
    }
```

左右キーどちらも押されていないなら
plXpに0.7を掛け、値を0に近付ける

符号関数で、plXpの値から-1、0、1を算出
計算を何度、繰り返すか
loopが0より大きい間、繰り返す
移動先の座標が壁に入る場合、
plXpの値を0にし
繰り返しを抜ける

X座標を変化させる
loopの値を1減らす

床に載った状態の時
キャラの下側を調べ、床が無いなら
plJumpを2にして落下させる

スペースキーが押されたら
plYpに-60を代入し、
plJumpの値を1にしてジャンプさせる

ジャンプする処理
スペースキーが押されているなら
Y軸方向の変化量を6増やす
スペースキーが押されていないなら
Y軸方向の変化量を18増やす
plYpが0より大きくなったら落下させる

落下する処理
スペースキーが押されているなら
Y軸方向の変化量を6増やす
スペースキーが押されていないなら
Y軸方向の変化量を12増やす
但し最大値を48とする

符号関数で、plYpの値から-1、0、1を算出
計算を何度、繰り返すか
loopが0より大きい間、繰り返す
移動先の座標が壁に入る場合、
plYpの値を0にする
ジャンプ中ならplJumpの値を2にして
落下させる

落下中ならplJumpの値を0にして
床に載った状態にする
キーを押し続けたり、連打した時、
着地した瞬間に再び跳ねるのを防ぐ

Y座標を変化させる
loopの値を1減らす

■ 魔法少女のアニメーションの追加に伴い、四隅を調べる座標をキャラクターのやや内側に変更（太字部分）

```
var CXP = [-28, 27, -28, 27];
var CYP = [-36, -36,  35, 35];
```
　　　　調べる四隅の座標の定義

※前のプログラムまでは CXP = [-36, 35, -36, 35] としていました。

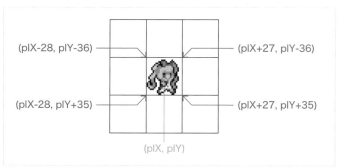

(plX-28, plY-36)　　　　　　　　　　　　(plX+27, plY-36)

(plX-28, plY+35)　　　　　　　　　　　　(plX+27, plY+35)

(plX, plY)

図 5-7-2　**調べる四隅の位置**

> **変数の説明**

plDir	魔法少女の向き　左向き −1、正面 0、右向き 1
plAni	魔法少女をアニメーションさせるのに用いる
MG_ANIMA[]	魔法少女のアニメーションパターン

キャラクターのアニメーションについて

　魔法少女の画像は、前のプログラムで用いた正面向きの他に、右方向に歩くパターンを用いています。

mgirl1.png　　　mgirl2.png　　　mgirl3.png

　これらの絵を mgirl1.png → mgirl2.png → mgirl1.png → mgirl3.png の順に表示することで、キャラクターが歩いているように見えます。このプログラムではその順番（アニメーションパターン）を MG_ANIMA[] という配列で定義しています。左右キーが押されている時に plAni という変数の値を 1 ずつ増やし、MG_ANIMA[plAni%8] という記述で、どの画像を表示するかを決めます。左に進む時は、右向きの画像を左右反転させ表示しています。

加速と減速、慣性をプログラミングする

　今回の改良で、左右キーを押し続けると移動速度が上がるようにしました。movePlayer() 関数から、左キーを押した時の処理を抜き出し、その計算方法を説明します。

```
if(key[37] > 0) {
    if(plXp > -32) plXp -= 2;
    plDir = -1;
    plAni++;
}
```

plXpはX軸方向の1フレーム当たりの移動量を代入する変数です。左キーが押されたらその値を-2ずつ減らしています。ただし-32より小さな値にはしません。また左キーが押された時、魔法少女の向きを管理するplDirに-1を代入し、アニメーション番号を決めるplAniの値を1増やしています。

このplXpの値を、魔法少女のX座標が入っている変数plXに加えますが、壁にめり込まないように、次のコードでplXとplXpの値を変化させています。

```
var lr = Math.sign(plXp);
var loop = Math.abs(plXp);
while(loop > 0) {
    if(chkWall(plX+lr, plY) != 0) {
        plXp = 0;
        break;
    }
    plX += lr;
    loop--;
}
```

Math.sign()は符号関数と呼ばれ、引数の値が0未満なら-1、ゼロなら0、0より大きければ1を返す関数です。Math.abs()は絶対値を求める関数です。

このwhile文でどのような計算を行っているかを説明します。例えばplXpが-20の時を考えます。その場合は魔法少女を20ドット左に動かすことになりますが、plX = plX + plXpという計算では、20ドット左側が壁になっていると、そこにめり込んでしまいます。そこでlrに-1を代入し、loopには20を代入し、魔法少女の左側に壁がないかを1ドットずつ調べながら座標を変化させています。

20ドット分の座標を変化させる間に壁があるなら、plXp = 0とし、そこで計算を終わりにします。この方法で、キャラクターが壁にめり込むことなく、また壁から離れた位置で止まってしまうこともなく、壁際ぴったりの位置まで移動できます。

以上がX軸方向(左右移動)の計算です。Y軸方向についても同様の計算を行っています。Y軸方向の計算では、壁にぶつかった時、ジャンプ動作を管理する変数plJumpの値を変更することも行います。具体的にはplJumpを次のように変更しています。

　・ジャンプ中に壁に当たったら、plJumpを2にして落下させる
　・落下中に壁に当たったら(それは床に着地したことになるので)、plJumpを0にして落下を終える

5-8

キャラクターの 移動と背景のスクロール

▶ ▶ ▶ ▶ ▶ ◆ ◆ ◆

キャラクターの移動に合わせ、背景がスクロールするようにします。

スクロールの "遊び" について

　物を動かす時に設けられている余裕のことを "遊び" といいます。例えばボタンの形状をしたスイッチ類に、少し押しただけではそれが入らないように遊びが設けられています。スイッチの遊びは押し間違えを減らすのに役立っています。また車のハンドルにも遊びがあります。ハンドルを少し切っただけでは、車は即座にそちらへ向かいません。ハンドルの遊びは車を安全に運転するために必要なものです。

　では、スクロールの遊びとはどのようなものでしょうか。それはキャラクターを画面中央付近で動かしている間はスクロールせず、画面の左右あるいは上下の一定ラインを超えたら、スクロールする仕組みのことです。

　この遊びが無く、キャラクターが少しでも動いたら、それに伴って画面全体が動くと、映像が目まぐるしく変化しすぎてプレイしにくいことがあります。**スクロールに "遊び" を入れることで、ゲームがプレイしやすくなるのです。**映像が大きく変化するアクションゲームのようなジャンルでは、スクロールの遊びは重要なものになります。

←――――――――――→
この範囲を移動している時は
スクロールしない

このラインより外に行こうとした　　　　　　このラインより外に行こうとした
時に画面が左にスクロールする　　　　　　時に画面が右にスクロールする

図5-8-1　スクロールの遊び

スクロールに遊びを設ける方法

スクロールに遊びを設けるには、スクロール位置を管理する変数を用意します。その変数は、実は既に5-4でscrollという変数名で組み込んでいます。

前節のプログラムaction0507.jsまでは、plX、plYという2つの変数で魔法少女のゲーム画面上の座標を管理していました。これ以降のプログラムでは、**plX、plYは、横に10画面分続いているステージのどの位置にいるかを管理する変数**とします。そして新たにcx、cyという変数を用意し、魔法少女を描くゲーム画面 (キャンバス) 上の座標を管理します。

変数の使い方をまとめると次のようになります。これらの変数の値を適切に計算することで、遊びを設けたスクロール処理を実現します。

(plX, plY)	ステージ全体のどの位置 (座標) にいるかを管理する
(cx, cy)	ゲーム画面上の座標の値を代入し、そこに魔法少女を表示する
scroll	地形を描き始める位置 (座標) を管理する

動作の確認

動作確認後に各変数の計算方法を説明します。次のHTMLを開いて、キャラクターを移動させ、画面がスクロールする様子を確認しましょう。

◀ **動作の確認** ▷　action0508.html

※実行画面は**図5-8-1**の通りです。
※このプログラムに新たな画像は用いていません。

◀ **ソースコード** ▷　action0508.js より抜粋

■ chkWall()関数　魔法少女がステージ全体の右端より外に出ないように値を変更 (太字部分)

```
function chkWall(cx, cy) {
    var c = 0;
    if(cx < 0 || 150*SIZE < cx) c++;
    for(var i=0; i<4; i++) {//四隅を調べる
        var x = int((cx+CXP[i])/SIZE);
        var y = int((cy+CYP[i])/SIZE);
        if(0 <= x && x <=149 && 0<=y && y<=9) {
            if(WALL[mapdata[y][x]] == 1) c++;
        }
    }
    return c;
}
```

ステージの左端と右端より外に出ないようにする

■ ゲーム画面を描くdrawGame()関数に、(cx, cy)とscrollの値の計算を追記 (太字部分)

```
function drawGame() {//ゲーム画面を描く
    var c, x, y, cx, cy;
    var cl = int(scroll/SIZE);
```

つづく▶

```
    var ofsx = scroll%SIZE;
    drawImg(0, 0, 0);//背景画像
    for(y=0; y<10; y++) {//マップチップの表示
        for(x=0; x<16; x++) {
            c = mapdata[y][x+cl];
            if(c > 0) drawImg(c, x*SIZE-ofsx, y*SIZE);
        }
    }
    //(仮)遊びの範囲を表示する
    setAlp(50);
    fRect(SIZE*4.5, 0, SIZE*6, SIZE*10, "white");
    setAlp(100);
    cx = plX - scroll;                                    ── 魔法少女の
    cy = plY;                                                キャンバス上の座標
    //スクロールする座標を管理する変数の値を計算
    if(cx<SIZE*5) {                                       ── 遊びの左側に出よう
        scroll = plX - SIZE*5;                               とした時の計算
        if(scroll<0) scroll = 0;
    }
    if(cx>SIZE*10) {                                      ── 遊びの右側に出よう
        scroll = plX - SIZE*10;                              とした時の計算
        if(scroll>SIZE*135) scroll = SIZE*135;
    }
    if(plDir == -1) drawImgLR(11+MG_ANIMA[plAni%8], cx-SIZE/2, cy-SIZE/2);
    if(plDir == 0) drawImg(10, cx-SIZE/2, cy-SIZE/2);
    if(plDir == 1) drawImg(11+MG_ANIMA[plAni%8], cx-SIZE/2, cy-SIZE/2);
}
```

変数の説明

cx、cy は drawBG()関数内に記述したローカル変数です。

cx、cy	魔法少女のキャンバス上の座標

scrollは 5-4 で組み込んだ変数で、ステージ全体のどの位置から地形を描くかを管理しています。**P.226** の**図5-4-2**「ステージの全体像と画面に表示される範囲」を再確認しましょう。

ここで追加した変数cx、cyに、次のように値を代入しています。

```
cx = plX - scroll;
cy = plY;
```

(cx, cy)が魔法少女のキャンバス上の座標です。遊びの範囲から外に出ようとした時、次のように scrollの値を計算しています。

```
if(cx<SIZE*5) {
    scroll = plX - SIZE*5;
    if(scroll<0) scroll = 0;
}
if(cx>SIZE*10) {
    scroll = plX - SIZE*10;
    if(scroll>SIZE*135) scroll = SIZE*135;
}
```

　SIZE はマップチップの大きさ（幅）の 72 を代入した定数です。

　cx<SIZE*5 という条件式は、キャンバス上の魔法少女の X 座標が、画面左側 5 マス分より左に来たことを意味します。cx>SIZE*10 は、画面左から数えて 10 マス分（右から数えて 5 マス分）より右に来たことを意味します。

　それぞれの条件式が成立したら、scroll の値を plX の 5 マス左、あるいは 10 マス左の位置にします。その際、ステージ全体の左端や右端でマップデータの外側にならないように、if(scroll<0)、及び、if(scroll>SIZE*135) という if 文で、scroll の最小値と最大値を設定しています。具体的には scroll の最小の値は 0、最大の値は SIZE*135 になります。

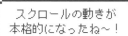

HINT 💡 少しずつ理解していこう

　著者は中学生の時にコンピューターゲームを作り始めました。そして高校、大学に通う間、趣味でゲーム作りを続けました。プロのクリエイターになる前に作ったゲームは、今からすればほんのお遊び程度の内容でした。けれども自分の力で作った作品の 1 つ 1 つを宝物のように感じたものです。

　社会人となりゲームメーカーに就職してからも地道に開発技術を学び、いつしか複雑な処理も難なくプログラミングできるようになりました。といっても順風満帆にゲームクリエイターになれたわけではありません。プログラミングを学び始めて 1 年近く、ミニゲームのような簡単なものさえ作れなかったことは、前章のコラムでお伝えした通りです。

　ゲームの開発経験が浅いうちは、キャラクターを動かすだけで精一杯、画面をスクロールさせる方法など思いもつかないという方もいらっしゃるでしょう。著者自身がそうでした。自分の力で本当にゲームが作れるだろうかと不安になる方がおられるかもしれません。それもまさに著者自身のことです。ですが心配は無用です。プログラミングを学び始めた頃は、ゲームを作ることなど到底できそうもないと思った私でも、努力と経験を重ねることで、あらゆるジャンルのゲームが作れるようになりました。それは特別な才能があったからではありません。ゲームやコンピューターが好きな方なら、こつこつと、そして楽しみながらプログラミングを続けることで、必ず誰もが色々なゲームを作れるようになります。

　本書は楽しみながら読む類の本です。難しいと感じる内容があっても、頭を悩ませすぎることなく、「こんな感じでこうなるのか」という理解で、まずは気楽に最後まで読み通してください。そして難しいと感じたテクニックも、オリジナルゲームを作る時にどんどん活用しましょう。自分でプログラムを組むうちに「そうか、わかった！」となることが多々あります。最初は読んで、次に手を動かして、という流れで、難しかったことも理解できるようになるものです。

5-9

地面に穴を配置する

▼　▼　▼　▼　◆　◆　◆

ゲームを完成させる準備として、最下段に穴を設け、そこに落ちるようにします。

地面の穴について

　横スクロールアクションゲームによく採用されるルールに、最下段の穴に落ちると即座にやられたことになる、というものがあります。ここではそのルールを入れるための準備を行います。地面の穴に落ちてゲームオーバーになる処理は5-12で組み込みます。現時点では、穴に落ちると画面上部から出現するようにしておきます。

　setStage()関数を改良し、地面に穴を設けるようにしたプログラムを確認します。次のHTMLを開いて、魔法少を動かし、穴に落ちてみましょう。1マスだけの穴なら、加速すれば走り抜けることができます。

◀ **動作の確認**　action0509.html

図 5-9-1　**実行画面**

※このプログラムに新たな画像は用いていません。

穴の奥は
どこにつながってるのかなぁ～

　action0509.js より抜粋

■ movePlayer()関数に、穴に落ちると、画面の上部から出現する処理を追記（太字部分）

```
function movePlayer() {

    ⁊  省略

    if(plY > 800) plY = 0;
}
```
穴に落ちた時、Y座標の値を0にし、上部に移動

※これは仮の処理で、ゲームを完成させる時には穴に落ちたらゲームオーバーとします。

■ setStage()関数に、最下段に穴を配置する処理を追記（太字部分）

```
function setStage() {//地形を用意する
    var i, n, x, y;
    for(y=0; y<10; y++) {//データをクリア
        for(x=0; x<150; x++) mapdata[y][x] = 0;
    }
    for(x=0; x<150; x++) {
        mapdata[9][x] = 1;//一番下の地面
        if(x%30 <=  2) mapdata[9][x] = 0;
        if(x%30 == 15) mapdata[9][x] = 0;
    }
    x = 0;
    y = 8;
    n = 5;
    do {//ランダムにブロックを配置
        for(i=0; i<n; i++) {
            mapdata[y][x] = 2;
            x++;
        }
        y = 2+rnd(7);
        n = 2+rnd(3);
    }
    while(x < 140);

    mapdata[8][149] = 6;//ゴールのクリスタル
}
```
3マス並んだ穴を配置
1マスの穴を配置

※穴の配置は仮のもので、5-11でステージが進むほど広い穴が開くようにします。
※このプログラムに新たな変数は追加していません。

　魔法少女を動かすmovePlayer()関数に、if(plY > 800) plY = 0; という記述を追加し、穴に落ちたら画面上部から出現するようにしています。マップデータを用意するsetStage()関数には、最下段の地面を並べるfor文に、穴を配置するif文を2行追加しています。これらの処理は開発過程のものです。5-11でステージが進むほど穴を広くし、5-12で穴に落ちるとゲームオーバーになるようにします。

5-10

敵と宝を配置する

▼ ▼ ▼ ▼ ◆ ◆ ◆

ゲームを完成させる準備として、次は敵と宝を配置します。

敵について

"食虫植物" を触れてはいけない敵として登場させます。また "針の山" を配置し、そこにも触れてはいけないものとします。

宝について

このゲームは制限時間内にゴールに辿り着くルールとします。ステージの途中に宝を配置し、それを取るとタイム (ゲームの残り時間) が増えるようにします。宝は "ゴールドパール" という名称にします。

敵と宝の配置

敵に触れてやられる処理と、ゴールドパールを取るとタイムが増える処理は、5-12で組み込みます。ここではマップデータに食虫植物、針の山、ゴールドパールを配置するところまでプログラミングを進めます。

前の5-9に続き、setStage() 関数を改良して、それらを配置します。次のHTMLを開いて、魔法少女を動かし、敵や宝が配置されていることを確認しましょう。

◀ **動作の確認** action0510.html

図5-10-1 **動作画面**

※このプログラムに新たな画像は用いていません。

◤ソースコード◢ action0510.js より抜粋

■ setStage()関数に、敵と宝を配置する処理を追記（太字部分）

```
function setStage() {//地形を用意する
    var i, n, x, y;
    for(y=0; y<10; y++) {//データをクリア
        for(x=0; x<150; x++) mapdata[y][x] = 0;
    }
    for(x=0; x<150; x++) {
        mapdata[9][x] = 1;//一番下の地面
        if(x%30 <=  2) mapdata[9][x] = 0;//┬確認用の穴
        if(x%30 == 15) mapdata[9][x] = 0;//┘
        if(rnd(100)<5) mapdata[8][x] = 3;//針          ────── 針の山を配置する
    }
    for(i=1; i<9; i++) {//ゴールドパールの配置         ┬───── ゴールドパールを配置する
        x = 15*i+rnd(15);
        y = 1+rnd(7);
        mapdata[y][x] = 5;
        mapdata[y-1][x] = 5;
        mapdata[y+1][x] = 5;
        mapdata[y][x-1] = 5;
        mapdata[y][x+1] = 5;
    }
    x = 0;
    y = 8;
    n = 5;
    do {//ランダムにブロックを配置
        for(i=0; i<n; i++) {
            mapdata[y][x] = 2;
            if(rnd(100)<5) mapdata[y-1][x] = 4;//食虫植物    食中植物を配置する
            x++;
        }
        y = 2+rnd(7);
        n = 2+rnd(3);
    }
    while(x < 140);

    mapdata[8][149] = 6;//ゴールのクリスタル
}
```

※このプログラムに新たな変数は追加していません。

　針の山は最下段の地面の1マス上に、if(rnd(100)<5) という条件式で5%の確率で配置しています。食虫植物は空中にあるブロックの上に5%の確率で配置しています。敵が配置される確率は、次の5-11でステージが進むほど高くなるようにします。

　ゴールドパールはfor(i=1; i<9; i++) というfor文で、配置するX座標をx = 15*i+rnd(15)とし、間隔を空けて8か所に配置しています。配置位置をこのように計算しているのは、単にランダムに座標を決めると、置かれる位置が偏ることがあるためです。

　ゴールドパールは十字型に配置しています。ゴールドパールを置いた後に空中にブロックを配置するので、ゴールドパールの一部がブロックに上書きされることがありますが、それはこのゲームの地形生成の仕様とします。

5-11

ステージが進むほど難しくする

▸ ▸ ▸ ▸ ▸ ◆ ◆ ◆

ステージが進むほど、ゲームの難易度が上がるように、マップデータの自動生成処理を改良します。

ゲームの難易度について

コンピューターゲームは一般的にステージが進むとクリアすることが難しくなります。このゲームも先のステージへ進むほど、難易度の高い地形が生成されるようにします。

その方法ですが、地形の自動生成に、

- ・ステージが進むほど、最下段に空いた穴が広がる (そこに落ちやすくなる)
- ・ステージが進むほど、食虫植物と針の山が、多数、配置される

という処理を組み込みます。また、多少なりともステージの特徴を持たせるため、針の山は偶数ステージに配置します。

ステージを管理する変数

ステージ番号を管理するstageという変数を追加し、その値に応じて地形を生成するようにしたプログラムを確認します。次のプログラムを実行し、上下キーでステージ番号を変更して、マップデータが変化することを確認しましょう。

◤ **動作の確認** ▸ action0511.html

図5-11-1 **動作画面**

　ステージは1～20の間で変更できるようにしています。魔法少女の初期位置付近には敵と宝は配置されないようにしているので、画面を右へスクロールさせ、ステージ番号に応じて難易度が変化する地形になっていることを確認してください。

※このプログラムに新たな画像は用いていません。

◆ **ソースコード**　action0511.js より抜粋

■メインループに、上下キーでステージ番号を変更する処理と、その値の表示を追記（太字部分）

```
function mainloop() {
    if(key[38] == 1 || key[38]>4) {
        if(stage > 1) { stage--; setStage(); initVar(); }
        key[38]++;
    }
    if(key[40] == 1 || key[40]>4) {
        if(stage < 20) { stage++; setStage(); initVar(); }
        key[40]++;
    }
    movePlayer();
    drawGame();
    fText("↑", 930, 30, 36, "white");
    fText("STAGE "+stage, 930, 80, 36, "cyan");
    fText("↓", 930, 130, 36, "white");
}
```

──上キーを押した時 stageの値を1減らし、ステージを作り直す

──下キーを押した時 stageの値を1増やし、ステージを作り直す

──ステージ番号を表示

※上下キーでステージを変更する処理は、確認用に組み込んだもので、次の5-12で削除します。

■魔法少女の座標などを管理する変数に、ゲーム開始時の値を代入する関数を用意

```
function initVar() {//変数の初期化
    plX = SIZE*2;
    plY = int(SIZE*8.5);
    plXp = 0;
    plYp = 0;
    plJump = 0;
    plDir = 0;
    plAni = 0;
}
```

──魔法少女の初期位置

──魔法少女の移動量

ジャンプを管理する変数を0に
向きを管理する変数を0に
アニメを管理する変数を0に

■setStage()関数に、stageの値が大きいほど難しい地形になる処理を組み込む（太字部分）

```
function setStage() {//地形を用意する
    var i, n, x, y;
    for(y=0; y<10; y++) {//データをクリア
        for(x=0; x<150; x++) mapdata[y][x] = 0;
    }
    n = 21-stage;//最下段の地面の幅
    if(n < 6) n = 6;//最も短くなると6マス
    for(x=0; x<150; x++) {//地面を配置する
        if(x%20 < n) {
            mapdata[9][x] = 1;
            if(stage%2==0 && x>20 && x%4==0 && rnd(100)<5*stage) mapdata[8][x] = 3;//針
        }
    }
    for(i=1; i<9; i++) {//ゴールドパールの配置
        x = 15*i+rnd(15);
```

──最下段の地面の幅を決める

偶数ステージ、左から20マスより先の4マスおきに、5×ステージの確率で

つづく▶

```
        y = 1+rnd(7);
        mapdata[y][x] = 5;
        mapdata[y-1][x] = 5;
        mapdata[y+1][x] = 5;
        mapdata[y][x-1] = 5;
        mapdata[y][x+1] = 5;
    }
    x = 14;
    y = 8;
    n = 5;
    do {//ランダムにブロックを配置
        for(i=0; i<n; i++) {
            mapdata[y][x] = 2;
            if(x>20 && x%3==0 && rnd(100)<5*stage) mapdata[y-1][x] = 4;//食虫植物
            x++;
        }
        y = 2+rnd(7);
        n = 2+rnd(3);
    }
    while(x < 140);

    mapdata[8][149] = 6;//ゴールのクリスタル
}
```

針の山を配置

左から20マスより先の3マスおきに、5×ステージの確率で食虫植物を配置

変数の説明

stage	ステージ番号を管理

　最下段の地面は、n = 21-stage と if(n < 6) n = 6 で横に並ぶ個数を決め、for(x=0; x<150; x++)、if(x%20 < n) というif文の条件式が成り立つ時に配置しています。これにより、最も難しくなる時、20マスのうち14マスが穴になります（6マスだけが地面）。

　針の山を置くif文には x%4==0 という条件式を入れ、4マスごとにランダムに配置しています。また食虫植物の配置には x%3==0 という条件式を入れ、3マスごとにランダムに置いています。配置するかどうかの確率はrnd(100)<5*stageとしています（5×ステージ番号の確率で配置）。x%4==0やx%3==0という条件を入れ一定の間隔で配置するのは、床全体に敵や障害物が置かれクリア不可能なステージが作られるのを防ぐためです。

ゲームの難易度が自動的に設定されるしくみも、アルゴリズムなんだね〜！

ただし、ゲーム内容によってプログラムの作り方は変わってくるよ・・・

5-12

横スクロールアクションゲームの完成

◆ ◆ ◆ ◆ ◆ ◆ ◆ ◆

タイトル画面→ゲームをプレイ→ステージクリアもしくはゲームオーバーという一連の流れを組み込み、横スクロールアクションゲームを完成させます。

追加する処理

完成させるために次の処理を追加します。

- ゲーム中、タイム（残り時間）を減らし、0になるとゲームオーバー
- 敵に触れたり穴に落ちるとゲームオーバー
- ゲームオーバー時の演出（魔法少女が泣くアニメーションを表示）
- ゴールドパールを取った時に、タイムとスコアを増やす
- ゴールに辿り着いた時の演出と、次のステージへ進む処理
- BGMとSE（効果音）の出力

完成版の動作確認

横スクロールアクションゲームの完成版の動作とプログラムを確認します。動作確認後に、追加した処理を説明します。

◀ 動作の確認　action.html

※前節までのようにaction05**.htmlでなく、単にaction.htmlというファイル名です。

図5-12-1　動作画面

用いる画像

mgirl4.png

mgirl5.png

mg_illust.png

title.png

ソースコード　action.jsより抜粋

■ setup()関数で画像とサウンドのファイルを読み込む

```
function setup() {
    canvasSize(1080, 720);
    loadImg(0, "image/bg.png");
    for(var i=1; i<=6; i++) loadImg(i, "image/chip"+i+".png");
    for(var i=0; i<=5; i++) loadImg(10+i, "image/mgirl"+i+".png");
    loadImg(20, "image/mg_illust.png");
    loadImg(21, "image/title.png");
    var SOUND = ["bgm", "jump", "pearl", "clear", "miss", "gameover"];
    for(var i=0; i<SOUND.length; i++) loadSound(i, "sound/"+SOUND[i]+".m4a");
    setStage();
}
```

サウンド
ファイルを
読み込む

■ メインループに、ゲーム開始から終了までの流れを、switch case文で組み込む（idxとtmrによる進行管理、太字部分）

```
function mainloop() {
    tmr++;//タイマー用の変数を常時カウントしておく

    drawGame();
    var col = "yellow";
    if(gtime<30*5 && gtime%10<5) col = "red";
    fText("TIME "+gtime, 150, 30, 36, col);
    fText("SCORE "+score, 540, 30, 36, "white");
    fText("STAGE "+stage, 930, 30, 36, "cyan");
    lineW(3);
    fRect(855+int(plX/SIZE), 60, 4, 16, "pink");
    sRect(855, 60, 154, 16, "white");

    switch(idx) {
        case 0://タイトル画面
        drawImg(20, -200, 0);//イラスト
        drawImg(21, 300, 60);//タイトルロゴ
        if(tmr%30 < 15) fText("PRESS [SPACE] TO START!", 540, 520, 40, "gold");
        if(inkey == 32) {
            stage = 1;
            score = 0;
            idx = 1;
            tmr = 0;
        }
        break;
```

タイトル
画面の処理

つづく

```
        case 1://マップデータをセット、変数に初期値を代入
        if(tmr == 1) {
            setStage();
            initVar();
        }
        if(tmr > 10) fText("STAGE "+stage+" START!", 540, 240, tmr, "cyan");
        if(tmr > 80) {
            playBgm(0);
            idx = 2;
        }
        break;

        case 2://ゲームをプレイ
        gtime--;
        var mp = movePlayer();
        if(mp == 1) { idx = 4; tmr = 0; }
        if(mp == -1 || gtime == 0) { idx = 3; tmr = 0; }
        break;

        case 3://ゲームオーバー
        if(tmr == 1) stopBgm();
        if(tmr == 2) playSE(4);
        if(tmr == 90) playSE(5);
        if(tmr > 100) {
            fText("GAME OVER", 540, 240, 60, "red");
            fText("Retry? [Y]or[N]", 540, 480, 40, "lime");
            if(inkey == 89) {
                idx = 1;
                tmr = 0;
            }
            if(inkey == 78) idx = 0;
        }
        break;

        case 4://ゲームクリア
        if(tmr == 1) stopBgm();
        if(tmr < 9) {//クリスタルを手に入れる演出
            mapdata[8-tmr][149] = 6;
            mapdata[9-tmr][149] = 0;
        }
        if(tmr == 10) playSE(3);
        if(tmr > 10) fText("STAGE CLEAR!", 540, 240, 60, "cyan");
        if(tmr > 200) {
            stage++;
            idx = 1;
            tmr = 0;
        }
        if(gtime > 0) {
            gtime = (int(gtime/20)-1)*20;
            score += 20;
        }
        break;
    }
}
```

ゲーム
スタート
時の演出

ゲームを
プレイする
処理

ゲーム
オーバーの
処理

ゲーム
クリア時の
処理

■ initVar()関数でタイムの初期値を代入（太字部分）

```
function initVar() {
    plX = SIZE*2;
    plY = int(SIZE*8.5);
    plXp = 0;
    plYp = 0;
    plJump = 0;
    plDir = 0;
    plAni = 0;
    gtime = 1200;
}
```

残り時間の初期値

■ drawGame()関数に、食虫植物のアニメーションと、ゲームオーバー時に魔法少女が泣く演出を追記（太字部分）

```
function drawGame() {//ゲーム画面を描く
    var c, x, y, cx, cy;
    var cl = int(scroll/SIZE);
    var ofsx = scroll%SIZE;
    drawImg(0, 0, 0);//背景画像
    for(y=0; y<10; y++) {//マップチップの表示
        for(x=0; x<16; x++) {
            c = mapdata[y][x+cl];
            if(c==4 && tmr%30<15) {//食中植物のアニメーション
                drawImgLR(c, x*SIZE-ofsx, y*SIZE);
                continue;
            }
            if(c > 0) drawImg(c, x*SIZE-ofsx, y*SIZE);
        }
    }
    cx = plX - scroll;//魔法少女のキャンバス上の表示位置(cx, cy)
    cy = plY;
    //スクロールする座標を管理する変数の値を計算
    if(cx<SIZE*5) {
        scroll = plX - SIZE*5;
        if(scroll<0) scroll = 0;
    }
    if(cx>SIZE*10) {
        scroll = plX - SIZE*10;
        if(scroll>SIZE*135) scroll = SIZE*135;
    }
    if(idx == 3) {//ゲームオーバー
        drawImgC(14+int(tmr/10)%2, cx, cy);
        if(plY > 680) plY -= 2;
    }
    else if(idx > 0) {
        if(plDir == -1) drawImgLR(11+MG_ANIMA[plAni%8], cx-SIZE/2,
cy-SIZE/2);//左向き
        if(plDir == 0) drawImg(10, cx-SIZE/2, cy-SIZE/2);//正面向き
        if(plDir == 1) drawImg(11+MG_ANIMA[plAni%8], cx-SIZE/2,
cy-SIZE/2);//右向き
    }
}
```

食中植物が左右を向くようにする

魔法少女が泣くアニメーション
穴に落ちた時、泣く様子が見える位置に座標を移動する

※ drawImgLR(絵の番号, X座標, Y座標)はWWS.jsに備わった画像を左右反転させて表示する関数です。

■ movePlayer()関数に、敵や宝に触れた時、穴に落ちた時、ゴールした時の判定を追記（太字部分）

```
function movePlayer() {

    〉 省略

    //魔法少女の位置に何があるか調べる
    var cx = int(plX/SIZE);
    var cy = int(plY/SIZE);
    var chip = 0;
    if(0 <= cx && cx < 150 && 0 <= cy && cy < 9) chip = mapdata[cy][cx];
    if(chip == 3 || chip == 4) return -1;//敵に触れる
    if(chip == 5) {//ゴールドパールを取る
        mapdata[cy][cx] = 0;
        score += 100;
        gtime += 20;
        playSE(2);
    }
    if(plY > 800) return -1;//穴に落ちた
    if(plX > SIZE*149) return 1;//ゴールした
    return 0;
}
```

魔法少女がいる位置の配列の要素の番号
マップデータ内であればchipに配列の値を代入
敵に触れた時、-1を返す
ゴールドパールを取った時
穴に落ちた時、-1を返す
ゴールした時、1を返す

◤ 変数と配列の説明 ▶

idx、tmr	ゲーム進行を管理
stage	ステージ番号
score	スコア
gtime	タイム（残り時間）

インデックスによるゲーム進行管理

idxとtmrという変数でゲーム全体の流れを管理します。

表5-12-1　インデックスによるゲーム進行管理

idx の値	どのシーンか
0	タイトル画面
1	ゲームを始める準備
2	ゲームをプレイ
3	ゲームオーバー
4	ゲームクリア

　ゲーム全体の流れを説明します。タイトル画面でスペースキーを押すと、idxの値を1にして、ゲームスタート時の演出に移ります。

　idxの値が1の時、マップデータをランダムに生成し、各種の変数にゲーム開始時の値を代入して、idxの値を2にし、ゲームをスタートします。

　ゲームをプレイ中は、敵に触れる、穴に落ちる、タイムが0になるという条件で、idxの値を3にしてゲー

ムオーバーに移行します。ゴールに到達した時はidxを4にしてステージクリアに移行します。敵や宝に触れた時の判定は、魔法少女を動かすmovePlayer()関数で行っています。

　ゲームオーバー画面ではGAME OVERの文字と、リトライするかを表示します。Yキーが押されたら、そのステージの最初の位置から再スタートします。その際、クリアできないような地形を再びプレイさせないために、マップデータを作り直しています。リトライしないなら（Nキーが押されたら）idxの値を0にしてタイトル画面に戻します。

　ステージクリア時は、STAGE CLEAR!の文字を表示し、一定時間経過後にstageの値を1増やし、idxを1にして次のステージを始めています。

タイムについて

　変数gtimeでゲームの残り時間を管理します。メインループのswitch文のcase 2の処理で、gtime--としてタイムを減らしています。gtimeが0になったらゲームオーバーです。

　ゴールドパールを取った時にタイムを増やす処理は、魔法少女を動かすmovePlayer()関数で行っています。

ゲームオーバー時の演出について

　idxの値が3の時にゲームオーバーの処理を行います。ゲームオーバー画面で魔法少女が泣く演出をdrawGame()関数に追加しています。

　泣くアニメーションを表示する際に、魔法少女が穴に落ちてY座標が画面外にある時は、if(plY > 680) plY -= 2; というif文で、見える位置まで移動させています。

ステージクリア時の演出について

　idxの値が4の時にゴールに辿り着いた処理を行います。メインループの case 4 の処理で、クリスタルが上昇する演出を行っています。また case 4 のところでは、残り時間をスコアに加算する次の計算を行っています。

```
if(gtime > 0) {
    gtime = (int(gtime/20)-1)*20;
    score += 20;
}
```

　この計算でタイムを20ずつ減らし、スコアを20ずつ加算しています。なお20未満のタイムの値は切り捨てられます。

　クリスタルの演出は簡素なものですが、プレイヤーがそのステージをクリアしたことを実感できるように入れています。またゲームソフトはグラフィック全体の雰囲気や演出など、見た目でも人を楽しませるものなので、個人作者が作るゲームにも、できるだけ色々な表現を加えるとよいでしょう。

　残り時間がボーナスポイントとしてスコアに加算される計算も、プレイヤーの達成感を満たすために行っています。ただしこのゲームをプレイする人は、ゲームの内容的に、どのステージまでクリア

できたかということに重点を置くはずです。残り時間をスコアに加算する計算は "おまけ程度" と考えてもよいでしょう。

プレイヤーキャラがどの位置にいるか

画面右上の白い枠とピンク色の線で、魔法少女がステージ全体のどの位置にいるかを示すようにしています。メインループ内の次の記述でその表示を行っています。

```
lineW(3);
fRect(855+int(plX/SIZE), 60, 4, 16, "pink");
sRect(855, 60, 154, 16, "white");
```

どこまで進めばゴールできるかという情報は、そのゲームを遊ぶ人が知りたいものです。そのような情報をわかるようにすることで、ゲームが遊びやすくなります。

BGMとSEの追加

BGMとSEの追加は2〜4章で行った通りです。プログラムと同じ階層のsoundフォルダに音楽のファイルを入れ、setup()関数にloadSound()関数を記述して音楽ファイルを読み込みます。BGMの出力と停止はplayBgm(番号)とstopBgm()で、効果音の出力はplaySE(番号)で行います。

やった〜！
国民的アクションゲームが完成！
よくがんばったね〜

念のため言っておくけど・・・
国民的ゲームはスーマリ・・・
このゲームは違うから・・・

5-13

もっと面白くリッチなゲームにする

横スクロールアクションゲームをより楽しく、リッチな内容に改良する方法を説明します。

【案1】 敵キャラを増やす

　色々な敵のキャラクターを登場させ、動きに変化を付けたり、攻撃方法を変えたりすると、より本格的なアクションゲームになります。

　動く敵キャラを組み込むには、2章のシューティングゲーム制作で学んだ知識を生かしましょう。敵キャラの種類や座標を管理する変数を用意します。敵キャラを動かす時も、プレイヤーキャラと同じように壁にめり込まないようにします。壁の判定はこの章で学んだ通りです。敵の画像サイズに合わせて、調べる四隅の座標を変えましょう。

　プレイヤーキャラと敵が接触したかは、シューティングゲームで学んだヒットチェックで判定します。この横スクロールアクションであれば、WWS.jsに備わっている二点間の距離を求めるgetDis()関数で、2つの物体の距離を調べることで判定できます。

【案2】 ギミック、トラップを用意する

　各ステージに、ギミック (仕掛け) やトラップ (罠) と呼ばれるものを配置すると、ゲームの緊張感が高まり、見た目の面白さが加わります。そして各ステージが、より攻略し甲斐のあるものになります。例えば滑りやすい床、載ると勝手にジャンプする床などを配置します。

　プレイヤーキャラの座標はplX、plYという変数で管理しています。足元にあるものを知るには(plX, plY+72)あるいは(plX, plY+36)の位置を調べます。例えば滑る床に載っているなら、X軸方向に移動させる計算で、左右キーとも押していない時、ゆっくり減速するようにします。

　なおギミックや敵キャラを追加したら、ゲームの難易度を調整する必要があります。それも合わせて行いましょう。

【案3】 アイテムを用意する

　主人公の能力が高まったり、無敵になったりするアイテムを**パワーアップアイテム**といいます。パワーアップアイテムの追加も、2章のシューティングゲームで学んだ知識が参考になります。シューティングゲームでは、弾の数を増やし、一定回数、貫通弾を撃てるようにしました。

　アクションゲームには、プレイヤーキャラが無敵になるアイテムが用意されることが多いものです。それを組み込んでみるのはいかがでしょうか。無敵アイテムを取った状態で敵に接触した時、その相手を倒せるようにすると、ゲームに爽快感が加わります。無敵になるアイテムを組み込むには、無敵

時間を管理する変数を用意します。

　この横スクロールアクションのようなゲームであれば、ジャンプできる高さをもう少し低くしておき、例えばＪマークのアイテムを取ると、ジャンプの高さが増すようにしても面白いでしょう。

【案4】ボスキャラを出現させる

　2章のシューティングゲームの改良案で**ボスキャラ**について触れました。アクションゲームにもボスキャラを登場させれば、より緊張感のあるゲームになります。

　ボスは通常、何度も攻撃しないと倒すことはできません。この魔法少女Escape!には、プレイヤーが敵を攻撃するプログラムは組み込んでいないので、例えば魔法少女がＺキーなどで魔法を放ち、敵を攻撃できるようにする必要があります。あるいは攻撃のプログラムを組み込まなくても、ボスが床の針に触れるとダメージを受けてライフが減り、ライフが無くなると自滅するということにしてもよいでしょう。その場合はボスを避けながら、針のあるところに誘導して倒すゲームになります。

　最終ステージの番号を決め（例：全10ステージのゲームとする）、ボスは最終ステージに登場させ、ボスを倒すとエンディングを迎えるようにすると、かなり本格的なゲームになるでしょう。

【案5】ステージごとにマップデータを用意する

　今回、完成させたアクションゲームは、各ステージの地形をランダムに作り出しています。ステージが進むほど難しくなるように計算していますが、乱数で作られる地形は、場合によっては簡単にクリアできる、あるいは、クリアするのが難しくなる可能性があります。

　より本格的なゲームにするには、手作業で作ったマップデータを、ステージ数分、用意します。マップデータは**マップエディタ**と呼ばれるツールを用いて制作します。書籍サイトからダウンロードできるZIPを解凍した5章のフォルダ内に、マップエディタが同梱されています。**次ページ**のコラムで、そのマップエディタの使い方と、エディタで作ったマップデータをプログラムに組み込む方法を説明します。

コラムを参考にして、
オリジナルのステージマップも
作っちゃお～！

レベルデザインも、
ゲーム開発の
大切な要素だよ・・・

— COLUMN —
マップエディタでステージを作ろう！

▎レベルデザインについて

コンピューターゲームのステージ構成を考案し、マップデータや、ゲームの難易度を設定するデータを制作することをレベルデザインといいます。レベルデザインに携わるクリエイターは、そのゲームをプレイする人の行動を考え、ゴールまでの道のりをどのように設定するか、敵キャラやアイテムをどう配置すべきかなど、ゲームを面白く構成する能力が問われます。

商用のゲームソフト開発では、通常、プランナーと呼ばれる職種の人材がレベルデザインを行います。規模の大きなゲームソフトを開発する際には、レベルデザインを専門に行う人材がチームに入ることもあります。

一方、個人作者が作るゲームでは、通常、プログラマーがレベルデザインを行います。あるいはデザイナーとプログラマーが組んでインディーズゲームを作る時には、デザイナーがレベルデザインを行うこともあるでしょう。

▎マップエディタでデータを作る

この章で制作したような2Dのゲームは、マップエディタと呼ばれるツールを用いてレベルデザインを行います。5章のZIPファイルを解凍すると、マップエディタというフォルダがあります。その中にmap_editor.htmlというファイルが入っています。それを開いてみましょう。次のような画面になります。

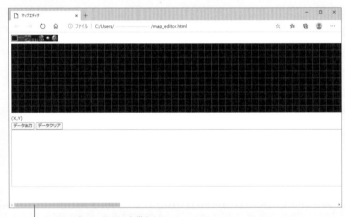

　　　└──── スクロールバーを動かして
　　　　　　横150マス分のマップをエディットします。

図コラム5-1　マップエディタ

このマップエディタはJavaScriptで作られています。ウィンドウの左上に並んだマップチップをクリックして選択し、マウスボタンを押しながら、エディット画面上でポインターを動かし、マップチップを置いていきます。エディット画面をクリックすることで、1つずつマップチップを置くこともできます。

マップデータの出力

「出力」ボタンを押すと、「魔法少女Escape!」で使える形の配列でデータが出力されます。

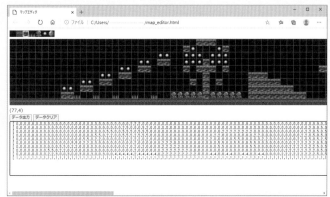

図コラム5-2　マップデータの出力

マップデータの組み込み

マップデータを組み込むJavaScriptのファイルが、「マップエディタ」フォルダ内にある**stage_data.js**です。stage_data.jsをテキストエディタで開くと、次のような内容になっています。

「// ここにマップデータを追加する」とコメントしてある位置に、エディタで出力したデータをコピー＆ペーストで追加します。ステージ4、ステージ5と記されていますが、ステージ6以降のデータも追加できます。

ステージの最大数は STAGE_MAX = parseInt(STAGE_DATA.length/10); として変数に代入しているので、マップデータだけを追加すればよい作りにしてあります。

図コラム5-3　stage_data.jsの中身

エディットしたステージをプレイ

エディットしたマップで「魔法少女 Escape!」をプレイするhtmlが **index2.html**です。index2.htmlは同一フォルダにある**action2.js**を実行します。

index2.html (action2.js) の「魔法少女 Escape!」は、用意したステージを延々と繰り返してプレイするようになっています。メインループの case 4 にある、次の太字の記述がその処理です。

図コラム5-4　index2.html(action2.js)の実行画面

```
if(tmr > 200) {
    stage++;
    if(stage > STAGE_MAX) stage = 1;//ステージデータが終わりであれば1に戻す
    idx = 1;
    tmr = 0;
}
```

これを変更し、STAGE_MAXに達したら全ステージクリアとし、「ALL STAGE CLEAR!」などの文字を表示してエンディングを迎えるように改良するとよいでしょう。

マップデータをどのように読み込んでいるか

index2.htmlをテキストエディタで開いてみましょう。次の記述があり、これでstage_data.jsとaction2.jsの2つのJavaScriptファイルを読み込んでいます。

```
<script src="stage_data.js"></script>
<script src="action2.js"></script>
```

HTMLには複数のJavaScriptのプログラムを組み込むことができます。

action2.jsでは、setStage()関数を次のように記述し、ステージ番号のマップデータを読み込んでいます（配列STAGE_DATAから、mapdataへとデータを代入している）。

```
function setStage() {//地形を用意する
    var x, y;
    var s_y = (stage-1)*10;
    for(y=0; y<10; y++) {//データを代入
        for(x=0; x<150; x++) mapdata[y][x] = STAGE_DATA[s_y+y][x];
    }
}
```

オリジナルステージを作ろう！

みなさん、ぜひ、オリジナルステージを作り、プレイしてみましょう。自分で作ったステージをプレイすると、想像していたより難しすぎたり、あるいは簡単だったり、ということがあるはずです。

map_editor.htmlを閉じずにindex2.htmlを実行し、実際にゲームをプレイしながら、エディタでマップを改良しましょう。そして改良したデータをstage_data.jsに上書きし、index2.htmlを開いたブラウザの再読み込みアイコンをクリックするなどして、再度、プレイしてみるのです。それを繰り返してバランスのよいステージを完成させましょう。商用のゲーム開発でも、そのように何度もプレイしながら、ユーザーがより楽しめるレベルデザインを行います。

第 **6** 章

◆◆◆◆◆◆◆◆◆◆

タワーディフェンス

この章では、シミュレーションゲームのサブジャンルの1つであるタワーディフェンスの作り方を学びます。シミュレーションゲームというジャンルには、コンピューターと人間が高度な駆け引きを繰り広げるものから、手軽にプレイできるものまで、様々な内容のゲームが存在します。タワーディフェンスは、その中でも多くの方が気軽に楽しめるタイプのゲームになります。

6-1

シミュレーションゲームとは

シミュレーションゲームとは、現実または仮想の世界を模した特定の状況を用意して、その状況下で目的を達成するゲームを指します。広い意味ではほぼすべてのコンピューターゲームを指しますので、ここでは狭い意味でのシミュレーションゲームについて説明します。

シミュレーションゲームの分類

シミュレーションゲームには、実に様々なものがあります。他のジャンルよりも多岐に渡る内容で、一言では説明しにくいので、シミュレーションゲームの主なサブジャンルを挙げ、それらの概要を説明します。

❶ 戦略シミュレーション

軍隊や部隊を指揮し、戦争などの戦いに勝ち抜いていくゲーム。ヒット作は「ファイアーエムブレム」「大戦略」など。

高難度で名をはせたてごわいシミュレーション
「ファイアーエムブレム暗黒竜と光の剣」
©1990 Nintendo

❷ 経営シミュレーション

都市、農場、遊園地、会社などを作り、管理、経営、運営などを行うゲーム。ヒット作は「A列車で行こう」「シムシティ」など。

❸ 育成シミュレーション

キャラクターを成長させゲーム内の目標を達成していくゲーム。ヒット作は「プリンセスメーカー」「THE IDOLM@STER」など。「プロサッカークラブをつくろう！」のようなスポーツ選手（スポーツチーム）を育てるゲームもある。ペットの育成ゲームを含めることもある。

育成ゲームから多彩なメディアに展開
「THE IDOLM@STER」
©窪岡俊之 ©BANDAI NAMCO Entertainment Inc.

❹ 操縦系シミュレーション

電車や飛行機の操縦を疑似体験するゲーム。ヒット作は「電車でGO!」など。

❺ 恋愛シミュレーション

恋愛を疑似体験するゲーム。ヒット作は「ときめきメモリアル」など。

リアルな操縦感にこだわった運転シム
「電車でGO! PLUG&PLAY」
©TAITO CORP. 1996, 2018

シミュレーションゲームは、「Simulation Game」の英単語を略して**SLG**と記します。SLGのサブジャンルは色々な名称で呼ばれることがあります。例えば戦争を題材にしたものは「ウォーシミュレーション」といわれ、コンピューターゲームの黎明期から人気があります。SLGの中で特に戦略的要素の強いゲームは「ストラテジー」と呼ばれ、リアルタイムにゲームが進行するものを「リアルタイムストラテジー」といいます。

他には、街や農場など閉じた空間を育成するようなゲームを「箱庭ゲーム」と呼ぶこともあります。

育成要素もある恋愛シムの金字塔
「ときめきメモリアル
forever with you」
©Konami Digital Entertainment

タワーディフェンスとは

本章で制作する**タワーディフェンス**は、敵の侵攻を防ぎ、陣地を守るシミュレーションゲームです。敵を倒す味方のユニットや敵を足止めできる障害物などを配置し、自分の本拠地を守り抜くことがタワーディフェンスの一般的なルールです。タワーディフェンスはゲームがリアルタイムに進行します。タワーディフェンスを「防衛ゲーム」と呼ぶ人もいます。

タワーディフェンスを含め、ここに挙げたSLGのサブジャンルは一般的に人気があり、ゲームをプレイする人達に広く知られているものです。マイナーなものまで含めると世の中には実に様々な内容のシミュレーションゲームが存在します。

═ COLUMN ═
シミュレーションゲームについて

シミュレーションという言葉は、現実のものに近い動きをする模型などを作り、それを使って実際に起こりうる現象を再現し、そこから得られたデータをコンピューターなどで分析して研究したり、製品開発に役立てたりすることを意味します。

そのシミュレーションの意味を元に付けられたジャンル名がシミュレーションゲーム (SLG) です。シミュレーションゲームは現実の一部をコンピューター上で再現し、それを体験するものであるといわれてきました。しかしコンピューターゲーム産業が成長するうちに様々なタイプのゲームが考案、開発され、現実の一部をシミュレーションするという言葉では説明が難しいSLGも増えたと著者は考えています。

タワーディフェンスもその1つではないかと思います。例えば部隊を各地に配置し、敵の侵攻を防ぐ内容のウォーシミュレーションは、現実の戦争の一部をコンピューターでゲーム化したものです。一方、これから制作するタワーディフェンスは、リアルタイムに襲ってくる魔物の群れを、味方の兵をカードから召喚して倒すゲームで、敵の侵攻を阻止する戦（いくさ）がテーマであることは間違いないですが、プログラミングした著者自身、このゲーム内容が何らかの現実を模したものということに違和感があります。例えば作物を荒らすバッタの大軍を防ぐ、家に侵入して困るアリを防ぐなどをシミュレーションしたとも考えてみたのですが、それも、しっくりきませんでした。

タワーディフェンスは、リアルタイムストラテジーの一種に分類されることが多いようです。また中には“タワーディフェンスゲームはタワーディフェンスという1つのジャンル”と捉える方もおられるようです。ゲームソフトは自由な発想でルールや世界観を構築できるものですから、既存のジャンルに当てはめなくてもよいものもあるでしょう。比較的新しいタイプのゲームであるタワーディフェンスをどう捉えるかは、みなさんのご判断にお任せしたいと思います。

6

この章で制作するゲーム内容

この章で作るタワーディフェンスの内容を説明します。

ゲーム画面

Saint Quartet という4種類の魔法のカードに封印された、戦士、神官、射手、魔法使いを召喚し、その力を使って魔物軍の侵攻を防ぐゲームです。

敵が通路を歩いて
攻めてくる

時間制のゲーム（0になるとクリア）

プレイヤーが守る城

魔力が満ちたカードから兵を召喚
（カードを選び、マス目をクリックして
兵を配置）

図6-2-1　タワーディフェンス「Saint Quartet」

ルールと操作方法

ゲームルールと操作の仕方を説明します。敵が攻めてくる通路と仲間を配置するマスを"盤面"と呼んで説明します。

- ・魔物軍は通路を移動し、城に向かってきます。魔物に入られた城はダメージを受けます。ダメージが一定値を超えるとゲームオーバーです。
- ・画面下部に並んだ4枚のカードに自動的に魔力が溜まります。魔力が満ちたカードから兵を召喚できます。召喚は、カードをクリックし、通路以外の盤面をクリックして行います。クリックしたマスに選んだカードの兵が配置されます。
- ・仲間の兵は戦士、神官、射手、魔法使いの4種類で、それぞれ体力、攻撃速度、攻撃範囲が違います。

- 兵は攻撃できる範囲に敵が入ると自動的に相手を攻撃します。攻撃すると体力が減り、体力が無くなった兵は動けなくなります。
- 神官には仲間の体力を回復する能力があります。神官の上下左右のマスに体力の減った兵がいれば、それを自動的に回復します。神官は自分自身の回復はできません。
- 盤面上の兵をクリックして撤退させることができます。撤退した兵のカードは魔力が一定量増え、再度、召喚しやすくなります。
- 魔物軍との1回の戦いを1シーズンと称します。1シーズンは3分間で、その間、城を守り抜くとクリアとなり、次のシーズンへ進みます。4つのシーズンを守り抜くとオールクリアです。

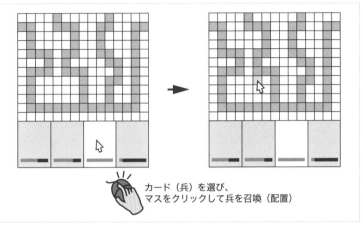

カード（兵）を選び、
マスをクリックして兵を召喚（配置）

図6-2-2　操作方法

　ゲーム開発エンジンWWS.jsを用いて制作したマウスで操作するゲームは、スマートフォンのタップ操作でも遊べます。このゲームはキーボードでの操作には対応しません。

カードの種類

カードの種類は次のようになります。6-13で、これらのキャラクターの能力の詳細を説明します。

表6-2-1　カードの種類

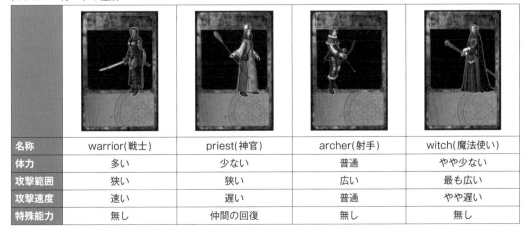

名称	warrior(戦士)	priest(神官)	archer(射手)	witch(魔法使い)
体力	多い	少ない	普通	やや少ない
攻撃範囲	狭い	狭い	広い	最も広い
攻撃速度	速い	遅い	普通	やや遅い
特殊能力	無し	仲間の回復	無し	無し

敵の種類

次のような敵を出現させます。このゲームは4つのシーズン（ステージ）を設け、それぞれのシーズンで色違いの敵を出すようにします。先のシーズンへ進むほど敵の体力と移動速度を増やし、ゲームを難しくします。6-17で、敵のパラメーターの詳細を説明します。

表6-2-2　敵の種類

名称	スライム	ゴースト	スケルトン
体力	少ない	普通	多い
移動速度	遅い	普通	速い

ゲームのフロー

ゲーム全体の流れを示します。これまで制作したゲームと同様に、タイトル画面→ゲームをプレイ→ゲームクリアもしくはゲームオーバーという大きな処理の流れを組み込みます。

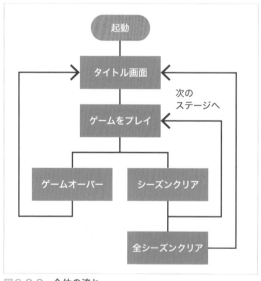

図6-2-3　全体の流れ

次にゲームの主要部分の流れを示します。

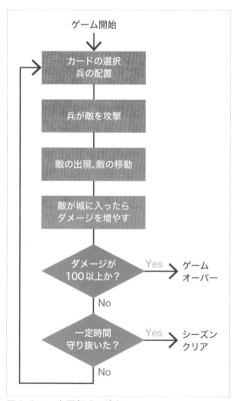

図6-2-4　主要部分の流れ

　シミュレーションゲームには、プレイヤーと敵が交互に行動し、プレイヤーからの入力を待つ間はゲームの進行が止まるものがあり、そのような仕様を**ターン制**といいます。

　タワーディフェンスはターン制ではなく、**リアルタイム**にゲームが進み、敵が攻め込んできます。そのため、どこに何を配置するかを素早く判断して、陣形を整える必要があります。

学習の流れ

　フローに記した各処理を次の表のように段階的に組み込みながら、タワーディフェンスの開発に必要な技術を学びます。

表6-2-3　この章の学習の流れ

組み込む処理	どの節で学ぶか
通路の定義	6-3
背景の表示、敵の出現位置の定義	6-4
敵を動かす処理の準備	6-5～6-6
複数の敵を動かす	6-7
色々な種類の敵を出す	6-8
城を設置する	6-9
カードを選ぶ	6-10
兵を配置する	6-11
兵が敵を攻撃する	6-12
兵の攻撃範囲や向きを設定	6-13
兵の体力を設定	6-14
仲間を回復する能力	6-15
各カードの魔力	6-16
ゲーム全体の処理の流れ	6-17

タワーディフェンスも
最近スマホで人気のジャンルだね〜
がんばっていこ〜！

制作に用いる画像

　次の画像を用いて制作します。これらの画像は**書籍サイト**からダウンロードできるZIPファイルに入っています。ZIP内の構造は**P.14**を参照してください。

bg1.png

bg2.png

bg3.png

bg4.png

mcircle.png

card.png

castle.png

soldier.png

enemy.png

図6-2-5　制作に用いる画像

6-3

通路を定義する

▸ ▸ ▸ ▸ ▸ ▸ ◆ ◆

このタワーディフェンスでは、4本ある通路のいずれかを敵が通って攻めてくるようにします。その通路を定義するところからプログラミングを始めます。

二次元配列を用いる

　背景のパーツが格子状に並ぶ2Dゲームの地形は、二次元配列を使ってデータを保持します。このタワーディフェンスでは、次のような通路を二次元配列で定義します。矢印は通路の向き、すなわち敵が進む方向です。Cはプレイヤーが守る城です。

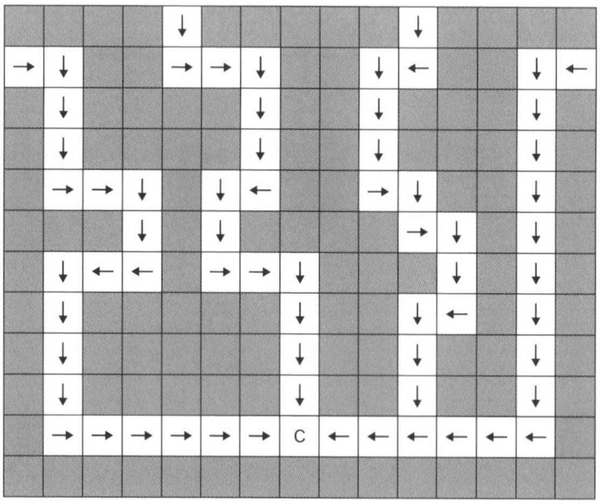

それらを次の値で定義します。

表6-3-1　通路の向きと城のデータ値

1	2	3	4	5
↑	↓	←	→	C

図6-3-1　タワーディフェンスの通路

　二次元配列にすると、次のようになります。値0は何もないマスとします。

```
var stage = [
    [0,0,0,0,2,0,0,0,0,0,2,0,0,0,0],
    [4,2,0,0,4,4,2,0,0,2,3,0,0,2,3],
    [0,2,0,0,0,0,2,0,0,2,0,0,0,2,0],
    [0,2,0,0,0,0,2,0,0,2,0,0,0,2,0],
    [0,4,4,2,0,2,3,0,0,4,2,0,0,2,0],
    [0,0,0,2,0,2,0,0,0,0,4,2,0,2,0],
    [0,2,3,3,0,4,4,2,0,0,0,2,0,2,0],
    [0,2,0,0,0,0,0,2,0,0,2,3,0,2,0],
    [0,2,0,0,0,0,0,2,0,0,2,0,0,2,0],
    [0,2,0,0,0,0,0,2,0,0,2,0,0,2,0],
    [0,4,4,4,4,4,4,5,3,3,3,3,3,3,0],
    [0,0,0,0,0,0,0,0,0,0,0,0,0,0,0]
];
```

プログラムの確認

通路を定義したプログラムを確認します。次のHTMLを開いて動作を確認しましょう。

◤ 動作の確認　towet0603.html

二次元配列による
マップ管理は、
基本かつ重要な知識ね・・・

図6-3-2　実行画面

※このプログラムには画像を用いていません。

◆ ソースコード　tower0603.js

```
//起動時の処理
function setup() {
    canvasSize(1080, 1264);
}

//メインループ
function mainloop() {
    drawBG();
}

var SIZE = 72;
var stage = [//通路のデータ
    [0,0,0,0,2,0,0,0,0,0,2,0,0,0,0],
    [4,2,0,0,4,4,2,0,0,2,3,0,0,2,3],
    ～　省略
    [0,4,4,4,4,4,4,5,3,3,3,3,3,3,0],
    [0,0,0,0,0,0,0,0,0,0,0,0,0,0,0]
];
var arrow = ["", "↑", "↓", "←", "→", "C"];

function drawBG() {
    fill("navy");
    lineW(1);
    for(var y=0; y<12; y++) {
        for(var x=0; x<15; x++) {
```

起動時に実行される関数
キャンバスサイズの指定

メイン処理を行う関数
ゲーム画面を描く関数を
呼び出す

1マスのサイズ（ドット数）を定義
通路データを二次元配列で定義

通路の向きを表示するために定義

ゲーム画面を描く関数

二重ループの繰り返しで
マス目を描く

つづく

6

```
            var cx = x*SIZE;
            var cy = y*SIZE;
            sRect(cx, cy, SIZE-2, SIZE-2, "silver");
            var c = stage[y][x];
            if(c > 0) {
                fRect(cx, cy, SIZE-2, SIZE-2, "white");
                fText(arrow[c], cx+SIZE/2, cy+SIZE/2, 30, "cyan");
            }
        }
    }
}
```

通路であれば
白い矩形で塗り潰し
通路の向きを矢印で描く

　drawBG()関数内に記述したfill()は、画面全体を指定の色で塗り潰す関数です。lineW()は矩形や円を線で描く時、線の太さを指定する関数です。sRect()は線で矩形を描く関数、fRect()は塗り潰した矩形を描く関数、fText()は文字列を描く関数です。これらの関数は、ゲーム開発エンジンWWS.jsに備わった関数になります。

◆ 変数と配列の説明

SIZE	1マスのサイズ（幅、高さのドット数）
stage[][]	通路のデータを代入した二次元配列

　var arrow = ["", " ↑ ", " ↓ ", " ← ", " → ", " C "] として通路の向きを表示する矢印を定義しています。この矢印は開発過程を学ぶ目的で6-4まで表示しますが、6-5で削除します。

　drawGame()が、ゲーム画面を描くために用意した関数です。この関数では、次の二重ループのfor文で通路を描いています。

```
for(var y=0; y<12; y++) {
    for(var x=0; x<15; x++) {
        var cx = x*SIZE;
        var cy = y*SIZE;
        sRect(cx, cy, SIZE-2, SIZE-2, "silver");
        var c = stage[y][x];
        if(c > 0) {
            fRect(cx, cy, SIZE-2, SIZE-2, "white");
            fText(arrow[c], cx+SIZE/2, cy+SIZE/2, 30, "cyan");
        }
    }
}
```

　変数yの範囲は0〜11、変数xの範囲は0〜14です。高さ12マス、幅15マスの盤面でゲーム画面を構成します。1マスのサイズは72×72ドットとします。この72という値をプログラムの随所で用いるので、SIZEという変数に代入しておきます。

　cx = x*SIZE、cy = y*SIZEと計算している(cx, cy)がマス目の左上角の座標です。通路のデータが0より大きいなら、そこにfRect()で白く塗り潰した矩形を描き、fText()で矢印を表示しています。

6-4

背景の表示と、敵の出現位置の定義

◆ ◆ ◆ ◆ ◆ ◆ ◆ ◆ ◆

背景画像を表示し、もう少しコンピューターゲームらしい画面にします。また、敵の出現位置を定義し、確認用にその位置を表示します。

背景画像と通路の表示

　読み込んだ背景画像の上に通路を表示するプログラムを確認します。次のHTMLを開いて動作を確認しましょう。通路を半透明の矩形で描き、敵の出現位置を円で示しています。画面下部の紺色で塗り潰したところには、6-10でカードを表示します。

◆ 動作の確認　towet0604.html

図6-4-1　実行画面

敵の出現位置と
移動ルートは、
難易度に影響する
重要な要素・・・

通路に合わせてキャラの
フォーメーションを作るのが
楽しいんだよね～！

◆ 用いる画像

bg1.png

> **ソースコード** tower0604.jsより抜粋

■ setup()関数で画像ファイルを読み込む (太字部分)

```
function setup() {
    canvasSize(1080, 1264);
    loadImg(0, "image/bg1.png");          画像ファイルを読み込む
}
```

■ 敵が出現するマスの位置を配列で定義

```
var ESET_X = [0, 4, 10, 14];             X方向の位置
var ESET_Y = [1, 0,  0,  1];             Y方向の位置
```

■ ゲーム画面を描くdrawBG()関数を改良し、背景画像、通路、敵の出現位置を表示 (太字部分)

```
function drawBG() {//ゲーム画面を描く
    fill("navy");
    drawImg(0, 0, 0);                        背景画像を
    lineW(1);                                表示
    for(var y=0; y<12; y++) {
        for(var x=0; x<15; x++) {
            var cx = x*SIZE;
            var cy = y*SIZE;
            if(stage[y][x] > 0) {
                setAlp(50);                              矩形を
                fRect(cx+1, cy+1, SIZE-3, SIZE-3, "#4000c0");    描く命令
                setAlp(100);                             で通路を
                sRect(cx+1, cy+1, SIZE-3, SIZE-3, "#4060ff");    表示
                fText(arrow[stage[y][x]], cx+SIZE/2, cy+SIZE/2, 30, "cyan");
            }
        }
    }
    for(var i=0; i<4; i++) {                              敵の出現
        var cx = ESET_X[i]*SIZE+SIZE/2;                   位置を
        var cy = ESET_Y[i]*SIZE+SIZE/2;                   円で表示
        sCir(cx, cy, 30, "yellow");
    }
}
```

> **配列の説明**

ESET_X[]、ESET_Y[]	敵が現れるマスの位置

　敵が出現するマス[Y][X]の値は、左側から[1][0]、[0][4]、[0][10]、[1][14]になります。これらの値は二次元配列stage[Y][X]の要素番号になります。

　drawBG()関数内で用いているsetAlp()は、図形や画像を描く透明度 (α値) を指定する、WWS.jsに備わった関数です。引数の値は0で完全な透明 (全く表示されない状態)、100で完全な不透明になります。setAlp()で透明度を指定し、矩形を描くfRect()とsRect()で通路を表示しています。

　敵の出現位置は線で円を描くsCir()関数で表示しています。この表示は開発過程を知るためのもので、6-6まで表示し、6-7で削除します。

6-5

敵の動きを管理する

次は敵のキャラクターの動きを組み込んでいきます。このゲームでは、多数の敵が城に向かって攻めてくるようにします。その処理を組み込む過程がわかりやすいように、6-5から6-8まで4つの段階に分け、敵の動きをプログラミングしていきます。ここでは敵を1体に限定し、キー操作で4方向に動かすプログラムを用意します。

キャラクターの向きとアニメーション

敵のキャラクター、味方のキャラクターとも、上下左右4方向の画像を用意します。各向きで足踏みする絵のパターンを用意し、アニメーションさせます。

パターン数が多くなるので、敵の絵一式と仲間の絵一式を、それぞれ1枚の画像にまとめています。そこから必要な部分を切り出して表示します。

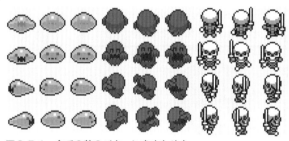

図6-5-1　全ての敵のパターンをまとめたenemy.png

※実際の画像にはシーズンごとに登場する色替えした敵を縦に並べてあります。

画像の切り出し表示は、WWS.jsに備わるdrawImgTS(n, sx, sy, sw, sh, cx, cy, cw, ch)という関数で行います。この関数の引数を図で説明します。

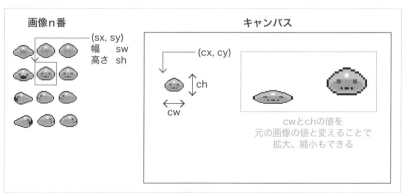

図6-5-2　drawImgTS()関数の引数

(sx, sy)、sw、shが、画像ファイル上の座標と、幅、高さになります。

(cx, cy)、cw、chが、キャンバス上の座標と、幅、高さになります。

方向キーで操作する

　敵キャラの座標をemy_xとemy_y、向きをemy_d、歩く速さをemy_sという変数に代入し、他に移動の計算に使うemy_tという変数を用意し、敵を動かします。

　次のHTMLを開いてスライムのキャラクターを方向キーで上下左右に動かし、動作を確認しましょう。このプログラムは画面内のどこへでも移動できます。マス目のぴったりの位置にキャラクターが載ることを確認してください（マス目の途中では止まりません）。

◆ 動作の確認 　action0605.html

図6-5-3　実行画面

自動で動かす前に、
キー操作で動かして、
モンスターの動きを確認しよ〜！

◆ ソースコード 　tower0605.jsより抜粋

■ setup()関数で敵の画像を読み込む（太字部分）

```
function setup() {
    canvasSize(1080, 1264);
    loadImg(0, "image/bg1.png");
    loadImg(1, "image/enemy.png");
}
```

画像ファイルを読み込む

■ メインループで敵を動かす関数を実行（太字部分）

```
function mainloop() {
    tmr++;
    drawBG();
    moveEnemy();
}
```

敵を動かす関数を呼び出す

■四方向に移動する時の座標変化量の基本値と、キャラクターのアニメーションパターンを定義

```
var XP = [0, 0, 0,-1, 1];                    上下左右の各方向の座標変化の基本値
var YP = [0,-1, 1, 0, 0];
var CHR_ANIMA = [0, 1, 0, 2];                キャラのパターンを表示する順番
```

■敵を動かすmoveEnemy()関数を用意

```
function moveEnemy() {//敵を動かす(表示も行う)
    if(emy_t == 0) {
        if(inkey == 38 && emy_y > 36) {              上キーが押された時
            emy_d = 1;
            emy_t = int(SIZE/emy_s);
        }
        if(inkey == 40 && emy_y < 828) {             下キーが押された時
            emy_d = 2;
            emy_t = int(SIZE/emy_s);
        }
        if(inkey == 37 && emy_x > 36) {              左キーが押された時
            emy_d = 3;
            emy_t = int(SIZE/emy_s);
        }
        if(inkey == 39 && emy_x < 1044) {            右キーが押された時
            emy_d = 4;
            emy_t = int(SIZE/emy_s);
        }
    }
    if(emy_t > 0) {                                  一定フレームの間、
        emy_x += emy_s*XP[emy_d];                    敵の座標を
        emy_y += emy_s*YP[emy_d];                    変化させる
        emy_t--;
    }
    var sx = CHR_ANIMA[int(tmr/4)%4]*72;             敵の絵を切り出す
    var sy = (emy_d-1)*72;                           位置
    drawImgTS(1, sx, sy, 72, 72, emy_x-SIZE/2, emy_y-SIZE/2, 72, 72);   敵を表示する
    fText("emy_x="+emy_x+" emy_y="+emy_y, 540, 828, 30, "white");       確認用に敵の座標を
}                                                                        表示する
```

変数inkeyには押されているキーコードが代入されます。

変数と配列の説明

XP[], YP[]	上下左右、各方向の座標変化の基本値
CHR_ANIMA[]	キャラクターのアニメーション番号
tmr	プログラムの進行(フレーム数)をカウント
emy_x, emy_y	敵のキャンバス上の座標
emy_d	敵の向き 1=上、2=下、3=左、4=右
emy_s	敵の歩く速さ
emy_t	1マスを移動するフレーム数

このプログラムは、キー入力で敵キャラを好きなマスに移動させることができます。敵キャラの向きを管理する変数emy_dの値は、上に向かう時は1、下なら2、左なら3、右なら4を代入しています。この値は**P.270**の**表6-3-1**の通路の向きの値と合わせています。

敵キャラを上に移動するならY座標の値を減らし、下に移動するならY座標の値を増やします。左へ移動するならX座標の値を減らし、右へ移動するならX座標の値を増やします。その基本となる変化量を次のように配列で定義しています。

```
var XP = [0, 0, 0,-1, 1];
var YP = [0,-1, 1, 0, 0];
```

XP[1]、YP[1]が上向きの変化量、XP[2]、YP[2]が下向き、XP[3]、YP[3]が左向き、XP[4]、YP[4]が右向きの変化量です。XP[0]とYP[0]には、後々の計算がしやすいように0を代入しています。

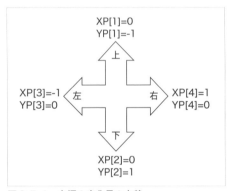

図6-5-4　**座標の変化量の定義**

このゲームでは、盤面の1マスを72×72ドットの正方形で設計します。72という値はプログラムの随所で用いるので、変数SIZEに予め代入してあります。

変数emy_sで敵キャラの歩く速さ、emy_tで1マスを何フレームで移動するかを管理します。このプログラムではemy_sに4を代入しており、emy_t = int(SIZE/emy_s)という計算式でemy_tの値は18になります。このemy_tの値が、1マスを移動するのに費やすフレーム数です。

敵キャラの座標を変化させる部分を抜き出して説明します。

```
if(emy_t == 0) {
    if(inkey == 38 && emy_y > 36) {
        emy_d = 1;
        emy_t = int(SIZE/emy_s);
    }
    if(inkey == 40 && emy_y < 828) {
        emy_d = 2;
```

つづく

```
            emy_t = int(SIZE/emy_s);
        }
        if(inkey == 37 && emy_x > 36) {
            emy_d = 3;
            emy_t = int(SIZE/emy_s);
        }
        if(inkey == 39 && emy_x < 1044) {
            emy_d = 4;
            emy_t = int(SIZE/emy_s);
        }
    }
    if(emy_t > 0) {
        emy_x += emy_s*XP[emy_d];
        emy_y += emy_s*YP[emy_d];
        emy_t--;
    }
```

　emy_tが0の時、敵キャラはマス目上のぴったりの位置にいます。上下左右いずれかのキーが押されたら、敵の向きを管理するemy_dに1から4の値を代入します。また emy_t = int(SIZE/emy_s)でemy_tに値を代入します。その値は、移動し始めの時点で72/4の18になります。

　例えば左キーを押した時は、emy_dの値が3、emy_tの値が18になります。そして if(emy_t > 0)のブロックで、18フレームの間、4ドットずつ座標が変化し、72ドット分左へ移動します。上下と右に関しても同様の計算が行われます。

　if(emy_t > 0)のブロックを確認しましょう。X座標にはemy_s*XP[emy_d]を加え、Y座標にはemy_s*YP[emy_d]を加えています。座標を変化させる基本値を定義したXP[]とYP[]に速さのemy_sを掛けたものを、一定回数emy_xとemy_yに加えることで、1マス分の座標を変化させる仕組みです。

　この仕組みで右キーを押し、右のマスに移動する様子を図示します。

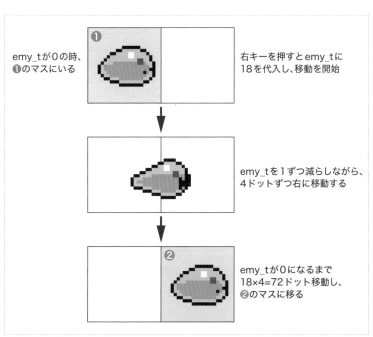

emy_tが0の時、❶のマスにいる

右キーを押すとemy_tに18を代入し、移動を開始

emy_tを1ずつ減らしながら、4ドットずつ右に移動する

emy_tが0になるまで18×4=72ドット移動し、❷のマスに移る

図6-5-5　敵キャラの移動の仕組み

こういう仕組みで
キャラを滑らかに
動かすのね・・・

敵の速さをemy_sに代入しておく理由

　emy_sという変数で敵の速さを管理するのは、敵の種類ごとに歩く速さを変えたり、先のステージで動きを速くしたりするなど、柔軟に対応できるようにするためです。

　emy_t = int(SIZE/emy_s) と計算しているので、emy_sが72（SIZEの値）の約数なら敵キャラはマス目のぴったりの位置に入ります。72の約数は1、2、3、4、6、8、9、12、18、24、36、72です。var emy_s = 4 と代入している値を72の約数に変更し、敵の速さが変わることを確認しておきましょう。なお、72の約数以外を代入しても、不具合は起きないプログラムになっています。

敵キャラのアニメーションについて

　スライムの絵は変化に乏しいので、ゴーストの絵で説明します。敵キャラは上下左右それぞれの向きごとに3パターンの絵で動きを表現します。

図6-5-6　敵キャラのアニメーション

　下向き（正面向き）の画像で説明します。これらの絵を0→1→0→2の順に表示することで、歩いているように見せることができます。表示する順番を CHR_ANIMA = [0, 1, 0, 2] と定義しておき、敵の画像から切り出す時に、X座標の切り出し位置を sx = CHR_ANIMA[int(tmr/4)%4]*72 と計算しています。

　tmrはフレーム数をカウントしプログラムの進行を管理するのに用いる変数です。これまで制作したゲームと同様にメインループ内でtmr++とし、常にカウントアップしています。int(tmr/4)%4にしている意味は、tmr%4だと歩くアニメーションが素早くなりすぎるので、4フレームごとに次の絵に変わるように4で割っています。

　%は余りを求める演算子で、これまで制作したゲームでも用いました。A%BはAをBで割った余りになります。tmrの値は毎フレーム1ずつ増えていくので、int(tmr/4)%4は4フレームごとに0→1→2→3と増え、16フレームごとに再び0から繰り返します。

6-6

敵を自動的に動かす

◆ ◆ ◆ ◆ ◆ ◆ ◆ ◆ ◆

4本の通路のうち、いずれかから敵が出現し、城に向かって歩いていくようにします。ここでは確認のため、城に到達したら再びいずれかの通路の初めの位置に出現するようにします。

敵を自動で歩かせる

6-4で敵の出現するマスを配列で定義しました。そこから敵が出現し歩き始めるようにします。次のHTMLを開いて動作を確認しましょう。動作確認後に敵を自動で動かす仕組みを説明します。

◆ **動作の確認** action0606.html

emy_x=684 emy_y=756

図6-6-1 実行画面

※このプログラムに新たな画像は用いていません。

やった〜！
キャラが自分で動いたよ〜！

進む方向に合わせて
キャラの絵も
変わってるね・・・

◆ **ソースコード** tower0606.jsより抜粋

■ 敵を出現させる setEnemy() 関数を用意

```
function setEnemy() {
    var r = rnd(4);
    emy_x = ESET_X[r]*SIZE+SIZE/2;
    emy_y = ESET_Y[r]*SIZE+SIZE/2;
    emy_d = 0;
    emy_s = 4;
    emy_t = 0;
}
```

── 出現位置をランダムに決める

6

■ moveEnemy()関数を変更し、敵を自動で動かす（太字部分）

```
function moveEnemy() {//敵を動かす(表示も行う)
    if(emy_t == 0) {
        var d = stage[int(emy_y/SIZE)][int(emy_x/SIZE)];
        if(d == 5) {
            setEnemy();
        }
        else {
            emy_d = d;//向き
            emy_t = int(SIZE/emy_s);
        }
    }
    if(emy_t > 0) {
        emy_x += emy_s*XP[emy_d];
        emy_y += emy_s*YP[emy_d];
        emy_t--;
    }
    var sx = CHR_ANIMA[int(tmr/4)%4]*72;
    var sy = (emy_d-1)*72;
    drawImgTS(1, sx, sy, 72, 72, emy_x-SIZE/2, emy_y-SIZE/2, 72, 72);
    fText("emy_x="+emy_x+" emy_y="+emy_y, 540, 828, 30, "white");
}
```

emy_tが0の時、
変数dに敵のいる位置の向きを代入
城に到達したら
通路のはじめから出現させる

敵の向きを通路の向きする
emy_tに移動するフレーム数を代入

一定フレームの間、
敵の座標を変化させる

※このプログラムに新たな変数は追加していません。

setEnemy()関数で4本の通路のいずれかから出現させています（初期座標の代入）。この関数をはじめにsetup()関数で呼び出し、敵が城に到達した時点で再び関数を呼び出しています。

上記のmoveEnemy()関数に記述してある、敵を自動的に動かす処理を確認します。

前の6-5のプログラムから変更したのはif(emy_t == 0)の { } 内のコードです。

emy_tが0の時、敵キャラは通路のマス目ぴったりの位置にいます。その位置の通路の向きを d = stage[int(emy_y/SIZE)][int(emy_x/SIZE)] として変数dに代入します。dが5なら城を置く予定のマスにいるので、その場合はsetEnemy()を呼び出し新しい位置に出現させます。

dが5以外の値（1～4）なら敵の向きを代入するemy_dをdの値にし、emy_tにint(SIZE/emy_s)を代入し、座標を変化させる計算に移ります。

emy_tの値が0より大きな間、座標を変えていく計算は前の6-5で説明した通りです。

この仕組みをまとめると、右の図のように敵が次のマスに移動したら、敵の向きを新たに載ったマスの値（通路の向きの値）にします。そのようにして移動と向きの変更を繰り返し、城のあるところまで到達します。

敵が次のマスに移動したら、
敵の向きをそのマスの値とする

図6-6-2 移動と向きの変更を繰り返す

6-7

複数の敵を同時に動かす

▸ ▸ ▸ ▸ ▸ ▸ ◆ ◆

敵を管理する変数を配列に変更し、複数の敵を制御します。

配列で複数の敵を扱う

2章のシューティングゲームで複数の敵機を配列で処理しました。このタワーディフェンスも同じように敵キャラを配列で扱います。前のプログラムでemy_xやemy_yとしていた変数を、emy_x[]、emy_y[]という配列に変更します。

次のHTMLを開き、複数の敵キャラが現れ、通路を城に向かっていく様子を確認しましょう。動作確認後に、追加、変更した処理を説明します。

◀ 動作の確認 ▸ action0607.html

図6-7-1 実行画面

※このプログラムに新たな画像は用いていません。

敵キャラを管理する変数を配列に変え、プログラムの随所を変更したので、全てのコードを掲載します。

◆ソースコード　tower0607.js

```
//起動時の処理
function setup() {
    canvasSize(1080, 1264);
    loadImg(0, "image/bg1.png");
    loadImg(1, "image/enemy.png");
    initVar();
}


//メインループ
function mainloop() {
    tmr++;
    drawBG();
    if(tmr%30 == 0) setEnemy();
    moveEnemy();
}


var SIZE = 72;
var XP = [0, 0, 0,-1, 1];//──上下左右の各方向の座標変化の基本値
var YP = [0,-1, 1, 0, 0];//──
var CHR_ANIMA = [0, 1, 0, 2];//キャラクターのアニメーション
var stage = [//通路のデータ
    [0,0,0,0,2,0,0,0,0,0,2,0,0,0,0],
    [4,2,0,0,4,4,2,0,0,2,3,0,0,2,3],
    [0,2,0,0,0,0,2,0,0,2,0,0,0,2,0],
    [0,2,0,0,0,0,2,0,0,2,0,0,0,2,0],
    [0,4,4,2,0,2,3,0,0,4,2,0,0,2,0],
    [0,0,0,2,0,2,0,0,0,0,4,2,0,2,0],
    [0,2,3,3,0,4,4,2,0,0,0,2,0,2,0],
    [0,2,0,0,0,0,2,0,0,2,3,0,2,0],
    [0,2,0,0,0,0,2,0,0,2,0,0,0,2,0],
    [0,2,0,0,0,0,2,0,0,2,0,0,0,2,0],
    [0,4,4,4,4,4,4,5,3,3,3,3,3,3,0],
    [0,0,0,0,0,0,0,0,0,0,0,0,0,0,0]
];
var ESET_X = [0, 4, 10, 14];//──敵が出現するマス
var ESET_Y = [1, 0,  0,  1];//──


var tmr = 0;

function drawBG() {//ゲーム画面を描く
    fill("navy");
    drawImg(0, 0, 0);
    lineW(1);
    for(var y=0; y<12; y++) {
        for(var x=0; x<15; x++) {
            var cx = x*SIZE;
            var cy = y*SIZE;
            if(stage[y][x] > 0) {
                setAlp(50);
                fRect(cx+1, cy+1, SIZE-3, SIZE-3, "#4000c0");
                setAlp(100);
                sRect(cx+1, cy+1, SIZE-3, SIZE-3, "#4060ff");
            }
        }
```

起動時の処理

メインループ

30フレーム毎に敵を
出現させる

つづく◆

```
        }
}

//敵の管理
var EMAX = 100;
var emy_x = new Array(EMAX);
var emy_y = new Array(EMAX);
var emy_d = new Array(EMAX);//向き
var emy_s = new Array(EMAX);//移動速度
var emy_t = new Array(EMAX);//速度調整用
var emy_life = new Array(EMAX);//体力

function setEnemy() {//敵を出現させる
    var r = rnd(4);
    for(var i=0; i<EMAX; i++) {
        if(emy_life[i] == 0) {
            emy_x[i] = ESET_X[r]*SIZE+SIZE/2;
            emy_y[i] = ESET_Y[r]*SIZE+SIZE/2;
            emy_d[i] = 0;
            emy_s[i] = 4;
            emy_t[i] = 0;
            emy_life[i] = 1;
            break;
        }
    }
}

function moveEnemy() {//敵を動かす(表示も行う)
    for(var i=0; i<EMAX; i++) {
        if(emy_life[i] > 0) {
            if(emy_t[i] == 0) {
                var d = stage[int(emy_y[i]/SIZE)][int(emy_x[i]/SIZE)];
                if(d == 5) {
                    emy_life[i] = 0;
                }
                else {
                    emy_d[i] = d;//向き
                    emy_t[i] = int(SIZE/emy_s[i]);
                }
            }
            if(emy_t[i] > 0) {
                emy_x[i] += emy_s[i]*XP[emy_d[i]];
                emy_y[i] += emy_s[i]*YP[emy_d[i]];
                emy_t[i]--;
            }
            var sx = CHR_ANIMA[int(tmr/4)%4]*72;
            var sy = (emy_d[i]-1)*72;
            drawImgTS(1, sx, sy, 72, 72, emy_x[i]-SIZE/2, emy_y[i]-SIZE
/2, 72, 72);
        }
    }
}

function initVar() {//配列、変数に初期値を代入
    for(var i=0; i<EMAX; i++) emy_life[i] = 0;
}
```

敵キャラの最大数
敵キャラを管理する配列

敵を出現させる関数

emy_life[]を敵が
出現中かどうかのフラグ
として使っている

敵を動かす関数
for文で全ての配列を
調べ、出現中の敵を
動かす

城に到達した敵は
体力を0にして消している

6

配列に初期値を代入する

EMAX	敵キャラを最大、何体、処理するか
emy_x[], emy_y[]	敵のキャンバス上の座標
emy_d[]	敵の向き　1=上、2=下、3=左、4=右
emy_s[]	敵の歩く速さ
emy_t[]	１マスを移動するフレーム数
emy_life[]	敵の体力（ここでは出現しているか）

　敵キャラを登場させ動かす仕組みは前のtower0606.jsと一緒ですが、それを配列で行っていることを確認していきます。

配列による敵キャラの管理

　敵キャラは最大100体を処理するようにします。その値を EMAX = 100 と定義しておきます。

　前のプログラムまではemy_xやemy_yなどの変数で管理していた箇所を、複数の敵を扱うためemy_x[]、emy_y[]などの配列に置き換えました。配列は Array() 関数で**配列変数名 = new Array(EMAX)**として必要な分量を確保しています。配列の要素数が敵の最大数になります。

　このプログラムには敵キャラの体力を代入するemy_life[]という配列を追加しました。emy_life[]は現時点では敵が出現中かどうかのフラグとして使っていますが、ゲームを完成させる段階で敵の種類に応じて体力値を代入します。

　プログラム起動時にemy_life[]に0を代入しておきます。配列や変数にゲーム開始時の値を代入するinitVar()という関数を用意して、それを行っています。

　敵キャラを登場させるsetEnemy()関数では、for文でemy_life[]が0の要素番号を探し、その空き配列に座標や速さを代入し、emy_life[]に1を代入します。emy_life[]が1ならその敵が出現しているものとし、移動処理を行います。

　敵を動かすmoveEnemy()関数では、for文で全ての配列を調べ、出現中の敵がいれば座標を計算し画面に表示します。そして城のマスに到達したらemy_life[]を0にして消すようにしています。

6-8

敵の種類を増やす

♦ ♦ ♦ ♦ ♦ ♦ ♦ ♦ ♦

このゲームは、シーズンごとに3種類の敵が登場するようにします。敵の種類によって、体力値と歩く速さを変えます。ここではそれを組み込みます。

敵の種類について

タワーディフェンスで体力値と移動速度が異なる敵を用意すると、ゲームの緊張感を高めることができます。体力や速さに違いを設けることで、すぐに倒せる敵と何度も攻撃しないと倒せない敵を混在させることができます。プレイヤーはなかなか倒せない強力な敵が自分の本拠地に迫り来る様子を見ることになり、緊張感が高まるというわけです。一定の緊張感はゲームの面白さにつながります。また、色々な敵が登場することで絵的な面白さも増します。

なかなか倒せない敵をゲーム用語で"硬い敵"、または"敵が硬い"などと表現します。タワーディフェンスには硬い敵を混ぜるとよいということになります。

敵の種類を管理する変数を用意

複数の種類の敵の絵を既に読み込んでいます。敵の種類を管理するemy_species[]という配列を追加し、乱数でどの種類にするかを決めます。emy_species[]の値に応じて画像の切り出し位置をずらし、それぞれの敵を表示します。

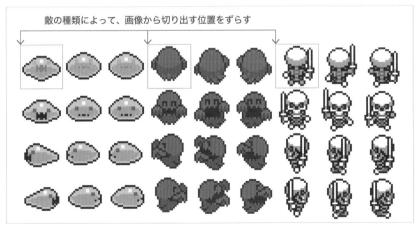

図6-8-1　画像の切り出し位置をずらす

次のHTMLを開いて、3種類の敵キャラが登場することを確認しましょう。動作確認後に追加した処理を説明します。

◀ 動作の確認 ▶ action0608.html

図6-8-2 実行画面

※このプログラムに新たな画像は用いていません。

良ゲーには、
嫌らしい敵キャラが
必須・・・

◀ ソースコード ▶ tower0608.jsより抜粋

■敵を出現させるsetEnemy()関数で敵の種類と歩く速さを決める（太字部分）

```
function setEnemy() {//敵を出現させる
    var r = rnd(4);
    var sp = rnd(3);                              乱数で種類を決める
    for(var i=0; i<EMAX; i++) {
        if(emy_life[i] == 0) {
            emy_x[i] = ESET_X[r]*SIZE+SIZE/2;
            emy_y[i] = ESET_Y[r]*SIZE+SIZE/2;
            emy_d[i] = 0;
            emy_s[i] = 1+sp;                       歩く速さを代入
            emy_t[i] = 0;
            emy_life[i] = 1;
            emy_species[i] = sp;                   敵の種類を代入
            break;
        }
    }
}
```

■moveEnemy()関数でemy_species[]の値に応じた敵を表示する（太字部分）

```
function moveEnemy() {
    for(var i=0; i<EMAX; i++) {
        if(emy_life[i]  > 0) {
            if(emy_t[i] == 0) {
                var d = stage[int(emy_y[i]/SIZE)][int(emy_x[i]/SIZE)];
                if(d == 5) {
                    emy_life[i] = 0;
                }
                else {
                    emy_d[i] = d;//向き
                    emy_t[i] = int(SIZE/emy_s[i]);
                }
            }
```

つづく▶

```
        if(emy_t[i] > 0) {
            emy_x[i] += emy_s[i]*XP[emy_d[i]];
            emy_y[i] += emy_s[i]*YP[emy_d[i]];
            emy_t[i]--;
        }
        var sx = emy_species[i]*216 + CHR_ANIMA[int(tmr/4)%4]*72;
        var sy = (emy_d[i]-1)*72;
        drawImgTS(1, sx, sy, 72, 72, emy_x[i]-SIZE/2, emy_y[i]-SIZE/2, 72, 72);
    }
}
}
```

画像のX方向の切り出し位置をemy_species[]の値に応じてずらす

　敵の種類を管理するemy_species[]という配列を用意し、setEnemy()関数で乱数により種類を決めています。その際、敵の速さを種類ごとに変え、スライム→ゴースト→ガイコツの順に速く動くようにしています。

　moveEnemy()関数で敵の絵を表示する時、emy_species[]の値に応じて画像からの切り出し位置をずらしています。切り出し位置のX軸方向の座標を sx = **emy_species[i]*216** + CHR_ANIMA[int(tmr/4)%4]*72 とし、種類ごとに216ドットずつずらしています。このゲームの敵の絵の1パターンのサイズは72×72ドットで、216は3パターン分（72×3）の値です。**図6-8-1**と合わせて確認してください。

　ここでは敵の種類によって歩く速さを変えましたが、ゲームを完成させるに当たって種類ごとに体力値も変えるようにします。

───── COLUMN ─────
ゲーム開発の奥深さ

　タワーディフェンスに複数の敵を登場させると、ゲームの緊張感が増し、見た目の楽しさも加わることは説明した通りです。

　ゲームジャンルや内容によって違いはありますが、色々な敵キャラを登場させることには他にも意味があります。ゲームをプレイしていて複数の種類の敵が同時に出現した時、どれから倒せばよいか迷うことがあります。そのような場面では、どの敵から倒していくとうまく切り抜けられるかを考えるわけですが、それがゲームの攻略要素＝ゲームを面白くする要素の1つになります。

　攻略要素につなげるには、敵キャラの能力に違いがなくてはなりません。敵の能力が違うと、例えば「弱いザコがたくさんいて邪魔だから一掃し、その後、強い敵の相手をする」「厄介な敵がいるので弱い奴らは放っておき、最初に難敵を倒す」など、場面ごとに最適であろう倒し方を考えます。そして、敵を倒す順番によってゲーム進行が楽になったり難しくなったりします。

　これは必ずしも、敵の能力に違いを持たせなくてはならないという話ではありません。例えば見た目は違うが中身はどれも同じように弱い敵が多数出てきた時は、「とりあえず片っ端から倒そう」ということになります。そのような場面では難しいことを考える必要はなく、攻略要素は弱いですが、敵を一掃していく爽快感を楽しむことができます。爽快感もゲームの面白さの1つです。

　本書の随所でお伝えしているように、ゲームを面白くする要素はたくさんあります。何を前面に出すか、何をプレイヤーに楽しんでもらうかなど、企画段階と開発中に考えるべきことが多々あります。著者は本書執筆時点で四半世紀以上ゲーム業界に身を置き、百本を超える商用ソフトをプログラミングやプロデュースしてきました。趣味のゲームソフトはその何倍も作っています。そしてゲーム開発に終着点は無く、作っても作っても、まだまだ先があると実感しています。

6-9

城を設置する

▶ ▶ ▶ ▶ ▶ ◆ ◆

ここでは城を配置し、敵が到達すると城がダメージを受け、ダメージが増えると城が崩れていく演出を組み込みます。

ゲームの演出について

コンピューターゲームでは、演出も大切です。ゲーム開発の入門書である本書は、プログラムの内容を理解していただけるように、なるべくシンプルなソースコードを掲載しています。そのため凝ったエフェクトは入れていませんが、ゲームをプレイする上で必要な演出はしっかり組み込んでいます。

タワーディフェンスに必要な演出について考えると、最低限必要なものが2つあります。1つは敵と味方が戦う様子を表現すること（6-12で組み込みます）。もう1つは、これから組み込む本陣（城）がダメージを受ける演出です。

敵に攻め込まれた城が崩れていく様子をプレイヤーに見せることで、「城を守らないと！」という気持ちを強くすることができます。その気持ちはゲームを遊び続ける動機づけになります。また城が破壊されたらゲームオーバーになる、というルールをストレートに伝えることもできます。

城が崩れていく様子

敵が攻め込んだ瞬間、城を揺らし、ダメージが増えると次の図ように崩れていくようにします。これらの画像は、castle.pngという1つのファイルに並んでいて、そこから切り出して表示します。

表6-9-1　城の画像

ダメージ値	0 ～ 29	30 ～ 59	60 ～ 89	90 以上

動作の確認

城の座標をcastle_x、castle_yという変数で管理し、ダメージの値をdamageという変数で管理します。

次のHTMLを開き、敵が城に到達するとダメージが増え、その値に応じて崩れていく様子を確認しましょう。敵が城に入った瞬間、城がガタッと揺れることも確認してください。

◆ 動作の確認 action0609.html

図6-9-2 実行画面

ゲーム内容に合った
演出を入れることが
大切なんだね～！

◆ ソースコード tower0609.jsより抜粋

■ setup()関数で複数の画像を読み込む（太字部分）

```
function setup() {
    canvasSize(1080, 1264);
    var IMG = ["bg1", "enemy", "castle"];                          画像のファイル名の定義
    for(var i=0; i<IMG.length; i++) loadImg(i, "image/" + IMG[i] + ".png");   画像ファイルを読み込む
    initVar();
}
```

読み込む画像が増えたので、ファイル名を配列で定義し、for文で読み込んでいます。

■ メインループで城を表示する（太字部分）

```
function mainloop() {
    tmr++;
    drawBG();
    if(tmr%30 == 0) setEnemy();
    castle_x = 7*SIZE;                                          キャンバス上の城の座標
    castle_y = 10*SIZE;
    moveEnemy();
    var cp = 0;//城のパターン                                    ダメージ値から、どの絵
    if(damage >= 30) cp = 1;                                    を表示するかを決める
    if(damage >= 60) cp = 2;
    if(damage >= 90) cp = 3;
    drawImgTS(2, cp*96, 0, 96, 96, castle_x-12, castle_y-24, 96, 96);   城の表示
    fText("DMG "+damage, 540, 820, 30, "white");
}                                                              ダメージ値を表示
```

6

■ moveEnemy()関数で、敵が城に入ったら城を揺らしてダメージを加算（太字部分）

```
function moveEnemy() {//敵を動かす（表示も行う）
    for(var i=0; i<EMAX; i++) {
        if(emy_life[i] > 0) {
            if(emy_t[i] == 0) {
                var d = stage[int(emy_y[i]/SIZE)][int(emy_x[i]/SIZE)];
                if(d == 5) {
                    emy_life[i] = 0;
                    castle_x = castle_x + rnd(11)-5;
                    castle_y = castle_y + rnd(11)-5;
                    damage = damage + 1;
                }
                else {
                    emy_d[i] = d;//向き
                    emy_t[i] = int(SIZE/emy_s[i]);
                }
            }
            if(emy_t[i] > 0) {
                emy_x[i] += emy_s[i]*XP[emy_d[i]];
                emy_y[i] += emy_s[i]*YP[emy_d[i]];
                emy_t[i]--;
            }
            var sx = emy_species[i]*216 + CHR_ANIMA[int(tmr/4)%4]*72;
            var sy = (emy_d[i]-1)*72;
            drawImgTS(1, sx, sy, 72, 72, emy_x[i]-SIZE/2, emy_y[i]-
SIZE/2, 72, 72);
        }
    }
}
```

城の座標に乱数を加えることで城が揺れるようにする
ダメージを加算する

◆ 変数の説明 ▶

castle_x, castle_y	城のキャンバス上の座標
damage	城のダメージの値

　メインループで城の座標を管理する変数の値を castle_x = 7*SIZE、castle_y = 10*SIZE とし、moveEnemy()関数で敵を移動させた時、敵が城に到達したらcastle_xとcastle_yに乱数を加えて城を揺らしています。また、同時にdamage変数の値を増やしています。

　城を表示する際、ダメージ値に応じて画像から切り出す位置を変えています。城の表示は、メインループ内の次のコードで行っています。

```
var cp = 0;//城のパターン
if(damage >= 30) cp = 1;
if(damage >= 60) cp = 2;
if(damage >= 90) cp = 3;
drawImgTS(2, cp*96, 0, 96, 96, castle_x-12, castle_y-24, 96, 96);
```

　ダメージが30以上、60以上、90以上になった時、1段階ずつ崩れていくようにしています。
　現時点では敵が城に入った時にダメージを1ずつ増やし、その値を表示するだけですが、ゲームを完成させる時には、ダメージが100以上でゲームオーバーになるようにします。

6-10 カードの表示と選択

カードの表示と選択

◆ ◆ ◆ ◆ ◆ ◆ ◆

ここからは、プレイヤーの味方となるキャラクターの処理を組み込んでいきます。まず兵を召喚するカードを表示し、4枚のカードのうち1枚を選べるようにします。

仲間の兵を召喚するカードの表示

このゲームは魔力を帯びたカードから仲間となる兵を召喚します。その準備としてカードの表示と選択を組み込みます。

次のHTMLを開いて画面下部に並ぶカードをクリックして選んでください。選択したカードには水色の枠が付きます。

◆ 動作の確認 action0610.html

図6-10-1 実行画面

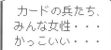

◆ 用いる画像

card.png

setup()関数で画像のファイル名を定義した配列に IMG = ["bg1", "enemy", "castle", "**card**"] と
cardというファイル名を加えて読み込みます。

◆ソースコード　tower0610.jsより抜粋

■ メインループにカードを選ぶ処理と表示する関数を追記（太字部分）

```
function mainloop() {
    tmr++;
    if(tapC == 1 && tapY > 864) {//カードをクリックしたか
        tapC = 0;
        var c = int(tapX/270);
        if(0<=c && c<CARD_MAX) sel_card = c;
    }
    drawBG();
    drawCard();
    if(tmr%30 == 0) setEnemy();
    castle_x = 7*SIZE;
    castle_y = 10*SIZE;
    moveEnemy();
    var cp = 0;//城のパターン
    if(damage >= 30) cp = 1;
    if(damage >= 60) cp = 2;
    if(damage >= 90) cp = 3;
    drawImgTS(2, cp*96, 0, 96, 96, castle_x-12, castle_y-24, 96, 96);
    fText("DMG "+damage, 540, 820, 30, "white");
}
```

> カードの位置を
> クリックした時、
> そのカードを選ぶ
> 処理

> カードの表示

tapX、tapY、tapCはWWS.jsに用意された変数です。マウスポインターの座標がtapX、tapYに
代入され、画面をクリックするとtapCが1になります。

■ カードを表示するdrawCard()関数を用意

```
function drawCard() {//カードを描く
    drawImg(3, 0, 864);
    lineW(6);
    for(var i=0; i<CARD_MAX; i++) {
        var x = 270*i;
        var y = 864;
        fText(CARD_NAME[i], x+135, y+320, 36, "white");
        if(i == sel_card) sRect(x+3, y+3, 270-6, 400-6, "cyan");
    }
}
```

> カードの画像を表示
> 線の太さを指定
> for文でカードに
> 名称を表示

> 選択したカードに
> 枠を表示

◆変数と配列の説明

CARD_MAX	カード（兵）の種類
CARD_NAME[]	カードの兵の名称
sel_card	選んでいるカードの番号

カードは4枚あります。その4という数をプログラムの複数個所で用いるので、CARD_MAX = 4 と定義しておきます。またカードの名称を CARD_NAME = ["warrior", "priest", "archer", "witch"] と定義し、各カードに表示しています。

カードの選択

選んだカードの番号をsel_cardという変数に代入します。値は戦士のカードをクリックしたら0、神官なら1、射手なら2、魔法使いなら3としています。その計算を行っている部分を抜き出して説明します。メインループ内にある次のコードです。

```
if(tapC == 1 && tapY > 864) {
    tapC = 0;
    var c = int(tapX/270);
    if(0<=c && c<CARD_MAX) sel_card = c;
}
```

tapX、tapYにはマウスポインターのX座標、Y座標が代入され、マウスボタンをクリックした時にtapCが1になります。c = int(tapX/270)という割り算の270は、カード1枚の幅（ドット数）です。tapXが0〜269なら戦士のカードの上にマウスポインターがあり、270〜539なら神官、540〜809なら射手、810〜1079なら魔法使いの上にあります。

マウスボタンがクリックされ、ポインターのY座標が864より大きい時、tapXの値を270で割り、選んだカードの番号（0〜3いずれかの値）に変換しています。864はカードを表示しているエリアのY座標の最小値です。

今回のような画面設計であれば sel_card = int(tapX/270) と1行で記述することもできますが、画面の構成によっては、そのような式では sel_cardの値が0未満や4以上になり、不具合が発生することが考えられます。そこで、if(0<=c && c<CARD_MAX)という条件が成立した時だけsel_cardに値を代入することで、不具合が起きないようにしています。

カードの表示は、新しく追加したdrawCard()関数で行っています。その関数で選択したカード（sel_cardの値のカード）に枠を表示しています。

> この部分・・・
> 演算式がちょっと複雑・・・
> バグが出ないように慎重に
> プログラムを組むべし・・・

6-11

兵を配置する

◆ ◆ ◆ ◆ ◆ ◆ ◆ ◆

カード（兵）を選び、盤面の通路以外のマスをクリックすると、そこに兵が配置されるようにします。兵は、戦士、神官、射手、魔法使いの4種類を登場させます。

二次元配列で管理する

　盤面に配置する兵をtroop[][]という二次元配列で管理します。要素の値が1のところに戦士、2に神官、3に射手、4に魔法使いが配置されるものとします。

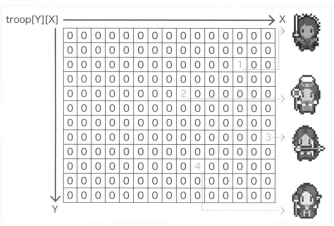

図6-11-1　troop[][]の値と兵の種類

　この処理を組み込んだプログラムを確認します。次のHTMLを開いてカードを選び、盤面をクリックして、選択した兵が配置されることを確認しましょう。通路には配置できません。現状では空いているマスに何体でも配置できるようになっています。

◀ 動作の確認　action0611.html

◀ 用いる画像

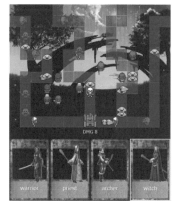

図6-11-2　実行画面

soldier.png

setup()関数の画像ファイル名の定義に、IMG = ["bg1", "enemy", "castle", "card", "**soldier**"] と
soldierというファイル名を加えて読み込みます。

◆ソースコード　tower0611.jsより抜粋

■メインループにクリックしたマスに兵を配置する処理を追記（太字部分）

```
function mainloop() {
    tmr++;
    if(tapC == 1 && tapY > 864) {//カードをクリックしたか
        tapC = 0;
        var c = int(tapX/270);
        if(0<=c && c<CARD_MAX) sel_card = c;
    }
    var x = int(tapX/SIZE);//――マウスポインターのマス
    var y = int(tapY/SIZE);//
    if(0<=x && x<15 && 0<=y && y<12) {//盤面上
        var n = troop[y][x];//その位置の兵
        if(tapC == 1) {//クリックした時
            tapC = 0;
            if(n == 0 && stage[y][x] == 0) {
                troop[y][x] = sel_card+1;//兵を配置
            }
        }
    }
    〳 省略
}
```

マウスポインターの座標から
マス目の位置を計算
盤面上であれば
変数nにtroop[y][x]の値を代入
マスをクリックした時、
クリックを解除
兵が配置されておらず、通路や城で
ないなら、兵の番号を配列に代入

■ゲーム画面を描くdrawBG()に兵を描く処理を追記（太字部分）

```
function drawBG() {//ゲーム画面を描く
    drawImg(0, 0, 0);
    lineW(1);
    for(var y=0; y<12; y++) {
        for(var x=0; x<15; x++) {
            var cx = x*SIZE;
            var cy = y*SIZE;
            if(stage[y][x] > 0) {
                〳 省略
            }
            var n = troop[y][x];
            if(n > 0) drawSoldier(cx, cy, n, 1, CHR_ANIMA[int
(tmr/4)%4]);
        }
    }
}
```

nにtroop[y][x]の値を代入
兵が配置されていれば
そのキャラの画像を表示する

■initVar()にtroop[][]を初期化する記述を追記（太字部分）

```
function initVar() {//配列、変数に初期値を代入
    var i, x, y;
    for(i=0; i<EMAX; i++) emy_life[i] = 0;
    for(y=0; y<12; y++) {
        for(x=0; x<15; x++) {
            troop[y][x] = 0;
        }
    }
}
```

troop[][]の全要素に
0を代入する

■ どのマスに兵がいるかを管理するtroop[][]という配列を用意

```
var troop = new Array(12);
for(var y=0; y<12; y++) {
    troop[y] = new Array(15);
}
```

　二次元配列を準備する記述

■ 兵を描くために用意したdrawSoldier()関数　引数dは、6-13で兵の向きを変える時に用いる

```
function drawSoldier(x, y, n, d, a) {//兵を描く
    var sx = (n-1)*288 + a*72;
    var sy = (d-1)*72;
    drawImgTS(4, sx, sy, 72, 72, x, y, 72, 72);
}
```

　soldier.pngからの
　切り出し位置を計算
　兵の絵を表示する

◀ 配列の説明 ▶

troop[][]	どのマスに兵がいるかを管理する

マウスポインターの座標からマス目の位置を計算

マス目をクリックした時に兵を配置する処理を、mainloop()関数から抜き出して説明します。

```
var x = int(tapX/SIZE);//    マウスポインターのマス
var y = int(tapY/SIZE);//
if(0<=x && x<15 && 0<=y && y<12) {//盤面上
    var n = troop[y][x];//その位置の兵
    if(tapC == 1) {//クリックした時
        tapC = 0;
        if(n == 0 && stage[y][x] == 0) {//兵はおらず配置できる場所なら
            troop[y][x] = sel_card+1;//兵を配置
        }
    }
}
```

　変数y、xの値がマス目の位置（troop[y][x]の添え字）になります。マウスポインターが盤面上にあるかをif文で判定し、次にマウスボタンをクリックしたかを判定する順で処理を行っています。これはゲームを完成させる時、クリックして選んだカードの兵をポインターの位置に表示するためです。

　マウスボタンをクリックすると、tapCは1になります。同じマスに連続して処理を行わないように、tapCを0にしておきます。stage[y][x]の値0が、通路や城でないマスです。クリックしたマスに兵がおらず、かつ通路や城でないなら、troop[y][x]にsel_card+1を代入して、兵を配置します。

　sel_card+1としているのは、カード選択時に兵士は0、神官は1、射手は2、魔法使いは3という値をsel_cardに代入していますが、troop[y][x]では、何もないマスを0、兵士1、神官2、射手3、魔法使い4という値で管理するためです。troop[y][x]の値に応じて兵を表示する処理は、drawBG()関数に追加してあります。そちらのコードも合わせて確認しましょう。

6-12

敵を自動的に攻撃する

➤ ➤ ➤ ➤ ➤ ➤ ◆ ◆ ◆

ここでは、盤面に配置した兵が、一定距離に近付いた敵を自動的に攻撃する処理を組み込みます。

距離で判定する

兵と敵の距離を調べ、次の図のように半径r以内に入った敵を兵が攻撃するようにします。

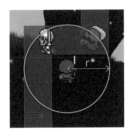

図6-12-1 一定距離に近付いた敵を攻撃する

兵と敵の距離は、getDis()関数で求めます。getDis()は二点間の距離を返すWWS.jsに備わった関数です。

次のHTMLを開き、配置した兵に敵が近付くと攻撃する様子を確認しましょう。次の6-13で、戦士、神官、射手、魔法使いのそれぞれが攻撃できる半径に違いを設けますが、現時点では全ての兵が半径108ドット以内に入った敵を攻撃するようにしています。

また、確認用に敵の体力を表示しています。体力が無くなった敵が消えることも確認してください。

◀ 動作の確認 ▶ action0612.html

図6-12-2 実行画面

※このプログラムに新たな画像は用いていません。

◆ ソースコード　tower0612.jsより抜粋

■ メインループに兵の行動を管理する関数を追記（太字部分）

```javascript
function mainloop() {
    tmr++;
    ～ 省略
    drawBG();
    drawCard();
    action();
    if(tmr%30 == 0) setEnemy();
    castle_x = 7*SIZE;
    castle_y = 10*SIZE;
    moveEnemy();
    ～ 省略
}
```

兵の行動を管理する関数

■ 敵を攻撃した演出（敵がダメージを受けるエフェクト）を表示するのに用いる配列を用意し、setEnemy() 関数で0を代入しておく。また、敵の体力を種類ごとに変える（太字部分）

```javascript
var emy_dmg = new Array(EMAX);

function setEnemy() {//敵を出現させる
    var r = rnd(4);
    var sp = rnd(3);
    for(var i=0; i<EMAX; i++) {
        if(emy_life[i] == 0) {
            emy_x[i] = ESET_X[r]*SIZE+SIZE/2;
            emy_y[i] = ESET_Y[r]*SIZE+SIZE/2;
            emy_d[i] = 0;
            emy_s[i] = 1+sp;
            emy_t[i] = 0;
            emy_life[i] = 1+sp*2;
            emy_species[i] = sp;
            emy_dmg[i] = 0;
            break;
        }
    }
}
```

敵の体力を仮で設定する

攻撃演出用の変数に0を代入

■ moveEnemy()関数に敵がダメージを受けるエフェクトを追記（太字部分）

```javascript
function moveEnemy() {//敵を動かす(表示も行う)
    for(var i=0; i<EMAX; i++) {
        if(emy_life[i] > 0) {
            if(emy_t[i] == 0) {
                var d = stage[int(emy_y[i]/SIZE)][int(emy_x[i]/SIZE)];
                if(d == 5) {
                    emy_life[i] = 0;
                    castle_x = castle_x + rnd(11)-5;
                    castle_y = castle_y + rnd(11)-5;
                    damage = damage + 1;
                }
                else {
                    emy_d[i] = d;//向き
                    emy_t[i] = int(SIZE/emy_s[i]);
                }
```

つづく ▶

```
                }
                if(emy_t[i] > 0) {
                    emy_x[i] += emy_s[i]*XP[emy_d[i]];
                    emy_y[i] += emy_s[i]*YP[emy_d[i]];
                    emy_t[i]--;
                }
                var sx = emy_species[i]*216 + CHR_ANIMA[int(tmr/4)%4]*72;
                var sy = (emy_d[i]-1)*72;
                drawImgTS(1, sx, sy, 72, 72, emy_x[i]-SIZE/2, emy_y[i]-
SIZE/2, 72, 72);
                fText(emy_life[i], emy_x[i], emy_y[i]-48, 24, "white");
                if(emy_dmg[i] > 0) {
                    emy_dmg[i]--;
                    if(emy_dmg[i]%2 == 1) fCir(emy_x[i], emy_y[i], int
(SIZE*0.6), "white");
                    if(emy_dmg[i] == 0) emy_life[i]--;
                }
            }
        }
    }
}
```

敵の体力を表示
emy_dmg[]が0より大きいなら
その値を1減らす
1フレームおきに、円を描く命令で敵が
ダメージを受けるエフェクトを表示
emy_dmg[]が0になったら体力を
減らす

■ 兵の行動を管理するaction()関数を用意

```
function action() {//兵の行動
    for(var y=0; y<12; y++) {
        for(var x=0; x<15; x++) {
            var n = troop[y][x];
            if(n>0 && tmr%3==0) attack(x, y);
        }
    }
}
```

forの二重ループで
盤面全体を調べ、
兵が配置されていれば
攻撃処理を行う関数を呼び出す

■ 敵を攻撃するattack()関数を用意

```
function attack(x, y) {//敵を攻撃する
    var cx = x*SIZE + SIZE/2;//─┐兵の中心座標
    var cy = y*SIZE + SIZE/2;//─┘
    lineW(10);
    for(var i=0; i<EMAX; i++) {
        if(emy_life[i]>0 && emy_dmg[i]==0) {
            if(getDis(emy_x[i], emy_y[i], cx, cy) <= 108) {
                line(emy_x[i], emy_y[i], cx, cy, "white");
                emy_dmg[i] = 2;
                return true;//trueを返す
            }
        }
    }
    return false;
}
```

敵の配列を全て調べる

半径108ドット以内にいれば
その敵に向かって攻撃する
演出の白線を引く
敵にダメージ与える処理の
ためにemy_dmg[]に2を代入

配列の説明

emy_dmg[]	敵にダメージを与える処理で用いる

6

兵の行動管理について

　盤面上の兵の行動を管理するaction()という関数と、敵を攻撃するattack()という関数を用意しました。2つの関数を用意した理由は、このように処理を分けておけば、後で攻撃以外の動作を追加しやすいからです。6-15では、神官が仲間を回復する処理を関数として用意し、それをaction()関数に追加します。

　action()関数の処理を抜き出して説明します。この関数は次のように二重ループのfor文で盤面全体を調べ、兵が配置されている場合はtmr%3==0のタイミングでattack()関数を実行します。

```
for(var y=0; y<12; y++) {
    for(var x=0; x<15; x++) {
        var n = troop[y][x];
        if(n>0 && tmr%3==0) attack(x, y);
    }
}
```

　敵を攻撃するタイミングは3フレームに1回としていますが、次の6-14で、兵の種類ごとに攻撃速度を変えます。

　attack()関数では、敵の配列を全て調べ、兵との距離が108ドット以内の敵に攻撃を仕掛ける演出を白線で表示し、emy_dmg[]に2を代入します。

　attack()関数は敵を攻撃した時にtrue、そうでない時にfalseを返すようにしています。これは6-15で仲間を回復する神官の能力を組み込む際に、敵を攻撃していない（falseが返った）時だけその能力を発揮させるためです。

敵がダメージを受ける演出と敵の体力計算

　敵の処理でemy_dmg[]の値が0より大きければ、敵がダメージを受けるエフェクトを表示し、敵の体力を減らす計算を行っています。その部分を抜き出して説明します。moveEnemy()関数の次のコードです。

```
if(emy_dmg[i] > 0) {
    emy_dmg[i]--;
    if(emy_dmg[i]%2 == 1) fCir(emy_x[i], emy_y[i], int(SIZE*0.6), "white");
    if(emy_dmg[i] == 0) emy_life[i]--;
}
```

　emy_dmg[]が0より大きいなら、その値を1減らし、1フレームおきに白い円を表示しています。emy_dmg[]は兵が敵を攻撃した時に2を代入するので、白い円は1回の攻撃で1回表示されます。

　emy_dmg[]が0になったら、敵の体力であるemy_life[]の値を1減らします。emy_life[]が0の敵は処理を行わないので、この値が0になった時点で画面から消えます。

6-13

兵の攻撃範囲、攻撃速度、向きを組み込む

ここでは戦士、神官、射手、魔法使い、それぞれの攻撃範囲と攻撃速度を設定します。また、攻撃した時に相手の方を向くようにします。

タワーディフェンスの攻略要素とキャラクターの能力

　タワーディフェンスでは、味方のキャラそれぞれに違った能力を持たせることで、どのキャラをどこに配置すれば効率よく敵を倒せるかという攻略要素を加えることができます。その攻略要素はゲームの面白さの1つになります。タワーディフェンスは、「キャラの個性」を用意することでより楽しくなるというわけです。6-13から6-15で、各キャラクターに次のような能力を組み込みます。

表6-13-1　キャラクターの能力

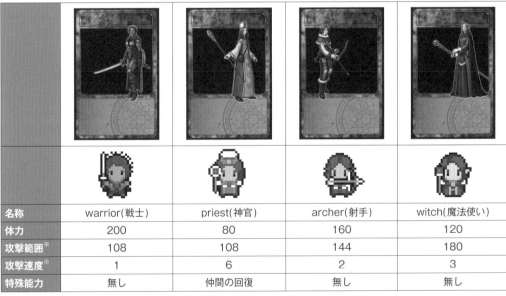

名称	warrior(戦士)	priest(神官)	archer(射手)	witch(魔法使い)
体力	200	80	160	120
攻撃範囲※	108	108	144	180
攻撃速度※	1	6	2	3
特殊能力	無し	仲間の回復	無し	無し

※攻撃範囲は半径のドット数、攻撃速度は値が小さいほど速く攻撃します。

攻撃範囲の設定

　兵の種類ごとに、攻撃範囲に違いを設けます。戦士は剣で攻撃するので範囲を狭くし、神官は攻撃向きのキャラクターでないという設定で、これも範囲を狭くします。射手は弓で攻撃するので範囲を広くします。魔法使いは離れた場所に魔法を飛ばせる設定とし、射手よりも攻撃範囲を広くします。

　攻撃範囲は CARD_RADIUS = [108, 108, 144, 180] と配列で定義し、この半径内に敵が入った時に攻撃するようにします。

攻撃速度の設定

攻撃速度も配列を用いて CARD_SPEED = [1, 6, 2, 3] と定義します。この値が小さいほど素早く攻撃し、戦士が最も速く、神官が最も遅くしています。また射手と魔法使いは攻撃範囲が広い代わりに攻撃速度は戦士よりも遅い設定とします。

兵の向き

敵を攻撃する時、相手の方を向くようにします。兵の向きも二次元配列で管理します。tr_dir[][] という配列を用意し、上は1、下は2、左は3、右は4という値で向きを管理します。

以上の仕組みを追加したプログラムを確認します。次のHTMLを開いて4種類の兵を配置し、それぞれ攻撃範囲と速度が違うこと、攻撃する相手の方を向くことを確認してください。攻撃できる範囲を確認するために、兵の周りに攻撃半径の円を描いています。

◆ **動作の確認**　action0613.html

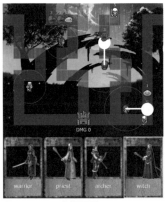

図6-13-1　**実行画面**

※このプログラムに新たな画像は用いていません。

◆ **ソースコード**　tower0613.jsより抜粋

■ drawBG()関数に記述した兵を描くdrawSoldier()関数に引数で向きを与える（太字部分）

```
function drawBG() { //ゲーム画面を描く
    drawImg(0, 0, 0);
    lineW(1);
    for(var y=0; y<12; y++) {
        for(var x=0; x<15; x++) {
            var cx = x*SIZE;
            var cy = y*SIZE;
            ↘ 省略
            var n = troop[y][x];
            if(n > 0) drawSoldier(cx, cy, n, tr_dir[y][x], CHR_ANIMA[int(tmr/4)%4]);
        }
    }
}
```

兵の向きを引数で与える

■ initVar()関数で兵の向きを管理するtr_dir[][]に1（上向きの値）を代入（太字部分）

```
function initVar() {//配列、変数に初期値を代入
    var i, x, y;
    for(i=0; i<EMAX; i++) emy_life[i] = 0;
    for(y=0; y<12; y++) {
        for(x=0; x<15; x++) {
            troop[y][x] = 0;
            tr_dir[y][x] = 1;
        }
    }
}
```

兵の向きの初期値を代入

■ drawSoldier()関数で確認用に兵の攻撃範囲を表示（太字部分）

```
function drawSoldier(x, y, n, d, a) {//兵を描く
    var sx = (n-1)*288 + a*72;
    var sy = (d-1)*72;
    drawImgTS(4, sx, sy, 72, 72, x, y, 72, 72);
    lineW(1);
    sCir(x+SIZE/2, y+SIZE/2, CARD_RADIUS[n-1], "cyan");
}
```

線の太さを指定
攻撃できる半径の円を表示

■ action()関数に兵の攻撃速度を追加（太字部分）

```
function action() {//兵の行動
    for(var y=0; y<12; y++) {
        for(var x=0; x<15; x++) {
            var n = troop[y][x];
            if(n>0 && tmr%CARD_SPEED[n-1]==0) attack(x, y, n);
        }
    }
}
```

兵ごとに攻撃速度の違いを
設ける

■ attack()関数に引数を追加し、兵の攻撃範囲を加える。また攻撃した相手の方を向くようにする（太字部分）

```
function attack(x, y, n) {//敵を攻撃する
    var cx = x*SIZE + SIZE/2;//──┐兵の中心座標
    var cy = y*SIZE + SIZE/2;//──┘
    lineW(10);
    for(var i=0; i<EMAX; i++) {
        if(emy_life[i]>0 && emy_dmg[i]==0) {
            if(getDis(emy_x[i], emy_y[i], cx, cy) <= CARD_RADIUS[n-1]) {
                line(emy_x[i], emy_y[i], cx, cy, "white");
                emy_dmg[i] = 2;
                if(emy_y[i] < cy) tr_dir[y][x] = 1;
                if(emy_y[i] > cy) tr_dir[y][x] = 2;
                if(emy_x[i] < cx) tr_dir[y][x] = 3;
                if(emy_x[i] > cx) tr_dir[y][x] = 4;
                return true;//trueを返す
            }
        }
    }
    return false;
}
```

兵ごとに攻撃範囲の
違いを設ける

──敵との位置関係を
調べtr_dir[][]
に値を代入し、敵の
──方を向くようにする

attack()関数の引数は前のプログラムまでxとyでしたが、nという引数を加えています。nで兵の

種類 (戦士1、神官2、射手3、魔法使い4) を受け取ります。

◀ **配列の説明** ▶

CARD_RADIUS[]	兵の攻撃範囲
CARD_SPEED[]	兵の攻撃速度
tr_dir[][]	兵の向き

攻撃速度と攻撃範囲

　敵を攻撃するタイミングは、action()関数に記述してあります。前のtower0612.jsではそのタイミングをtmr%3==0としていたのを、このプログラムでtmr%CARD_SPEED[兵の種類]==0に変更しました。

　またattack()関数の敵を攻撃する距離 (円の半径) をtower0612.jsでは108としていましたが、それをCARD_RADIUS[兵の種類]に変更しました。

　攻撃速度と範囲に関しては、難しい処理を組み込んでいないことがわかると思います。キャラクターの個性を出すことは、実はさほど難しくありません。数値の違いだけで設定できる能力差の組み込みは、ここで行ったように能力値を配列などで定義し、プログラムに書き加えるだけで済みます。

兵の向き

　兵の向きを変える部分を、抜き出して説明します。attack()関数の次のコードです。

```
if(emy_y[i] < cy) tr_dir[y][x] = 1;//──敵の方を向く
if(emy_y[i] > cy) tr_dir[y][x] = 2;//  │
if(emy_x[i] < cx) tr_dir[y][x] = 3;//  │
if(emy_x[i] > cx) tr_dir[y][x] = 4;//──┘
```

　変数cx、cyが兵の画面上の座標です。敵キャラのY座標の値がcyより小さいなら、その敵は兵より画面上方にいるので、兵の向きを管理するtr_dir[]に1を代入します。下と左右に関しても同様に座標の大小関係を調べ、向きを変えています。

　兵を描くdrawSoldier()関数に、6-11の段階で向きを指定する引数dを組み込んであります。

```
function drawSoldier(x, y, n, d, a) {//兵を描く
    var sx = (n-1)*288 + a*72;
    var sy = (d-1)*72;
    drawImgTS(4, sx, sy, 72, 72, x, y, 72, 72);
}
```

　この関数を呼び出す時、drawSoldier(cx, cy, n, tr_dir[y][x], CHR_ANIMA[int(tmr/4)%4])と向きの値を渡し、攻撃する方を向くようにしています。

6-14

兵の体力を設定する

◆ ◆ ◆ ◆ ◆ ◆ ◆ ◆ ◆

兵に体力を設定し、敵を攻撃すると値が減るようにします。そして、体力が無くなった兵は動かなくなるようにします。

体力も配列で管理する

盤面にいる兵をtroop[][]という二次元配列で管理しています。兵の体力もtr_life[][]という二次元配列を用意して管理します。

兵の種類ごとに体力の最大値を変えます。その値は CARD_LIFE = [200, 80, 160, 120] と定義します。戦士が最も体力があり、神官が最も少ない設定にします。

この処理を組み込んだプログラムを確認します。次のHTMLを開き、配置した兵に体力値が表示されることを確認しましょう。敵を攻撃するとその値が減り、0になると動かなくなります。兵の体力は敵を攻撃するごとに1減ります。

◀ 動作の確認 ▶ action0614.html

図6-14-1 実行画面

死んだんじゃない・・・
おなかが空いて
動けないだけ・・・

※このプログラムに新たな画像は用いていません。

◆ **ソースコード**　tower0614.jsより抜粋

■ メインループで盤面をクリックして兵を配置する時、tr_life[][]に体力値を代入（太字部分）

```
function mainloop() {
    ≀  省略
    var x = int(tapX/SIZE);//─┐
    var y = int(tapY/SIZE);//─┘ マウスポインターのマス
    if(0<=x && x<15 && 0<=y && y<12) {//盤面上
        var n = troop[y][x];//その位置の兵
        if(tapC == 1) {//クリックした時
            tapC = 0;
            if(n == 0 && stage[y][x] == 0) {
                troop[y][x] = sel_card+1;//兵を配置
                tr_life[y][x] = CARD_LIFE[sel_card];    ── 兵の体力値を代入
            }
        }
    }
    drawBG();
    ≀  省略
}
```

■ drawBG()関数で兵を表示する時、体力のある兵はアニメーションし、体力0の兵は動かない白黒画像とする（太字部分）

```
function drawBG() {//ゲーム画面を描く
    drawImg(0, 0, 0);
    lineW(1);
    for(var y=0; y<12; y++) {
        for(var x=0; x<15; x++) {
            ≀  省略
            var n = troop[y][x];
            if(n > 0) {
                var a = 3;//アニメーション用               ┐
                var lif = tr_life[y][x];                   ├ 体力があるなら
                if(lif > 0) a = CHR_ANIMA[int(tmr/4)%4];   ┘ アニメさせる
                drawSoldier(cx, cy, n, tr_dir[y][x], a);
                fText(lif, cx+SIZE/2, cy+56, 24, "white");
            }
        }
    }
}
```

■ initVar()関数でtr_life[][]に0を代入（太字部分）

```
    for(y=0; y<12; y++) {
        for(x=0; x<15; x++) {
            troop[y][x] = 0;
            tr_dir[y][x] = 1;
            tr_life[y][x] = 0;        ── 兵の体力値をリセットする
        }
    }
```

■action()関数を改良し、体力のある兵だけ敵を攻撃する。そして兵の体力を減らす（太字部分）

```
function action() {//兵の行動
    for(var y=0; y<12; y++) {
        for(var x=0; x<15; x++) {
            var n = troop[y][x];
            var l = tr_life[y][x];
            if(n>0 && l>0 && tmr%CARD_SPEED[n-1]==0) {
                var a = attack(x, y, n);
                if(a == true) tr_life[y][x]--;
            }
        }
    }
}
```

変数lに体力を代入
体力のある場合に
敵を攻撃する
攻撃したら体力を減らす

配列の説明

CARD_LIFE[]	兵の体力の最大値
tr_life[][]	兵の体力

兵の画像ファイルには、モノクローム（白黒）の絵が入っています。体力が無くなった兵は、その絵を表示するようにしています。その部分を抜き出して説明します。drawBG()関数の次のコードです。

```
var n = troop[y][x];
if(n > 0) {
    var a = 3;//アニメーション用
    var lif = tr_life[y][x];
    if(lif > 0) a = CHR_ANIMA[int(tmr/4)%4];//体力があるならアニメさせる
    drawSoldier(cx, cy, n, tr_dir[y][x], a);
    fText(lif, cx+SIZE/2, cy+56, 24, "white");
}
```

兵の絵のパターンは次のように並んでいます。

var a = 3 として、一旦、3番の白黒のパターンを指定しておき、体力があれば a = CHR_ANIMA[int(tmr/4)%4] として0〜2番のカラーのパターンを指定します。これで体力があるうちはカラーの絵で足踏みし、体力が無くなったらモノクロームの絵を表示して動かなくなります。

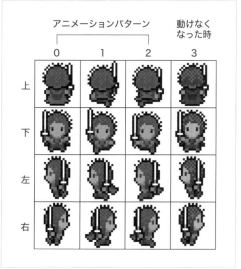

図6-14-2　兵の絵のパターン

6-15

仲間を回復する能力を組み込む

◆ ◆ ◆ ◆ ◆ ◆ ◆ ◆

神官の上下左右のマスに味方の兵がいる時、神官がその兵の体力を回復するようにします。

神官の回復能力について

　ファンタジー世界が舞台の作品で、神官や僧侶などのキャラクターに仲間を回復できる能力を持たせることは、コンピューターゲームの定番的な設定です。このタワーディフェンスにも神官の回復能力を組み込みます。この能力は、神官をどのマスに配置すると有利になるかというゲームの攻略方法に影響を与えるものになります。

隣接するマスを調べる

　troop[][]とtr_life[][]という配列で、盤面に配置した兵とその体力を管理しています。神官の上下左右に位置するそれらの値を調べれば、体力の減った味方がいるかがわかります。

　次のHTMLを開いて、兵を何体か配置しましょう。例えば戦士を通路沿いに置いて敵を攻撃させ、戦士の隣に神官を置きます。戦士の体力が減ると神官が回復してくれる様子を確認してください。

◀ 動作の確認　action0615.html

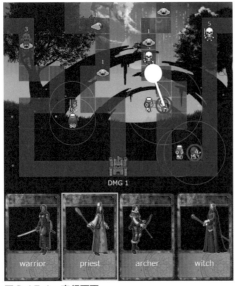

図6-15-1　実行画面

※このプログラムに新たな画像は用いていません。

tower0615.jsより抜粋

■ どの兵が回復能力を持つかを配列で定義

```
var CARD_CURE = [0, 1, 0, 0];                          値が0より大きいなら回復能力がある
```

■ action()関数で神官が敵を攻撃しない時、仲間を回復するrecover()関数を呼び出す（太字部分）

```
function action() {//兵の行動
    for(var y=0; y<12; y++) {
        for(var x=0; x<15; x++) {
            var n = troop[y][x];
            var l = tr_life[y][x];
            if(n>0 && l>0 && tmr%CARD_SPEED[n-1]==0) {
                var a = attack(x, y, n);
                if(a == true)//攻撃したらライフが減る
                    tr_life[y][x]--;
                else if(CARD_CURE[n-1] > 0)         回復能力があるなら
                    recover(x, y, n);               recover()関数を呼び出す
            }
        }
    }
}
```

■ 仲間を回復するrecover()関数を用意

```
function recover(x, y, n) {//仲間を回復する
    var d = 1+rnd(4);                                   ──上下左右いずれかの
    var tx = x + XP[d];                                     マスを調べる
    var ty = y + YP[d];
    if(0<=tx && tx<15 && 0<=ty && ty<12) {
        var tr = troop[ty][tx];                         ──そのマスに兵が配置
        if(tr > 0) {                                        されており
            if(tr_life[ty][tx] < CARD_LIFE[tr-1]) {         体力が減っていれば
                tr_life[ty][tx] += CARD_CURE[n-1];          体力を増やす
                if(tr_life[ty][tx] > CARD_LIFE[tr-1]) tr_life[ty][tx] = CARD_
LIFE[tr-1];
                tr_dir[y][x] = d;
                lineW(8);
                sCir(tx*SIZE+SIZE/2, ty*SIZE+SIZE/2, int(SIZE*0.5), "blue");  仲間を回復させる
            }                                                                演出を青い円で描く
        }
    }
}
```

CARD_CURE[]	その兵が回復能力を持つか

4種類の兵のうちどれが回復能力を持つかを、CARD_CURE = [0, 1, 0, 0] と定義します。値0は能力を持たない、1以上が能力を持つものとします。1という値は、回復処理1回ごとに仲間の体力をどれだけ回復できるかという数値にします。例えば5にすれば、1回ごとに5ずつ体力を回復するようになります。recover()関数の tr_life[ty][tx] += CARD_CURE[n-1] がその計算式です。

　このように、あらかじめキャラクターの能力をデータとして定義しておけば、調整がしやすいだけでなく、例えば魔法使いにも回復能力を持たせるといった変更も簡単に行うことができます。

　recover()関数では、上下左右いずれかのマスをランダムに調べ、体力の減った兵がいるなら回復させる計算を行っています。その際、回復する相手がいる方に神官の向きを変えています。また円を描くsCir()関数で、回復する兵に青い円を表示し、回復の演出としています。

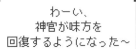

HINT　ゲームキャラの個性

　コンピューターゲームにおけるキャラクターの個性は、大きく次の2つに分けられます。

❶ ゲーム進行に直接影響を及ぼす能力

　身体能力の違いや、使える魔法や必殺技の種類などが挙げられます。このタワーディフェンスでは、6-13、6-14、6-15で4種類の兵にその個性を盛り込みました。シミュレーションゲームはこの個性が攻略要素に直結し、ゲームが面白くなるかどうかに深く関わってきます。

❷ 物語上のキャラクターの性格

　ゲームでは、主に会話シーンでの台詞回しや口調により性格面での個性が表現されます。シナリオが重視されるゲームでは、アニメや映画などと同様に、一癖も二癖もあるキャラ達が物語を盛り上げてくれるものです。

6 - 16

カードに魔力を設定する

◆ ◆ ◆ ◆ ◆ ◆ ◆ ◆ ◆

カード1枚ごとに魔力というパラメーターを用意し、魔力が自動的に溜まっていくようにします。そして、魔力が満ちたカードから兵を召喚できるようにします。

プレイヤーは召喚士

このゲームは、魔力を持つカードから兵を召喚して魔物軍の侵攻を防ぐ内容で、プレイヤーは"召喚士"という設定にします。プレイヤー自身が主人公というわけです。

魔力をバーで表示する

各カードの魔力をcard_power[]という配列で管理します。それぞれのカードにバーを描き、魔力が溜まる過程を表示します。また、配置した兵を再度クリックすると召喚を解除できるようにします。解除した兵は盤面から消え、その兵のカードの魔力をバーの半分ほど増やし、再び召喚しやすくします。

次のHTMLを開いて、これらの内容を確認してください。

◆ **動作の確認** 　action0616.html

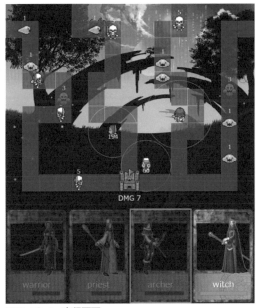

図6-16-1　実行画面

※このプログラムに新たな画像は用いていません。

カードでキャラを召喚・・・
そしてキャラをカードに召還・・・

◆ ソースコード　tower0616.js より抜粋

■ メインループに魔力を増やす計算、魔力の満ちたカードからの召喚、盤面上の兵の解除、魔力を最大値より
増やさない計算を追記（太字部分）

```
function mainloop() {
    tmr++;
    if(tmr%10 < 5) card_power[rnd(CARD_MAX)] += 1;          魔力をランダムに
                                                           増やす
    if(tapC == 1 && tapY > 864) {
        tapC = 0;
        var c = int(tapX/270);
        if(0<=c && c<CARD_MAX) sel_card = c;
    }
    var x = int(tapX/SIZE);//――マウスポインターのマス
    var y = int(tapY/SIZE);//――
    if(0<=x && x<15 && 0<=y && y<12) {//盤面上
        var n = troop[y][x];//その位置の兵
        if(tapC == 1) {//クリックした時
            tapC = 0;
            if(n == 0 && stage[y][x] == 0) {
                if(card_power[sel_card] >= 100) {          カードの魔力が満タン
                    troop[y][x] = sel_card+1;//兵を配置     なら兵を配置する
                    tr_life[y][x] = CARD_LIFE[sel_card];
                    card_power[sel_card] = 0;              召喚したら魔力を
                }                                          0にする
            }
            if(n > 0) {//兵がいる場合                        兵のいるマスを
                card_power[n-1] += 50;                     クリックしたら魔力を
                troop[y][x] = 0;//兵を回収                   50増やし兵を消す
            }
        }
    }
    for(var i=0; i<CARD_MAX; i++) {                        魔力が上限を超えない
        if(card_power[i] > 100) card_power[i] = 100;       ようにする
    }
    drawBG();
    drawCard();
    action();
    if(tmr%30 == 0) setEnemy();
    castle_x = 7*SIZE;
    castle_y = 10*SIZE;
    moveEnemy();
    var cp = 0;//城のパターン
    if(damage >= 30) cp = 1;
    if(damage >= 60) cp = 2;
    if(damage >= 90) cp = 3;
    drawImgTS(2, cp*96, 0, 96, 96, castle_x-12, castle_y-24, 96, 96);
    fText("DMG "+damage, 540, 820, 30, "white");
}
```

■ initVar()関数に魔力の初期値の代入を追記（太字部分）

```
function initVar() {//配列、変数に初期値を代入
    var i, x, y;
    for(i=0; i<EMAX; i++) emy_life[i] = 0;
    for(i=0; i<CARD_MAX; i++) card_power[i] = 90;
    for(y=0; y<12; y++) {
        for(x=0; x<15; x++) {
            troop[y][x] = 0;
            tr_dir[y][x] = 1;
            tr_life[y][x] = 0;
        }
    }
}
```

card_power[]にゲーム開始時の値を代入

■ drawCard()関数にバーの表示と、魔力が満ちていないカードを暗くする記述を追記（太字部分）

```
function drawCard() {//カードを描く
    drawImg(3, 0, 864);
    lineW(6);
    for(var i=0; i<CARD_MAX; i++) {
        var x = 270*i;
        var y = 864;
        var c = "#0040c0";//魔力のバーの色
        fText(CARD_NAME[i], x+135, y+320, 36, "white");
        setAlp(50);
        if(card_power[i] < 100)
            fRect(x, y, 270, 400, "black");
        else
            c = FLASH[tmr%6];
        fRect(x+34, y+349, 202, 18, "black");
        fRect(x+35, y+350, card_power[i]*2, 16, c);
        if(i == sel_card) sRect(x+3, y+3, 270-6, 400-6, "cyan");
        setAlp(100);
    }
}
```

変数cにバーの色を代入

半透明のα値の指定
魔力が満ちていなければ
黒い矩形を重ね描きしてカードを暗くする
魔力が満ちていれば
cに明滅色の値を代入する
バーのバックの黒枠を描く
変数cの色でバーを描く

◆ 配列の説明

FLASH[]	バーを明滅させる色の定義
card_power[]	カードの魔力

メインループの中でカードの魔力を増やしている処理を、抜き出して説明します。

```
if(tmr%10 < 5) card_power[rnd(CARD_MAX)] += 1;
```

この1行で、4枚のうちのいずれかのカードの魔力を1ずつ加算しています。tmr%10 < 5 の値を変更することで、魔力が溜まる速さを調整できます。

盤面にいる兵士をクリックすると召喚を解除する部分を、抜き出して説明します。メインループ内に記述した次のコードです。

```
var x = int(tapX/SIZE);//─┐マウスポインターのマス
var y = int(tapY/SIZE);//─┘
if(0<=x && x<15 && 0<=y && y<12) {//盤面上
    var n = troop[y][x];//その位置の兵
    if(tapC == 1) {//クリックした時
        tapC = 0;
        ⟨　省略
        if(n > 0) {//兵がいる場合
            card_power[n-1] += 50;
            troop[y][x] = 0;//兵を回収
        }
    }
}
for(var i=0; i<CARD_MAX; i++) {//魔力が上限を超えていないか
    if(card_power[i] > 100) card_power[i] = 100;
}
```

　if(n > 0)のブロックでcard_power[]を50増やし、troop[][]に0を代入して兵を消しています。また、for(var i=0; i<CARD_MAX; i++)というfor文で、魔力が最大値の100を超えないようにしています。

　カードを描くdrawCard()関数では、魔力が100未満のカードに黒の半透明の矩形を重ね描きし、カードを暗い色にしています。魔力のバーはcard_power[]の値に応じて伸びていくようにし、魔力が満ちたらFLASH = ["#2040ff", "#4080ff", "#80c0ff", "#c0e0ff", "#80c0ff", "#4080ff"]で定義した色の値を使って明滅させています。

いよいよ次で
完成・・・

6-17

タワーディフェンスの完成

◆ ◆ ◆ ◆ ◆ ◆ ◆ ◆

タイトル画面→ゲームをプレイ→ステージクリアもしくはゲームオーバーという一連の流れを組み込み、タワーディフェンスを完成させます。

追加する処理

ゲームを完成させるために、次の処理を追加します。このゲームでは、各ステージを "シーズン" と呼ぶことにします。

- ・城のダメージが100以上になるとゲームオーバー
- ・ゲーム中、タイムを減らし、0になるとシーズンクリア
- ・4つのシーズンをクリアするとオールクリア
- ・シーズンごとに背景と敵の色を変える
- ・シーズンが進むほど敵の体力を多くし、敵の歩く速さを上げる
- ・城が受けるダメージは、城に侵入した敵の体力の値とする
- ・残り1分を切ると敵が総攻撃を仕掛ける（大量の敵が出現）
- ・盤面上の兵にマウスポインターを載せると、その兵の攻撃範囲がわかる
- ・カードに魔力が溜まり、兵を配置できるようになった時、選んでいる兵をマス目上に半透明で表示し、配置位置をわかりやすくする
- ・BGMとジングルの出力

更に、タイトル画面で「Saint Quartet」という文字の下で魔法陣を回転させ、演出に工夫を凝らします。

最後に、攻略しがいの
あるしかけや、
もっと遊びやすくする
工夫を組み込むよ・・・

完成版の動作確認

タワーディフェンスの完成版の動作とプログラムを確認します。

◀ **動作の確認** ▶　tower.html

※前節までのようにtower06**.htmlでなく、単にtower.htmlというファイル名です。

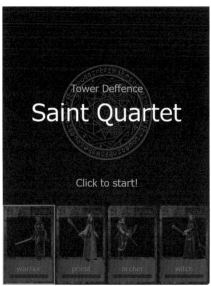

図6-17-1　**動作画面**

◀ **用いる画像** ▶

mcircle.png　　　　　bg2.png　　　　　　bg3.png　　　　　　bg4.png

背景画像はゲームをスタートするタイミングで読み込んでいます。

◀ **ソースコード** ▶　tower.jsより抜粋

■ setup()関数で画像とサウンドのファイルを読み込む

```
function setup() {
    canvasSize(1080, 1264);
    var IMG = ["bg1", "enemy", "castle", "card", "soldier", "mcircle"];     ┐画像ファイルを
    for(var i=0; i<IMG.length; i++) loadImg(i, "image/" + IMG[i] + ".png"); ┘読み込む
    var SND = ["battle", "win", "lose", "victory"];                         ┐サウンドファイル
    for(var i=0; i<SND.length; i++) loadSound(i, "sound/" + SND[i] + ".m4a"); ┘を読み込む
}
```

■ メインループにゲーム開始から終了までの流れをswitch case文で組み込む（idxとtmrによるゲーム
進行管理、太字部分）

```
function mainloop() {
    tmr++;//タイマー用の変数を常時カウントしておく
    if(idx > 0) drawBG();
    drawCard();

    switch(idx) {
        case 0://タイトル画面
        fRect(0, 0, 1080, 864, "black");
        drawImgR(5, 540, 400, tmr);//魔法陣
        fText("Tower Deffence", 540, 280, 50, "skyblue");
        fText("Saint Quartet", 540, 400, 120, "white");
        if(tmr%60 < 30) fText("Click to start!", 540, 754, 50, "skyblue");
        if(tapC > 0) {//クリックされたら変数に初期値を代入する
            season = 1;
            initVar();
            idx = 1;//ゲームに移行
            tmr = 0;
        }
        break;

        case 1://ゲーム中
        if(tmr == 1) playBgm(0);
        if(tmr < 90) fText("SEASON "+season+" START", 540, 400, 60, "white");
        if(tmr%10 < 5) card_power[rnd(CARD_MAX)] += 1;
        if(tapC == 1 && tapY > 864) {//カードをクリックしたか
            tapC = 0;
            var c = int(tapX/270);
            if(0<=c && c<CARD_MAX) sel_card = c;
        }
        var x = int(tapX/SIZE);//┐マウスポインターのマス
        var y = int(tapY/SIZE);//┘
        if(0<=x && x<15 && 0<=y && y<12) {//盤面上
            var cx = x*SIZE+SIZE/2;
            var cy = y*SIZE+SIZE/2;
            if(card_power[sel_card] >= 100) {//配置する兵
                setAlp(50);
                fCir(cx, cy, CARD_RADIUS[sel_card], "cyan");
                drawSoldier(cx-SIZE/2, cy-SIZE/2, sel_card+1, 1, 0);
                setAlp(100);
            }
            var n = troop[y][x];//その位置の兵
            if(n > 0) {//攻撃範囲を表示
                lineW(3);
                sCir(cx, cy, CARD_RADIUS[n-1], "cyan");
            }
            if(tapC == 1) {//クリックした時
                tapC = 0;
                if(n == 0 && stage[y][x] == 0) {//兵はおらず配置できる場所なら
                    if(card_power[sel_card] >= 100) {//カードの魔力が満タンなら
                        troop[y][x] = sel_card+1;//兵を配置
                        tr_life[y][x] = CARD_LIFE[sel_card];//体力値を代入
                        card_power[sel_card] = 0;
                    }
                }
```

タイトル画面
の処理

ゲーム中の
処理

つづく▶

6

319

```
                if(n > 0) {//兵がいる場合
                    card_power[n-1] += 50;
                    troop[y][x] = 0;//兵を回収
                }
            }
        }
        for(var i=0; i<CARD_MAX; i++) {//魔力が上限を超えていないか
            if(card_power[i] > 100) card_power[i] = 100;
        }
        action();
        if(gtime>30*10 && gtime%45==0) setEnemy();
        if(gtime>30*10 && gtime<30*60 && gtime%10==0) setEnemy();//総攻撃
        castle_x = 7*SIZE;
        castle_y = 10*SIZE;
        moveEnemy();
        var cp = 0;//城のパターン
        if(damage >= 30) cp = 1;
        if(damage >= 60) cp = 2;
        if(damage >= 90) cp = 3;
        drawImgTS(2, cp*96, 0, 96, 96, castle_x-12, castle_y-24, 96, 96);
        fText("DMG "+damage, 540, 820, 30, "white");
        gtime--;
        fText("TIME "+int(gtime/30/60)+":"+digit0(int(gtime/30)%60,2), 920,
30, 40, "white");
        if(damage >= 100) {//城を壊される
            idx = 2;
            tmr = 0;
        }
        if(gtime == 0) {//シーズンクリア
            idx = 3;
            tmr = 0;
        }
        break;

    case 2://ゲームオーバー
        if(tmr == 1) stopBgm();
        if(tmr == 2) playSE(2);
        fText("GAME OVER", 540, 360, 60, "red");
        if(tmr > 30*10) idx = 0;
        break;

    case 3://シーズンクリア
        if(tmr == 1) stopBgm();
        if(tmr == 2) playSE(1);
        fText("SEASON CLEAR", 540, 360, 60, "cyan");
        if(tmr > 30*8) {
            if(season == 4) {
                idx = 4;
                tmr = 0;
            }
            else {
                season++;
                initVar();
                idx = 1;
                tmr = 0;
            }
```

ゲームオーバー
の処理

シーズンクリア
の処理

つづく▶

```
        }
        break;

        case 4://エンディング
        if(tmr == 1) playSE(3);
        fText("ALL SEASON CLEAR!", 540, 360, 60, "pink");
        if(tmr > 30*12) {
            idx = 0;
            tmr = 0;
        }
        break;
    }
```

全ステージ
クリア時の
処理

■ setEnemy()関数でシーズンが進むほど敵の体力と歩く速さの値を大きくする（太字部分）

```
function setEnemy() {//敵を出現させる
    var r = rnd(4);
    var sp = rnd(3);
    for(var i=0; i<EMAX; i++) {
        if(emy_life[i] == 0) {
            emy_x[i] = ESET_X[r]*SIZE+SIZE/2;
            emy_y[i] = ESET_Y[r]*SIZE+SIZE/2;
            emy_d[i] = 0;
            emy_s[i] = 1+sp+int(season/2);
            emy_t[i] = 0;
            emy_life[i] = 1+season*2+sp*3;
            emy_species[i] = sp;
            emy_dmg[i] = 0;
            break;
        }
    }
}
```

敵の歩く速さを代入

敵の体力を代入

■ moveEnemy()関数を変更し、城が受けるダメージを敵の体力値とする。またシーズンごとに敵の色を変える（太字部分）

```
function moveEnemy() {//敵を動かす（表示も行う）
    for(var i=0; i<EMAX; i++) {
        if(emy_life[i]  > 0) {
            if(emy_t[i] == 0) {
                var d = stage[int(emy_y[i]/SIZE)][int(emy_x[i]/SIZE)];
                if(d == 5) {
                    castle_x = castle_x + rnd(11)-5;
                    castle_y = castle_y + rnd(11)-5;
                    damage = damage + emy_life[i];
                    emy_life[i] = 0;
                }
                else {
                    emy_d[i] = d;//向き
                    emy_t[i] = int(SIZE/emy_s[i]);
                }
            }
            if(emy_t[i] > 0) {
                emy_x[i] += emy_s[i]*XP[emy_d[i]];
                emy_y[i] += emy_s[i]*YP[emy_d[i]];
                emy_t[i]--;
            }
```

城が受けるダメージ
を敵の体力値とする

つづく

6

```
        var sx = emy_species[i]*216 + CHR_ANIMA[int(tmr/4)%4]*72;
        var sy = (emy_d[i]-1)*72 + (season-1)*288;
        drawImgTS(1, sx, sy, 72, 72, emy_x[i]-SIZE/2, emy_y[i]-SIZE/2, 72, 72);
        if(emy_dmg[i] > 0) {
            emy_dmg[i]--;
            if(emy_dmg[i]%2 == 1) fCir(emy_x[i], emy_y[i], int(SIZE*0.6), "white");
            if(emy_dmg[i] == 0) emy_life[i]--;
        }
    }
  }
}
```

seasonの値に
よって画像の
切り出し位置
を変える

■ initVar()関数で、ダメージとタイムに初期値を代入、色違いの背景画像を読み込む（太字部分）

```
function initVar() {//配列、変数に初期値を代入
    var i, x, y;
    for(i=0; i<EMAX; i++) emy_life[i] = 0;
    for(i=0; i<CARD_MAX; i++) card_power[i] = 90;
    for(y=0; y<12; y++) {
        for(x=0; x<15; x++) {
            troop[y][x] = 0;
            tr_dir[y][x] = 1;
            tr_life[y][x] = 0;
        }
    }
    damage = 0;
    gtime = 3*60*30;
    loadImg(0, "image/bg"+season+".png");//背景画像を読み込む
}
```

ダメージ値をリセット
gtimeにタイムの値を代入
背景画像を読み込む

◆ 変数の説明 ▶

idx、tmr	ゲーム進行を管理
season	シーズン（ステージ）番号
gtime	タイム（残り時間）

インデックスによるゲーム進行管理

idxとtmrという変数で、ゲーム全体の流れを管理します。

表6-17-1　インデックスによるゲーム進行管理

idx の値	どのシーンか
0	タイトル画面
1	ゲームをプレイ
2	ゲームオーバー
3	シーズンクリア
4	エンディング

ゲーム全体の流れを説明します。

idxの値0がタイトル画面の処理です。マウスボタンをクリックするか画面をタップすると、initVar()関数で各種の変数にゲーム開始時の値を代入し、idxを1にしてゲームをスタートします。

idxの値1がゲーム中の処理で、カードを選ぶ、盤面に兵を配置するなどのコードを case 1 のブロックに記述しています。用意した各種の関数で兵と敵の処理を行い、城のダメージが100以上になったらidxを2にしてゲームオーバーに移行します。またゲーム中はタイムを減らし、0になったらidxを3にしてシーズンクリアの処理に移行します。

idxが2の時、GAME OVERの文字を表示し、一定時間が経過したらidxを0にしてタイトル画面に戻します。

idxが3の時、SEASON CLEARの文字を一定時間、表示します。そして4シーズンクリアしていればidxを4にしてエンディングへ移行します。4シーズン未満ならseasonの値を+1し、各種の変数にゲーム開始時の値を入れ、idxを1にして次のシーズンをスタートします。

idxが4の時、ALL SEASON CLEAR!と表示後、タイトル画面に戻しています。

タイムについて

このゲームはゲーム開発エンジンWWS.jsの標準のフレームレートである、30フレーム／秒で動いています（1秒間に約30回の処理が行われる）。

1シーズン3分間、城を守り抜くとクリアで、その時間を変数gtimeで管理しています。gtimeにはゲーム開始時に3(分)×60(秒)×30(フレーム)を代入し、ゲーム中にgtime--として値を減らしています。

タイムを「○分□秒」と表示するために、次のような計算を行っています。

```
fText("TIME "+int(gtime/30/60)+":"+digit0(int(gtime/30)%60,2), 920, 30, 40, "white");
```

int(gtime/30/60)で"分"の値を作り、int(gtime/30)%60で"秒"の値を作っています。digit0(数値,桁数)は、数の左側を0で埋めた指定の桁数の文字列を返す、WWS.jsに用意された関数です。

総攻撃について

タイムが残り1分を切ると総攻撃が始まり、次々と敵キャラが出現するようにしています。大量の敵が出現することでプレイヤーの緊張感が高まり、敵と仲間の兵が激しく戦闘を繰り広げる様子で画面に絵的な豪華さが加わります。総攻撃はゲームが盛り上がる場面であり、タワーディフェンスの醍醐味になります。

敵の出現は、メインループにある次のコードで行っています。

```
if(gtime>30*10 && gtime%45==0) setEnemy();
if(gtime>30*10 && gtime<30*60 && gtime%10==0) setEnemy();//総攻撃
```

上の行が通常の敵の出現タイミングで、下の行が総攻撃時の出現タイミングです。通常はgtime%45==0で1.5秒ごとに出現させ、総攻撃時はgtime%10==0で1秒間に3回出現させています。

兵の攻撃範囲がわかるようにする

カードを選んで兵を配置する際には、兵の画像とともに攻撃範囲を半透明の水色の円で表示するようにしました。兵をどのマスに置くべきかを判断しやすくするためです。また、配置した兵にマウスポインターを合わせると、その兵の攻撃範囲が水色の線の円で表示されるようにしました。このように、必要な情報をプレイヤーに伝えることも大切です。

シーズンごとに背景と敵の色を変える

シーズンごとに用意されている背景画像を、ゲーム開始時にinitVar()関数の次のコードで読み込んでいます。

```
loadImg(0, "image/bg"+season+".png");//背景画像を読み込む
```

色違いの敵はenemy.pngに全て並んでおり、seasonの値に応じて画像の切り出し位置を変えています。moveEnemy()関数にある次の太字部分が、切り出し位置を変える計算です。

```
var sx = emy_species[i]*216 + CHR_ANIMA[int(tmr/4)%4]*72;
var sy = (emy_d[i]-1)*72 + (season-1)*288;
drawImgTS(1, sx, sy, 72, 72, emy_x[i]-SIZE/2, emy_y[i]-SIZE/2, 72, 72);
```

敵キャラクターのパラメーターについて

3種類の敵のパラメーターを表にします。

体力と移動速度は、シーズン1→シーズン2→シーズン3→シーズン4でどのように増えていくかという値を示しています。これらの値は、setEnemy()関数で計算し、敵を管理する配列に代入しています。

表6-17-2　敵の種類とパラメーター

名称	スライム	ゴースト	スケルトン
体力	3→5→7→9	6→8→10→12	9→11→13→15
移動速度	1→2→2→3	2→3→3→4	3→4→4→5

タイトル画面の魔法陣

タイトル画面では、魔法陣を回転させています。これはメインループの case 0 のブロックにある次のコードで行っています。

```
drawImgR(5, 540, 400, tmr);//魔法陣
```

drawImgR(画像番号, X座標, Y座標, 回転角)はWWS.jsに備わる、画像を回転させて表示する関数です。引数の座標は画像の中心位置になります。回転角は度（degree）の値で指定します。

BGMとジングルの追加

サウンドの追加は、これまでの各章で行ったのと同じ処理です。プログラムと同じ階層のsoundフォルダに音楽ファイルを入れ、setup()関数にloadSound()を記述してファイルを読み込みます。BGMの出力と停止はplayBgm(番号)とstopBgm()で行います。ジングルは、音を1回だけ出力するplaySE(番号)で鳴らしています。

やった～！
本格的なタワーディフェンスが
完成～！

いろんな要素を組み込んだから
大変だったけど・・・
その分、面白いゲームになったね・・・

6 - 18

もっと面白くリッチなゲームにする

◆ ◆ ◆ ◆ ◆ ◆ ◆ ◆ ◆

タワーディフェンスをより楽しく、リッチな内容に改良する方法を説明します。

【案1】 ステージによって通路を変える

　完成させたゲームは4つのシーズンとも通路の形が同じですが、先へ進むごとに通路を変化させれば、兵をどう配置すべきかをもっと考える必要が出てきます。シミュレーションゲームはゲーム内の問題を解決していく過程を楽しむものであり、色々な通路を用意することでもっと面白くできます。

　このゲームのステージデータは通路の向きと城の位置を定義しているだけなので、追加や変更は難しくありません。ステージを増やす方法は、5章の横スクロールアクションゲームのコラムも参考にしてください。

　なお、通路の形を変えると難易度が変わります。難しくなりすぎると面白さを損なうので、通路を変更する場合は、難易度調整も合わせて行う必要があります。

【案2】 味方キャラのレベルアップやクラスチェンジを行う

　クラスチェンジとは、キャラクターが上級の職業になり、能力が増すことです。例えばロールプレイングゲームのキャラクターには、一般的にレベルや経験値というパラメーターが設けられており、一定のレベルに達したキャラクターがクラスチェンジします。

　タワーディフェンスでも、特定の条件で味方キャラがクラスチェンジすると、ゲームを攻略するための要素が増え、内容が豪華になります。

　具体的な組み込み方法ですが、例えば、各兵に経験値というパラメーターを設け、敵を攻撃するとその値が増えるようにします。そして一定の経験値が溜まると、能力の高いキャラに変化するようにします。クラスチェンジした兵は攻撃速度を増やしたり、攻撃範囲を広くしたりします。

　市販のゲームソフトでは、クラスチェンジ後に見た目（衣装などのデザイン）も変化しますが、個人作者が作るゲームならキャラクターの色を変える程度でよいでしょう。

【案3】 世界観を変える

　3章の落ち物パズルの改良法としても提案しましたが、デザインを変更して世界観を変えると、面白さも変わってきます。

　今回は多くの人に好まれる"剣と魔法のファンタジー世界"をテーマにしていますが、例えば和風のイメージに変更してキャラクターを忍者や武者に変えても面白いでしょう。またロボットアニメが好きな方なら、敵キャラを敵軍のロボット、味方キャラを大砲などの武器に変更してはいかがでしょうか。

他には巨大生物VS地球防衛軍という設定で、敵キャラを巨大生物に、味方キャラを戦車に変えたり、恐竜VSハンターという設定で、敵キャラを恐竜に、味方キャラをハンターに変えたりするなど、アイデアは無限に膨らみます。ぜひお好みの世界観のタワーディフェンスに仕上げてみましょう。

「そうしたいけど、絵を描くのが苦手」という方は、インターネットで検索して使えるものを探してみましょう。たいていのデザイン素材をネットで見つけることができます。ただし3章の落ち物パズルの改良法でも述べましたが、**ネットから手に入れた素材を使う時は、著作権を侵害しないように、著作物を使う際のルールと、素材の配布元が定めた規約を守る**ようにしてください。

--- COLUMN ---

ゲームハードの多様化と遊び方の変化

現在、コンピューターゲームが遊べる主なハードは、「家庭用ゲーム機」「パソコン」「携帯電話」です。それぞれのハードは年々高性能化し、新しいゲームが続々と開発され、発売、配信され続けています。

家庭用ゲーム機の入力装置は、時代と共に変化してきました。1980年代から90年代にかけて発売されたほぼ全ての家庭用ゲーム機の入力装置は、両手に持って操作するコントローラーでした。コントローラーには方向キーと入力ボタンが付いていて、方向キーでキャラクターを動かし、入力ボタンで何らかのアクションをさせるゲームが当時の主流でした。2章で制作したシューティングゲームや5章の横スクロールアクションは"ゲーム＝コントローラーで遊ぶもの"という時代に一世を風靡したジャンルです。

2000年代になると、タッチスクリーン（触覚センサー付きの液晶パネル）を搭載した携帯型ゲーム機「Nintendo DS」が登場します。また、片手で握って操作する入力装置（リモコンと呼ばれます）を持つ据え置き型ゲーム機「Wii」が発売されました。それらの新しい入力方法を生かしたゲームが作られ、2000年代は家庭用ゲームソフトが一層多様化した時代だったと著者は考えています。

パソコンは、マイコンという名前で1970年代後半に登場し、80年代から90年代にかけて家庭に普及していきました。80年代までは多くのパソコンの入力装置はキーボードのみであり、パソコン用に発売されたゲームソフトは必然的にキーボードで遊ぶ内容でした。90年代になるとマウスが普及し、マウスで操作するゲームが増えます。また、パソコンが普及する過程でパソコン用のジョイスティックやジョイパッドが発売され、それらの入力装置で家庭用ゲーム機と同様にゲームをプレイできるようになりました。

携帯電話（ガラケー）は1990年代後半に普及し、2000年代になると携帯電話用のゲームアプリが配信されるようになりました。ガラケーには方向キーと決定ボタンが付いており、携帯電話用のゲームは80〜90年代のゲーム機と同様にボタンで操作する内容でした。2010年代になると、スマートフォンへの移行が進み、ゲームは画面をタップしたり、なぞったりして遊ぶものになりました。

4章で制作したボールアクションの引っ張って飛ばす操作は、スマートフォンならではの入力方法です。また、この章で制作したタワーディフェンスは、パソコン用ゲームとして登場し、スマートフォン用に入力方法が洗練されたことで改めて人気が出たジャンルといえます。

2010年代は、多数のユーザーが様々な形でつながるソーシャルゲームが台頭するなど、遊び方の変化も含め、コンピューターゲームが更に発展を遂げた時代だったのではないでしょうか。

今からでも遅くない! ゲームクリエイターを目指しませんか?

　このコラムは主に、少年少女時代にファミコンやゲームボーイ、初代プレステやセガサターンで遊び、大人になった方たちに向けたメッセージです。

　　ゲームのカセットに名前を書いておいた。
　　人気作品を並んで買った。
　　テレビやゲーム機の奪い合いで兄弟げんかした。
　　父さんが野球を観ている時は遊べなかった。
　　親にゲーム機を隠された。
　　レースゲームやパーティゲームで盛り上がった。
　　次世代機と呼ばれたハードの3DCGにワクワクした。
　　格ゲーや音ゲーにはまった。
　　ゲームはダメと言っていた父や母が、いつしかゲームで遊んでいた。
　　あの頃のゲームは本当に楽しかった・・・

　ゲーム業界が急激に成長したその時代、たくさんの子供達がクリエイターになりたい夢を抱くようになりました。しかし夢を抱いた方の多くは、ゲーム業界とは別の道に進まれたことでしょう。
　もしゲームクリエイターになっていたら、どんな人生だっただろう・・・そのような思いを持つ方がいらっしゃったら、本書でもう一度クリエイターになる夢を追いかけてみませんか?
　今は、個人で作ったものを、誰もがネットで配信できる時代です。仕事を続けながら、休日にクリエイターとして活動すればよいのです。そうすれば、ゲーム業界を目指して転職したが失敗する、などのリスクはありません。
　個人作者や同人チームが開発したゲームもヒットする時代です。お金を目的とせず、作り上げたゲームを無料配布し、ユーザーの反応を見ることも楽しい活動です。ちょっとした小遣い稼ぎを目標にゲームを売り出すこともよいでしょう。また、大きな夢を描き、世界的ヒットを目指してコツコツと開発を続けるのも素晴らしいことです。

　「たいていのことは年齢を問わず、いつからでも始められる。思い立ったが吉日」と著者は考えます。本書をきっかけに、あの頃の夢を実現しようと歩き始める方がいらっしゃれば、とても嬉しいです。

第 **7** 章

ロールプレイングゲーム
前編

この7章と次の8章では、ロールプレイングゲームの制作方法を解説します。ロールプレイングゲームの制作はゲーム開発における最高峰です。ここでいう「最高峰」の意味は2つあります。1つは、ロールプレイングゲームは最も人気のある花形ジャンルで、ロールプレイングゲームを開発できるクリエイターは多くの人たちを楽しませることができるという意味です。もう1つは、ロールプレイングゲームは他のジャンルのゲームより開発が難しく、完成させるには高い技術力が必要という意味です。遊ぶ側からも、作る側からも、様々なゲームジャンルの中でロールプレイングゲームは最も高い山になるというわけです。ロールプレイングゲームを自分の力で完成させることができれば、ゲームプログラマーとして十分な力を身に付けたといえます。本書ではその制作方法を2つの章に分けて丁寧に説明します。

７-1

ロールプレイングゲームとは

ロールプレイングゲームとは主人公や仲間たちのキャラクターを操り、敵と戦うなどして成長させながら、ゲーム内にある世界を冒険するゲームをいいます。ロールプレイングゲームはRole Playing Gameという英単語の頭文字をとって**RPG**と略されます。また "ロープレ" と略して呼ぶ方もいます。ここからはロールプレイングゲームをRPGと呼んで説明します。

２種類のロールプレイングゲーム

　RPGはコンピューターゲーム産業が成長を遂げた1980年代にブームとなり、現在に至るまで長年に渡って高い人気を誇るジャンルです。1980年代に確立されたRPGのゲームシステムは2000年代までそれほど大きくは変化しませんでした。ところが2000年代に携帯電話（ガラケー）が普及し、2010年代にスマートフォンへの移行が進む中で、ゲームシステムが大きく変化したRPGが登場しました。

　つまりRPGは、1980年代から家庭用ゲーム機やパソコン用のゲームとして作り続けられているスタンダードなゲームと、2000年代以降、ガラケーやスマートフォンが普及する中で携帯電話用アプリとして主流となったゲームがあります。この節ではそれらの違いを説明します。

クラシックRPG

　1980年代にゲームシステムが確立され、以後、現在まで作り続けられているロールプレイングゲームを、本書では**クラシックRPG**と呼ぶことにします。

　1980年代初頭、海外で開発された「ウィザードリィ」や「ウルティマ」というパソコン用のRPGが話題になり、日本でもそれらが発売され、当時のパソコンユーザーたちはRPGの面白さを知ることになりました。RPGは瞬く間に人気ジャンルとなり、日本国内の多くのソフトウェア制作会社がRPGを開発、販売するようになりました。

　1980年代にヒットした家庭用ゲーム機「ファミリーコンピュータ」用のRPGとして「ドラゴンクエスト（略称ドラクエ）」や「ファイナルファンタジー（略称ＦＦ）」が発売され、それらは人気シリーズとなります。1990年代には携帯型ゲーム機「ゲームボーイ」用の「ポケットモンスター（略称ポケモン）」が大ヒットし、ポケモンは海外でも人気となります。ドラクエ、ＦＦ、ポケモンは現在も新作がリリースされ続ける人気商品です。そのようなRPGには主に次のようなゲームシステムが採用されています。

　　・街などで情報収集して、フィールドやダンジョンを探索する

　　・敵と戦って経験値を稼ぎ、キャラクターを成長させる

　　・冒険の途中で仲間のキャラクターが増えていく

- 戦闘はコマンド選択式、あるいはそれに類似するシステムになっている
- 戦闘はパーティメンバー（味方）とモンスター（敵）が交互に行動するターン制、あるいは素早さの能力が高いほど多く行動できるルールが採用される
- 最終目標をクリアするとエンディングになる

　ゲームごとに少しずつ異なるルールが設けられており、世界観やストーリーも異なりますが、本書執筆時点で40年近く前に確立されたシステムのゲームが今でも作られており、RPGが長い間、多くのユーザーを獲得して人気を保ってきたことがわかります。

RPGを日本の子ども達に伝導した名作
「ドラゴンクエスト」©1986 SQUARE ENIX CO., LTD.

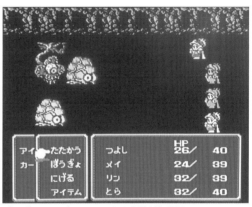

ジョブチェンジシステムや召喚獣が初登場
「ファイナルファンタジーⅢ」
©1990 SQUARE ENIX CO., LTD.

インターネット普及後のRPG

　携帯電話のRPGに話を進める前に、インターネット普及後のRPGについて触れます。

　インターネットが普及する前まで、RPGは1人で黙々とプレイするゲームでしたが、インターネットが普及していく中で、1990年代後半、ネットにつないだパソコンで多人数が参加するタイプのオンラインRPGが登場しました。

　複数のプレイヤーが参加できるオンラインRPGは、はじめパソコン用ゲームとして登場しましたが、家庭用ゲーム機もインターネットにつながるようになった現在、家庭用ゲーム機用の多人数参加型RPGも発売、配信されています。

家庭用ゲーム機初の本格オンラインRPG
「ファンタシースターオンライン」©SEGA

　多人数が同時に参加するオンラインRPGはMMORPG（マッシブリー・マルチプレイヤー・オンライン・ロールプレイングゲーム）やMORPG（マルチプレイヤー・オンライン・ロールプレイングゲーム）と呼ばれます。

携帯電話用RPG

長年に渡り人気を保ってきたRPGですが、代わり映えしないゲームシステムやルールを採用した日本製のクラシックRPG（**JRPG**と呼ばれることもあります）を、否定的に見る方がいることも事実です。そのような家庭用ゲーム機を中心に発売されてきたクラシックRPGと一線を画すシステムで、2000年代に登場したのが、**携帯電話用RPG**です。

2000年代になると携帯電話が急速に普及し、携帯電話用のゲームアプリ市場が活気を帯びていきます。初めの頃、携帯電話のRPGは家庭用ゲーム機のRPGと同じような内容でしたが、2000年代の終わり頃から、画面に表示されるいくつかのコマンドを選ぶだけでゲームを進めることができるRPGが登場しました。それらのRPGはダンジョン探索や街での情報収集もボタン1つを押すか、簡単なコマンドを選ぶだけで済みます。戦闘シーンの操作もシンプルで、戦闘は自動で行われます。

気軽に楽しめる携帯電話用RPGは人気となり、多くのユーザーを獲得しました。ただしそのようなゲームを効率よく進めるには課金しなくてはならず、ユーザーに多額の支払いをさせるゲームアプリが問題になったことがあります。そのことは節末のヒントで触れます。

2010年代にガラケーからスマートフォンへの移行が進むと、RPGの内容は更に変化しました。スマートフォンのアプリマーケットでロールプレイングのカテゴリで配信されるゲームの中には、プレイ自体はパズルやミニゲームでキャラクターの収集や育成を行いながら、ゲームを進めていくものが多数あります。

携帯電話で主流となったRPGを一言で表すと「キャラクターの収集育成を行いながら物語を進めるゲーム」となるでしょう。そのようなゲームはクラシックRPGのように深いダンジョンを延々と探索し、謎を解かないと先へ進めないということはありません。携帯電話で主流となったRPGは、謎解きもボタン1つか簡単なコマンド操作だけで雰囲気を味わえるようになっています。

本書では、携帯電話普及後に人気となった気軽にプレイできるタイプのロールプレイングゲームを制作します。

HINT　ソーシャルゲームのRPG

携帯電話で配信されるRPGの多くは**ソーシャルゲーム**です。シングルプレイで遊べるものもありますが、ネットにつながるユーザーと協力したり、対戦したりしてゲームを進めることに重心が置かれています。

ソーシャルゲームの多くは、ゲームを楽に進めるために（あるいは続きをプレイするために）課金しなくてはなりません。これまでに、ガチャなどのシステムで射幸心を煽り高額課金させるゲームが問題になったことがあります。著者は教育機関でゲーム開発を指導する者として、高額課金させるゲームには反対という立場を明確にしています。ただし家庭用ゲーム機やパソコン用RPGの複雑で手間の掛かるシステムから脱却し、ボタン1つあるいは簡単なコマンド操作で冒険できるゲームが増えたことは肯定的に捉えています。ゲームは娯楽商品ですから、多くの方が気軽に楽しめるゲームが増えること自体は悪いことではありません。

この章で制作するゲーム内容

本書では携帯電話普及後に人気となった気軽に遊べるゲームシステムを採用したロールプレイングゲームを制作します。ゲームのタイトルはRPG「ラストフロンティアの少女」です。どのような内容になるかを見ていきましょう。

ストーリー

舞台はアストロドームと呼ばれる火星の植民施設。アストロドームは地面を円形に掘り下げ、その上をレンズ型のドームで覆い、内部を地球と同じ環境にした施設です。その大きさは直径十数キロメートもあり、中には自然の森や湖が存在します。

300年程前、火星にいくつものアストロドームが建設され、地球から多数の人々が移住しました。しかしある禍により、現在では地球との連絡が途絶え、地球人の子孫たちがドーム内で細々と暮らしています。中にはもう人の暮らせないドームもあり、それらのドームでは遺伝子組み換え実験で作られた異形の生物が跋扈しています。複数のドームが地下通路で結ばれており、人が暮らすドームに危険生物が入り込んで事件になることがあります。

あなたはアストロドームで生まれ育った女性です。住民の安全のため、他のドームの生態系を調査する仕事を始めました。そしてまず、DOME Zeroと呼ばれる場所に足を踏み入れます。

登場キャラクター

このゲームに登場するキャラクター（パーティメンバー）は次の3人です。

ゼノンとビーナスはゲームの途中で仲間になります。

表7-2-1　登場キャラクター

マリヤ	ゼノン	ビーナス
アストロドームで生まれ育った、このゲームの主人公	ドームを作るために、300年前、地球から運ばれてきたアンドロイド	人に近い頭脳を持つ大型犬。かつて実験的に作られたこの犬が繁殖し、ドームで暮らしている

ゲーム画面

メニューボタンをクリックして操作します
この画面を「ホーム画面」と呼ぶことにします

図7-2-1　RPG「ラストフロンティアの少女」

「撤退」と「回復」を行うことができます
戦闘は自動で進みます

図7-2-2　戦闘シーン

ゲームシステムの概要

　次のようなシーンを行き来し、ゲームを進めていきます。このRPGでは敵のモンスターを「クリーチャー」と呼ぶことにします。

図7-2-3　シーン

　ホーム画面のメニューボタンで次のことを行います。

表7-2-2　メニューボタンとその内容

メニュー	内容
パーティ	パーティメンバーの能力値を確認する
クリーチャー	捕獲したクリーチャーを確認する 「転送」ボタンでクリーチャーを研究施設に送る
研究施設	転送したクリーチャーの数に応じて研究が進み、新しいアイテムが開発される

探索するドームについて

初めに探索できるのはDome Zeroだけですが、ゲームが進むと Dome 7 と Dome XXX を探索できるようにします。

図7-2-4　探索する3つのドーム

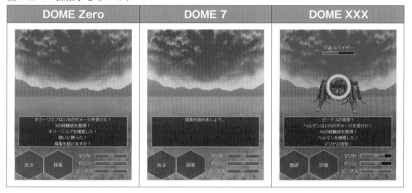

ゲームのフロー

ゲーム全体の流れと戦闘シーンの流れを示します。

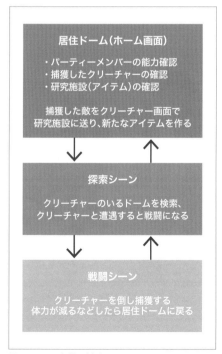

図7-2-5　全体の流れ

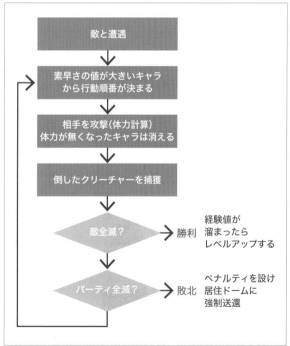

図7-2-6　戦闘の流れ

学習の流れ

7章と8章では、ロールプレイングゲームを完成させるために必要な技術を、次のように段階的に組み込みながら学んでいきます。

表7-2-3　7章の学習の流れ

組み込む処理	どの節で学ぶか
背景表示と画面遷移	7-3
入力を受け付けるボタン	7-4
トップメニュー	7-5
メッセージ表示ルーチン	7-6
キャラクターを管理するクラス	7-7
パーティメンバーのパラメーター	7-8
クリーチャーの管理	7-9
アイテムを用意する	7-10

表7-2-4　8章の学習の流れ

組み込む処理	どの節で学ぶか
探索シーン	8-1
敵を登場させる	8-2
ライフをバーで表示する	8-3
ターン制の実装	8-4
ダメージ計算と攻撃エフェクト	8-5
レベルアップ	8-6
クリーチャーの捕獲と敗北時のペナルティ	8-7
撤退と回復	8-8
フラグによる管理	8-9
オートセーブ機能	8-10
ロールプレイングゲームの完成	8-11

制作に用いる画像

次の画像を用いて制作を進めます。これらの画像は**書籍サイト**からダウンロードできるZIPファイルに入っています。ZIP内の構造は**P.14**を参照してください。

bg.png

character0.png

character1.png

character2.png

enemy.png

title.png

図7-2-7　制作に用いる画像

7-3

背景表示と画面遷移

◆ ◆ ◆ ◆ ◆ ◆ ◆ ◆

ゲームの背景画像を読み込み、ホーム画面と探索シーンを行き来できるようにするところから、RPGの
プログラミングを始めていきます。

画面構成について

RPG「ラストフロンティアの少女」はスマートフォンに近い縦長のゲーム画面とします。まず背景
画像を読み込んで表示し、スペースキーを押すと探索シーンに切り替わる処理を組み込みます。

スペースキーでの操作は仮のものです。このゲームはスマートフォンアプリのように画面に表示さ
れるボタンをクリック(タップ)して操作するようにします。ボタンは次の7-4で組み込みます。

2つの変数でゲーム進行を管理する

2章から6章まで制作してきたゲームは、タイトル画面、ゲームをプレイする画面、ゲームの結果画
面などを管理するために、idxとtmrという2つの変数を用いています。ゲームの各シーンをidxの値
で管理し、tmrの値をカウントして一定時間が経過したらタイトル画面に戻すなどの処理を行っています。

これから制作するロールプレイングゲームもsceneとcounterという変数を用意し、各シーンやゲー
ムが進むタイミングを管理します。sceneが2章から6章までのidx、counterがtmrに当たります。
この章では初めからsceneとcounterの2つの変数を宣言し、画面遷移(シーンの切り替え)を行います。

プログラムと動作の確認

次のHTMLを開くと図7-3-1のタイトル画面が表示され、スペースキーでホーム画面に移行します。
ホーム画面でスペースキーを押すと探索シーンに切り替わることを確認しましょう。探索シーンでスペー
スキーを押すと、ホーム画面に戻ります。

> みんな大好きな
> 本格ロープレを作るよ〜
> 気合い入れて行こ〜!

◆ 動作の確認　rpg0703.html

図 7-3-1　実行画面

タイトルから漂う、
王道ファンタジー感〜！

ラストなのに、いくつも
続編が出たりして・・・

◆ 用いる画像

bg.png

title.png

※ 1 枚の画像の左右に 2 つのシーンを並べています。

◆ ソースコード　rpg0703.js

```javascript
var scene = 0;
var counter = 0;

function setup() {
    canvasSize(800, 1000);
    var IMG = ["title", "bg"];
    for(var i=0; i<IMG.length; i++) loadImg(i, "image/" + IMG
[i] + ".png");
}


function mainloop() {
    counter++;
    if(scene < 40) {//背景の表示
        drawImgTS(1, 0, 0, 800, 1000, 0, 0, 800, 1000);
    }
    else {
        drawImgTS(1, 800, 0, 800, 1000, 0, 0, 800, 1000);
```

ゲーム進行を管理する2つの変数

起動時に実行される関数
キャンバスサイズの指定
画像の読み込み

メイン処理を行う関数

居住ドームを表示

探索するドームを表示

つづく

```
    }
    fText("スペースキーを押してください", 400, 500, 30, "white");

    switch(scene) {                          switch ～ caseで処理を分ける
        case 0://タイトル画面                  scene 0 タイトル画面
        drawImg(0, 0, 50);//タイトルロゴ
        if(key[32] == 1) {
            key[32] = 2;
            scene = 1;
        }
        break;

        case 1://ホーム画面                    scene 1 ホーム画面
        if(key[32] == 1) {
            key[32] = 2;
            scene = 40;
        }
        break;

        case 40://探索画面                     scene 40 探索画面
        if(key[32] == 1) {
            key[32] = 2;
            scene = 1;
        }
        break;
    }
}
```

◆ 変数の説明

scene	どのシーンかを管理
counter	時間の経過を管理

　起動時に1回だけ実行されるsetup()関数と、毎フレーム実行されるmainloop()関数に、それぞれ必要な処理を記述しています。

　setup()関数では画面の大きさ（キャンバスのサイズ）を指定し、画像を読み込みます。このゲームは画面の幅を800ドット、高さを1000ドットで設計します。

背景の表示について

　ホーム画面の背景はdrawImgTS(1, 0, 0, 800, 1000, 0, 0, 800, 1000)、探索シーンの背景はdrawImgTS(1, 800, 0, 800, 1000, 0, 0, 800, 1000)で表示しています。

　drawImgTS(n, sx, sy, sw, sh, cx, cy, cw, ch)は、ゲーム開発エンジンWWS.jsに備わった画像を切り出し表示する関数です。引数のsx、sy、sw、shが画像ファイル上の座標と幅と高さ、cx、cy、cw、chがキャンバス上の座標と幅と高さです。この関数は6章のタワーディフェンスでも用いたので、詳しくは6章P.275を確認してください。

複数のシーンを行き来する

　このプログラムはsceneの値が0の時にタイトル画面、1の時にホーム画面、40の時に探索シーンの表示を行っています。探索シーンを40にしたのは、この先でパーティメンバーの能力画面（ステータス画面）をsceneの値10で管理するなど、シーンを増やしていくためです。

　なお商用のゲーム開発では、sceneの値は、例えばSCENE_TITLE=0、SCENE_HOME=1というように、誰が見てもその数が何を意味するのか判るように、定数で定義すべきです。本書は書面に掲載したコード全体が見渡しやすいように、定数の定義は一部に留めています。

　タイトル画面でスペースキーを押すとホーム画面に移行し、ホーム画面と探索シーンをスペースキーで行き来できるようにしています。ホーム画面から探索シーンに移るif文を抜き出して説明します。

```
if(key[32] == 1) {
    key[32] = 2;
    scene = 40;
}
```

　key[]は、これまでのゲーム制作でも用いたWWS.jsに備わった配列です。キーが押されている間、key[キーコード]の値が加算され続けます。key[32] = 2としているのは、スペースキーを押した瞬間にだけ入力を受け付けるためです。他のゲーム開発環境では if(key[32] == 1) scene = 40; のようにシンプルに記述できることもありますが、WWS.jsはキーイベントでどのキーが押されているかを取得しており、JavaScriptのイベントの発生タイミングによって、一定時間、key[キーコード]の値が1になります。そこで、キーが押された瞬間だけ処理したいなら、key[キーコード]=2あるいはkey[キーコード]++と記述してください。

　変数counterはメインループ内で加算し続けています。ここではまだその値を使っていませんが、この先のプログラムでは「一定時間が経過したら次の処理へ進める」処理などに用います。

sceneとcounterという2つの変数で、
ゲームの進行を管理する・・・
この技術も自分のものにしよう・・・

HINT ブラウザの背景

RPG「ラストフロンティアの少女」は、スマートフォン用のゲームアプリをイメージして縦長の画面とします。このような画面構成でパソコンのブラウザを横に広げると、左右の隙間が目立つことがあります。そこでブラウザの背景に次のような六角形の模様を表示し、ゲームの雰囲気を損ねないように工夫しています。

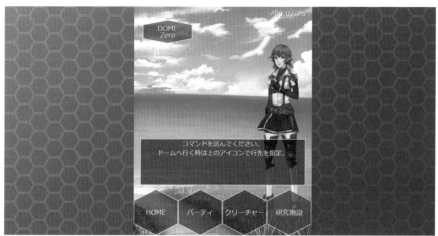

図7-3-2　ブラウザの背景

六角形の模様を表示するために次の画像を用意しています。

back.png

HTMLファイルに次のように記述し、グラデーションを設定したdiv要素にこの画像を繰り返し表示することで、図7-3-2のような背景を実現しています。

```
<div style="position:absolute; top:0; right:0; bottom:0; left:0; margin:auto;
background: linear-gradient(135deg, rgba(0,192,192,0.8), rgba(64,0,128,0.8)),
url(image/back.png);">
<canvas id="canvas" style="position:absolute; top:0; right:0; bottom:0; left:0;
margin:auto;"></canvas>
</div>
```

canvasはdiv内に配置しています。ゲーム画面はcanvasに描かれ、バックの六角形はdiv要素に描かれます。

本書はHTMLやタグを学ぶ本ではないので、背景色の設定などの詳しい説明は省きます。ここでは「太字のようなコードをHTMLに書けば図7-3-2のような画面にできる」と考えておけば十分です。

7-4

入力を受け付けるボタンを作る

◆ ◆ ◆ ◆ ◆ ◆ ◆ ◆ ◆

RPG「ラストフロンティアの少女」は画面に表示されるボタンを押してゲームを進めます。この節では
ボタンを表示し、それをクリックしたことがわかる関数を組み込みます。

ヘキサボタン

　このゲームに表示するボタンは、プレイヤーが何度も操作するものになるので、形を少し工夫します。
ボタンは六角形とし、名称を "ヘキサボタン"（hexa-button）とします。ここから先はこのボタンをヘ
キサボタンと呼んで説明します。hexa（ヘキサあるいはヘクサ）は6の意味を持つ接頭語です。

　中心座標(x, y)と幅などの寸法を指定すると、次のようなボタンが描かれるhexaBtn(x, y, w, h, t,
txt)という関数を定義します。引数txtでボタンに記される文字列を指定します。

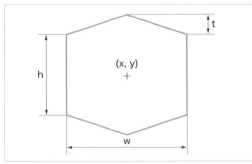

図7-4-1　ヘキサボタン

　ヘキサボタン内にマウスポインターを載せると、ボタンの色を明るくしてポインターが載ったこと
がわかるようにします。またクリック（タップ）した時には更に明るい色にし、ボタンを押したことが
わかるようにします。

プログラムと動作の確認

　次のHTMLを開くとタイトル画面が表示され、画面をクリック（タップ）するとホーム画面に移行し
ます。ホーム画面中央にヘキサボタンが表示されます。そこをクリックすると探索シーンになり、探
索シーンに表示されるヘキサボタンをクリックするとホーム画面に戻ります。前の7-3のスペースキー
での操作を、ヘキサボタンでの操作に変えたプログラムになります。

◆ 動作の確認　rpg0704.html

図7-4-2　実行画面

※このプログラムに新たな画像は用いていません。

◆ ソースコード　rpg0704.jsより抜粋

■ メインループにhexaBtn()の呼び出しを追記（太字部分）

前のプログラムにあったスペースキーの判定は削除しています。

```javascript
function mainloop() {
    counter++;
    if(scene < 40) {//背景の表示
        drawImgTS(1, 0, 0, 800, 1000, 0, 0, 800, 1000);
    }
    else {
        drawImgTS(1, 800, 0, 800, 1000, 0, 0, 800, 1000);
    }

    switch(scene) {
        case 0://タイトル画面
        drawImg(0, 0, 50);//タイトルロゴ
        if(counter%40 < 20) fText("CLICK TO START.", 400, 600, 40, "white");
        if(tapC > 0) {
            tapC = 0;
            scene = 1;
        }
        break;

        case 1://ホーム画面
        if(hexaBtn(400, 500, 240, 160, 30, "探索モードへ")) scene = 40;       ヘキサボタンを表示し、
        break;                                                               クリックされたかを判定する

        case 40://探索画面
        if(hexaBtn(400, 500, 240, 160, 30, "ホーム画面へ")) scene = 1;       ヘキサボタンを表示し、
        break;                                                               クリックされたかを判定する
    }
}
```

■ ヘキサボタンを描き、クリックされたかを判定する関数を用意

```
function hexaBtn(x, y, w, h, t, txt) {//六角形のボタン
    var ret = false;//クリックされたかを返す
    var xy = [//六角形の頂点を配列で定義
     x,      y-h/2-t,
     x+w/2,  y-h/2,
     x+w/2,  y+h/2,
     x,      y+h/2+t,
     x-w/2,  y+h/2,
     x-w/2,  y-h/2
    ];
    var col = "navy";
    if(x-w/2<tapX && tapX<x+w/2 && y-h/2-t/2<tapY && tapY<y+h/2+t/2) {
        col = "blue";
        if(tapC > 0) {
            tapC = 0;
            col = "white";
            ret = true;
        }
    }
    lineW(2);
    setAlp(50);
    fPol(xy, col);
    setAlp(100);
    sPol(xy, "white");
    fTextN(txt, x, y, h/2, 30, "white");
    return ret;
}
```

クリックされたかを返すための変数
六角形の頂点を配列で定義

ボタンの中の色を代入する変数
ボタン上にマウスポインターが
あるか、あるなら色を明るくする
クリックされた時
クリックを解除
色を更に明るくする
retにtrueを代入

六角形のボタンを描く

retを戻り値として返す

※このプログラムに新たな変数や配列は追加していません。

hexaBtn()の引数 x、y、w、h、t、txt は、中心座標(x, y)、幅w、高さh、上部と下部の突起の高さt、そしてボタンに表示する文字列txtです。

WWS.jsに備わる多角形 (ポリゴン) を描くfPol()とsPol()という関数で六角形を描いています。fPol()は塗り潰した多角形、sPol()は線のみで多角形を描く命令です。配列に代入した多角形の頂点をfPol()とsPol()に引数で渡します。頂点はいくつでも指定でき、三角形や八角形など任意の多角形を描くことができます。

ヘキサボタンにマウスポインターが載ったかは if(x-w/2<tapX && tapX<x+w/2 && y-h/2-t/2<tapY && tapY<y+h/2+t/2) というif文で判定しています。実はこのifの条件式は次の図のように長方形内にポインターがあるかを判定しています。

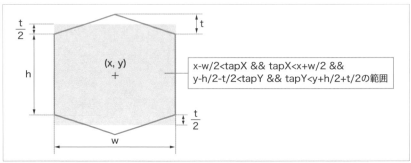

図7-4-3　ヘキサボタンの判定範囲

六角形内部を正確に判定することもできますが、そのためには判定範囲の座標計算が必要になり、処理が複雑になるため、このような簡易的な判定としています。実際にヘキサボタンをクリックしてみると、この簡易的な判定で十分、実用に値することがわかります。

hexaBtn()の使い方

探索シーンへ移行したり、ホーム画面に戻る記述は次のようになっています。

```
if(hexaBtn(400, 500, 240, 160, 30, "探索モードへ")) scene = 40;
if(hexaBtn(400, 500, 240, 160, 30, "ホーム画面へ")) scene = 1;
```

hexaBtn()関数には、ボタンの表示と入力の受付を同時に行う処理を込み込んであります。hexaBtn()はボタンが押されるとtrueを返します。ifは条件式がtrueの時にそのif文のブロックの処理を行うので、「if(hexaBtn(〜)) 処理」と記述すれば、ボタンが押されたときに処理が行われます。もちろん if(hexaBtn(〜) == true) と記述してもかまいません。

> このような関数を定義しておけば、いろいろなところで使うことができる・・・便利に使えて開発がはかどるの・・・

HINT　処理をシンプルに記述しよう

　開発経験が浅いうちは、あるいはある程度ゲームを作り慣れてきてからも、全ての処理を糞真面目に作ろうとすると難しいことが増えていきます。難しいことが多いと開発を途中で投げ出したくなってしまうかもしれません。そうならないためにも処理をできるだけシンプルに作っていくことがよいのです。プログラムをシンプルに記述すればバグの発生を減らすことができ、動作確認を行う時間も減ります。処理をシンプルに記述することはゲームを短期間で完成させる秘訣ともいえるでしょう。

　著者はプログラミングにおいて“よい意味”で手間を省くことをモットーとしています。ここではボタンを押した時の判定を簡素なコードで行いました。多角形内部をきっちり判定しようとすると、もっと長いコードを書かなくてはなりません。そこでまず多角形を長方形や円に見たてて済むのではないかと考えてコードを記述しました。そして実際に試して実用に値するとわかりました。そのような流れで、この節で掲載したシンプルなコードにすることができたのです。

　処理の内容によっては難しいアルゴリズムなどをしっかり組み込まなくてはならないこともありますが、難しいことを工夫して簡単にできないだろうかと考えることも大切なのです。

7-5

トップメニューを組み込む

◆ ◆ ◆ ◆ ◆ ◆ ◆ ◆

パーティメンバーの能力確認、捕獲したクリーチャーの確認、研究施設の画面に入る、という3つのヘキサボタンをホーム画面に配置します。それらのボタンをメニューボタンと呼び、ホーム画面のメニューボタンはトップメニューと呼ぶことにします。

ここではメニューボタンを押した時に各画面に入る処理だけを組み込みます。パーティメンバーとクリーチャーの確認の中身は7-8〜7-9で、研究施設の中身は7-10で組み込みます。ここでは他にゲームのトータルプレイ時間を保持する変数を用意し、このゲームで遊んだ時間を表示します。

scene の値で画面遷移を管理する

コンピューターゲームは、タイトル画面、ゲームをプレイする画面、メニュー画面、結果画面など、様々なシーンに切り替わります。ある画面から別の画面に移ることを**画面遷移**といいます。RPG「ラストフロンティアの少女」は変数 scene の値によって次のように画面遷移させます。

表 7-5-1　scene の値による画面遷移

scene の値	どのシーンか
0	タイトル画面
1	ホーム画面
10	パーティメンバーの確認
20	クリーチャーの確認
30	研究施設（アイテム一覧）
40	探索シーン

プログラムと動作の確認

次のHTMLを開くと、画面下側にHOME、パーティ、クリーチャー、研究施設と記されたメニューボタンが表示されます。それらをクリックして画面遷移を確認しましょう。

◆ **動作の確認** ▶ rpg0705.html

図 7-5-1　実行画面

※このプログラムに新たな画像は用いていません。

◆ソースコード rpg0705.jsより抜粋

■ メインループにヘキサボタンを表示し、それを押して各画面に遷移する仕組みを追加（太字部分）

```javascript
function mainloop() {
    var btn;//メニューボタンの値を入れる
    counter++;
    if(scene < 40) {//背景の表示
        drawImgTS(1, 0, 0, 800, 1000, 0, 0, 800, 1000);
    }
    else {
        drawImgTS(1, 800, 0, 800, 1000, 0, 0, 800, 1000);
    }
    fText(digit0(int(gtime/30/60/60),2)+":"+digit0(int(gtime/30/60),2)
+":"+digit0(int(gtime/30)%60,2), 700, 30, 30, "white");
    fText("scene : "+scene, 100, 30, 30, "black");//確認用
    if(scene > 0) {
        btn = menuBtn();//メニューボタン
        gtime++;
    }


    switch(scene) {
        case 0://タイトル画面
        drawImg(0, 0, 50);//タイトルロゴ
        if(counter%40 < 20) fText("CLICK TO START.", 400, 600, 40, "white");
        if(tapC > 0) {
            tapC = 0;
            scene = 1;
        }
        break;


        case 1://ホーム画面
        fText("下に並んだボタンを押して動作確認します", 400, 400, 30, "white");
        if(btn > 1) {//メニューボタンが押されたら各画面へ遷移する
            scene = (btn-1)*10;
            counter = 0;
        }
        break;


        case 10://パーティ画面トップ
        fText(" 【制作中】 パーティメンバーの能力確認", 400, 400, 30, "yellow");
        if(btn == 1) toHome();//ホーム画面に戻る
        break;


        case 20://クリーチャー画面トップ
        fText(" 【制作中】 クリーチャーの確認", 400, 400, 30, "yellow");
        if(btn == 1) toHome();//ホーム画面に戻る
        break;


        case 30://研究施設画面トップ
        fText(" 【制作中】 研究進捗度", 400, 400, 30, "yellow");
        if(btn == 1) toHome();//ホーム画面に戻る
        break;


        case 40://探索画面
        break;
    }
}
```

トータルプレイ時間を表示

確認用にsceneの値を表示
タイトル画面で無いなら
メニューボタンを表示
トータルプレイ時間を
カウント

メニューボタンが押されたら
各画面へ遷移する

──パーティメンバーの
確認画面
HOMEが押されたらホーム
──画面に戻る

──クリーチャーの確認画面

HOMEが押されたらホーム
──画面に戻る

──研究施設の画面

HOMEが押されたらホーム
──画面に戻る

■ メニュー項目を配列で定義

```
var MENU = [//メニューボタン
"HOME", "パーティ", "クリーチャー", "研究施設",
"HOME", null, null, null,
"HOME", "データ", "転送", null,
"HOME", null, null, null
];
```

トップメニュー
パーティメンバーの確認画面
クリーチャーの確認画面
研究施設の画面

■ シーンごとにメニューボタンを表示し、押されたかを判定する関数を用意

```
function menuBtn() {//メニューボタン
    var btn = 0;
    var m = int(scene/10);
    for(var i=0; i<4; i++) {
        var x = 100+200*i;
        var y = 900;
        if(MENU[i+m*4] != null) {
            if(hexaBtn(x, y, 196, 100, 50, MENU
[i+m*4])) btn = i+1;
        }
    }
    return btn;
}
```

どのシーンのボタンを表示するかをmに代入
画面に最大4つのヘキサボタンを並べる
──ボタンの中心座標

定義した項目がnullでないなら
ヘキサボタンを表示し、押されたらその番号を保持

押されたボタンの番号を返す

■ ホーム画面に戻る関数を用意

```
function toHome() {//ホーム画面に戻る
    scene = 1;
    counter = 0;
}
```

sceneをホーム画面の値にする

◆ 変数と配列の説明

gtime	トータルプレイ時間を計測する
MENU[]	メニュー項目を定義

　メインループのmainloop()関数内で、ヘキサボタンでメニューを表示し、どれが押されたかでsceneの値を10（パーティメンバーの確認）、20（クリーチャーの確認）、30（研究施設）に変更しています。それぞれのシーンを switch case で分岐し、各画面に応じた処理を行っています。この仕組みは2章から6章で学んだ通りです。

　このプログラムは今のところ、各画面でHOMEボタンが押されたらホーム画面に戻る処理だけを記述しています。この先で各シーンの中身を順に組み込んでいきます。

　ホーム画面に戻ることはプログラムの数か所で行うので、ホーム画面に戻るtoHome()という関数を用意しています。

menuBtn()関数について

メニューボタンを表示するmenuBtn()関数について説明します。この関数は、次のようにヘキサボタンを表示するhexaBtn()関数を用いて、ボタンが押されたかを判定しています。

```
var btn = 0;
var m = int(scene/10);
for(var i=0; i<4; i++) {
    var x = 100+200*i;
    var y = 900;
    if(MENU[i+m*4] != null) {
        if(hexaBtn(x, y, 196, 100, 50, MENU[i+m*4])) btn = i+1;
    }
}
return btn;
```

メニューは最大4つで、左から1番目、2番目、3番目、4番目のボタンとします。btnはどのボタンが押されたかを代入する変数で、値が0ならいずれも押されていません。

7-4で組み込んだhexaBtn()関数はクリックされたらtrueを返すので、その場合はbtnに1から4のいずれかの値を代入します。そしてbtnの値を戻り値として返します。menuBtn()関数の戻り値で何番目のボタンが押されたかわかる仕組みになっています。

トータルプレイ時間について

ゲームをプレイした総時間をgtimeという変数でカウントして表示するようにしました。

fText(digit0(int(gtime/30/60/60),2)+":"+digit0(int(gtime/30/60),2)+":"+digit0(int(gtime/30)%60,2), 700, 30, 30, "white")という記述で ○時間○分○秒 となるようにしています。

digit0(値, 桁数)は、数字の左側を0で埋めた指定の桁数の文字列を返すWWS.jsに備わった関数です。

このゲームは秒間30フレームで処理しているので、gtimeを30で割った値が秒数になります。秒を60で割った値が分で、分を60で割った値が時です。それらの値をdigit0()関数で HH:MM:SS という形で表示しています。

ゲームを完成させる段階で、このトータルプレイ時間を用いて、パーティメンバーが加わるイベントを発生させます。

7-6

メッセージ表示ルーチンを組み込む

◆ ◆ ◆ ◆ ◆ ◆ ◆ ◆

ロールプレイングゲームでは人々の会話内容や、ゲームがどのように進行しているかなど、様々なメッセージが表示されます。ここではメッセージを表示する処理を組み込みます。

便利な関数を用意する

次の2つの関数を用意すると、メッセージを表示する処理を様々な場面でシンプルに行うことができます。

- ❶引数の文字列をメッセージとしてセットする関数
- ❷メッセージを表示する関数

メッセージを表示するシーンでは❷の関数を実行し続け、台詞や説明文を出したいタイミングで❶の関数を呼び出します。

プログラムと動作の確認

これらの仕組みを追加したプログラムを確認します。次のHTMLを開いて「メッセージ追加」と記されたヘキサボタンを押してください。押すたびにメッセージが追加されます。最大5行のメッセージが表示されます。5行表示された状態でボタンを押すと、一番古いメッセージが消え、新たなメッセージが追加されます。

◆ 動作の確認 ▷ rpg0706.html

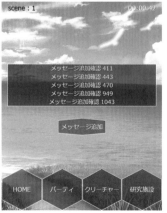

図7-6-1　実行画面

※このプログラムに新たな画像は用いていません。

◆ ソースコード ▶ rpg0706.jsより抜粋

■ メインループにメッセージ関連の処理を追記（太字部分）

```
function mainloop() {
    var btn;//メニューボタンの値を入れる
    counter++;
  ～ 省略 ～
    switch(scene) {
        case 0://タイトル画面
        drawImg(0, 0, 50);//タイトルロゴ
        if(counter%40 < 20) fText("CLICK TO START.", 400,
600, 40, "white");
        if(tapC > 0) {
            clrMsg();                                      メッセージ用の配列を空にする
            tapC = 0;
            scene = 1;
        }
        break;

        case 1://ホーム画面
        if(btn > 1) {//メニューボタンが押されたら各画面へ遷移する
            scene = (btn-1)*10;
            counter = 0;
        }
        if(hexaBtn(400, 600, 240, 60, 10, "メッセージ追加"))    ボタンが押されたらメッセージを
setMsg("メッセージ追加確認 " + gtime);                        追加する関数を呼び出す
        putMsg(400, 400);                                  メッセージ表示関数を実行
        break;

        case 10://パーティ画面
      ～ 省略 ～
        break;

        case 20://クリーチャー画面トップ
      ～ 省略 ～
        break;

        case 30://研究施設画面トップ
      ～ 省略 ～
        break;

        case 40://探索画面
        break;
    }
}
```

■ メッセージの文字列を代入する配列を用意

```
var MSG_MAX = 5;                                           最大、何行、表示するか
var msg = new Array(MSG_MAX);                              文字列を代入する配列
```

■ メッセージの配列の中身をクリアする関数を用意

```
function clrMsg() {
    for(var i=0; i<MSG_MAX; i++) msg[i] = "";             配列の全ての要素を空にする
}
```

■ メッセージを追加する関数を用意

```
function setMsg(ms) {
    for(var i=0; i<MSG_MAX; i++) {
        if(msg[i] == "") {
            msg[i] = ms;
            return;
        }
    }
    for(var i=0; i<MSG_MAX-1; i++) msg[i] = msg[i+1];
    msg[MSG_MAX-1] = ms;
}
```

※この処理の内容は後述する

■ メッセージの文字列を表示する関数を用意

```
function putMsg(x, y) {
    drawFrame(x-370, y-100, 740, 200, "black");
    for(var i=0; i<MSG_MAX; i++) fText(msg[i], x, y-80+i*40, 28, "white");
}
```

メッセージを表示する枠を描く
配列に代入した文字列を表示

■ メッセージの後ろの枠を描く関数を用意

```
function drawFrame(x, y, w, h, col) {
    lineW(2);
    setAlp(60);
    fRect(x, y, w, h, col);
    setAlp(100);
    sRect(x, y, w, h, "white");
}
```

左上の角(x,y)と幅、高さ、色を指定
半透明の枠を描く

◆ 変数と配列の説明 ▶

MSG_MAX	メッセージを最大、何行出すか
msg[]	文字列を代入する配列

　msg = new Array(MSG_MAX)として、文字列を代入する配列を用意しています。

　clrMsg()関数でその配列の中身を空にします。setMsg()関数で引数の文字列をmsg[]に追加します。この関数は空いている要素に文字列を代入し、空いているところが無ければmsg[1]の値をmsg[0]に入れ、msg[2]の値をmsg[1]に入れるというように、1つ前の要素に文字列を移し、msg[MSG_MAX-1]に新たな文字列を追加します。

　この処理を図示すると次のようになります。

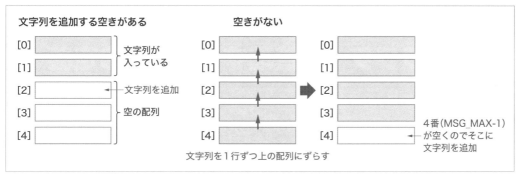

図7-6-2　setMsg()関数の処理

この仕組みで、

- setMsg()関数でメッセージを追加する時、配列に空きがあるなら、上から順に文字列が表示される。
- 文字列を入れる空きがなくなると、データを1つずつずらし、msg[4]に文字列を代入する。これにより文字列が上にスクロールして表示される。

ということが行われます。

メッセージはputMsg()関数で表示します。この関数の引数はメッセージを表示する枠の中心座標です。枠はdrawFrame()という関数を用意して描いています。drawFrame()はこの先、ゲーム画面に色々な枠を表示することに用います。

この関数は
便利に使えそうだね~

HINT　開発に便利な関数を用意しよう

　何度も行う処理を関数として用意することはソフトウェア開発の基本です。このゲームでもホーム画面に戻るtoHome()関数を用意しました。そしてこの節ではメッセージ関連の関数を組み込みました。これらの関数は、この先、複数個所で使います。

　ゲーム開発を行う時、「こんな関数があったら便利」というものがあれば、まずは用意してみましょう。用意した関数を、結局、プログラムの1か所でしか呼び出さなかったとしても、その関数を削除して処理を直接記述し直す必要はありません。関数として処理を分けることでプログラム全体がすっきりし、後々、メンテナンスがしやすくなります。

　かといって、あらゆる処理を関数にすることは得策ではありません。何を関数にすべきか、どんな処理は直接コードを書くべきかは、プログラミングを続けるうちに自然と見えてくるようになります。まずは何度も使うような処理を関数にしていきましょう。

7-7

キャラクターを管理するクラスの定義

◆ ◆ ◆ ◆ ◆ ◆ ◆ ◆

ここではキャラクターのクラスを定義し、パーティメンバーのパラメーターと、戦闘シーンに登場する敵のパラメーターを管理できるようにします。

クラスとインスタンスについて

クラスとはどのようなものかを説明します。クラスを理解するには、コンピュータのプログラムには**手続き型**と**オブジェクト指向**の2つの書き方があることを知る必要があります。JavaScript、C++、Java、Pythonなどの広く使われているプログラミング言語は、手続き型とオブジェクト指向の両方の書き方でプログラムを作ることができます。

■ 手続き型プログラミングのイメージ

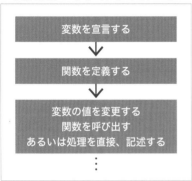

クラスとインスタンスの概念は難しい・・・
でも、プログラマーには必要な知識だから
頑張って理解しよう・・・

みなさんが本書で学んできたプログラムは、手続き型で書かれています。これに対し、オブジェクト指向では、**データ**（プロパティで扱う数値や文字列など）と**機能**（メソッドで定義した処理のこと）をひとまとめにした**クラス**を定義し、そのクラスから**インスタンス**（実体）を作ります。そして複数のインスタンスが関わり合ってシステム全体を動かす、という考え方を元にプログラムを組んでいきます。

■ オブジェクト指向プログラミングのイメージ
※プロパティとメソッドについてはこの先で説明します。

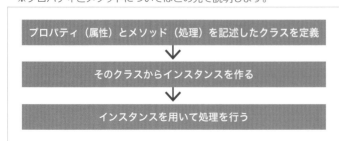

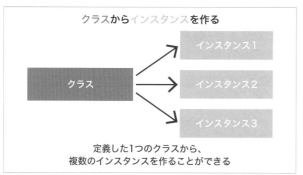

図7-7-1 クラスとインスタンスの関係

> クラスから作り出すインスタンスを、そのクラスのオブジェクトと表現することもあります。本書では、キャラクターの設計図をクラス、そのクラスから作り出したゲームに登場するパーティメンバーや敵クリーチャーをインスタンスと（実体）と呼んで説明します。

オブジェクト指向プログラミングは一般的に難しく、プログラミング初心者向けではありません。これまで学んできた通り、本格的なゲームも手続き型プログラムで作ることができます。そこで、本書で制作するRPGはキャラクターの管理だけをクラスとインスタンスで行い、ゲームの処理は手続き型で記述します。

オブジェクト指向を取り入れる理由は、キャラクターのクラスを定義することで、パーティメンバーと戦闘シーンに登場する敵クリーチャーのパラメーター（体力や攻撃力など）をまとめて管理できるからです。キャラクター用のクラスを用意すると数値のやり取りなどを簡潔に行うことができます。

オブジェクト指向プログラミングは難しいと伝えましたが、キャラクター管理に用いるだけなら、それほど難しくはありません。手続き型で色々な配列を用意してパラメーターを管理するより、クラスを定義することでプログラムをすっきりと記述できます。

次の図はキャラクターのクラスと、ゲーム内に実際に登場するキャラクター（インスタンス）のイメージです。

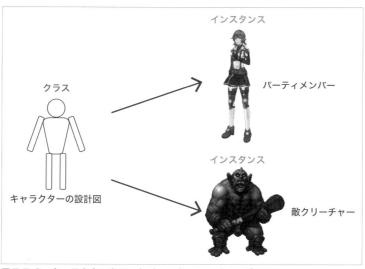

図7-7-2 キャラクタークラスとインスタンスのイメージ

JavaScriptでのクラス定義

JavaScriptでクラスを定義するには、次のように記述します。

```
class クラス名 {
 constructor(引数) {
  this.プロパティ名 = 引数;
 }
 メソッド名(引数) {
  処理;
 }
}
```

インスタンスは次のように記述して作ります。

```
インスタンス名 = new クラス名(引数);
```

コンストラクター(constructor) は、インスタンスを作る時に1回だけ実行される関数のようなものです。コンストラクターの引数でプロパティに代入する初期値を受け取ります。プロパティとは平たく言えば変数と同じものです。ゲーム用のキャラクターのクラスでは、体力や攻撃力などを代入するプロパティを用意します。

はじめのうちはクラス、インスタンス、コンストラクター、プロパティ、メソッドなどの言葉が難しいと思いますが、次のように考えましょう。

表7-7-1　ゲーム開発でのオブジェクト指向の役割

機能	ゲーム開発での役割
クラス	キャラクターにどのような能力を持たせるか（プロパティ）と、レベルアップなどの処理（メソッド）を定義したもの
インスタンス	クラスから作り出した、ゲーム内に実際に登場するキャラクター
コンストラクター	インスタンスを作る時に1回だけ実行され、キャラクターのパラメーターなどを代入するプロパティ（変数）が用意される。プロパティに初期値を代入することもできる
プロパティ	体力や攻撃力などを代入する変数
メソッド	プロパティの値を操作したり、何らかの処理を行ったりする関数

※ C++ などのC系言語では、プロパティをメンバ変数、メソッドをメンバ関数といいます。

プログラムと動作を実際に確認しながら、これらについて理解していきましょう。

サンプルプログラムの確認

ここで確認するプログラムは、キャラクターを管理するためのクラスからインスタンスを1つだけ作っています。インスタンスを作った時点で名前のプロパティにnull、レベルのプロパティに0を代入するようにしています。

joinボタンをクリックすると、クラスに定義したjoin()メソッドを呼び出し、プロパティを一人目のパーティメンバーを想定した値にします。またlevelupボタンでlevelup()メソッドを呼び出し、レベルの値を1つ増やします。

◆ **動作の確認** rpg0707.html

図7-7-3 実行画面

　rpg0707.jsはクラスの定義とインスタンスの生成を理解するコードとするため、rpg0706.jsまでに追加した処理のいくつかを、一旦、削除しています。次のrpg0708.jsで削除した処理を戻し、開発を続けていきます。

◆ **ソースコード** rpg0707.jsより抜粋

■ クラスの定義

```
class characterClass {//キャラクター用のクラス          クラスの定義
    constructor() {//コンストラクター                 ┐コンストラクターの定義
        this.name  = null;
        this.level = 0;
    }                                               ┘

    join(n) {//初期値の代入                           ┐join()メソッドの定義
        this.name   = "一人目のパーティメンバー";
        this.level = 1;
    }                                               ┘

    levelup() {//レベルアップ                         ┐levelup()メソッドの定義
        this.level += 1;
    }                                               ┘
}
```

■ setup()関数でインスタンスを作る（太字部分）

```
var chara;                                          インスタンスとなる変数

function setup() {
    canvasSize(800, 1000);
    clrMsg();
    chara = new characterClass();                   クラスからインスタンスを作る
    setMsg("chara = new characterClass()");        ┐その説明を表示
    setMsg("とし、インスタンスを作りました");         ┘
}
```

■ main()関数でヘキサボタンを押した時、インスタンスのメソッドを実行する（太字部分）

```
function mainloop() {
    fill("black");
    gtime++;
    fText(digit0(int(gtime/30/60/60),2)+":"+digit0(int(gtime/30/60),2)
+":"+digit0(int(gtime/30)%60,2), 700, 30, 30, "white");
    fText(chara.name, 400, 200, 40, "white");
    fText("レベル "+chara.level, 400, 300, 40, "white");
    putMsg(400, 500);//メッセージの表示
    if(hexBtn(200, 800, 120, 60, 20, "join") == true) {
        chara.join();                                          join()
        setMsg("chara.join()を実行しました");                    メソッドを
    }                                                          実行
    if(hexBtn(600, 800, 120, 60, 20, "levelup") == true) {
        chara.levelup();                                       levelup()
        setMsg("chara.levelup()を実行しました");                 メソッドを
    }                                                          実行
}
```

　このプログラムではクラス名をcharacterClassとしましたが、クラス名は変数や関数と同様に任意の名称にできます。

　characterClassクラスでは、コンストラクターでnameプロパティとlevelプロパティを宣言しています。確認用にプロパティを2つだけにしていますが、次の7-8でライフ（体力）や攻撃力などを代入するプロパティを追加します。

インスタンスを作る

　HTMLを開いた時に1回だけ実行されるsetup()関数に記述した chara = new characterClass() でインスタンスを作っています。このcharaという変数がインスタンスです。この時点ではcharacterClassクラスのコンストラクターによりプロパティが用意され、chara.nameにnullが、chara.levelに0が代入されます。プロパティを扱う時は、**インスタンス名.プロパティ名** と記述します。

　毎フレーム実行されるmainloop()関数では、「join」と「levelup」と記されたヘキサボタンを表示しています。それらのボタンが押されたらchara.join()とchara.levelup()を呼び出しています。クラスで定義したメソッドを実行するには **インスタンス名.メソッド名** と記述します。

　join()メソッドを実行するとchara.nameに"一人目のパーティメンバー"という文字列が代入され、chara.levelに1が代入されます。levelup()メソッドを実行するとchara.levelの値が1ずつ増えます。

　chara.nameとchara.levelの値を画面に表示しています。ブラウザの再読み込みアイコンをクリックしてプログラムを実行し直し、joinボタンとlevelupボタンを押してchara.nameとchara.levelの値の変化を確認し、クラス、コンストラクター、インスタンス、プロパティ、メソッドの意味を理解していきましょう。

HINT 🐝 **以前のJavaScriptでのクラス定義**

　以前のJavaScriptではclass宣言が存在せず、functionでクラスを定義していました。以下の記述によるクラス定義を学ばれた方もいらっしゃるでしょう。classを用いる定義と比較しやすいように、以前のJavaScriptのクラス定義の記述をお伝えします。

■クラス宣言(旧)

```
function クラス名(引数) {
 this.プロパティ名 = 引数;
}
```

■クラスにメソッドを定義(旧)

```
クラス名.prototype.メソッド名 = function(引数) {
 処理;
}
```

■インスタンスを作る記述(旧) ※今の記述と共通

```
インスタンス名 = new クラス名(引数);
```

　この節で説明したclassによるクラス定義やコンストラクターの意味は、C++やJavaなど他のプログラミング言語と同じルールになります。classによるクラス宣言はプログラミング言語の世界共通ルールのようなものですから、以前の記述で覚えていた方も、今後はclassを使ってクラスを定義するとよいでしょう。

オブジェクト指向って
難しいんだね〜
クラスがなんなのか
わかんない〜！

ゲームを作りながら
こつこつ学べば・・・
きっとわかるよ・・・

7-8

パーティメンバーのパラメーター

7-7で用意したキャラクター用のクラスに、ライフ（体力）や攻撃力などのパラメーターを代入するプロパティを追加し、パーティメンバーの能力を定められるようにします。パラメーターをステータスということもあります。本書ではキャラクターの能力値をパラメーターと呼んで説明します。

能力値を定める

このゲームに登場するキャラクターには次のパラメーターを設けます。

表7-8-1　キャラクターのパラメーター

パラメーター（能力値）	内容
レベル	キャラクターの成長の目安
経験値	戦闘で敵を倒すと、その敵に応じた経験値が入る 一定の経験値に達するごとにレベルアップする
ライフ／その最大値	戦闘で敵に攻撃されると減る ライフが無くなると強制的に居住ドーム（ホーム画面）に戻される
攻撃力	敵に与えるダメージに影響する
防御力	敵から受けるダメージに影響する
素早さ	攻撃順番に影響する。この値が大きいほど先に攻撃できる

本書はゲーム開発の入門書なのでパラメーターの種類をこれらに限定しますが、ゲームメーカーが発売、配信するRPGには多くの種類のパラメーターが設けられています。この節の終わりのヒントでそれについて触れます。

パーティ画面を作る

パーティメンバーであるマリヤ（主人公の女性）、ゼノン（アンドロイド）、ビーナス（大型犬）の能力をパーティ画面で確認できるようにします。ゲームを完成させる時に、ゼノンとビーナスは後から仲間になるようにしますが、ここでは確認のため全てのメンバーを表示します。

前のプログラムではcharaという変数を用意し、キャラクターのインスタンスを1体分だけ作りましたが、ここからはchara[]という配列を用いて複数のキャラクターを管理します。

プログラムと動作の確認

次のHTMLを開いて「パーティ」と記されたヘキサボタンを押してください。パーティ画面に移行し、キャラクターのパラメーターが表示されます。名前をクリックすると、キャラクターを変更できるようにしてあります。

◆ 動作の確認 ▶ rpg0708.html

図7-8-1 実行画面

◆ 用いる画像 ▶

character0.png　　character1.png　　character2.png

setup()関数の画像のファイル名に IMG = ["title", "bg", **"character0", "character1", "character2"**] と追記して、これらの画像を読み込みます。

◆ ソースコード ▶ rpg0708.jsより抜粋

■ キャラクター用のクラスに各種のプロパティとメソッドを追記

```
class characterClass {//キャラクター用のクラス
    constructor() {//コンストラクター
        this.name  = null;                          名前
        this.level = 0;                             レベル
        this.exp   = 0;                             経験値
        this.lfmax = 0;                             ライフの最大値
        this.life  = 0;                             ライフ
        this.stren = 0;                             攻撃力
        this.defen = 0;                             防御力
        this.agili = 0;                             素早さ
        this.pos   = 0;                             表示位置
        this.dmg   = 0;                             ダメージ値の計算用
        this.efct  = 0;              つづく▶          エフェクト番号
```

361

```
        this.etime = 0;
    }

    join(n) {//初期値の代入
        n = n*6;
        this.name  = CHR_DATA[n];
        this.level = CHR_DATA[n+1];
        this.exp   = 10*(this.level-1)*(this.level-1);
        this.lfmax = CHR_DATA[n+2];
        this.life  = this.lfmax;
        this.stren = CHR_DATA[n+3];
        this.defen = CHR_DATA[n+4];
        this.agili = CHR_DATA[n+5];
        this.pos   = 0;
        this.dmg   = 0;
        this.efct  = 0;
        this.etime = 0;
    }

    levelup() {//レベルアップ
        this.level += 1;
        this.lfmax += (10+rnd(10));
        this.stren += rnd(10);
        this.defen += rnd(5);
        this.agili += rnd(5);
    }
}
```

エフェクトの表示時間

CHR_DATA[]で定義した値を
プロパティに代入するメソッド

レベルアップ時にパラメーターを
増やすメソッド

※プロパティのpos、dmg、efct、etimeはこの章では用いません。それらは8章で用います。

■ キャラクターのインスタンスを作るための配列、定数を記述

```
var MEMBER_MAX = 3;
var CHARACTER_MAX = 6;
var EMY_TOP = 3;
var chara = new Array(CHARACTER_MAX);
for(var i=0; i<CHARACTER_MAX; i++) chara[i] = new
characterClass();
```

パーティメンバーの人数
キャラクターの総数（パーティメンバー＋敵の数）
敵の添え字の開始番号
インスタンスを作るための配列
インスタンスを作る

■ パーティメンバーの能力の初期値を配列で定義

```
var CHR_DATA = [
"マリヤ",     1, 500, 150, 40,  60,
"ゼノン",     5, 700, 200, 70,  60,
"ビーナス",  10, 600, 200, 70, 100
];
```

名前、レベル、ライフ最大値、攻撃力、防御力、素早さ

■ ゲーム用の変数に初期値を代入する関数を用意

```
function initVar() {
    clrMsg();
    chara[0].join(0);
    chara[1].join(1);
    chara[2].join(2);
}
```

マリヤのパラメーターを代入
ゼノンのパラメーターを代入
ビーナスのパラメーターを代入

■ メインループのパーティ画面にパラメーターとイラストを表示するコードを追記（太字部分）

```
function mainloop() {
    var i, x, y, w, h, col, btn;//汎用的に使う変数
    counter++;
    if(scene < 40) {//背景の表示
    ～ 省略 ～
    }
    if(scene == 1) {
    ～ 省略 ～
    }
    if(scene > 0) {
    ～ 省略 ～
    }

    switch(scene) {
        case 0://タイトル画面
        ～ 省略 ～
        break;

        case 1://ホーム画面
        fText("パーティ画面を確認しましょう", 400, 400, 40, "white");
        if(btn > 1) {
            scene = (btn-1)*10;
            counter = 0;
        }
        break;

        case 10://パーティ画面トップ
        for(i=0; i<MEMBER_MAX; i++) {
            x = 160+i*240;
            y = 50;
            if(tapC==1 && x-100<tapX && tapX<x+100 && y-30<tapY && tapY<y+30) {
                tapC = 0;
                sel_member = i;
            }
            col = "black";
            if(i == sel_member) col = "navy";
            drawFrame(x-100, y-30, 200, 60, col);
            fText(chara[i].name, x, y, 30, "white");
        }
        drawFrame(20, 100, 760, 690, "black");
        n = 2+sel_member;
        w = img[n].width;
        h = img[n].height;
        drawImgTS(n, 0, 0, w, h, 60, 100, w*0.85, h*0.85);
        var nexp = chara[sel_member].level*chara[sel_member].level*10;

        x = 460;
        y = 150;
        fText("レベル", x, y, 30, "white");
        fText("経験値", x, y+60, 30, "white");
        fText("次のレベルアップ", x, y+120, 20, "white");
        fText("ライフ", x, y+240, 30, "white");
        fText("攻撃力", x, y+300, 30, "white");
        fText("防御力", x, y+360, 30, "white");
        fText("素早さ", x, y+420, 30, "white");
```

― メンバーの名前を表示

名前をタップしたら、そのキャラの番号を変数sel_memberに代入

― イラストの表示
画像ファイルの幅と高さを取得し、85%のサイズで表示している
次のレベルアップの経験値を計算
― パラメーターを表示

つづく▶

```
        x = 620;
        fText(chara[sel_member].level, x, y, 30, "white");
        fText(chara[sel_member].exp,   x, y+60, 30, "white");
        fText(nexp, x, y+120, 30, "white");
        fText(chara[sel_member].life + "/" + chara[sel_member].lfmax, x, y+240,
30, "white");
        fText(chara[sel_member].stren, x, y+300, 30, "white");
        fText(chara[sel_member].defen, x, y+360, 30, "white");
        fText(chara[sel_member].agili, x, y+420, 30, "white");
        if(btn == 1) toHome();//ホーム画面に戻る
        break;
    ～ 以下省略 ～
}
```

◆ 変数と配列の説明

sel_member	選んでいるメンバーの番号を代入
MEMBER_MAX	パーティメンバーの人数
CHARACTER_MAX	キャラクターの総数 （戦闘に参加する味方＋敵の数）
chara[]	キャラクターのインスタンスを作る配列

　複数のキャラクターを管理するのでchara[]という配列を用意しています。MEMBER_MAX ＝ 3は
パーティメンバーの人数、CHARACTER_MAX ＝ 6はキャラクターのインスタンスをいくつ用意する
かという定数です。このゲームではパーティメンバー3人＋戦闘で出現する敵3体の合計6つのイン
スタンスを作るため、その値を定めています。

　パーティメンバーのデータはCHR_DATA[]という配列に定義しています。characterClassクラス
に各種のプロパティを追加し、join()メソッドでCHR_DATA[]の値をインスタンスのプロパティに代
入しています。

レベルアップする経験値について

　RPG「ラストフロンティアの少女」では、パーティメンバーがレベルアップする経験値を次の式で定
めます。

> レベルアップに必要な経験値 ＝ 現在のレベルの値 × 現在のレベルの値 × 10

　パーティメンバーのパラメーターを表示するコードにある次の1行がその計算式です。

```
var nexp = chara[sel_member].level*chara[sel_member].level*10;
```

　ここではこの値を表示することだけに用いていますが、8章で戦闘に勝利した後、レベルアップす
るかを判定する時にこの値を用います。

この節で追加したプログラム

この節では色々なコードを追加したので、追加した内容がわかりやすいようにそれらを列挙します。

- ・キャラクターを管理するクラスのプロパティ
- ・パーティメンバーのパラメーターを代入するメソッド
- ・レベルアップ時にパラメーターを増やすメソッド
- ・パーティメンバーのイラストの読み込み
- ・パーティメンバーのパラメーターを配列で定義し、インスタンスのプロパティに代入
- ・パラメーターの値をパーティの能力確認画面（ステータス画面）に表示

いずれも処理自体はさほど難しくはないものですが、追加項目が多いのですぐに理解できないという方もいらっしゃるかもしれません。RPG開発は最初にお伝えしたように簡単なものではないので、現時点で難しいと感じる方は、細部まで理解できなくても、処理の概要を頭に入れたら先へ進みましょう。そしてまずは最後まで読み通してください。それができたらわからなかった箇所を復習しましょう。プログラミングやゲーム開発は繰り返し行うことで、それまで難しかったことがわかるようになり、やがて全体が理解できるようになります。

HINT　RPGのパラメーターの種類

　RPGの一般的なパラメーターとして、魔力（魔法を使う際に消費する）、知力（魔法やアイテム効果に影響する）、魔法防御（敵の魔法攻撃をどれくらい防げるか）、運などがあります。

　運が何に影響するかはゲームによって様々です。著者が過去に製品化したRPGでは、敵から逃げられる確率や、敵を倒した時、レアアイテムを入手できる確率に運が影響するようにしました。

　ゲームによっては能力画面に表示されない "隠しパラメーター" を設けているものもあります。例えばあるキャラは毒攻撃をいくら食らっても毒を受けないのであれば、そのRPGには対毒性というパラメーターが設定されています。

　その他のパラメーターの例として、ジョブ（職業）ごとに敵を倒した時に得られるゴールドに掛ける値が設定されているRPGがあります。例えば盗賊はその値が2.0、他の職業は1.0となっており、盗賊の上級職の怪盗はその値が3.0などになっています。

　そのようなパラメーター設定があるとキャラクターの個性が際立ちます。ゲームメーカーが発売、配信するRPGには各種のパラメーターが用意されており、キャラクターやジョブに色々な個性を持たせています。それらの個性もRPGを面白くする要素の1つとなっています。

アータ

クリーチャーを管理する

◆ ◆ ◆ ◆ ◆ ◆ ◆ ◆

このゲームでは戦闘シーンに登場する敵のモンスターを**クリーチャー**と呼びます。ここではクリーチャーの一覧を表示する画面を制作します。8章で戦闘シーンを組み込み、倒したクリーチャーを捕獲できるようにしますが、ここで行うことは8章に進むための準備になります。

characterClassでクリーチャーを管理

クリーチャーも前の7-8で用意したキャラクターのクラスから作ったインスタンスで管理します。

パーティメンバーは能力の初期値を配列で定義しました。一方、クリーチャーは名前と説明文を配列で定義し、ライフや攻撃力の値は計算式で作り出すようにします。クリーチャーのパラメーターも、もちろん配列で定義してもよいですが、データ入力の手間を省くために、このゲームでは計算式でパラメーターを用意します。

プログラムと動作の確認

次のHTMLを開き「クリーチャー」のヘキサボタンでクリーチャー画面に入りましょう。**図7-9-1**のようにクリーチャーの一覧が表示されます。クリーチャーをクリックして選び、「データ」ボタンでそのクリーチャーの能力値を確認できます。「転送」ボタンはまだ機能しません。転送ボタンの処理は8章で組み込みます。

◆ **動作の確認** ▶ rpg0709.html

図7-9-1 **実行画面**

◆ 用いる画像

enemy.png

setup()関数の画像のファイル名に IMG = ["title", "bg", "character0", "character1", "character2", "enemy"] と追記して画像を読み込みます。

このクリーチャーの画像ファイルの追加で、RPG「ラストフロンティアの少女」で用いる画像は全て読み込みました。この先で新たな画像は追加しません。

◆ ソースコード　rpg0709.jsより抜粋

■ クリーチャーの名前と説明文を定義

```
var CREATURE_MAX = 9;
var creature = new Array(CREATURE_MAX);
var CREATURE = [
"キラーワスプ",      "人を頻繁に襲う危険な蜂",
"スパイダー",        "噛まれると痛い大型の蜘蛛",
"エイプ",            "気の荒い猿のような生物",
"バンパイヤ",        "群れで人を襲う厄介な蝙蝠",
"ゴブリン",          "好戦的な猿のような生物",
"バーバリアン",      "獰猛な類人猿型の生物",
"スライム",          "うねうねと気味の悪い粘菌生物",
"デススパイダー",    "好戦的で危険な大型の蜘蛛",
"ハルマン",          "悩めく獰猛な類人猿型の生物"
];
```

何種類のクリーチャーがいるかを定義
捕獲したクリーチャーの数を代入する
└ 名前と説明文

■ メインループにクリーチャー画面の処理を追記（太字部分）

```
function mainloop() {
    var i, x, y, w, h, col, btn;//汎用的に使う変数
    counter++;
  ～ 省略 ～
      case 20://クリーチャー画面トップ
      case 21://クリーチャーの説明
      for(i=0; i<CREATURE_MAX; i++) {
          x = 266*(i%3);
          y = 266*int(i/3);
          if(tapC==1 && x<tapX && tapX<x+266 && y<tapY && tapY<y+266) {
              tapC = 0;
              sel_creature = i;
```

┌ クリーチャーを表示する
└ 座標
画像をクリックしたら
そのクリーチャーを選択

つづく

```
        }
        col = "black";
        if(i == sel_creature) col = "navy";
        drawFrame(x+8, y+8, 250, 250, col);
        var sx = 400*int(i/3);
        var sy = 400*(i%3);
        drawImgTS(5, sx, sy, 400, 400, x+8, y+8, 250, 250);
        fText(CREATURE[i*2],   x+100, y+240, 24, "white");
        fText("x捕獲数", x+210, y+240, 18, "white");
    }
    if(scene == 21) {//クリーチャーの能力
        y = 266*(1+int(sel_creature/3));
        if(sel_creature >= 6) y -= 470;
        drawFrame(40, y, 720, 210, "black");
        setCreature(0, sel_creature);
        fText(chara[EMY_TOP].name, 220, y+30, 30, "yellow");
        fText("ライフ " + chara[EMY_TOP].lfmax, 220, y+80, 30, "white");
        fText("経験値 " + chara[EMY_TOP].exp, 220, y+130, 30, "white");
        fText("攻撃力 " + chara[EMY_TOP].stren, 580, y+ 30, 30, "white");
        fText("防御力 " + chara[EMY_TOP].defen, 580, y+ 80, 30, "white");
        fText("素早さ " + chara[EMY_TOP].agili, 580, y+130, 30, "white");
        fText(CREATURE[sel_creature*2+1], 400, y+180, 30, "cyan");
        if(tapC>0 || btn>0) {
            tapC = 0;
            btn = 0;
            scene = 20;
        }
    }
    if(btn == 1) toHome();//ホーム画面に戻る
    if(btn == 2) scene = 21;//データの表示
    break;
～ 以下、省略 ～
```

枠を描く
画像の切り出し位置

クリーチャーの画像を描く
名前を表示
仮で「捕獲数」と
表示しておく
scene 21 が能力の表示
能力値を表示するy座標

関数により能力値を計算
名前、能力値、説明文を
表示

画面をタップしたら
能力値の表示を閉じる

「データ」をクリックした時

■ クリーチャーのパラメーターをセットする関数を用意

```
function setCreature(n, typ) {
    chara[EMY_TOP+n].name  = CREATURE[typ*2];
    chara[EMY_TOP+n].level = typ;
    chara[EMY_TOP+n].exp   = (typ+1)*5;
    chara[EMY_TOP+n].lfmax = 40+typ*30;
    chara[EMY_TOP+n].life  = chara[EMY_TOP+n].lfmax;
    chara[EMY_TOP+n].stren = 50+typ*20;
    chara[EMY_TOP+n].defen = 10+typ*10;
    chara[EMY_TOP+n].agili = 30+typ*20;
    chara[EMY_TOP+n].pos   = 0;
    chara[EMY_TOP+n].dmg   = 0;
    chara[EMY_TOP+n].efct  = 0;
    chara[EMY_TOP+n].etime = 0;
}
```

名前を代入
level属性に敵の種類を代入しておく
倒した時にもらえる経験値
ライフの最大値の計算と代入
ライフの代入
攻撃力の計算と代入
防御力の計算と代入
素早さの計算と代入
以下のプロパティは0にしておく

◀ 変数と配列の説明 ▶

sel_creature	選んだクリーチャーの番号を代入
creature[]	捕獲したクリーチャーの数を代入

scene20がクリーチャー一覧の画面です。選んだクリーチャーの能力値を表示するためscene21の処理を追加しています。sceneが20の時、「データ」と記されたヘキサボタンを押すと、sceneを21にしてクリーチャーのパラメーターと説明文を表示します。

計算でパラメーターを作る

setCreature()が計算式で作ったパラメーターをインスタンスのプロパティに代入する関数です。クリーチャーのパラメーターを表示する前に setCreature(0, sel_creature) としてこの関数を実行し、各能力値を用意しています。

倒した時にもらえる経験値、ライフ、攻撃力、防御力、素早さの値を作る式を抜き出して説明します。

```
chara[EMY_TOP+n].exp   = (typ+1)*5;                  倒した時にもらえる経験値
chara[EMY_TOP+n].lfmax = 40+typ*30;                  ライフの最大値
chara[EMY_TOP+n].life  = chara[EMY_TOP+n].lfmax;     ライフ
chara[EMY_TOP+n].stren = 50+typ*20;                  攻撃力
chara[EMY_TOP+n].defen = 10+typ*10;                  防御力
chara[EMY_TOP+n].agili = 30+typ*20;                  素早さ
```

typが何番目の敵かという値です。この値が大きいほど能力が高くなります。最初のドームに登場する「キラーワスプ」というハチのキャラ (typの値は0) が最も弱く、3つ目のドームに登場する「ヘルマン」という類人猿型のキャラ (typは8) が最も強い敵になります。

これらの計算式で作られるパラメーターの値を図で示します。

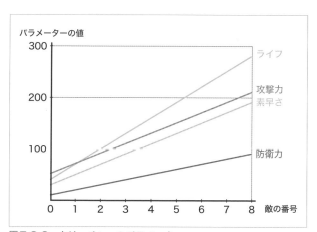

図7-9-2　クリーチャーのパラメーター

このプログラムでは確認用に全てのクリーチャーを表示していますが、ゲームを完成させる際に捕獲したクリーチャーだけが表示されるようにします。捕獲した数はcreature[]という配列に代入します。なお、ここで用意したsetCreature()は、クラスのメソッド (クラス内の関数) として定義する方法もあります。

7-10

アイテムを用意する

◆ ◆ ◆ ◆ ◆ ◆ ◆ ◆

コンピューターゲームの**アイテム**とは、ゲーム内で手に入る道具類全般を意味する言葉です。この節ではRPG「ラストフロンティアの少女」に登場するアイテムの一覧を組み込みます。各アイテムの効果は8章で組み込みます。

アイテムについて

このゲームには次のアイテムを用意します。

表7-10-1　アイテム一覧

名称	効果、用途
ポーション	マリヤのライフを回復
リペアキット	ゼノンのライフを回復
アニマルキュア	ビーナスのライフを回復
ゲートキー7	DOME 7 へ行けるようになる
エネミーサーチ	敵を発見しやすくなる
ゲートキーX	DOME XXX へ行けるようになる
エネミーサーチ2	敵を更に発見しやすくなる
ラストアイテム	このゲームの最後のアイテム

これらのアイテム名と説明文を配列で定義します。またそれぞれのアイテムの手持ち数を代入する配列を用意します。

アイテムは研究施設画面で確認します。ゲームを完成させる際に、捕獲したクリーチャーを研究施設に送ると、これらのアイテムが順に開発されるようにします。ここでは研究施設でアイテムの一覧が確認できるところまで組み込みます。

プログラムと動作の確認

次のHTMLを開き、「研究施設」のヘキサボタンで研究施設画面に入りましょう。アイテム一覧が表示されます。アイテム名をクリックして選ぶと、そのアイテムの説明が表示されることも確認してください。

◆ 動作の確認 　rpg0710.html

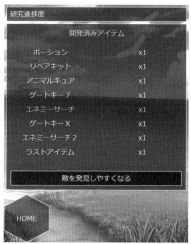

図7-10-1　実行画面

◆ ソースコード 　rpg0710.jsより抜粋

■アイテム名と説明、アイテムのパラメーターを定義

```
//アイテムの管理
var ITEM_MAX = 8;                                     何種類のアイテムがあるかを定義
var item = new Array(ITEM_MAX);                       アイテムの手持ち数を代入する配列
var ITEM = [                                          名前、説明、効果の値
"ポーション",      "マリヤのライフを回復",        100,
"リペアキット",     "ゼノンのライフを回復",        100,
"アニマルキュア",   "ビーナスのライフを回復",      100,
"ゲートキー7",      "DOME 7 へ行けるようになる",    0,
"エネミーサーチ",   "敵を発見しやすくなる",          0,
"ゲートキーX",      "DOME XXX へ行けるようになる",  0,
"エネミーサーチ2",  "敵を更に発見しやすくなる",      0,
"ラストアイテム",   "このゲームの最後のアイテム",    0
];
```

■変数にゲーム開始時の値を代入するinitVar()関数でアイテムの手持ち数を1とする（太字部分）

```
function initVar() {//ゲーム用の変数に初期値を代入
    var i;
    for(i=0; i<ITEM_MAX; i++) item[i] = 1;           ここでは確認用に1を代入
    clrMsg();
    chara[0].join(0);//———パーティメンバーのパラメーターを代入
    chara[1].join(1);//
    chara[2].join(2);//———
}
```

■ メインループに研究施設（アイテム一覧画面）の処理を追加（太字部分）

```
function mainloop() {
    var i, x, y, w, h, col, btn;//汎用的に使う変数
    counter++;
  ～ 省略 ～
        case 30://研究施設画面トップ
        drawFrame(10, 10, 780, 60, "black");
        fText("研究進捗度", 100, 40, 30, "white");
        drawFrame(10, 80, 780, 700, "black");
        fText("開発済みアイテム", 400, 120, 30, "yellow");
        for(i=0; i<ITEM_MAX; i++) {
            y = 200+60*i;
            if(tapC==1 && 100<tapX && tapX<700 && y-30<tapY &&
tapY<y+30) {
                tapC = 0;
                sel_item = i;
            }
            col = "white";
            if(i == sel_item) col = "cyan";
            fText(ITEM[i*3], 200, y, 30, col);
            fText("x"+item[i], 600, y, 30, col);
        }
        drawFrame(30, 700, 740, 60, "black");//説明文の枠
        fText(ITEM[sel_item*3+1], 400, 730, 30, "white");//説明文
        if(btn == 1) toHome();//ホーム画面に戻る
        break;
      ～ 以下、省略 ～
}
```

アイテム名をクリック
したら

そのアイテムを選択

選んだアイテム名を
水色にする
アイテム名を表示
手持ち数を表示

選んでいるアイテムの
説明を表示

◆ **変数と配列の説明**

sel_item	選んだアイテムの番号
item[]	各アイテムの手持ち数

　ゲームを完成させる際にアイテムが順に開発されて手に入るようにしますが、このプログラムでは確認のためにアイテムの手持ち数を管理するitem[]に1を代入しています。

　アイテムを定義した配列について説明します。

```
var ITEM = [
"ポーション",        "マリヤのライフを回復",        100,
"リペアキット",      "ゼノンのライフを回復",        100,
"アニマルキュア",    "ビーナスのライフを回復",      100,
"ゲートキー7",       "DOME 7 へ行けるようになる",     0,
"エネミーサーチ",    "敵を発見しやすくなる",          0,
"ゲートキーX",       "DOME XXX へ行けるようになる",   0,
"エネミーサーチ2",   "敵を更に発見しやすくなる",      0,
"ラストアイテム",    "このゲームの最後のアイテム",    0
];
```

　アイテム名と説明文の後にあるパラメーターは、そのアイテムの効果値として用います。具体的にはポー

ション、リペアキット、アニマルキュアに100という値が設定されていますが、それらは戦闘シーンで使った時にライフをどれくらい回復するかという値になります。戦闘システムや戦闘中の回復処理は8章で組み込みます。

　アイテムの効果などの値をデータとして定義しておくと難易度調整がしやすく、アイテムの種類を増やす時にも便利です。例えば「ハイポーションという回復値500のアイテムを追加する」ということが容易に行えます。

　ゲートキー7からラストアイテムまではパラメーターの値を用いないので、全て0にしています。

これでロープレの骨組みができたね〜！

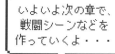
いよいよ次の章で、戦闘シーンなどを作っていくよ・・・

HINT　RPGのアイテムの種類

ゲームメーカーが発売、配信するRPGには次のようなアイテムが入っています。

◆消費アイテム

使うと無くなる道具。代表例としては回復薬があります。消費アイテムの中で回復効果があるものを特に**回復アイテム**と呼ぶこともあります。

◆装備品

武器、防具、アクセサリーなど、装備するとキャラクターの能力値が増える道具類。
魔法やスキルが使えるようになる装備品があるRPGもあります。

◆イベントアイテム

ゲーム進行に関わる道具類。代表例としてはカギや乗船券など。手に入れると次の場所に行けるようになり、ゲームを進める上で必須となるアイテムを特に**キーアイテム**と呼ぶことがあります。

他には使うと魔法を発動できるものを**魔法アイテム**と呼ぶことがあります。また道具を合成して新たなアイテムを作ることができるシステムが入ったRPGには、色々な**材料アイテム**が用意されています。
アイテムによっては、同じ効果でも分類が変わってくることもあります。例えばゲームを進めるために手に入れなくてはならない「王冠」があり、その王冠は装備することもできるのであれば、王冠はイベントアイテムであり装備品にもなります。また、ダンジョンから一気に脱出できるアイテムがあり、使うと無くなるものなら消費アイテムですが、それがイベントで手に入り、使ってもなくならないのであればイベントアイテムになるでしょう。

―――――――――――――――― COLUMN ――――――――――――――――
ローグライクゲーム

　RPGのサブジャンルの1つに**ローグライクゲーム**と呼ばれるものがあります。ローグライクゲームの元祖である**ローグ**は1980年頃に作られた、モンスターがうろつくダンジョンを探索するコンピューターゲームです。ローグは次の図のようにアスキー文字だけで画面が構成されています。

　主人公は@、-と|で囲まれたところが部屋、#は通路、
敵キャラはアルファベットで表示されます。

　ローグの地形はプレイするたびに（次の階層へ進むと）
自動生成されランダムに変化します。ゲーム内で生き残
る術を考え、敵と戦い、先の階へと進みます。最下層にあ
るアイテムを持ち帰るという目的がありますが、できるだ
け先の階へ到達することを目標にプレイするゲームになり
ます。ローグは1980年代に人気となりました。その当時、
普及し始めたパソコンを手に入れ、このゲームに"はまった"
方も多いことでしょう。

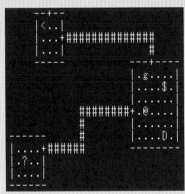

図コラム7-1　ローグの画面

　このローグのルールを引き継いでいるゲームが「ローグライクゲーム」です（以下、ローグライク
とします）。ローグライクには他のRPGと大きく異なる特徴があり、それは主人公が倒れたら最初
からやり直しになることです。成長させたパラメーターはリセットされ、手に入れたアイテムも失い、
再スタートになります。ローグライクは"RPGなのにやられたら終わり"というゲームなのです。

　ローグライクを面白くしている要素に、食料（food）というパラメーターがあります。歩くたびに
その値が減り、食料が0になると今度は歩くたびに体力が減ります。移動中に体力が無くなってもゲー
ムオーバーになるので、定期的に食料を手に入れなくてはなりません。

　ローグライクには難しいゲームが多く、気を抜くとゲームオーバーになるので、そのスリルがゲー
ムを盛り上げます。また、短時間で遊べるものが多いので、つい何度もプレイしてしまいます。

　世界中のクリエイターたちが様々なローグライクを開発しており、パソコンやスマートフォンで
遊べる無料のローグライクがたくさんあります。中には、主人公が倒れてもパラメーターやアイテ
ムを引き継げるものもあります。著者も、あるゲームメーカーのローグライクを開発したことがあ
り、そのゲームはパラメーターの一部やアイテムを引き継げる仕様にしました。ただローグライクは、
基本的にやられたらそれまでプレイした多くの部分をやり直さなくてはなりません。ローグライク
に"はまる"人たちは、やられたら終わりという緊張感がたまらないと感じるのです。

　ローグライクはパソコン愛好家を中心にプレイされていましたが、1990年代に家庭用ゲーム機のスー
パーファミコンのゲームソフトとして「トルネコの大冒険 不思議のダンジョン」や「風来のシレン」
というローグライクが発売され、多くの人に知られるようになりました。著者は風来のシレンでロー
グライクに"はまった"1人です（笑）。機会があればブラウザで遊べるローグライクの制作方法も解
説できればと考えています。

第 8 章

▼▼▼▼▼▼▼▼

ロールプレイングゲーム
後編

7章に続き、8章でもロールプレイングゲームの開発を進めます。この章では探索シーンと戦闘シーンを組み込み、フラグ管理を追加し、オートセーブ機能とオートロード機能を組み込んでゲームを完成させます。

8-1

探索シーンを組み込む

7章からの続きで、この章のプログラミングは、探索シーンの組み込みから始めていきます。

この章の学習内容

この章では7章に続き、次の内容を組み込みます。

表8-1-1　8章の学習の流れ

組み込む処理	どの節で学ぶか
探索シーン	8-1
敵を登場させる	8-2
ライフをバーで表示する	8-3
ターン制の実装	8-4
ダメージ計算と攻撃エフェクト	8-5
レベルアップ	8-6
クリーチャーの捕獲と敗北時のペナルティ	8-7
撤退と回復	8-8
フラグによる管理	8-9
オートセーブ機能	8-10
ロールプレイングゲームの完成	8-11

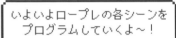

いよいよロープレの各シーンを
プログラムしていくよ〜！

探索シーンについて

7-3で居住ドーム（ホーム画面）と探索シーンの2つの画像を切り替えて表示する処理を組み込みました。居住ドームの背景と探索シーンの背景はbg.pngという1枚の画像ファイルに並べてあります。

ここでは探索シーンに入り、「探索」と記されたヘキサボタンを押すと、画面がスクロールしてドーム内を探索する様子を表現します。

プログラムと動作の確認

次のHTMLを開くとホーム画面に「DOME Zero」「DOME 7」「DOME XXX」というヘキサボタンが表示され、いずれかをクリックすると探索シーンに入ります。探索シーンでは画面下に「戻る」と「探索」のボタンが表示されます。「探索」を押すと背景がスクロールし、「戻る」でホーム画面に戻ります。

▲ 動作の確認 rpg0801.html

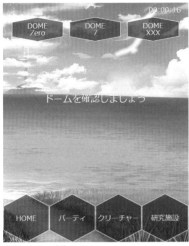

図8-1-1 実行画面

※このゲームで使う画像ファイルは7章で全て読み込んでいます。この章では新たな画像は追加しません。

▲ ソースコード rpg0801.jsより抜粋

■ メインループで探索シーンの背景を表示する時、風景の色を変化させるコードを追記（太字部分）

```
function mainloop() {
    var i, x, y, w, h, col, btn;//汎用的に使う変数
    counter++;
    if(scene < 40) {//背景の表示
        drawImgTS(1, 0, 0, 800, 1000, 0, 0, 800, 1000);          居住ドームの背景
    }
    else {
        drawImgTS(1, 800, 0, 800, 1000, 0, 0, 800, 1000);        探索シーンの背景
        setAlp(30);                                              ┌半透明の矩形を重ね、風景の
        fRect(0, 0, 800, 1000, DOME_COLOR[sel_dome]);            │色を変える
        setAlp(100);
    }
    if(scene == 1) {
 〜 省略 〜
    }
以下、省略
```

■ メインループのswitch文のcase1に行先ボタンを表示する処理を追加（太字部分）

```
case 1://ホーム画面
fText("ドームを確認しましょう", 400, 400, 40, "white");
for(i=0; i<3; i++) {//行き先のボタン
    if(hexaBtn(150+i*250, 110, 220, 60, 20, DOME_NAME[i])) {     ドーム名が記されたボタンを表示し、
        clrMsg();                                               クリックされたらメッセージをクリ
        sel_dome = i;                                           アし、そのドームの番号を保持して
        scene = 40;                                             探索シーンに移行する
        counter = 0;
        break;
    }
```

つづく▶

```
}
if(btn > 1) {//メニューボタンが押されたら各画面へ遷移する
    scene = (btn-1)*10;
    counter = 0;
}
break;
```

■ メインループのcase40とcase41にドームを探索する処理を追加

```
case 40://探索画面
putMsg(400, 680);//メッセージの表示
if(btn == 1) toHome();//ホーム画面に戻る
if(btn == 2) {
    setMsg("探索中...");
    scene = 41;
    counter = 0;
}
break;

case 41://探索中
if(counter < 40) {//背景を動かす演出
    x = -20*counter;
    drawImgTS(1, 800, 448, 800, 552, x, 448, 800, 552);
    drawImgTS(1, 800, 448, 800, 552, x+800, 448, 800, 552);
    setAlp(30);
    fRect(0, 448, 800, 552, DOME_COLOR[sel_dome]);
    setAlp(100);
}
putMsg(400, 680);//メッセージの表示
if(counter < 40) break;
if(btn == 1) {
    setMsg("探索を中断します。");
    scene = 40;
}
if(btn == 2) {
    setMsg("探索中...");
    counter = 0;
}
break;
```

探索シーンに入った画面
メッセージの表示

「探索」ボタンが押されたら
「探索中...」とメッセージを出し、
sceneの値を41にする
時間を計るのでcounterを0にする

探索する演出を行う処理
counterが40未満の間、背景を動かす
表示位置(X座標)を計算
画像を切り出し表示する命令で
横に2つの地面の画像を並べる

色を変えるために半透明の矩形を
重ねる

「戻る」ボタンが押されたら

sceneの値を40にする

■ メニューに探索シーンと戦闘シーンの項目を追記（太字部分）

```
var MENU = [//メニューボタン
"HOME", "パーティ", "クリーチャー", "研究施設",
"HOME", null, null, null,
"HOME", "データ", "転送", null,
"HOME", null, null, null,
"戻る", "探索", null, null,
"撤退", "回復", null, null
];
```

探索シーンのヘキサボタン
戦闘シーンのヘキサボタン

■ ドーム名と、風景を色替えする色の値を定義

```
var DOME_NAME = ["DOME\nZero", "DOME\n7", "DOME\nXXX"];
var DOME_COLOR = ["#44f", "#480", "#c00"];
```

背景に重ねる色を定義

sel_dome	どのドームにいるか

　このゲームは3つのドームを探索します。ゲームを完成させる際に、はじめはDOME Zeroに行くことができ、途中でDOME 7とDOME XXXに行けるようにしますが、ここでは確認用に全てのドームに入れるようにしています。

　3つのドームは雰囲気を変えるために風景の色を変更しています。DOME_COLOR = ["#44f", "#480", "#c00"] と色の値を定義し、その色を半透明で背景に重ねることで色替えしています。

　ドームごとに背景画像を用意すればゲームの世界を豪華に表現できますが、個人クリエイターが多数の画像を用意することは難しいものです。素材が足りない時は色替えというテクニックで対応しましょう。ゲームメーカーであっても予算内で用意できる素材の量は決まっているので、キャラクターを色替えして種類を増やすことなどがよく行われます。

背景のスクロールについて

　背景のスクロール処理を抜き出して説明します。メインループのcase41に記された次のコードです。

```
if(counter < 40) {//背景を動かす演出
    x = -20*counter;
    drawImgTS(1, 800, 448, 800, 552, x, 448, 800, 552);
    drawImgTS(1, 800, 448, 800, 552, x+800, 448, 800, 552);
    setAlp(30);
    fRect(0, 448, 800, 552, DOME_COLOR[sel_dome]);
    setAlp(100);
}
```

　counterの値はメインループで毎フレーム1ずつ増やしています。counterの値が0～39の間、背景画像の地面の部分を横にスクロールさせています。

　このコードの変数xの値が地面を表示するX座標です。counterの値が大きくなるほどxの値は小さく（マイナスの値に）なります。つまり画像を左向きに移動していくことになります。

　drawImgTS()は画像を切り出し表示するWWS.jsに備わった関数です。この関数で横に2枚、地面の画像を並べてスクロールさせています。

　このスクロール方法は2章のシューティングゲームでも用いた手法で、最もシンプルに画面をスクロールさせるテクニックの1つです。

8-2

敵を登場させる

▶ ▶ ▶ ▶ ▶ ▶ ▶

探索すると敵と遭遇（エンカウント）するようにします。

敵のパラメーターについて

　敵のパラメーターは7-7～7-8で組み込んだキャラクターのクラス（characterClass）から生成したインスタンスで管理します。その基本的な処理は7-9のクリーチャーの管理で組み込みました。ここではキャラクタークラスから作ったインスタンスを用いてドームに現れる複数の敵を管理し、探索した時に敵と遭遇するようにします。

ランダム・エンカウントとシンボル・エンカウント

　RPGで敵と遭遇するルールにランダム・エンカウントとシンボル・エンカウントがあります。エンカウントとは敵と遭遇することを意味するゲーム用語で、encounter（遭遇する、遭遇戦）という英語から作られた和製英語です。

　ランダム・エンカウントは、フィールドを歩いたりダンジョンを探索したりしている時、ある確率で敵と遭遇し戦闘に入るというものです。

　シンボル・エンカウントは、フィールドやダンジョンに敵のアイコンやちびキャラ（その敵をデフォルメした小さなキャラ）、あるいは敵そのものが表示されており、それに接触すると戦闘に入るものです。

　その他に、**強制エンカウント**があります。例えば、橋を通る時に必ず盗賊が現れて戦闘になる、洞窟の奥に行くと必ずドラゴンのボスキャラが登場して戦闘になる、といったものです。

プログラムと動作の確認

　RPG「ラストフロンティアの少女」は、ランダム・エンカウントで戦闘に入るようにします。次のHTMLを開いて探索するドームに入り、「探索」ボタンを何度か押すと敵と遭遇することを確認しましょう。このプログラムでは、敵が表示された後、「撤退」ボタンで探索シーンに戻るようにしてあります。

動作の確認 rpg0802.html

図8-2-1 **実行画面**

複数の敵は配列で
管理ね・・・

ソースコード rpg0802.jsより抜粋

■メインループのcase41の処理に戦闘に入るif文を追記（太字部分）

```
case 41://探索中
if(counter < 40) {//背景を動かす演出
    x = -20*counter;
    drawImgTS(1, 800, 448, 800, 552, x, 448, 800, 552);
    drawImgTS(1, 800, 448, 800, 552, x+800, 448, 800, 552);
    setAlp(30);
    fRect(0, 448, 800, 552, DOME_COLOR[sel_dome]);
    setAlp(100);
}
putMsg(400, 680);//メッセージの表示
if(counter < 40) break;
if(counter == 40) {
    if(rnd(100)<50) {
        setMsg("クリーチャーを発見！");
        scene = 50;
        counter = 0;
        break;
    }
}
if(btn == 1) {
    setMsg("探索を中断します。");
    scene = 40;
}
if(btn == 2) {
    setMsg("探索中...");
    counter = 0;
}
break;
```

counterの値が40になった時
50%の確率で戦闘シーンに移行

■ メインループのcase50とcase51に戦闘突入の演出と敵を表示する処理を追加

```
case 50://戦闘開始
putMsg(400, 680);//メッセージの表示
if(counter%6 < 3) {
    setAlp(30);
    fRect(0, 0, 800, 1000, "black");
}
if(counter == 30) {
    initBtl();
    scene = 51;
}
break;

case 51://戦闘画面に敵を表示（仮）
for(i=0; i<3; i++) {//敵の表示
    x = -60+260*i;
    y = 180;
    if(chara[EMY_TOP+i].life > 0) {
        n = chara[EMY_TOP+i].level;
        var sx = 400*int(n/3);
        var sy = 400*(n%3);
        drawImgTS(5, sx, sy, 400, 400, x, y + chara[EMY
_TOP+i].pos, 400, 400);
        fText(CREATURE[n*2], x+200, y-60, 30, "white");
    }
}
putMsg(400, 680);//メッセージの表示
if(btn == 1) scene = 40;//仮
break;
```

戦闘開始時に画面を点滅させる演出

6フレーム中の3フレーム、
半透明の黒の矩形を重ねることで
画面を点滅させる

counterが30になったら
敵をセットする関数を呼び出し、
sceneの値を51にする

戦闘画面に敵を表示する処理

lifeが0より大きいなら

画像の切り出し位置を計算

クリーチャーの画像を表示

※ case51は敵の表示を確認するための仮のコードで、8-4で戦う順番を決める処理に変更します。

■ 戦闘に登場する敵のパラメーターをセットする関数を用意

```
function initBtl() {
    for(var i=0; i<3; i++) {
        chara[EMY_TOP+i].life = 0;
        if(rnd(100)<30 || i==1) setCreature(i, rnd(3)+sel_dome*3);
    }
}
```

ランダムに敵を
セットする

※ このプログラムに新たな変数は追加していません。

　敵の表示はメインループのcase51のところで行っています。敵の画像はenemy.pngという一枚の画像ファイルにまとめてあるので、drawImgTS()関数でその画像から切り出して表示しています。

　initBtl()関数で行っている処理を説明します。この関数はsetCreature()関数を呼び出し、character Classから作ったインスタンスのプロパティに敵のパラメーターを代入しています。setCreature()は7-9で組み込んだ関数です。敵は1〜3体をランダムにセットしています。

　initBtl()関数は探索シーンで背景のスクロールが終わった直後、rnd(100)<50が成り立った時に呼び出しています。ここでは50%の確率で遭遇するようにしていますが、ゲームを完成させる段階で、「エネミーサーチ」と「エネミーサーチ2」というアイテムを持っていれば、もっと高い確率で遭遇するようにします。

パーティメンバーと敵のライフを表示する

探索シーンでパーティメンバーのライフ（体力）をバーで表示します。また戦闘シーンで敵のライフをバーで表示します。

ライフをバーで表示する意味

ライフやエネルギーなどをバーで表示するゲームは昔からたくさんあります。バーで表示すると値がどれくらい減っているか一目でわかります。コンピューター・ゲームはライフやエネルギーが無くなるとゲームオーバーややり直しになるわけですから、その数値は最も大切なものです。その大切な値をわかりやすく伝えるために、多くのゲームでバーによる表示が採用されているのです。

プログラムと動作の確認

RPG「ラストフロンティアの少女」もライフをバーで表示します。次のHTMLを開き、探索シーンでパーティメンバーのライフがバーで表示されることを確認しましょう。また戦闘シーンで敵のライフもバーで表示されることを確認しましょう。

◀ **動作の確認** rpg0803.html

図8-3-1 **実行画面**

ソースコード rpg0803.jsより抜粋

■ メインループのcase40、case41、case50、case51で、パーティメンバーのライフを表示する関数
を呼び出し、敵のライフをバーで表示するコードを追記（太字部分）

```
case 40://探索画面
ptyLife();                                                    パーティメンバーの
putMsg(400, 680);//メッセージの表示                            ライフを表示
if(btn == 1) toHome();//ホーム画面に戻る
if(btn == 2) {
    setMsg("探索中...");
    scene = 41;
    counter = 0;
}
break;


case 41://探索中
if(counter < 40) {//背景を動かす演出
    x = -20*counter;
    drawImgTS(1, 800, 448, 800, 552, x, 448, 800, 552);
    drawImgTS(1, 800, 448, 800, 552, x+800, 448, 800, 552);
    setAlp(30);
    fRect(0, 448, 800, 552, DOME_COLOR[sel_dome]);
    setAlp(100);
}
ptyLife();                                                    パーティメンバーの
putMsg(400, 680);//メッセージの表示                            ライフを表示
if(counter < 40) break;
～ 省略 ～
break;


case 50://戦闘開始
ptyLife();                                                    パーティメンバーの
putMsg(400, 680);//メッセージの表示                            ライフを表示
if(counter%6 < 3) {
    setAlp(30);
    fRect(0, 0, 800, 1000, "black");
}
if(counter == 30) {
    initBtl();
    scene = 51;
}
break;


case 51://戦闘画面に敵を表示（仮）
for(i=0; i<3; i++) {//敵の表示
    x = -60+260*i;
    y = 180;
    if(chara[EMY_TOP+i].life > 0) {
        n = chara[EMY_TOP+i].level;
        var sx = 400*int(n/3);
        var sy = 400*(n%3);
        drawImgTS(5, sx, sy, 400, 400, x, y + chara[EMY_TOP+i].pos,
400, 400);
        drawBar(x+90, y-30, 220, 16, chara[EMY_TOP+i].life, chara   敵のライフをバーで
[EMY_TOP+i].lfmax);                                              表示
        fText(CREATURE[n*2], x+200, y-60, 30, "white");
    }
}
```

つづく

```
ptyLife();
putMsg(400, 680);//メッセージの表示
if(btn == 1) scene = 40;//仮
break;
```
パーティメンバーの
ライフを表示

■バーを表示する関数を用意

```
function drawBar(x, y, w, h, val, vmax) {//バーを描く
    var bw = int(w*val/vmax);
    if(val>0 && bw==0) bw = 1;
    fRect(x, y, w, h, "black");
    fRect(x, y, bw, h, "#04f");
    fRect(x, y+h/2, bw, h/2, "#028");
    sRect(x-1, y-1, w+1, h+1, "white");
}
```
バーの長さを計算
引数val>0なら最低1ドットの幅を確保
バーのバックの黒の塗り潰し
バーの上半分の明るい青
バーの下半分の暗い青
周りを白い枠で囲う

■パーティメンバーのライフを表示する関数を用意

```
function ptyLife() {
    var i, x, y;
    for(i=0; i<MEMBER_MAX; i++) {
        x = 480;
        y = 840+i*50;
        drawBar(x+70, y-12, 220, 24, chara[i].life, chara[i].lfmax);
        fText(chara[i].name, x, y, 28, "white");
        fText(chara[i].life, x+180, y, 20, "white");
    }
}
```
名前を表示する座標
ライフをバーで表示
名前の表示
ライフを数値で表示

※このプログラムに新たな変数は追加していません。

　バーを表示するdrawBar(x, y, w, h, val, vmax)という関数を定義しています。この関数の引数x、y、w、hはバーを描く(x, y)座標、バーの幅と高さです。valとvmaxはバーで描く数値とその数値の最大値です。ライフを描く時はvalにライフの値、vmaxにライフの最大値を与えて呼び出します。

　例えばvalが200でvmaxも200ならバーは左から右までめいっぱい描かれます。valが100でvmaxが200ならバーは半分だけ描かれます。

　バーの幅は bw = int(w*val/vmax) という式で計算しています。この計算式で例えばwが200、valが1、vmaxが300の時、bwは0になり、ライフがあるのにバーが描かれないことになります。そこで if(val>0 && bw==0) bw = 1 というif文で、valが0より大きいなら最低幅1ドットでバーを描くようにしています。

　パーティメンバーのライフ表示はptyLife()という関数を定義し、その関数内でdrawBar()を呼び出して行っています。

HINT キャラクターの能力値をグラフで表示する

　キャラクターのステイタス画面（能力値を確認する画面）で、攻撃力、防御力、素早さなどを次のようなグラフで表すと、キャラクターごとの能力の違いが一目瞭然となり、ゲーム画面の見た目の豪華さもアップします。

　このようなグラフを**レーダーチャート**といいます。みなさんが本書で学んだRPGのプログラムに手を加えたり、オリジナルのRPGを開発したりする時に、このようなグラフを組み込んでみるのも面白いでしょう。

図8-3-2　能力表示のグラフの例

8-4

ターン制を実装する

このゲームの戦闘はパーティメンバーと敵が交互に行動するターン制で行われるようにします。ここではターン制の骨組みとなる処理を組み込みます。

ターン制について

　ターン制のRPGでは、素早さのパラメーターが大きいキャラクターから順に行動します。それを行うには、数値を大きな順、あるいは小さな順に並べ替える**ソート**というアルゴリズムを理解する必要があります。まずソートについて説明します。

　パーティメンバー3人と敵3体が登場し、各キャラクターの素早さは次の値であるとします。この値は説明用のもので、ゲームに登場する実際のキャラクターの値とは違います。

表8-4-1　素早さの値

素早さ	80	60	120	40	70	110
キャラクター						

　素早さの値が大きなキャラクターから行動する場合、順番は次の通りです。

　この順番を決めるには、素早さ順にキャラクターを並べ替える必要があります。それがソート処理です。ソート処理には様々なアルゴリズムがありますが、本書では単純なプログラムで並べ替えできる**バブルソート**を用います。

バブルソートのアルゴリズム

　バブルソートで小さな値から大きな値の順に並べ替えるには、データを右から左に向かって比較していき、小さい値を左に移していきます。データを左から右に向かって比較し、大きな値を右に移してもかまいません。バブルソートの流れを図解します。

図8-4-1 バブルソートの流れ

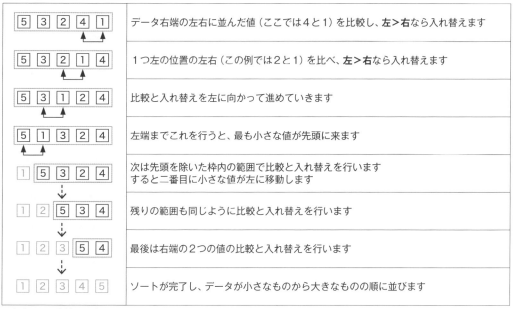

5 3 2 4 1	データ右端の左右に並んだ値（ここでは4と1）を比較し、**左＞右**なら入れ替えます
5 3 2 1 4	1つ左の位置の左右（この例では2と1）を比べ、**左＞右**なら入れ替えます
5 3 1 2 4	比較と入れ替えを左に向かって進めていきます
5 1 3 2 4	左端までこれを行うと、最も小さな値が先頭に来ます
1 5 3 2 4	次は先頭を除いた枠内の範囲で比較と入れ替えを行います すると二番目に小さな値が左に移動します
1 2 5 3 4	残りの範囲も同じように比較と入れ替えを行います
1 2 3 5 4	最後は右端の2つの値の比較と入れ替えを行います
1 2 3 4 5	ソートが完了し、データが小さなものから大きなものの順に並びます

※青字はソート済みのものです。

図8-4-1は小さな値から大きな値の順（**昇順**）に並べ替えるバブルソートの基本的な手順です。

RPG「ラストフロンティアの少女」は、素早さの値が大きなキャラクターから行動するので、大きな値から小さな値の順（**降順**）に並べ替えます。降順に並べるには、左から右に向かって比較し、大きな値を左に移す（＝小さな値を右に移す）プログラムがわかりやすいので、これから確認するrpg0804.jsはそのようにしてソートを行っています。

プログラムと動作の確認

次のHTMLを開き、探索シーンで戦闘に入ると、パーティメンバーと敵クリーチャーが交互に行動する様子がメッセージで表示されます。DOME Zeroに出現する「キラーワスプ」と「スパイダー」は、どのパーティメンバーよりも素早さが低いので、パーティメンバーが先に行動します。DOME XXXの敵は全てパーティメンバーより素早いので、敵の方が先に行動します。

戦闘中に「撤退」を選ぶと戦闘を中断します。3つのドームを行き来して動作を確認しましょう。

動作の確認 rpg0804.html

図8-4-2 実行画面

ソースコード rpg0804.jsより抜粋

■メインループのcase51、case52、case53に順番を決め、交互に行動する処理を追加

```
case 51://戦う順番を決める
case 52://順に行動していく
case 53://戦いを行う
for(i=0; i<3; i++) {//敵の表示
    x = -60+260*i;
    y = 180;
    if(chara[EMY_TOP+i].life > 0) {
        n = chara[EMY_TOP+i].level;
        var sx = 400*int(n/3);
        var sy = 400*(n%3);
        drawImgTS(5, sx, sy, 400, 400, x, y + chara[EMY_
TOP+i].pos, 400, 400);
        drawBar(x+90, y-30, 220, 16, chara[EMY_TOP+i].
life, chara[EMY_TOP+i].lfmax);
        fText(CREATURE[n*2], x+200, y-60, 30, "white");
    }
}
ptyLife();
putMsg(400, 680);//メッセージの表示
if(btn == 1) scene = 40;//仮
if(scene == 51) {
    btlOrder();
    scene = 52;
}
else if(scene == 52) {
    btl_turn++;
    if(btl_turn == 6) {
        scene = 51;
    }
    else {
```

sceneが51の時、
バブルソートで順番を決める
sceneを52にする

sceneが52の時、
この変数を用いて順番に行動する
全てのキャラが行動したら
sceneを51にし、再度、順番を決める

つづく

```
        if(order[btl_turn] > 0) {
            btl_char = order[btl_turn]%10;
            if(chara[btl_char].life > 0) {
                while(true) {//攻撃相手を決める
                    def_char = rnd(3);
                    if(btl_char < 3) def_char += 3;
                    if(chara[def_char].life > 0) break;
                }
                scene = 53;
                counter = 0;
            }
        }
    }
}
else if(scene == 53) {
        if(counter == 10) setMsg(chara[btl_char].
name+"が"+chara[def_char].name+"を攻撃する");
    if(counter == 40) scene = 52;
}
break;
```

ソートした配列に値が入っているなら
btl_charに行動するキャラの番号を代入
そのキャラのライフが0でないなら
攻撃相手をランダムに決める
def_charに相手の番号を代入

sceneを53にする
counterを0にする

「〇が△を攻撃する」というメッセージを
出力
sceneを52にし、次のキャラの行動に移る

■ 順番を決めるために使う配列や、誰がどの相手を攻撃するかという番号を代入する変数を宣言

```
var order = [0, 0, 0, 0, 0, 0];
var btl_turn = 0;
var btl_char = 0;
var def_char = 0;
```

戦闘の順番を決めるための配列
順に行動するために用いる変数
誰が行動するか
攻撃する相手

■ 順番を決めるbtlOrder()関数を追加

```
function btlOrder() {//行動順番を決める
    var i, j, n;
    for(i=0; i<6; i++) {
        order[i] = 0;
        if(chara[i].life > 0) order[i] = chara[i].agili*10+i;
    }
    for(i=0; i<5; i++) {//素早さ順に並べ替える
        for(j=0; j<5-i; j++) {
            if(order[j]<order[j+1]) {//大きな値を左に移動
                n = order[j];
                order[j] = order[j+1];
                order[j+1] = n;
            }
        }
    }
    btl_turn = -1;
}
```

バブルソートで数値を
並べ替える

◀ 変数と配列の説明 ▶

order[]	戦闘の順番を決めるための配列
btl_turn	順に行動するために用いる
btl_char	誰が行動するか（攻撃側のキャラの番号）
def_char	攻撃する相手（防御側のキャラの番号）

行動順を決めるbtlOrder()関数

btlOrder()関数で素早さ順にキャラクターを並べ替えます。その仕組みですが、まず以下のコードでorder[]という配列に素早さとキャラクターの番号を**素早さ×10＋キャラクター番号**という計算式で代入します（太字部分）。

```
for(i=0; i<6; i++) {
    order[i] = 0;
    if(chara[i].life > 0) order[i] = chara[i].agili*10+i;
}
```

素早さを10倍し、それにキャラクター番号を足した値がorder[]に入ります。order[]の一の位がキャラクター番号です。その番号は0がマリヤ、1がゼノン、2がビーナス、3～5が敵クリーチャーになります。

次のコードでorder[]の中身を大きなものから小さなものの順に並べ替えます。これがバブルソートの処理になります。

```
for(i=0; i<5; i++) {//素早さ順に並べ替える
    for(j=0; j<5-i; j++) {
        if(order[j]<order[j+1]) {//大きな値を左に移動
            n = order[j];
            order[j] = order[j+1];
            order[j+1] = n;
        }
    }
}
```

これでorder[]の中身が素早さ順に並び、その値の一の位はキャラクター番号になっています。

このソートの具体例を数値で示します。次の表はキャラクターの素早さと並べ替え前のorder[]の値です。order[0]が800、order[5]が1105になっています。

キャラクター番号	0	1	2	3	4	5
素早さ	80	60	120	40	70	110
並べ替え前の order[]	800	601	1202	403	704	1105

並べ替えるとorder[]の中身は次のようになります。ソート後はorder[0]が1202、order[5]が403になります。

並べ替え後の order[]	1202	1105	800	704	601	403
行動する順番	2	5	0	4	1	3

order[]の一の位にキャラクター番号が入っており、order[]%10でその値を取り出せます。その番号を用いて素早さ順にキャラクターを行動させます。

ターン制の処理について

メインループのcase51、case52、case53で、ターン制の処理を行っています。その処理の内容を

表にまとめます。

case の値	処理の内容
51	btlOrder()関数で順番を決め、sceneの値を52にする
52	btl_turnという変数の値を0→1→2→3→4→5と変化させる order[btl_turn]%10の値をbtl_charに代入する btl_charの値が行動するキャラクターの番号になる def_charに攻撃する相手の番号を入れる。相手はランダムに決める btl_turnが5以下の間、sceneを53にする btl_turnが6になったらsceneを51にして、再び行動する順番を決める
53	「〇が△を攻撃する」というメッセージを表示し、sceneを52にする

case52で全てのキャラクターの行動が終わったらsceneを51にして再び順番を決めています。戦闘の途中で倒れるキャラクターがいるので、全てのキャラクターの行動後、改めて順番を決め直す必要があるからです。

case52で狙う相手の番号を決める処理を抜き出して説明します。

```
while(true) {//攻撃相手を決める
    def_char = rnd(3);
    if(btl_char < 3) def_char += 3;
    if(chara[def_char].life > 0) break;
}
```

このコードでパーティメンバーであれば敵クリーチャーを、敵クリーチャーであればパーティメンバーを狙うようにしています。これらの変数の値と配列の要素番号を、図を用いて説明します。

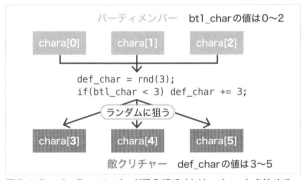

図8-4-3 パーティメンバーが狙う相手（クリーチャー）を決める

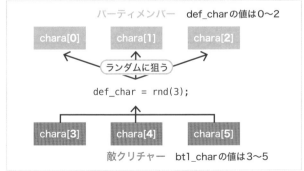

図8-4-4 敵クリーチャーが狙う相手（パーティメンバー）を決める

8-5

ダメージ計算と攻撃エフェクトを組み込む

攻撃した相手にダメージを与える計算を行います。また、攻撃したことがわかるエフェクトを表示します。

ダメージ値の計算について

ダメージの値は**攻撃する側の攻撃力 − 攻撃される側の防御力**とします。攻撃を受けた相手のライフからこの値を引き、ライフが0以下になったキャラクターは戦闘から外れるようにします。

ゲームメーカーが発売、配信するRPGでは、攻撃側が装備している武器の攻撃力、防御側が装備している防具の防御力、アクセサリーの効果、属性による強弱関係（水は火に強く、火は風に強いなど）が加味されてダメージ値が決まりますが、このゲームはRPG開発の基礎を学ぶために最もシンプルな計算式とします。

プログラムと動作の確認

次のHTMLを開き、戦闘でダメージの計算が行われることを確認しましょう。ライフが無くなったキャラクターは画面から消えます。敵を全て倒すと勝った旨が表示され探索シーンに戻ります。またパーティメンバーが全滅すると居住ドームに強制送還されるようになっています。

◢ **動作の確認** ▷ rpg0805.html

図 8-5-1　**実行画面**

ソースコード rpg0805.jsより抜粋

■ メインループのcase53に攻撃した相手にダメージを与える計算を追加

```
else if(scene == 53) {
    if(counter == 10) setMsg(chara[btl_char].name + "の攻撃!");
    if(counter == 20) {
        chara[btl_char].pos = 40;//敵が攻撃する演出
        chara[def_char].efct = 0;
        chara[def_char].etime = 15;
        //ダメージ値の計算
        chara[def_char].dmg = chara[btl_char].stren - chara[def_char]
.defen;
        if(chara[def_char].dmg < 0) chara[def_char].dmg = 0;
    }
    if(counter == 40) {
        chara[def_char].life -= chara[def_char].dmg;
        if(chara[def_char].life <= 0) chara[def_char].life = 0;
        setMsg(chara[def_char].name + "は" + chara[def_char].dmg + "
のダメージを受けた!");
        chara[btl_char].pos = 0;
    }
    if(counter == 60) {
        if(chara[def_char].life == 0) {
            if(def_char < 3) {
                setMsg(chara[def_char].name + "は倒れた");
            }
            else {
                setMsg(chara[def_char].name + "を倒した!");
            }
        }
    }
    if(counter == 80) {
        scene = 52;
        if(chara[3].life+chara[4].life+chara[5].life == 0) { scene =
54; counter = 0; break; }
        if(chara[0].life+chara[1].life+chara[2].life == 0) { scene =
55; counter = 0; break; }
    }
}
```

- 敵を一歩前に出す演出
- 相手にエフェクトを表示するために、変数に値を代入
- ダメージの値を計算しdmgプロパティに代入
- 攻撃を受けたキャラのライフを減らす メッセージを表示
- パーティメンバーが倒れた時のメッセージ
- 敵クリーチャーを倒した時のメッセージ
- 敵を全て倒したかを判定
- パーティメンバーが全滅したか判定

■ メインループのcase54、case55に勝利した時と敗北した時の処理を追加

```
else if(scene == 54) {//勝利
    if(counter == 30) setMsg("戦いに勝った!");
    if(counter == 120) scene = 41;
}
else if(scene == 55) {//敗北
    if(counter == 30) setMsg("負けてしまった...");
    if(counter == 60) setMsg("居住ドームに強制送還されます。");
    if(counter == 120) toHome();
}
```

- 勝った時の処理
- 負けた時の処理

■ 戦闘シーンの敵を表示する処理でエフェクトを描く関数を呼び出す(太字部分)

```
case 51://戦う順番を決める
case 52://順に行動していく
case 53://戦いを行う
case 54://勝利
```

つづく▶

```
case 55://敗北
for(i=0; i<3; i++) {//敵の表示
    x = -60+260*i;
    y = 180;
    if(chara[EMY_TOP+i].life > 0) {
        n = chara[EMY_TOP+i].level;
        var sx = 400*int(n/3);
        var sy = 400*(n%3);
        drawImgTS(5, sx, sy, 400, 400, x, y + chara[EMY_TOP+i].pos, 400, 400);
        drawBar(x+90, y-30, 220, 16, chara[EMY_TOP+i].life, chara[EMY_TOP+i].lfmax);
        fText(CREATURE[n*2], x+200, y-60, 30, "white");
    }
    if(chara[EMY_TOP+i].etime > 0) {//エフェクトの表示
        btlEffect(chara[EMY_TOP+i].efct, x+200, y+200, 1.0, chara[EMY_TOP+i].etime);
        chara[EMY_TOP+i].etime--;
    }
}
～　以下省略　～
```

──エフェクトの表示

■ホーム画面に戻すtoHome()関数にパーティメンバーのライフを回復するコードを追加（太字部分）

```
function toHome() {//ホーム画面に戻る
    for(var i=0; i<MEMBER_MAX; i++) chara[i].life = chara[i].lfmax;
    scene = 1;
    counter = 0;
}
```

全員のライフを最大値にする

■パーティメンバーのライフを表示する関数で、エフェクトを描く関数を呼び出す（太字部分）

```
function ptyLife() {//パーティメンバーのライフを表示
    var i, x, y;
    for(i=0; i<MEMBER_MAX; i++) {
        x = 480;
        y = 840+i*50;
        drawBar(x+70, y-12, 220, 24, chara[i].life, chara[i].lfmax);
        fText(chara[i].name, x, y, 28, "white");
        fText(chara[i].life, x+180, y, 20, "white");
        if(chara[i].etime > 0) {//エフェクトの表示
            btlEffect(chara[i].efct, x, y, 0.5, chara[i].etime);
            chara[i].etime--;
        }
    }
}
```

──エフェクトの表示

■戦闘用のエフェクトを表示する関数を用意

```
function btlEffect(typ, x, y, siz, tim) {
    var i, r, w;
    if(typ == 0) {
        r = int((1+(15-tim)*12)*siz);
        w = int(30*siz);
        setAlp(tim*6);
        lineW(w);      sCir(x, y, r, "red");
        lineW(w*0.8);  sCir(x, y, r, "gold");
        lineW(w*0.6);  sCir(x, y, r, "white");
    }
    setAlp(100);
    lineW(2);
}
```

攻撃を受けた時のエフェクト
円の半径を計算
線の太さを計算
──半透明の円でエフェクトを表現

透明度を元（100%）に戻す
線の太さを元（2ドット）に戻す

※このプログラムに新たな変数は追加していません。

このプログラムに組み込んだ、キャラクターのインスタンスのプロパティの用途は次の通りです。

表8-5-1　戦闘で使うプロパティ

chara[].pos	敵クリーチャーの表示位置
chara[].dmg	ダメージの値を代入する
chara[].efct	どのエフェクトを出すか
chara[].etime	エフェクトの表示時間

ダメージ値の計算について

攻撃した相手にダメージを与える計算をメインループのcase53で行っています。その部分のコードを抜き出して説明します。

次のコードが 攻撃する側の攻撃力 − 攻撃される側の防御力 でダメージを決める計算です。

```
chara[def_char].dmg = chara[btl_char].stren - chara[def_char].defen;
if(chara[def_char].dmg < 0) chara[def_char].dmg = 0;
```

次のコードでライフを減らしています。

```
chara[def_char].life -= chara[def_char].dmg;
if(chara[def_char].life <= 0) chara[def_char].life = 0;
```

次のコードで勝敗判定を行っています。

```
if(chara[3].life+chara[4].life+chara[5].life == 0) { scene = 54; counter = 0; break; }
if(chara[0].life+chara[1].life+chara[2].life == 0) { scene = 55; counter = 0; break; }
```

敵を全て倒した時はsceneの値を54にし、パーティメンバーが全滅した時はsceneを55にしています。

case54が敵を全て倒した時の処理、case55がパーティが全滅した時の処理です。このプログラムでは敵を全て倒したら探索シーンに戻していますが、次の8-6で敵を倒したパーティメンバーの経験値を増やし、定められた値に達したらレベルアップするようにします。

またパーティが全滅した時、ここでは居住ドーム（ホーム画面）に戻すだけですが、8-7で捕獲したクリーチャーの数が減るというペナルティを追加します。

エフェクトを表示する関数について

btlEffect(typ, x, y, siz, tim)という関数を用意し、攻撃した時のエフェクトを表示しています。この関数を抜き出して説明します。

```
function btlEffect(typ, x, y, siz, tim) {//戦闘用のエフェクト
    var r, w;
    if(typ == 0) {//攻撃を受けた時のエフェクト
```

つづき▶

```
        r = int((1+(15-tim)*12)*siz);
        w = int(30*siz);
        setAlp(tim*6);
        lineW(w);      sCir(x, y, r, "red");
        lineW(w*0.8); sCir(x, y, r, "gold");
        lineW(w*0.6); sCir(x, y, r, "white");
    }
    setAlp(100);
    lineW(2);
}
```

　btlEffect()関数の引数typはエフェクトの番号（種類）です。ここでは相手を攻撃するエフェクトを0番とし、その処理だけ記述していますが、8-7でパーティメンバーのライフをアイテムで回復できるようにし、回復エフェクトを1番として組み込みます。

　引数timはエフェクトを表示する時間です。timの値に応じて透明度を変えながら円の径を大きくすることで、相手を攻撃するエフェクトを表現しています。setAlp（透明度）、lineW（線の太さ）、sCir（座標, 半径, 色）はWWS.jsに備わる関数です。それらの関数の使い方の詳細は、P.442のWWS.jsの関数一覧をご参照ください。

　btlEffect()関数の引数sizでエフェクトの大きさを指定できるようにしています。エフェクトは敵クリーチャーにだけでなく、パーティメンバーの名前の上にも表示するので、引数でその大きさを変えられるようにしています。具体的には次のように敵の上に表示する時は1.0、パーティメンバーの名前の上に表示する時は0.5の値で呼び出しています。

　　・敵の画像に表示
　　➡ btlEffect(chara[EMY_TOP+i].efct, x+200, y+200, **1.0**, chara[EMY_TOP+i].etime)
　　・パーティの名前に表示
　　➡ btlEffect(chara[i].efct, x, y, **0.5**, chara[i].etime)

組み込む処理が
多くなってきたけど・・・
がんばって・・・

組み込めば組み込むほど、
ゲームは面白くなるよ～！

８-6

レベルアップの処理を組み込む

▼ ▼ ▼ ▼ ▼ ▼ ▼

敵を倒したパーティメンバーの経験値を増やし、定めた値に達することにレベルアップするようにします。

経験値を貰えるルール

RPG「ラストフロンティアの少女」では、敵を直接、倒したメンバーに経験値を加算します。パーティメンバー全員に経験値を分配することはしません。

レベルアップする経験値

このゲームではレベルアップする経験値を次の計算式で求めます。

現在のレベル値 × 現在のレベル値 × 10

この式で経験値がいくつになればレベルアップするかを表にします。先のレベルになるほど、レベルアップするためにより多くの経験値が必要になります。

表8-6-1　レベルアップの経験値

現在レベル→次のレベル	経験値
1 → 2	10
2 → 3	40
3 → 4	90
4 → 5	160
5 → 6	250
6 → 7	360
7 → 8	490
8 → 9	640
9 → 10	810
10 → 11	1000
:	:

二段階レベルアップする可能性を考える

獲得した経験値の値によっては、二段階以上、一気にレベルアップすることがあります。例えばレベル2（経験値10）の時、戦闘中に複数の敵を倒し、80の経験値を得て経験値が90になった場合、レベル2→3→4と二段階レベルアップすることになります。レベルアップ処理にはその判定を正しく組み込む必要があります。

プログラムと動作の確認

　レベルアップする経験値の計算式と、複数段階レベルアップする処理を組み込んだプログラムを確認します。次のHTMLを開き、パーティメンバーがレベルアップする様子を確認してください。

　複数段階のレベルアップは、ゲームを開始してDOME XXXへ入り、マリヤが敵を倒して40以上の経験値を獲得すると確認できます。

◢ 動作の確認 ▶ rpg0806.html

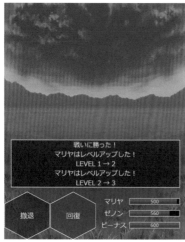

図 8-6-1　実行画面

一気に何回も
レベルアップすると
きもちいいよね〜！

◢ ソースコード ▶ rpg0806.jsより抜粋

■ メインループのcase53で敵を倒した時、経験値を加算する（太字部分）

```
else if(scene == 53) {
    if(counter == 10) setMsg(chara[btl_char].name + "の攻撃！");
    if(counter == 20) {
        chara[btl_char].pos = 40;//敵が攻撃する演出
        chara[def_char].efct = 0;
        chara[def_char].etime = 15;
        //ダメージ値の計算
        chara[def_char].dmg = chara[btl_char].stren - chara[def_char].defen;
        if(chara[def_char].dmg < 0) chara[def_char].dmg = 0;
    }
    if(counter == 40) {
        chara[def_char].life -= chara[def_char].dmg;
        if(chara[def_char].life <= 0) chara[def_char].life = 0;
        setMsg(chara[def_char].name + "は" + chara[def_char].dmg + "のダメージを受けた！");
        chara[btl_char].pos = 0;
    }
    if(counter == 60) {
        if(chara[def_char].life == 0) {
            if(def_char < 3) {
                setMsg(chara[def_char].name + "は倒れた");
            }
```

つづく ◢

```
        else {
            setMsg(chara[def_char].exp + "の経験値を獲得！");
            chara[btl_char].exp += chara[def_char].exp;
        }
    }
}
    if(counter == 80) {
~ 省略 ~
    }
}
```

経験値を
加算する

■ メインループのcase54で、勝利時にsceneを56にしてレベルアップ判定へ移行する（太字部分）

```
else if(scene == 54) {//勝利
    if(counter == 30) setMsg("戦いに勝った！");
    if(counter == 150) {
        lvup = 0;
        scene = 56;//レベルアップの確認へ
        counter = 0;
    }
}
```

誰がレベルアップするかを調べるための変数
scene56のレベルアップの確認へ移行

■ メインループのcase56にレベルアップの判定とレベルアップする処理を追加

```
else if(scene == 56) {//レベルアップ
    if(counter == 1) {
        if(chara[lvup].life>0 && chara[lvup].exp>=10*chara[lvup]
.level*chara[lvup].level) {
            chara[lvup].levelup();
            setMsg(chara[lvup].name+"はレベルアップした！");
            setMsg("LEVEL "+(chara[lvup].level-1)+" → "+chara
[lvup].level);
            counter = -90;
        }
    }
    if(counter == 2) {
        lvup++;
        if(lvup < MEMBER_MAX) counter = 0;
    }
    if(counter == 90) {
        setMsg("探索を続けますか？");
        scene = 40;
        counter = 10;
    }
}
```

レベルアップする経験値に
達している
レベルアップのメソッドを実行
──メッセージを表示

連続してレベルアップするかを
確認

──次のメンバーがレベルアップ
するか確認する

◀ 変数の説明 ▶

lvup	誰がレベルアップするかを確認するのに用いる

　メインループのcase53のところに chara[btl_char].exp += chara[def_char].exp と、経験値を増やす式を記述しています。敵を倒した時にもらえる経験値の値はchara[def_char].expに入っています。その値をsetCreature()関数でexpプロパティに代入していることを合わせて確認しましょう。

レベルアップ処理を理解する

メインループのcase56にレベルアップの判定とレベルアップする処理を記述しました。そのコードの内容を説明します。

lvupという変数を 0 → 1 → 2 と変化させ、マリヤ、ゼノン、ビーナスの経験値がレベルアップする値に達していないかを調べています。

chara[lvup].exp>=10*chara[lvup].level*chara[lvup].levelという条件式が、経験値がレベルアップに必要な値以上になっているかの判定です。レベルアップする値に達しているなら、キャラクターのインスタンスのlevelup()メソッドを実行します。chara[lvup].levelup()という記述がそれです。

二段階以上のレベルアップ

二段階以上レベルアップするかの確認は、このコードの中にあるcounter = -90 という記述がポイントになります。counterの値が1の時にレベルアップする経験値に達しているか調べ、レベルアップした時はcounterの値を-90にすることで、約3秒後 (30フレーム×3) にもう一度counterが1になり、if(counter == 1)の判定が行われます。

レベルアップしなければcounterの値は2になり、if(counter == 2)のif文でlvupの値を1増やし、counterの値は0にして、次のメンバーがレベルアップするかを調べています。

この処理の流れを図示すると次のようになります。

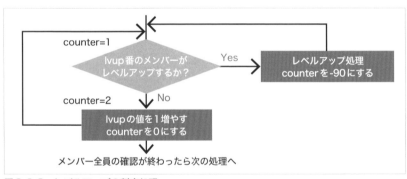

図8-6-2　レベルアップの判定処理

キャラクター用のクラスの復習

パーティメンバーをレベルアップするlevelup()メソッドは、キャラクター用のクラスで定義しています。ここでもう一度そのクラスのコードを掲載します。太字部分がlevelup()メソッドです。

```
class characterClass {//キャラクター用のクラス
    constructor() {//コンストラクター
        this.name  = null;
        this.level = 0;
        this.exp   = 0;
        this.lfmax = 0;
        this.life  = 0;
        this.stren = 0;
```

つづき

```
        this.defen = 0;
        this.agili = 0;
        this.pos   = 0;
        this.dmg   = 0;
        this.efct  = 0;
        this.etime = 0;
    }

    join(n) {//初期値の代入
  〜 省略 〜
    }

    levelup() {//レベルアップ
        this.level += 1;
        this.lfmax += (10+rnd(10));
        this.stren += rnd(10);
        this.defen += rnd(5);
        this.agili += rnd(5);
    }
}
```

levelup()メソッドでは、levelプロパティを1増やし、ライフ最大値、攻撃力、防御力、素早さのパラメーターにランダムな値を加えることで、キャラクターを成長させます。キャラクターのクラスやそこに記述したメソッドについて曖昧な方は、前章の7-7〜7-8で復習しましょう。

パラメーターの増加はランダム

このプログラムではパラメーターが増える値は乱数で、どのメンバーも成長の仕方に違いはありません。一方、ゲームメーカーが発売、配信するPRGは、キャラクターごとに各パラメーターがどれくらい増えるかという値が定義されており、キャラクターによって成長の仕方が変わるものがあります。

RPG「ラストフロンティアの少女」では成長の仕方に違いを設けませんが、キャラクターごとの成長に変化を持たせると、より本格的なRPGになります。そのヒントは8-12でお伝えします。

HINT　レベルアップ経験値の今昔

かつてのRPGはレベルの最大値は99程度までに上限が決まっているものが多かったです。そのようなゲームで最大レベルに達したキャラクターは、それ以上、成長しません（パラメーターを増やすアイテムがあるゲームでは、それを使ってパラメーターを増やすことはできます）。

そのような一昔前のRPGでは、レベル2になる経験値はいくつ、レベル3になる経験値はいくつと、レベルアップする経験値がデータとしてプログラム内に保持されています。そのRPGを開発したクリエイターたちはレベルアップする経験値を1つずつ吟味し、値を定めたことでしょう。

現在のゲームはレベルの最大値が9999や99999など大きな値になっているものがあり、そのようなゲームではレベルアップする経験値を必然的に計算式で決めることになります。

個人クリエイターが開発するRPGでは、ここで行ったようにプログラム内にレベルアップする経験値の式を書いてしまうのが手っ取り早いやり方になります。そうすればレベルアップの経験値を手作業で定める手間が掛かりません。そしてこのやり方はRPG以外でも使えます。レベルアップするゲームを作る時にここで学んだ方法をぜひ活用してください。

8-7

クリーチャーの捕獲と
負けた時のペナルティ

▶ ▶ ▶ ▶ ▶ ▶ ▶ ▶

倒したクリーチャーを捕獲する処理と、パーティメンバーが全滅するとペナルティが課される処理を組み込みます。全滅した時のペナルティは、捕獲したクリーチャーの数が減るというものにします。

倒した敵を捕獲する

　敵を倒すと7-9で組み込み済みの配列creature[]の値を増やし、クリーチャーを捕獲できるようにします。捕獲数はホーム画面から入るクリーチャー画面で確認します。

全滅時のペナルティについて

　RPGの多くはパーティメンバー全員が倒れた時、何らかのペナルティが課せられ、セーブポイントや出発地点などの決められた場所から復活し、続きをプレイできます。ペナルティの内容はゲームによって違いますが、昔からRPGに採用されるわかりやすいルールとして、全滅すると所持金が減るというものがあります。RPG「ラストフロンティアの少女」はパーティが全滅した場合、「クリーチャーが逃げ出す」という設定にし、捕獲したクリーチャーの数を減らすようにします。

プログラムと動作の確認

　次のHTMLを開き、倒したクリーチャーの捕獲と、パーティメンバー全員が倒れると捕獲した数が減ることを確認しましょう。捕獲した数はホーム画面に戻り、クリーチャー画面に入ると確認できます。この確認は手間ですが、RPGという要素の多いゲーム開発なので、じっくり見ていきましょう。

◀ 動作の確認 ▶ rpg0807.html

戦闘で敵を捕獲

→

クリーチャー画面で数を確認

図 8-7-1　実行画面

◆ソースコード rpg0807.jsより抜粋

■ initVar()関数でcreature[]に0を代入する（太字部分）

```
function initVar() {//ゲーム用の変数に初期値を代入
    var i;
    for(i=0; i<ITEM_MAX; i++) item[i] = 1;
    for(i=0; i<CREATURE_MAX; i++) creature[i] = 0;          creature[]の値をリセット
    clrMsg();
    chara[0].join(0);//──┐パーティメンバーのパラメーターを代入
    chara[1].join(1);//  │
    chara[2].join(2);//──┘
}
```

■ メインループのcase20、21のクリーチャー確認画面で捕獲した数を表示（太字部分）

```
case 20://クリーチャー画面トップ
case 21://クリーチャーの説明
for(i=0; i<CREATURE_MAX; i++) {
    x = 266*(i%3);
    y = 266*int(i/3);
    if(tapC==1 && x<tapX && tapX<x+266 && y<tapY && tapY<y+266) {
        tapC = 0;
        sel_creature = i;
    }
    col = "black";
    if(i == sel_creature) col = "navy";
    drawFrame(x+8, y+8, 250, 250, col);
    var sx = 400*int(i/3);
    var sy = 400*(i%3);
    drawImgTS(5, sx, sy, 400, 400, x+8, y+8, 250, 250);
    fText(CREATURE[i*2],    x+110, y+240, 24, "white");
    fText("x"+creature[i], x+230, y+240, 24, "white");          creature[]の値を
}                                                                表示
if(scene == 21) {//クリーチャーの能力
  ～ 省略 ～
}
if(btn == 1) toHome();//ホーム画面に戻る
if(btn == 2) scene = 21;//データの表示
break;
```

■ メインループのcase53で、敵を倒したらcreature[]を1増やすコードを追記（太字部分）

```
else if(scene == 53) {
    if(counter == 10) setMsg(chara[btl_char].name + "の攻撃！");
    if(counter == 20) {
    ～ 省略 ～
    }
    if(counter == 40) {
    ～ 省略 ～
    }
    if(counter == 60) {
        if(chara[def_char].life == 0) {
            if(def_char < 3) {
                setMsg(chara[def_char].name + "は倒れた");
            }
            else {
```

つづく◀

```
            setMsg(chara[def_char].exp + "の経験値を獲得！");
            setMsg(chara[def_char].name + "を捕獲した！");        捕獲したという
            chara[btl_char].exp += chara[def_char].exp;           メッセージを出力
            n = chara[def_char].level;                            creature[]の値を
            creature[n]++;                                        1増やす
        }
    }
}
```

※敵のlevel属性には、7-9のP.368のコードで敵の種類を代入しており、その値を使っています。

■ メインループのcase55で、敗北時にクリーチャーの数を減らすコードを追記（太字部分）

```
else if(scene == 55) {//敗北
    if(counter == 30) setMsg("負けてしまった...");
    if(counter == 120) setMsg("捕獲済みのクリーチャーが逃げ出した。");     逃げたという
    if(counter == 210) setMsg("居住ドームに強制送還されます。");          メッセージを出力
    if(counter == 300) {
        for(i=0; i<CREATURE_MAX; i++) creature[i] = int(creature[i]      creature[]の値を
*rnd(10)/10);                                                            ランダムに減らす
        toHome();
    }
}
```

initVar() 関数で creature[] に 0 を 代 入 し、メ イ ン ル ー プ の switch case20、21、53、55 で creature[]の値を表示したり、その値を増減したりしています。

現状ではクリーチャー画面で捕獲前から全ての敵を見ることができますが、ゲームを完成させる際に "フラグによる管理" を追加し、捕獲したクリーチャーの画像だけを見られるようにします。

HINT　キャラクターを集めるRPG

　捕まえたモンスターを仲間にして戦わせる人気RPGといえば、多くの方がご存知のポケットモンスターです。初代のポケモン赤・緑は1996年に発売され、キャラクターを集める楽しさを世に知らしめました。ポケモンのヒット以降、キャラクターを集める様々なゲームが発売されるようになりました。しかし実は初代のポケモンが登場する9年も前に、戦闘で戦った敵を仲間にできるRPGが発売されています。それはファミリーコンピュータ用ソフトとして発売された『デジタル・デビル物語 女神転生』というRPGです。このゲームはコアなファンを獲得し、「メガテン」シリーズとして、現在までシリーズ作品や派生作品が作り続けられています。ちなみに『デジタル・デビル物語 女神転生』は著者の大好きなゲームの1つです。

8-8

撤退と回復

◆ ◆ ◆ ◆ ◆ ◆ ◆ ◆

戦闘中に表示される「撤退」と「回復」のボタンで、撤退と回復ができるようにします。

撤退や回復できるタイミング

撤退や回復を行えるタイミングで、「撤退」「回復」と記されたヘキサボタンに印を付けます。そしてボタンをクリックするとその機能が働くようにします。

回復処理について

7-10で研究施設の画面にアイテム一覧を表示しました。その中の「ポーション」「リペアキット」「アニマルキュア」を持っているなら、パーティメンバーのライフを回復できるようにします。

表8-6-1 回復アイテムと誰を回復するか

ポーション	マリヤのライフを100回復
リペアキット	ゼノンのライフを100回復
アニマルキュア	ビーナスのライフを100回復

回復値の100という値は、7-10でアイテムのデータを定義したITEM[]という配列に記述してあります。アイテムの手持ち数はitem[]という配列に代入し、使ったアイテムは数が1つ減るようにします。アイテムの手持ち数が0になると、もちろん回復はできません。

アイテムを使ってライフを回復する時、パーティメンバーの名前の上にエフェクトを表示し、回復したことがわかりやすいようにします。

撤退処理について

一定確率で撤退を失敗するようにします。ここでは確認しやすいように50%の確率で失敗するようにしますが、ゲームを完成させる際には失敗する確率をもっと低くします。

プログラムと動作の確認

次のHTMLを開き、戦闘シーンに入り、「撤退」や「回復」ボタンが機能するタイミングで印が付くことを確認しましょう。その時にボタンを押すと撤退や回復が行われます。ここでは確認用に、ゲームスタート時点で回復アイテムを3つずつ持っています。

◀ 動作の確認　rpg0808.html

ボタンを受け付けるタイミングに三角形の印が出る

回復のエフェクト

図8-8-1　実行画面

◆ ソースコード　rpg0808.jsより抜粋

■ メインループのcase53のところに「撤退」「回復」ボタンを押した時の処理を追記（太字部分）

```
else if(scene == 53) {
    if(counter == 10) setMsg(chara[btl_char].name + "の攻撃！");
  〜 省略 〜
    if(counter == 80) {
        scene = 52;
        if(chara[3].life+chara[4].life+chara[5].life == 0) { scene =
54; counter = 0; break; }
        if(chara[0].life+chara[1].life+chara[2].life == 0) { scene =
55; counter = 0; break; }
    }
    if(counter<20) {//撤退を受け付けるタイミング
        fTri(85, 840, 100, 860, 115, 840, "gold");
        if(btn == 1) {//撤退
            scene = 57;
            counter = 0;
        }
    }
    if(counter<20 || 60<counter) {//回復を受け付けるタイミング
        if(item[0]+item[1]+item[2] > 0) fTri(285, 840, 300, 860,
315, 840, "lime");
        if(btn == 2) {//回復
            for(i=0; i<3; i++) {
                if(chara[i].life>0 && chara[i].life<chara[i].lfmax
&& item[i]>0) {
                    item[i]--;
                    chara[i].life += ITEM[i*3+2];
                    if(chara[i].life > chara[i].lfmax) chara[i].life
= chara[i].lfmax;
```

── 撤退を受け付けるタイミング
ボタンに三角の印を表示
ボタンが押されたら
sceneを57にする

── 回復を受け付けるタイミング
アイテムがあれば印を表示

ボタンが押されたら
for文で
ライフが減っており
アイテムを持っているなら
アイテムを減らし
ライフを増やす
最大値を超えないようにする

つづく ◀

```
                    chara[i].efct = 1;
                    chara[i].etime = 15;
                }
            }
        }
    }
}
```

エフェクトを表示する
ために変数に値を代入

■ メインループのcase57に撤退する処理を追加

```
else if(scene == 57) {//撤退
    if(counter == 1) setMsg("撤退した");
    if(counter == 30 && rnd(100) < 50) {
        setMsg("しかし敵に回り込まれた！");
        scene = 52;
    }
    if(counter == 90) {
        setMsg("探索を続けますか？");
        scene = 40;
        counter = 10;
    }
}
```

メッセージを表示
一定確率で撤退失敗となる

sceneを52にして
次のキャラの行動に移る

■ initVar()関数でitem[]に3を代入（太字部分）

```
function initVar() {//ゲーム用の変数に初期値を代入
    var i;
    for(i=0; i<ITEM_MAX; i++) item[i] = 3;
    for(i=0; i<CREATURE_MAX; i++) creature[i] = 0;
    clrMsg();
    chara[0].join(0);//──パーティメンバーのパラメーターを代入
    chara[1].join(1);//
    chara[2].join(2);//─
}
```

確認用に3つずつ持たせる

■ btlEffect()関数に回復の演出を追加（太字部分）

```
function btlEffect(typ, x, y, siz, tim) {//戦闘用のエフェクト
    var i, r, w;
    if(typ == 0) {//攻撃を受けた時のエフェクト
        r = int((1+(15-tim)*12)*siz);
        w = int(30*siz);
        setAlp(tim*6);
        lineW(w);      sCir(x, y, r, "red");
        lineW(w*0.8); sCir(x, y, r, "gold");
        lineW(w*0.6); sCir(x, y, r, "white");
    }
    if(typ == 1) {//回復する時のエフェクト
        r = int(100*siz);
        setAlp(tim*4);
        for(i=0; i<5; i++) fCir(x, y, r-r*i/10, "#48f");
    }
    setAlp(100);
    lineW(2);
}
```

回復する時のエフェクト

半透明の水色の円を描く

メインループのcase53にある「撤退」ボタンの入力を受け付けるコードを抜き出して説明します。

```
if(counter<20) {//撤退を受け付けるタイミング
    fTri(85, 840, 100, 860, 115, 840, "gold");
    if(btn == 1) {//撤退
        scene = 57;
        counter = 0;
    }
}
```

　ゲーム進行のタイミングを計るのに用いる変数counterの値は、case53の処理の中で0から80まで変化します。counterが20未満の時、撤退ボタンに三角形の印を表示し、入力を受け付けます。ボタンが押されたらsceneの値を57にし、撤退の処理に移行します。

　case57の処理では、撤退できるか、撤退に失敗するかを乱数で決めています。case57の処理も合わせて確認しましょう。

　次に「回復」ボタンを受け付けるコードを抜き出して説明します。

```
if(counter<20 || 60<counter) {//回復を受け付けるタイミング
    if(item[0]+item[1]+item[2] > 0) fTri(285, 840, 300, 860, 315, 840, "lime");
    if(btn == 2) {//回復
        for(i=0; i<3; i++) {
            if(chara[i].life>0 && chara[i].life<chara[i].lfmax && item[i]>0) {
                item[i]--;
                chara[i].life += ITEM[i*3+2];
                if(chara[i].life > chara[i].lfmax) chara[i].life = chara[i].lfmax;
                chara[i].efct = 1;
                chara[i].etime = 15;
            }
        }
    }
}
```

　「回復」ボタンはcounterが20未満の時と60より大きい時に受け付けます。ボタンが押された時、パーティメンバーのライフが0より大きく、かつ最大値より小さく、回復アイテムを持っているならライフを回復します。またキャラクターのインスタンスのefctプロパティとetimeプロパティに値を代入し、回復エフェクトを表示するようにしています。

　この章は7章以上に難しい部分もあると思いますが、ここまで来れば完成に近付いています。もうひと踏ん張りでRPGを作り上げることができます。頑張って読み進めていきましょう。

HINT　RPGの難易度について

　RPGは一部のサブジャンルを除き、パーティメンバーが全滅してもゲームオーバーにならず、何らかのペナルティが課された後、セーブした場所や街の中などから再出発します。一昔前のRPGは難易度が高めに設定されているものがあり、中にはザコ戦でも気を抜くとすぐに全滅するようなゲームもありました。現在のRPGはザコ戦では無茶なことをしなければ負けることはない難易度に調整されたものが多いです。全滅する可能性があるのは主にボス戦になります。RPG「ラストフロンティアの少女」も普通にプレイすれば全滅することはない難易度にパラメーターを調整しています。

フラグでゲーム全体を管理する

ロールプレイングゲームはゲーム内で色々なことが起きます。RPGのプログラムではゲーム内で起きることを保持するフラグを用意し、ゲーム全体を管理するようにします。RPG「ラストフロンティアの少女」にもゲーム全体を管理するフラグを組み込みます。

フラグとは

フラグとは、はじめに0やfalseなどを入れておき、何らかの条件が成立した時に1やtrueを代入し（これを"フラグを立てる"と表現します）、フラグの値に応じて処理を分岐させる使い方をする変数や配列をいいます。

例えばアイテムをいくつ持っているかという配列の他に、そのアイテムを手に入れたかというフラグを用意します。アイテムn番を手に入れたらフラグn番を立てておけば、手持ちのアイテムを使い切っても、それを一度でも手に入れたかどうかがわかります。

フラグで管理するもの

RPG「ラストフロンティアの少女」では次のものをフラグで管理します。

❶仲間が加わるイベント（誰がパーティメンバーになったかをフラグで管理）
❷行ける場所が増えるイベント（どのドームに行けるようになったかをフラグで管理）
❸捕獲したクリーチャー
❹手に入れたアイテム

この8-9ではフラグ用の配列を用意し、❸と❹を組み込みます。❶と❷は8-11でゲームを完成させる際に追加します。

❸と❹をどのように組み込むかを説明します。

・戦闘シーンで捕獲したクリーチャーのフラグを立てる
・クリーチャー画面で、フラグの立ったクリーチャーだけを表示する
・クリーチャー画面の「転送」ボタンを機能させ、研究施設にクリーチャーを送れるようにする
・送った数に応じてアイテムが開発され、開発したアイテムのフラグを立てる
・研究施設画面で、フラグの立ったアイテムだけを表示する

プログラムと動作の確認

次のHTMLを開いて追加した項目を確認しましょう。確認手順は次の通りです。

- ・クリーチャー画面と研究施設画面を開き、クリーチャー、アイテムとも表示されないことを確認
- ・戦闘で敵を捕獲すると、そのクリーチャーがクリーチャー画面に表示されることを確認
- ・転送ボタンで捕獲したクリーチャーを研究施設に送る
- ・クリーチャーを10体送るごとにアイテムが開発され、研究施設画面に表示されることを確認

◀ 動作の確認 ▶　rpg0809.html

はじめはクリーチャー、アイテムとも入手していないので表示されない

↓

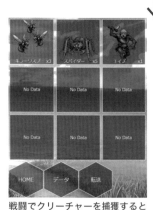 

戦闘でクリーチャーを捕獲すると
クリーチャー画面に表示される

それを研究施設に転送するとアイテムが作られていく

図 8-9-1　実行画面

フラグはゲームを作る上で
欠かせないもの・・・

◀ ソースコード ▶　rpg0809.jsより抜粋

■ フラグを管理するための定数、配列を用意

```
var FLG_MAX      = 500;              配列の要素数を定義
var FLG_EVENT    =   0;              イベント❶を何番のフラグから管理するか
var FLG_DOME     = 100;              イベント❷を何番のフラグから管理するか
var FLG_CREATURE = 200;              クリーチャーを捕獲したことを何番から管理するか
var FLG_ITEM     = 300;              アイテムが完成したことを何番から管理するか
var flg = new Array(FLG_MAX);        フラグ用の配列
```

※イベント❶はパーティメンバーが増え、イベント❷は行けるドームが増えます。

■メインループのcase20、21のクリーチャー画面にフラグ管理と転送ボタンの機能を追記（太字部分）

```
case 20://クリーチャー画面トップ
case 21://クリーチャーの説明
for(i=0; i<CREATURE_MAX; i++) {
    x = 266*(i%3);
    y = 266*int(i/3);
    if(tapC==1 && x<tapX && tapX<x+266 && y<tapY && tapY<y+266) {
        tapC = 0;
        sel_creature = i;
    }
    col = "black";
    if(i == sel_creature) col = "navy";
    drawFrame(x+8, y+8, 250, 250, col);
    if(flg[FLG_CREATURE+i] == 0) {
        fText("No Data", x+133, y+133, 24, "white");
    }
    else {
        var sx = 400*int(i/3);
        var sy = 400*(i%3);
        drawImgTS(5, sx, sy, 400, 400, x+8, y+8, 250, 250);
        fText(CREATURE[i*2],    x+110, y+240, 24, "white");
        fText("x"+creature[i], x+230, y+240, 24, "white");
    }
}
if(scene == 21) {//クリーチャーの能力
    y = 266*(1+int(sel_creature/3));
    if(sel_creature >= 6) y -= 470;
    drawFrame(40, y, 720, 210, "black");
    if(flg[FLG_CREATURE+sel_creature] > 0) {
        setCreature(0, sel_creature);
        fText(chara[EMY_TOP].name, 220, y+30, 30, "yellow");
        fText("ライフ " + chara[EMY_TOP].lfmax, 220, y+80, 30, "white");
        fText("経験値 "+chara[EMY_TOP].exp, 220, y+130, 30, "white");
        fText("攻撃力 " + chara[EMY_TOP].stren, 580, y+ 30, 30, "white");
        fText("防御力 " + chara[EMY_TOP].defen, 580, y+ 80, 30, "white");
        fText("素早さ " + chara[EMY_TOP].agili, 580, y+130, 30, "white");
        fText(CREATURE[sel_creature*2+1], 400, y+180, 30, "cyan");//説明文
    }
    if(tapC>0 || btn>0) {
        tapC = 0;
        btn = 0;
        scene = 20;
    }
}
if(btn == 1) toHome();//ホーム画面に戻る
if(btn == 2) scene = 21;//データの表示
if(btn == 3) {//転送
    if(creature[sel_creature] > 0) {
        if(confirm("このクリーチャーを研究施設に送りますか？") == true) {
            labo += creature[sel_creature];
            creature[sel_creature] = 0;
            alert(CREATURE[sel_creature*2] + "を研究施設に送った。");
        }
    }
}
break;
```

フラグが立っていないクリーチャーは No Data と表示

フラグが立っているクリーチャーだけを表示

フラグが立っているクリーチャーならパラメーターを表示

転送ボタンが押された時creature[]の値が0より大きいなら、cofirm()関数で施設に送るかを尋ねる送るならlaboの値を増やし、creature[]を0にする

※ confirm()はJavaScriptに備わった関数で、メッセージと、OK／キャンセルの2つのボタンを持つダイアログを表示し、OKを選ぶとtrueが返ります。alert()は引数の文字列をダイアログで表示する関数です。

■ メインループのcase30、31の研究施設画面にフラグ管理とアイテムが作られる処理を追記（太字部分）

```
case 30://研究施設画面トップ
case 31://研究施設　アイテム完成
drawFrame(10, 10, 780, 60, "black");
fText("研究進捗度", 100, 40, 30, "white");
n = labo;
if(n > ITEM_MAX*10) n = ITEM_MAX*10;
drawBar(200, 30, 480, 20, n, ITEM_MAX*10);
fText(int(100*n/(ITEM_MAX*10))+"\%", 730, 40, 30, "white");
drawFrame(10, 80, 780, 700, "black");
fText("開発済みアイテム", 400, 120, 30, "yellow");
for(i=0; i<ITEM_MAX; i++) {
    y = 200+60*i;
    if(tapC==1 && 100<tapX && tapX<700 && y-30<tapY && tapY<y+30) {
        tapC = 0;
        sel_item = i;
    }
    col = "white";
    if(i == sel_item) col = "cyan";
    if(flg[FLG_ITEM+i] == 0) {                          フラグが立ってない
        fText("?", 200, y, 30, col);                    アイテムは?を表示
        fText("--", 600, y, 30, col);
    }
    else {
        fText(ITEM[i*3], 200, y, 30, col);
        fText("x"+item[i], 600, y, 30, col);
    }
}
drawFrame(30, 700, 740, 60, "black");//説明文の枠、↓説明文
if(flg[FLG_ITEM+sel_item] > 0) fText(ITEM[sel_item*3+1], 400, 730, 30, "white");   フラグが立っている
if(scene == 30) {                                                                 なら説明文を表示
    if(counter == 10) {
        n = int(labo/10);                               新たなアイテムが
        if(n > ITEM_MAX) n = ITEM_MAX;                  作られるか
        for(i=0; i<n; i++) {                            判定する処理
            if(flg[FLG_ITEM+i] == 0) {                  この処理の説明は
                flg[FLG_ITEM+i] = 1;                    後述します
                item[i] = 1;
                setMsg(ITEM[i*3]+"が完成した！");
                scene = 31;
                break;
            }
        }
    }
    if(counter > 10 && btn == 1) toHome();//ホーム画面に戻る
}
if(scene == 31) {
    putMsg(400, 680);//メッセージの表示
    if(btn == 1) scene = 30;
}
break;
```

■ メインループのcase53で敵を倒した時に、そのクリーチャーのフラグを立てる（太字部分）

```
if(counter == 60) {
    if(chara[def_char].life == 0) {
        if(def_char < 3) {
            setMsg(chara[def_char].name + "は倒れた");
        }
        else {
            setMsg(chara[def_char].exp + "の経験値を獲得！");
            setMsg(chara[def_char].name + "を捕獲した！");
            chara[btl_char].exp += chara[def_char].exp;
            n = chara[def_char].level;
            creature[n]++;
            flg[FLG_CREATURE+n] = 1;
        }
    }
}
```

そのクリーチャーを捕獲した
フラグ

■ initVar()関数でフラグ用の配列と研究進捗度を管理する変数をリセット（太字部分）

```
function initVar() {//ゲーム用の変数に初期値を代入
    var i;
    for(i=0; i<CREATURE_MAX; i++) creature[i] = 0;
    for(i=0; i<ITEM_MAX; i++) item[i] = 0;
    for(i=0; i<FLG_MAX; i++) flg[i] = 0;
    gtime = 0;
    labo = 0;
    clrMsg();
    chara[0].join(0);//──パーティメンバーのパラメーターを代入
    chara[1].join(1);//  │
    chara[2].join(2);//──┘
}
```

フラグをリセット

laboに0を代入

◀ 変数の説明 ▶

labo	クリーチャーを何体、研究施設に送ったか

フラグ用の配列 flg[] について

このプログラムでは flg[] という名称でフラグ用の配列を用意しました。フラグ番号と何を管理する
かを表にします。フラグ番号は配列の要素番号になります。

表8-9-1　**フラグによる管理**

フラグ番号	何を管理するか	フラグ番号を定める定数
0〜99	仲間が増えるイベント※	FLG_EVENT = 0
100〜199	行ける場所が増えるイベント※	FLG_DOME = 100
200〜299	捕獲したクリーチャー	FLG_CREATURE = 200
300〜499	完成したアイテム	FLG_ITEM = 300

※イベントは 8-11 でゲームを完成させる時に追加します。

このゲームに登場するクリーチャーは9種類ですが、フラグは100種類分、アイテムは8種類です

が、フラグは200種類分を用意しています。RPGはゲーム内容を拡張して敵やアイテムの種類を増やすことがあるので、フラグは余裕を持って用意しておくと、後でゲームを改良しやすくなります。

捕獲したクリーチャーをフラグで管理する

initVar()関数でflg[]を全て0にしておきます。戦闘シーンで敵クリーチャーを倒した時、捕獲した数を代入するcreature[]の値を増やすと共に、flg[クリーチャーのフラグ番号]を1にします。

こうすることで、クリーチャーを研究施設に転送してcreature[]の値が0になっても、flg[クリーチャーのフラグ番号]を調べれば、そのクリーチャーを捕獲したかがわかります。クリーチャー画面ではそのクリーチャーのフラグが1なら画像を表示するようにしています。

開発されたアイテムをフラグで管理する

研究施設に送ったクリーチャーの総数をlaboという変数で管理しています。この変数の値は、クリーチャー画面で転送した時、送ったクリーチャーの数だけ増やしています。研究施設画面ではlaboの値から"研究進捗度"を計算し、画面に表示しています。

laboの値が10増えるごとに新しいアイテムが開発されます。その部分を抜き出して説明します。メインループのcase30にある次のコードです。

```
if(scene == 30) {
    if(counter == 10) {
        n = int(labo/10);
        if(n > ITEM_MAX) n = ITEM_MAX;
        for(i=0; i<n; i++) {
            if(flg[FLG_ITEM+i] == 0) {
                flg[FLG_ITEM+i] = 1;
                item[i] = 1;
                setMsg(ITEM[i*3]+"が完成した！");
                scene = 31;
                break;
            }
        }
    }
    if(counter > 10 && btn == 1) toHome();//ホーム画面に戻る
}
```

if(counter == 10)というif文で、研究施設画面に入り10フレーム経過した時、新しいアイテムが完成するかを調べています。このコードにある n = int(labo/10) は何番目のアイテムまで完成したかという値です。laboの値は研究施設に送ったクリーチャーの総数です。その値が10、20、30、40、50、60、70、80に達するごとに新たなアイテムが作られます。

i番目のアイテムがまだ作られていないならflg[FLG_ITEM+i]は0になっています。for文とif(flg[FLG_ITEM+i] == 0)というif文でフラグが立っていないアイテムを探し、そのフラグを立て、「〇〇が完成した！」というメッセージを表示しています。

研究施設で表示されるアイテム名は、フラグが立っているものだけを表示しています。

8-10

オートセーブとオートロード機能を組み込む

▼ ▼ ▼ ▼ ▼ ▼ ▼ ▼

RPGは長時間遊ぶゲームです。プレイ中のデータを保存し、続きを遊べるようにする必要があります。ここではオートセーブとオートロードの機能を組み込みます。

セーブ機能について

RPG「ラストフロンティアの少女」はホーム画面に戻った時に自動でセーブされるようにします。ブラウザを閉じてもそれまで遊んだ内容が保持され、再びゲームを起動した時にセーブデータを自動で読み込み、続きをプレイできるようにします。

JavaScriptでデータを保存する方法

JavaScriptでデータを保存するには、大きく2つの方法があります。

❶ ブラウザを起動しているパソコンやスマートフォン内にデータを保存
❷ サーバーにデータを保存

❶はJavaScriptの命令だけでデータの保存と読み込みができます。本書ではこの方法でパソコンやスマートフォンの**ローカルストレージ** (LacalStrage) にデータを保存します。

❷はサーバー側のプログラムを用意する必要があり、個人制作者向けではありません。本書では解説しませんが、ソーシャルゲームの多くはサーバーでデータを保持する仕組みになっており、商用のゲーム開発を目指す方はインターネットで調べるなどして仕組みを学ばれるとよいでしょう。

ローカルストレージの使い方

WWS.jsにはローカルストレージを扱うためのsaveLS(番号, 値)、loadLS(番号)という関数が用意されています。ここではその関数を用いてデータをセーブ、ロードします。

参考までにローカルストレージにデータを保存するJavaScriptの関数は localStorage.setItem("キー", 値)、保存したデータを読み込む関数は localStorage.getItem("キー") という命令です。

何を保存するか

RPG「ラストフロンティアの少女」で続きをプレイするために必要な値は、次の変数や配列に代入されています。

表8-10-1　セーブが必要な値

変数名、配列名	値の内容
gtime	ゲームのトータルプレイ時間
labo	研究施設に送ったクリーチャーの数
chara[].name、chara[].level、chara[].exp、chara[].lfmax、chara[].life、chara[].stren、chara[].defen、chara[].agili	パーティメンバー3人のパラメーター
item[]	アイテムをいくつずつ持っているか
creature[]	クリーチャーを何体ずつ捕獲しているか
flg[]	フラグ

　ホーム画面に戻った時に、これらの値をローカルストレージに保存します。ゲームを開始する時にはセーブデータがあるかを調べ、あるならそれを読み込んで変数や配列に値を代入することで、続きをプレイできるようにします。

プログラムと動作の確認

　次のHTMLを開き、戦闘を行ってクリーチャーを捕獲したり、パーティメンバーを成長させたりしてホーム画面に戻りましょう。そして一旦ブラウザを閉じ、ゲームを再起動してください。前回遊んだ続きをプレイできます。

　このプログラムでは、ゲームを完成させる準備としてマリヤのパラメーターだけをセットしています。ゼノンとビーナスはパラメーターをセットしていないので、名前がnull、能力値は全て0になっており、戦闘に参加しません。

注意
　次の8-11でRPG「ラストフロンティアの少女」が完成します。先に8-11のプログラムを実行してデータを保存した場合、これから確認するプログラムで完成版のデータが読み込まれることがあります。先に完成版をプレイした時は、完成版のタイトル画面にあるセーブデータをリセットするボタンをクリックしてデータを削除し、ブラウザを閉じてください。そしてrpg0810.htmlの確認を行ってください。

動作の確認　rpg0810.html

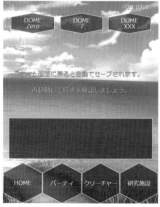

図8-10-1　実行画面

オートセーブとオートロードはスマホゲームには欠かせない仕様ね・・・

ソースコード

■ メインループのcase0で、ゲーム開始時にセーブデータがあれば読み込む（太字部分）

```
case 0://タイトル画面
drawImg(0, 0, 50);//タイトルロゴ
if(counter%40 < 20) fText("CLICK TO START.", 400, 600, 40, "white");
if(tapC > 0) {
    tapC = 0;
    initVar();
    autoLoad();
    toHome();
}
break;
```

データを読み込む
関数を呼び出す

■ メインループのcase1のところで、ホーム画面に戻った時にセーブする関数を実行（太字部分）

```
case 1://ホーム画面
fText("ホーム画面に戻るとセーブされます。", 400, 360, 36, "gold");
fText("再起動して続きを確認しましょう。", 400, 440, 36, "lime");
putMsg(400, 680);//メッセージの表示
if(counter == 1) {
    clrMsg();
    autoSave();
}
for(i=0; i<3; i++) {//行き先のボタン
～ 省略 ～
}
if(btn > 1) {//メニューボタンが押されたら各画面へ遷移する
～ 省略 ～
}
break;
```

データを保存する
関数を呼び出す

■ データをセーブする関数を用意

```
function autoSave() {
    var i, p;
    saveLS(0, gtime);
    saveLS(1, labo);
    for(i=0; i<MEMBER_MAX; i++) {
        p = 10+20*i;
        saveLS(p+0, chara[i].name);
        saveLS(p+1, chara[i].level);
        saveLS(p+2, chara[i].exp);
        saveLS(p+3, chara[i].lfmax);
        saveLS(p+4, chara[i].life);
        saveLS(p+5, chara[i].stren);
        saveLS(p+6, chara[i].defen);
        saveLS(p+7, chara[i].agili);
    }
    for(i=0; i<ITEM_MAX; i++) saveLS(100+i, item[i]);
    for(i=0; i<CREATURE_MAX; i++) saveLS(200+i, creature[i]);
    for(i=0; i<FLG_MAX; i++) saveLS(300+i, flg[i]);
}
```

トータルプレイ時間を保存
研究施設に送ったクリーチャーの数を保存
パーティメンバーの
パラメーターを保存

手持ちアイテム数を保存
クリーチャーの数を保存
フラグを保存

■ データをロードする関数を用意

```
function autoLoad() {
    var i, p;
    if(loadLS(0) == null) return;//セーブデータが無い       セーブデータがあるかを確認
    gtime = loadLS(0);                                   トータルプレイ時間を読み込む
    labo = loadLS(1);                                    施設に送ったクリーチャーの数を読み込む
    for(i=0; i<MEMBER_MAX; i++) {                         ─パーティメンバーのパラメーター
        p = 10+20*i;
        chara[i].name  = loadLS(p+0);
        chara[i].level = loadLS(p+1);
        chara[i].exp   = loadLS(p+2);
        chara[i].lfmax = loadLS(p+3);
        chara[i].life  = loadLS(p+4);
        chara[i].stren = loadLS(p+5);
        chara[i].defen = loadLS(p+6);
        chara[i].agili = loadLS(p+7);
    }
    for(i=0; i<ITEM_MAX; i++) item[i] = loadLS(100+i);       手持ちアイテム数を読み込む
    for(i=0; i<CREATURE_MAX; i++) creature[i] = loadLS(200+i); クリーチャーの数を読み込む
    for(i=0; i<FLG_MAX; i++) flg[i] = loadLS(300+i);         フラグを読み込む
}
```

　ローカルストレージにデータを保存するautoSave()関数と、保存したデータを読み込むautoLoad()関数を用意しています。

　autoSave()関数ではsaveLS(番号, 値)関数で各種の値を保存し、autoLoad()関数ではloadLS(番号)関数で値を読み込んでいます。

　autoLoad()関数は最初に if(loadLS(0) == null) return というif文でセーブデータがあるかを調べ、無ければreturnで関数を抜けます。セーブデータがあるなら gtime = loadLS(0)、labo = loadLS(1)のように、保存した番号順にデータを読み込み、変数や配列に代入しています。

　オートロード、オートセーブの仕組みを図解します。

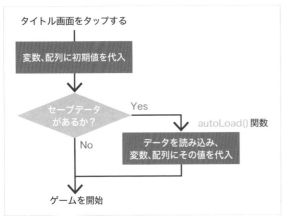

図8-10-2　オートロード（ゲーム開始時）

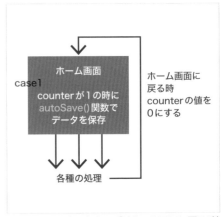

図8-10-3　オートセーブ（ホーム画面に戻る時）

　次の8-11でいよいよRPG「ラストフロンティアの少女」が完成します。その際、タイトル画面にセーブデータをリセットするボタンを設けます。

HINT セーブ機能の今昔

　一昔前の家庭用ゲーム機のRPGはセーブできる場所が決まっており、ゲームを中断したくてもすぐに止めることができず、不便に感じることがありました。今ではRPGに限らず多くのゲームソフトがユーザーフレンドリーな仕様を採用し、家庭用ゲームソフトにはどこでもセーブできる機能が加わり、スマートフォンアプリはプレイした内容が自動で保存され、いつ中断してもよくなりました。

　セーブ、ロード機能がこのように変わったのは、ゲームを遊ぶスタイル自体が変化したためです。かつてコンピューター・ゲームは家庭用ゲーム機やパソコンの電源を入れてテレビやモニタの前に座り、文字通り腰を据えてじっくり遊ぶという娯楽でした。持ち運びできる携帯型ゲーム機では短時間でプレイできるゲームもありましたが、携帯型ゲーム機でも電源を入れたら、ある程度まとまった時間プレイするゲームが多かったものです。その後、2000年代に携帯電話が普及すると、短時間で遊べるゲームアプリが増えました。そしてスマートフォンへの移行が進んでからは多くのゲームアプリでセーブ、ロードが自動で行われるようになり、ちょっとの空き時間にゲームをプレイするという時代になったのです。

　長年、コンピューター・ゲームで遊んできた人たちにとっては、その変化は大きいと感じるものではないかと思います。一方、スマートフォンからゲームという娯楽に入ってきた若い世代は、アプリのアイコンをタップすれば続きを遊べるのが当たり前ですから、これからはゲームの続きをするためにセーブやロードするということさえ知らない方も増えてくるのではないでしょうか。RPG「ラストフロンティアの少女」に組み込んだオートセーブ、オートロード機能は、そういった新しい時代のプレイスタイルに適う仕様です。

昔はセーブ機能がない
ロールプレイングゲームが
あったんだって～！

その昔、子供たちは
長～い呪文を唱えながら
続きをプレイしたそうな・・・

8-11

ロールプレイングゲームの完成

▼ ▼ ▼ ▼ ▼ ▼ ▼ ▼

ゼノンとビーナスが仲間になるイベント、探索できるドームが増えるイベントなどを組み込み、RPG「ラストフロンティアの少女」を完成させます。

追加する処理

次の処理を追加します。

> ついにロープレが完成〜！

・タイトル画面にセーブデータをリセットするボタンを設ける
・ホーム画面にパーティメンバーのイラストを表示する
・戦闘の順番を多少ランダムに入れ替える
・研究施設に入った時、回復アイテム（ポーション、リペアキット、アニマルキュア）が完成していれば、1つずつ補充される
・BGMとSEの出力

完成版の動作確認

RPGの完成版の動作とプログラムを確認します。動作確認後に追加した処理を説明します。

◀ 動作の確認　rpg.html

※前節までのようにrpg08**.htmlでなく、単にrpg.htmlというファイル名です。

図8-11-1　動作画面

ソースコード rpg.jsより抜粋

■ setup()関数でサウンドファイルを読み込む

```
function setup() {
    canvasSize(800, 1000);
    var IMG = ["title", "bg", "character0", "character1", "character2", "enemy"];
    for(var i=0; i<IMG.length; i++) loadImg(i, "image/" + IMG[i] + ".png");
    var SND = ["menu", "dome", "event", "battle", "win", "levup", "lose", "attack",
"recover"];
    for(var i=0; i<SND.length; i++) loadSound(i, "sound/" + SND[i] + ".m4a");
}
```
サウンド
ファイルを
読み込む

■ メインループにパーティメンバーのイラストを表示する処理を追加 (太字部分)

```
if(scene==1 || scene==2) {//パーティメンバーのイラストを表示
    fText(digit0(int(gtime/30/60/60),2)+":"+digit0(int(gtime/30/60),2)+":"+d
igit0(int(gtime/30)%60,2), 700, 30, 30, "white");
    for(i=0; i<MEMBER_MAX; i++) {
        if(flg[FLG_EVENT+i] > 0) {
            chara[i].pos = chara[i].pos + int((CHR_POS_X[i]-chara[i].pos)/4);
            drawImg(2+i, chara[i].pos, CHR_POS_Y[i]);
        }
    }
}
```
仲間になった
メンバーの
イラストを
表示する

■ イラストの表示位置を配列で定義

```
var CHR_POS_X = [520, -20, 120];
var CHR_POS_Y = [140, 100, 200];
var CHR_POS_S = [800,-200,-200];
```
イラスト表示位置 X座標
イラスト表示位置 Y座標
画面横から入ってくる初期座標

■ メインループのcase0 (タイトル画面) にデータをリセットするボタンを追加

```
if(hexaBtn(400, 880, 360, 40, 10, "DATA RESET")) {
    if(confirm("セーブデータを消去しますか?") == true) clrAllLS();
}
```
データ消去の確認

■ メインループのcase1 (ホーム画面) にイベント発生の条件式を追加

```
if(counter == 10) {//イベントの発生?
    event = 0;
    if(flg[FLG_EVENT+1]==0 && gtime>=10*60*30) event = FLG_EVENT+1;
    if(flg[FLG_EVENT+2]==0 && gtime>=20*60*30) event = FLG_EVENT+2;
    if(flg[FLG_DOME+1]==0 && item[3]>0) event = FLG_DOME+1;
    if(flg[FLG_DOME+2]==0 && item[5]>0) event = FLG_DOME+2;
    if(event > 0) {
        scene = 2;
        counter = 0;
    }
}
```
ゼノンが加わる
ビーナスが加わる
DOME 7に行けるようになる
DOME XXXに行けるようになる

■ メインループのcase1 (ホーム画面) の行先ボタンを、行けるようになってから表示

```
for(i=0; i<3; i++) {//行き先のボタン
    if(flg[FLG_DOME+i] > 0) {
        if(hexaBtn(150+i*250, 110, 220, 60, 20, DOME_NAME[i])) {
            clrMsg();
```
フラグが立っているなら
行先ボタンを表示する

つづく

```
            sel_dome = i;
            scene = 40;
            counter = 0;
            break;
        }
    }
}
```

■ メインループのcase2にイベントが発生した時の処理を追加

```
case 2://イベント画面
putMsg(400, 680);//メッセージの表示
if(counter ==  1) {
    stopBgm();
    playSE(2);
}
if(counter == 30) {
    if(event == FLG_EVENT+1) {
        chara[1].join(1);
        chara[1].pos = CHR_POS_S[1];
        setMsg("オレの名はゼノン。ドームの探索に協力しよう。");
    }
    if(event == FLG_EVENT+2) {
        chara[2].join(2);
        chara[2].pos = CHR_POS_S[2];
        setMsg("ワタシは強化犬のビーナス。")
        setMsg("ドームの探索に協力しましょう。");
    }
    if(event==FLG_DOME+1 || event == FLG_DOME+2) {
        setMsg("新たなドームへの通路がつながった！");
    }
    flg[event] = 1;
}
if(counter < 60) break;
if(hexaBtn(400, 740, 160, 40, 10, "OK")) {
    playBgm(0);
    scene = 1;
    counter = 0;
}
break;
```

──── ゼノンが加わる

──── ビーナスが加わる

──── 新たなドームに行ける

■ メインループのcase10（パーティ画面）でパーティに加わったメンバーだけを表示（太字部分）

```
case 10://パーティ画面
for(i=0; i<MEMBER_MAX; i++) {
    〜 省略 〜
    if(flg[FLG_EVENT+i] > 0) fText(chara[i].name, x, y, 30, "white");
}
drawFrame(20, 100, 760, 690, "black");
if(flg[FLG_EVENT+sel_member] > 0) {
    n = 2+sel_member;
    w = img[n].width;
    h = img[n].height;
    drawImgTS(n, 0, 0, w, h, 60, 100, w*0.85, h*0.85);
    〜 省略 〜
}
if(btn == 1) toHome();//ホーム画面に戻る
break;
```

フラグが立っている
メンバーの名前を
表示する

フラグが立っている
メンバーのイラストを
表示する

■ メインループのcase30 (研究施設) に回復アイテムの補充を追加 (太字部分)

```
if(scene == 30) {
    if(counter == 1) {
        for(i=0; i<3; i++) {
            if(flg[FLG_ITEM+i] > 0) item[i]++;
        }
    }
    ～ 省略 ～
}
```

完成した回復アイテムを1つ補充

■ メインループのcase41 (探索中) で敵とエンカウントする確率を変更 (太字部分)

```
if(rnd(100)<50+20*(item[4]+item[6])) {
    setMsg("クリーチャーを発見！");
    scene = 50;
    counter = 0;
    break;
}
```

エネミーサーチ、エネミーサーチ2が
あれば確率を上げる

■ initVar()関数でマリヤのフラグを立てる、DOME Zeroのフラグを立てる (太字部分)

```
function initVar() {//ゲーム用の変数に初期値を代入
    var i;
    for(i=0; i<CREATURE_MAX; i++) creature[i] = 0;
    for(i=0; i<ITEM_MAX; i++) item[i] = 0;
    for(i=0; i<FLG_MAX; i++) flg[i] = 0;
    gtime = 0;
    labo = 0;
    clrMsg();
    chara[0].join(0);//マリヤのパラメーターを代入
    flg[FLG_EVENT+0] = 1;//マリヤが入ったフラグを立てる
    flg[FLG_DOME+0] = 1;//初めに行ける場所
}
```

はじめマリヤだけが参加

DOME Zeroだけに行ける

■ toHome()関数でパーティメンバーのイラスト表示位置の初期座標を代入 (太字部分)

```
function toHome() {//ホーム画面に戻る
    for(var i=0; i<MEMBER_MAX; i++) {
        if(flg[FLG_EVENT+i] > 0) {
            chara[i].life = chara[i].lfmax;
            chara[i].pos = CHR_POS_S[i];
        }
    }
    scene = 1;
    counter = 0;
}
```

フラグを調べて
加わったメンバーだけ体力を回復
イラストの初期位置 (X座標)

■ btlOrder()関数で戦う順番を決める際、順番をランダムに入れ替える (太字部分)

```
function btlOrder() {//行動順番を決める
    var i, j, n;
    for(i=0; i<6; i++) {
        order[i] = 0;
        if(chara[i].life > 0) order[i] = chara[i].agili*10+i;
    }
    for(i=0; i<5; i++) {//素早さ順に並べ替える
        for(j=0; j<5-i; j++) {
            if(order[j]<order[j+1]) {//大きな値を左に移動
```

つづく▶

```
                n = order[j];
                order[j] = order[j+1];
                order[j+1] = n;
            }
        }
    }
    btl_turn = -1;
    i = rnd(6);//        順番をランダムに入れ替える
    j = rnd(6);//                                      順番をランダムに
    n = order[i];                                       入れ替える
    order[i] = order[j];
    order[j] = n;
}
```

◀ **変数と配列の説明** ▶

event	発生するイベントの番号

変数sceneとcounterによるゲーム進行管理

sceneの値と行っている処理の内容をまとめます。

表8-11-1　**変数sceneによるゲーム進行管理**

sceneの値	どのシーンか	sceneの値	どのシーンか
0	タイトル画面	41	探索中
1	ホーム画面	50	戦闘開始
2	イベント画面	51	戦う順番を決める
10	パーティ画面	52	順に行動していく
20	クリーチャー画面	53	戦いを行う
21	クリーチャーの説明	54	勝利
30	研究施設画面	55	敗北
31	アイテムの完成	56	レベルアップ
40	探索画面	57	撤退

表示演出でゲームを豪華にする

パーティメンバーはマリヤ1人の状態からスタートし、ゼノンが仲間になり、次いでビーナスが仲間になります。パーティに加わる条件は後述します。

ホーム画面に戻った時、パーティに加わったメンバーのイラストを画面左右から定位置に移動して表示する演出を追加しました。このような演出を入れると、ゲームの見た目を豪華にすることができます。

データのリセットについて

次のコードで「DATA RESET」と書かれたヘキサボタンを表示し、クリックすると「セーブデータを

消去しますか？」というメッセージを出しています。「OK」を選ぶと clrAllLS() 命令でローカルストレージに保存したデータを削除します。

```
if(hexaBtn(400, 880, 360, 40, 10, "DATA RESET")) {
    if(confirm("セーブデータを消去しますか?") == true) clrAllLS();
}
```

confirm() は JavaScript に備わった関数で、ダイアログを表示し、OK を選ぶと true が返ります。clrAllLS() はローカルストレージのデータを全て削除する WWS.js に備わった関数です。

アイテムについて

このゲームには次のアイテムを組み込みました。

表8-11-2 **アイテム一覧**

名称	効果、用途
ポーション	マリヤのライフを回復
リペアキット	ゼノンのライフを回復
アニマルキュア	ビーナスのライフを回復
ゲートキー7	DOME 7 へ行けるようになる
エネミーサーチ	敵を発見しやすくなる
ゲートキーX	DOME XXX へ行けるようになる
エネミーサーチ2	敵を更に発見しやすくなる
ラストアイテム	このゲームの最後のアイテム

「ゲートキー7」と「ゲートキーX」を手に入れると、行ける場所を管理するフラグを立て、探索できるドームを増やしています。

「エネミーサーチ」と「エネミーサーチ2」を手に入れると、メインループの case41 にある if(rnd(100)<50+20*(item[4]+item[6])) という if 文で、敵と遭遇する確率を増やしています。

「ラストアイテム」は全てのアイテムを完成させたという意味を持たせるもので、特に効果はありません。

イベントについて

ゲームスタートから10分経過するとゼノンが仲間になり、20分経過するとビーナスが仲間になります。研究施設で「ゲートキー7」が完成すると DOME 7 に行けるようになり、「ゲートキーX」が完成すると DOME XXX に行けるようになります。それらのイベントの発生条件はメインループの case1 に次のコードで記述しています。

```
event = 0;
if(flg[FLG_EVENT+1]==0 && gtime>=10*60*30) event = FLG_EVENT+1;//ゼノンが加わる
if(flg[FLG_EVENT+2]==0 && gtime>=20*60*30) event = FLG_EVENT+2;//ビーナスが加わる
if(flg[FLG_DOME+1]==0 && item[3]>0) event = FLG_DOME+1;//DOME 7に行けるようになる
if(flg[FLG_DOME+2]==0 && item[5]>0) event = FLG_DOME+2;//DOME XXXに行けるようになる
if(event > 0) {
```

```
    scene = 2;
    counter = 0;
}
```

　イベントが発生したら、変数 event にイベント番号を入れ、scene を 2 にして何が起きたかをメッセージで表示しています。

フラグでメンバーが加わったことを管理する

　パーティメンバーが加わったことをフラグで管理します。パーティ画面でイラストとパラメーターを表示するコードを抜き出して説明します。

```
if(flg[FLG_EVENT+sel_member] > 0) {
    n = 2+sel_member;
    w = img[n].width;
    h = img[n].height;
    drawImgTS(n, 0, 0, w, h, 60, 100, w*0.85, h*0.85);
    var nexp = chara[sel_member].level*chara[sel_member].level*10;
    x = 460;
    y = 150;
    fText("レベル", x, y, 30, "white");
    fText("経験値", x, y+60, 30, "white");
    fText("次のレベルアップ", x, y+120, 20, "white");
    fText("ライフ", x, y+240, 30, "white");
    fText("攻撃力", x, y+300, 30, "white");
    fText("防御力", x, y+360, 30, "white");
    fText("素早さ", x, y+420, 30, "white");
    x = 620;
    fText(chara[sel_member].level, x, y, 30, "white");
    fText(chara[sel_member].exp,   x, y+60, 30, "white");
    fText(nexp, x, y+120, 30, "white");
    fText(chara[sel_member].life + "/" + chara[sel_member].lfmax, x, y+240, 30, "white");
    fText(chara[sel_member].stren, x, y+300, 30, "white");
    fText(chara[sel_member].defen, x, y+360, 30, "white");
    fText(chara[sel_member].agili, x, y+420, 30, "white");
}
```

　if(flg[FLG_EVENT+sel_member] > 0) として、仲間に加わったメンバーだけを表示しています。他に探索シーンや戦闘シーンのライフ表示も同様にフラグを確認し、加わったメンバーの値だけを表示しています。

BGMとSEの追加

　BGMとSEの追加は、これまでの各章で行った通りです。プログラムと同じ階層のsoundフォルダに音楽ファイルを入れ、setup()関数にloadSound()関数を記述してファイルを読み込みます。BGMの出力はplayBgm(番号)、停止はstopBgm()、効果音の出力はplaySE(番号)で行います。サウンドに関するこれらの関数は全てWWS.jsに用意されているものです。

8-12
もっと面白くリッチなゲームにする

ロールプレイングゲームをより楽しく、リッチな内容に改良する方法を説明します。

案1) 行ける場所やイベントを増やす

　行ける場所としては、探索できるフィールド以外に、情報収集できる街や、クリーチャーやアイテムを売買できる施設を増やすことが考えられます。

　イベントとしては「探索中にアイテムを拾うことがある」というシンプルなものや、「クリーチャーやアイテムを欲しがっている人がいて、あげると何らかの見返りがある（例：レベルアップする、別のクリーチャーが手に入るなど）」というものなど、色々なアイデアが考えられます。

案2) 敵キャラやアイテムを増やす

　敵のキャラクターやアイテムの種類を増やすと、そのゲームをプレイする人は「全ての敵を見てみたい」「全てのアイテムを集めたい」という気持ちを持つようになります。なるべく多くの敵やアイテムを用意し、「遭遇した敵の図鑑」「集めたアイテムの図鑑」などを組み込むと、遊ぶ人は図鑑を完成させたいという気持ちになり、長時間、プレイしてもらえるようになります。

　多くの種類があるものを全て揃えることを指す、**コンプリート**という言葉があります。ゲームの中に登場するキャラクターやアイテムをコンプリートしたいと考える人はけっこう多いものです。コンプリート要素を入れることで、遊ぶ人をそのゲームにのめり込ませることができます。

案3) レアキャラやレアアイテムを入れる

　レアキャラとは、そのゲームに滅多に登場しないキャラクターを意味する言葉です。RPGでレアキャラといえば低確率で出現するモンスターを意味することが多いですが、多くの仲間がパーティに加わるRPGでは複数の条件を揃えてはじめて仲間になるパーティメンバーを意味することもあります。

　レアアイテムとは、手に入る可能性の低い、そのゲーム内で価値のあるアイテムを意味する言葉です。

　今回完成させたゲームにはレアキャラもレアアイテムも入っていませんが、それらを入れるとレアものを手に入れるために探索を繰り返す意味を持たせることができます。またレアキャラやレアアイテムは、それを手に入れるだけでなく、レアなものを手に入れることで何らかのご褒美があるようにすると、探す楽しみが増加します。例えば「レアアイテムと引き換えに仲間になってくれるレアキャラがいる」というイベントがあれば、レアキャラを仲間にしたいがためにレアアイテムを探すという楽しみが増えます。

案4) 戦闘システムを豪華にする

　RPG「ラストフロンティアの少女」の戦闘は、いわゆる肉弾戦だけで行われます。今回組み込んだのはシンプルな戦闘ですが、

- ・一定確率で攻撃が失敗したり、クリティカルヒットが出たりするようにする
- ・パーティメンバーと敵クリーチャーにスキルを用意し、使えるようにする

などの仕様を加えると、戦闘シーンがもっと楽しくなります。

　それからレベルアップする際、キャラクターごとに成長の仕方に違いを設けると、より本格的なRPGになります。例えばマリヤは若い女性で成長過程にあるのでどのパラメーターも増えやすい、ゼノンは古いアンドロイドなので初期能力は高いがあまり成長しない、ビーナスは獣なので攻撃力と素早さが増えやすいなど、遊ぶ人が共感しやすい成長度合いを設定するのです。これを行うには、レベルアップ時に最低これだけは増えるというパラメーターの値を配列で定義しておき、成長するキャラクターのパラメーターに加えるようにします。

案5) その他

　その他のアイデアとして、ボスキャラを登場させる、パーティメンバーを増やす、シナリオを用意する、などが考えられます。

RPGを作ると技術力が飛躍的にアップする

　RPGを自分の力で完成させることができれば、その他のジャンルのゲームは全て作れるようになったのも同然です。それは著者自身の開発経験からも間違いないと言えます。著者は、はじめシューティングゲームやアクションゲームが作れるようになりました。RPGも作りたいと考えましたが、本格的なRPGは開発の難易度が高く、なかなか制作に乗り出すことができませんでした。RPG "風" のゲームを制作したことはありましたが、ドラゴンクエストやファイナルファンタジーのような本格的RPGを完成させるには至らなかったのです。

　しかし著者は大のRPG好きです。ついにある日「自分で本格的なRPGを作ってやる！」と意気込んで闘志を燃やし（笑）、開発をスタートしました。初めての本格RPG開発ということで、苦労しながら数か月掛けて完成させることができました。するとゲームプログラミングの技術力がぐっと上がった自分に気付いたのです（その経験はこの後のコラムにも書かせて頂きました）。

　ここまでお読み頂いたみなさんは、RPGを作るために必要な技術やアルゴリズムを一通り学んだわけであり、ゲームを開発する力は着実に伸びているはずです。7〜8章は難しい内容も出てきたと思いますが、本書で解説してあることを復習するなどして、みなさん自身の技術に変えてください。学ばれた知識を生かし、みなさんがオリジナルのRPGを開発できるようになることを願っています。

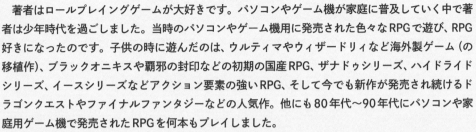

COLUMN
遊ぶことも楽しく、作ることも楽しいRPG

　著者はロールプレイングゲームが大好きです。パソコンやゲーム機が家庭に普及していく中で著者は少年時代を過ごしました。当時のパソコンやゲーム機用に発売された色々なRPGで遊び、RPG好きになったのです。子供の時に遊んだのは、ウルティマやウィザードリィなど海外製ゲーム（の移植作）、ブラックオニキスや覇邪の封印などの初期の国産RPG、ザナドゥシリーズ、ハイドライドシリーズ、イースシリーズなどアクション要素の強いRPG、そして今でも新作が発売され続けるドラゴンクエストやファイナルファンタジーなどの人気作。他にも80年代〜90年代にパソコンや家庭用ゲーム機で発売されたRPGを何本もプレイしました。

　著者は自分でゲームソフトを作りたいと考え、中学生の時にプログラミングを学び始めました。当時は独学で学ぶしかなく、一年近く苦労しながらこつこつプログラミングを続け、何とか簡単なゲームを作れるようになりました。中三の半ばくらいだったと思います、初めてRPG"風"ゲームを作りました。"風"と付けたのは当時の著者の技術力では本格的なRPGは到底作ることはできなかったので、それっぽいものを作ったという意味です。今からすればとても貧弱な内容だったはずです。けれど「面白い」といって遊んでくれる同級生がいました。自分が作ったゲームが人を楽しませることができたと、とても嬉しい気持ちになったのを覚えています。その気持ちがゲームクリエイターになろうと歩き始めた出発点だったのかもしれません。

　大学時代は仲間たちと麻雀ばかりして、一時、プログラミングから離れていたこともありましたが、大学を卒業しナムコに入社してからは、会社では業務用ゲーム機を開発し、自宅では趣味でパソコン用のゲームを作るという日々を過ごすようになります。やがて趣味が高じてRPGを自作し、ネットで発表する活動を行うようになりました。いわゆるインディーズゲームというやつです。インターネットが普及する前、パソコン通信という日本国内のみのネットワークサービスが存在し、そのパソコン通信でゲームソフト配信を始めました。そしてインターネットの普及に合わせて立ち上がったVectorなどのサービスでゲームを発表するようになりました。パソコン用のRPGとシミュレーションRPGを十タイトルほど開発し発表する中で、「レオの冒険シリーズ」というRPGを多くの方にダウンロードして頂くことができました。何人もの方から励ましのメールを頂いたり、当時の色々なパソコン雑誌に載せて頂いたりし、とても嬉しい思い出となりました。

　その後、任天堂の子会社に転職して家庭用ゲームソフトを開発し、自分の会社を興しました。RPG好きが起こした会社です、我が社の主力商品をRPGとしました。そしてセガ、ナムコ、タイトー、老舗の中堅メーカーのケムコ、携帯電話のゲーム会社として名を馳せたジー・モードなどに多数のRPGを納品することができました。

　会社を経営する中でご縁があり、教育機関でゲーム開発を指導する仕事や、技術書執筆の依頼をいただけるようになりました。そして今回、最も好きなジャンルであるRPGの制作方法を解説することができ、とてもありがたい気持ちでいっぱいです。

　ちなみに著者はクラシックRPGが大好きです。ドラゴンクエスト、ファイナルファンタジー、ポケットモンスターのような、多くの少年少女たちが遊んできた王道路線のRPGの作り方も、機会があればぜひ解説したいと考えています。

To Learn More

さらに学ぶには

本書を読破されたみなさんは、ゲーム開発の技術力がぐんとアップされたことでしょう。その力を更に伸ばして頂けるように、次にどのようなゲームを作るとよいかや、今後、学ぶべきことをお伝えします。また本書で作ったゲームをスマートフォンやタブレットで遊ぶ方法も説明します。

1 新しいゲームを作ろう

　本書で学んだ知識を使って様々なタイプのゲームを作ることができます。学んだアルゴリズムやテクニックを生かし、新しいゲーム開発にチャレンジしてみましょう。

各章で学んだ知識を生かせるゲーム

・2章のシューティングゲーム

　学んだ知識はシューティングゲームだけでなくアクションゲームの開発にも生かせます。プログラムを少し変更すれば、2Dのカーレースも作ることができます。

・3章の落ち物パズル

　落ち物パズル全般に応用できます。マッチ3ゲームを作ることもできます。

・4章のボールアクション

　ビー玉やおはじき、ピンボールやビリヤード、カーリングなどを題材にしたゲームに応用できます。

・5章の横スクロールアクション

　2Dのアクションゲーム全般に応用できます。例えば、マップデータの管理方法は「ドットイートゲーム」の開発に生かせます。広いマップをスクロールして移動する処理は、フィールド型RPGやベルトスクロールアクションなど、様々なジャンルの開発に生かせます。

・6章のタワーディフェンス

　リアルタイムストラテジーの開発に生かすことができます。

・7～8章のロールプレイングゲーム

　RPG全般に応用可能です。

ドットイートゲームといえば、パックマンが有名だね～！

複数の章の知識を組み合わせて作るゲーム

　横スクロールアクションの二次元配列によるマップ管理と、ロールプレイングゲーム開発の知識を使って、ドラゴンクエスト、ファイナルファンタジー、ポケットモンスターのような**クラシックRPG**を作ることができます。さらにシューティングゲームで学んだ知識を加えれば、**アクションRPG**を作ることもできます。

RPGのキャラデータ管理と、
落ち物パズルの知識で
パズドラのような
ゲームもできる・・・

RPGとボールアクションの
組み合わせで
モンストみたいな
ゲームも作れるね～！

新しいジャンルにも挑戦しよう

　ゲームを作る力が伸びてきたら、本書で学んだ以外のジャンルに挑戦してはいかがでしょうか？
　昔から人気のあるジャンルとして、

- ・対戦格闘ゲーム
- ・育成ゲーム
- ・戦略シミュレーションゲーム
- ・音楽ゲーム
- ・テーブルゲーム

などが挙げられます。

　好きなジャンルのゲームを自分の力で作り上げることが何より大切と著者は考えます。しっかりした内容のゲームを自分で完成させた時、ゲーム開発の技術力は確実にアップします。今すぐ1から作ることは難しいとお考えの方も、こつこつ学び続ければ、必ず自分の力で完成させることができるようになります。ぜひ頑張って頂ければと思います。

よ～し、
わたしも自分で
作ってみるぞ～！

挑戦する心が
何より大事・・・
完成したら遊ばせて・・・

2 新しい知識を学ぼう

ゲームの開発技術を更に高めるために、次に何を学ぶとよいかをお伝えします。

ゲームに生かせるアルゴリズム

みなさんは本書で、変数によるキャラクター管理、二次元配列によるマップ管理、ヒットチェック、ソートなど、ゲームを作るために必須となる様々な知識やアルゴリズムを学びました。より幅広いジャンルや高度なゲームを開発するに、次のようなアルゴリズムも学んでみましょう。

・サーチ

複数のデータの中から目的の値を探すアルゴリズムです。例えばRPGで敵がパーティメンバーを攻撃する時、このアルゴリズムで体力の最も低いキャラクターを探します。そして敵(コンピュータ)が体力の低いキャラを狙ってくるようにすることで、敵に性格や特徴を設けることができます。

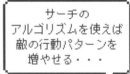

サーチの
アルゴリズムを使えば
敵の行動パターンを
増やせる・・・

・迷路を解く

迷路を解いたり、迷路内の2点を結ぶ最短コースを探すアルゴリズムがあります。それらのアルゴリズムを用いれば、アクションゲームやアクションRPGに登場する敵が、複雑なマップの中でも、プレイヤーを執拗につけ狙う行動などを作ることができます。

いろんな
アルゴリズムを
自分のものに
していこ〜!

本書ではサーチや迷路を解く手法は解説しませんが、インターネットでそれらのアルゴリズムを知ることができるので、興味を持たれた方は調べてみましょう。

高速化について知ろう

ゲームをプレイ中、ある場面になった時、キャラクターの動きが重くなったり、画面全体がカクカクしたりして、操作しにくくなることがあります。そのような、いわゆるモッサリやカクつきという現象は処理落ちが原因で起きます。

処理落ちとは、プログラムで行う計算や描画がコンピュータの能力を超え、想定した時間軸で処理が進まなくなることをいいます。ゲームのようにリアルタイムに画面を描き換えるプログラムでは、たくさんの物体を同時に動かす時などに処理落ちが発生します。

画面の描画はコンピュータに負荷が掛かる処理です。グラフィックをどれだけ高速に描けるかは、

2Dなのか3Dなのか、グラフィックデータの種類やサイズ、画面の描画範囲などで変わりますが（ハードの性能も大きく影響します）、変数を用いた計算や判定よりも一般的に多くの時間を費やします。

　処理落ちした時に画面を描き換える回数を減らし、負荷を軽減するようにプログラムを設計することもできます。ただし、そのようなゲームは多数の物体が同時に出現した時などに描画が間引かれ、画面がカクついてしまいます。かといって、描画を間引かないとプログラム全体の進行が遅くなってモッサリします。

それを防ぐため
ゲームプログラマーたちは
日々努力している・・・

カクツキ＆モッサリは、
遊びにくいよね～

　かつてゲームソフトを開発するプログラマーたちは、処理の高速化のために様々な工夫を凝らしました。C言語やC++のようにハード寄りの開発ができるプログラミング言語では、どうコーディングすればコンパイルした時に高速な処理が行われるかを追求することもありました。しかし現在は、様々なハードや多様な開発環境に対応する必要があり、ハードをいじって高速化を図る機会は減りました。現代のゲーム開発での高速化は、主に描画周りの処理を改善して行います。今のゲームはたくさんの画像を用いるので、描画で処理落ちすることが多いからです。

　無駄に描画しないことが何より高速化につながります。とはいえ今のパソコンは安価なものでも高速に動作するので、趣味レベルのゲーム内容なら進行に支障が出るほど処理落ちすることは稀です。著者の経験上、JavaScriptで作るブラウザゲームは、同一フレームでよほど大量の画像を描画しなければ、著しい処理落ちは起きません。ただし、スマートフォンやタブレットには高速でない機種もあり、そのような端末で実行した時、もっさりすることがあります。またゲーム内容によっては、多くの物体を描いて凝った表現を行うこともあるでしょうし、描画以外に思考ルーチンなどで計算量が増えれば、そこで時間を費やして処理落ちすることが考えられます。

　当たり前ですが、描画負荷の掛け過ぎによる処理落ちは、描画を減らせば改善されます。多数のキャラクターを同時に出した時に重くなるなら、いくつ減らすと重くならないか調べ、処理落ちしない範囲でゲームを設計すればよいのです。本書では扱いませんが、3Dモデルはポリゴン数が多いほど描画に時間が掛かるので、ポリゴン数を減らせばキャラ数を減らさなくても高速化できます。

開発環境ごとに違う
高速化テクニック・・・
ゲーム開発は
奥が深いね・・・

　他にも、メモリ上に用意した裏画面（仮想画面）に画像を描き、必要な部分だけを実画面（モニタに表示される画面）に転送する高速化テクニックがありますが、JavaScriptでそれを行ってもさほど高速化されません。Webアプリの場合は画像を描くキャンバスを複数重ねることができるので、頻繁に描き換える必要のない背景などを奥のキャンバスに描いておき、キャラクターなど常に描き換える物体を手前のキャンバスで描画する方法が有効です。

３ ゲーム AI を作ってみよう

　ゲーム用のAIを自分で作ることができるようになれば、ゲーム開発の中級者以上になったといえるでしょう。ここではゲームAIについて説明します。

人工知能について

　2010年代になるとディープラーニングなどの新たな手法が確立され、高度な**人工知能**（AI）の開発が盛んに行われるようになりました。現在、様々な分野でAIの実用化が進んでいます。何かと話題になるAIですが、実は**ゲーム用のAI（ゲームAI）**の研究開発のスタートは1970年代〜1980年代にまで遡ります。

　1980年代は家庭にパソコンやゲーム機が普及した時代です。その頃、筆者が遊んだテーブルゲームやシミュレーションゲームなどに、当時としては優れた**思考ルーチン**が既に組み込まれていました。

　1990年に家庭用ゲーム機のファミリーコンピュータで発売されたドラゴンクエストIV（ドラクエ4）というRPGに、AI戦闘と呼ばれるシステムが搭載されました。ドラクエ4の戦闘シーンでは、ユーザーが選んだ作戦に従い、パーティメンバーが考えて敵と戦います。ドラゴンクエストシリーズは、当時大ブームを巻き起こした人気ソフトで、多くの子供たちがゲームAIを知ることになりました。

　現在、AIは格段に進歩しました。例えば将棋や囲碁のゲームには対戦相手のAIが搭載されますが、それらは人工知能研究の一分野にもなり、プロの棋士でも勝つことはできないほど進化しました。

　AIは一般的に「問題を解くコンピュータのプログラム」と説明されますが、ゲーム用のAIは、ユーザーがそのゲームに何らかの"知性"を感じるように計算が行われているもの全般を指します。例えば、ユーザーの力量に応じてゲームの難易度が自動的に変わる機能もAIの一種です。コンピュータゲームには、迷路を解くような初歩的な計算から、将棋や囲碁の高度な思考ルーチンのようなものまで、様々なAIが組み込まれているのです。

　ゲームにAIを組み込むと、より面白くしたり、やりごたえのある内容にしたりすることができます。初歩的なゲームAIなら、プログラミングの力がある程度ついてくれば作ることができます。次に、開発しやすいAIについて説明します。

ゲーム AIを作ろう

❶難易度を自動調整するAI

　ユーザーの力量に応じてゲームの難易度が変われば、老若男女問わず、ゲームが得意なユーザーも不得意なユーザーも、より多くの人がそのゲームを楽しむことができるようになります。例えばシューティングゲームなら、エネルギー残量や残機数に応じて、敵の攻撃を緩めたり、激しくしたりするなどのプログラムを組み込むことで、難易度を自動調整する機能を入れることができます。

❷敵に知性を持たせるAI

サーチのアルゴリズムで触れたように、プレイヤーの仲間が弱ると敵に狙われるという状況を作り出せば、ゲームで遊ぶ人はその仲間を守ろうという気持ちになります。戦闘の緊張感が増すなどして、ゲームがより楽しくなるのです。これはRPG以外のジャンルにも当てはまります。例えばボールアクションで、一撃で確実に倒せるキャラをコンピュータが狙ってくるようにすると、コンピュータとの対戦がより盛り上がることでしょう。コンピュータが強過ぎると面白さを損ねるので、ゲームのバランス調整も必要ですが、バランスをうまくとることで格段に面白くなります。

サーチのアルゴリズムにはいくつかの種類がありますが、ゲーム用のデータ検索なら、線形探索と呼ばれるデータを初めから順に調べる最も簡単な手法で事足ります。

ゲーム開発の上級者を目指すなら、ゲーム用のAIをいくつか開発するとよいでしょう。様々なアルゴリズムをネットで調べることができるので、組み込みに挑戦してみましょう。

難しくならないように
おバカな敵も必要・・・
勝手に自滅する敵がいても
面白いからね・・・

頭のよい敵を作ると、
ゲームは面白く
なるんだね～！

ゲームを配信しよう

Webアプリとして公開すれば、世界中の人々に自作のゲームを遊んでもらうことができます。

Webアプリは様々なプラットフォームで動く

本書で制作したゲームは、WindowsパソコンとMacの他に、Chromebookでも動作します。マウス操作に対応させたゲームは、ファイル一式をサーバにアップロードすれば、AndroidスマートフォンやiPhone、iPad、Androidを搭載したタブレットでも遊べます（一部の端末を除く）。

図9-4-1　Chromebookでの実行画面

スマートフォンやタブレットで遊ぶ

Webサーバにファイルをアップロードできる環境をお持ちの方は、スマートフォンやタブレットでも遊んでみましょう。スマートフォンやタブレットでプレイするには、無料のホームページサービスなどを利用して、ファイルをサーバにアップロードします。その手順を説明します。

❶ホームページを持てるサービスにユーザー登録する

↓

❷サーバにファイル一式をアップロードする

↓

❸アップロードしたURLに、スマートフォンやタブレットでアクセスする

※利用するホームページは、パソコンにあるファイルを、FTPソフトやWebのFTPツールで自由にアップロードできるサービスでなくてはなりません。FTPとは File Transfer Protocol の略で、パソコンからサーバなどにファイルを転送することを意味します。

図9-4-2　iPhoneでの実行例

図9-4-3　Androidタブレットでの実行例

※本書のスカッシュ、シューティング、落ち物パズル、ボールアクション、タワーディフェンス、ロールプレイングがスマートフォンに対応しています。横スクロールアクションは、キー入力のみで操作するので、スマートフォンのタップ操作では遊べません。

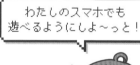

PWA化に挑戦しよう

制作したWebアプリを、スマートフォンのネイティブアプリのように遊ぶ方法を説明します。

PWAとは

PWAとは、プログレッシブウェブアプリ (Progressive Web Apps) の略で、Webアプリをスマートフォンやパソコンにインストールし、ネイティブアプリのように使う仕組みです。AndroidスマートフォンとiPhoneなどのiOS端末で動きますが、本書執筆時点ではAndroidとiOSでは仕様に違いがあり、完全な互換性はありません。

WebアプリをPWA化すると、ホーム画面やデスクトップに起動用のアイコンが配置され、プログラムデータがスマートフォン内に保存されるため、使い勝手がよくなります。

PWAにする方法

本書で開発したWebアプリは、次の手順でPWA化できます。

7～8章で制作した「ラストフロンティアの少女」で説明します。開発ファイル一式に入っているChapter78フォルダのrpgフォルダにある完成版の「ラストフロンティアの少女」は、PWA化された状態になっています。rpgフォルダの中身と合わせて確認しましょう。

❶ manifest.json を用意する

プレーンテキストファイルに次のように記述し、manifest.jsonというファイル名で保存します。

```
01  {
02    "short_name"       : "ラスフロ",                  アプリの短い名称
03    "name"             : "ラストフロンティアの少女",    アプリの名称
04    "description"      : "新世代RPG",                 アプリの説明
05    "start_url"        : "/gh/rpg/",                 起動用のファイルを置くURL
06    "background_color" : "#000000",                  背景色
07    "theme_color"      : "#0040c0",                  ツールバーの色
08    "display"          : "standalone",              standaloneでネイティブアプリに近い見た目になる
09    "icons": [                                       アイコンの指定
10      {
11        "src": "icon-512.png",
12        "sizes": "512x512",
13        "type": "image/png"
14      },
15      {
16        "src": "icon-192.png",
17        "sizes": "192x192",
18        "type": "image/png"
19      }
20    ]
21  }
```

※short_nameの文字列は、ホーム画面やデスクトップなど、スペースの限られた場所で表示されます。
※displayの指定は、他にfullscreen、minimal-uiなどがあります。

❷ index.htmlを変更する

index.htmlに次の太字の記述を追加します。

```
<!DOCTYPE html>
<html lang="ja">
<head>
<title>RPGラストフロンティアの少女</title>

<meta charset="utf-8">

<!-- for SmartPhone -->
<meta name="viewport" content="width=device-width, initial-scale=1.0, minimum-scale=
1.0, maximum-scale=1.0 user-scalable=no">

<!-- for iPhone -->
省略

<link rel="manifest" href="manifest.json">

</head>
以下、省略
```

❸ アイコン画像を用意する

次の2つのサイズのアイコン画像を用意します。

192 × 192   512 × 512

❹ファイルをアップロードする

manifest.jsonとアイコン画像をindex.htmlと同じフォルダに入れて、ゲーム用のファイル一式をサーバにアップロードします。

※アイコンはimageフォルダなどに格納しても構いません。その場合はmanifest.jsonでアイコンをsrcで指定する値に、画像を置いた階層を追記します。

アップロードしたURLにパソコンのChromeブラウザやAndroid端末でアクセスすると、インストールを促すメッセージが表示されます。インストールすると、ネイティブアプリのように実行できるようになります。

図9-5-1　Chromeでアクセスした時の様子

インストールすると、パソコンのデスクトップやスマートフォンのホーム画面にアプリのアイコンが追加され、そこからゲームを起動できます。スマートフォンやタブレットでは、次の実行例のようにアプリが画面いっぱいに表示され、ネイティブアプリに近い感覚で使えるようになります。

図9-5-2　Androidタブレットでの実行例

※PWAは本書執筆時点では発展途中にある技術で、今後、仕様が変わる可能性があります。興味を持たれた方は、インターネットから最新情報を入手してみましょう。

誰かに遊んでもらうことのススメ

　開発したゲームを、家族や友人、SNSでつながる仲間などにプレイしてもらい、意見を集めることもしてみましょう。意見を元に改良すれば、より面白いゲームになります。不特定多数の意見を取り入れることで、コンテンツは単なる自己満足でない優れた作品になるのです。また誰かの意見を実現するためにプログラムをどう改良すべきかを考えることで、技術力がアップします。

なるほど～
技術力を上げるためは
みんなの意見をもらうといいんだね～！

優れたゲームとは、
多くの人を楽しませるもの・・・
そこを目指していこう・・・

Reference

WWS.jsリファレンス

WWS.js に備わっている命令と変数の一覧です

関数一覧 アルファベット順

関数名	説明	補足
abs(val)	絶対値を返す	
canvasSize(w, h)	画面（キャンバス）の幅と高さを指定する	
clrKey()	配列keyの値をクリアする	
clrAllLS()	ローカルストレージのデータを全て消去	
clrLS(kno)	ローカルストレージのデータを削除する	
colorRGB(cr, cg, cb)	RGB値を返す	
cos(a)	三角関数cosの値を返す	引数は度で指定
digit0(val, leng)	valの値をlengの桁数、左に0を入れて返す	例）0000789
drawImg(n, x, y)	画像を表示する	(x, y) が左上角
drawImgLR(n, x, y)	画像を左右反転表示する	
drawImgC(n, x, y)	画像を表示する	(x, y) が画像の中心
drawImgR(n, x, y, ang)	画像を回転して表示する	angは度の値で指定
drawImgS(n, x, y, w, h)	画像を拡大縮小して表示する	
drawImgTS(n, sx, sy, sw, sh, cx, cy, cw, ch)	画像を切り出して表示する (sx, sy)、sw、shが画像ファイル上の座標、幅と高さ、(cx, cy)、cw、chがキャンバス上の座標、幅と高さ	拡大縮小もできる
eID(id)	document.getElementById(id) を返す	
fCir(x, y, r, col)	正円を描く	colの色で塗り潰す
fill(col)	指定の色で画面全体を塗り潰す	
fPol(xy, col)※1	多角形を描く	colの色で塗り潰す
fRect(x, y, w, h, col)	矩形を描く	colの色で塗り潰す
fText(str, x, y, siz, col)	文字列を描く	sizでフォントの大きさを指定
fTextN(str, x, y, h, siz, col)	文字列を描く	改行コードの入った文字列を高さhに収めて表示
fTri(x0, y0, x1, y1, x2, y2, col)	三角形を描く	colの色で塗り潰す
getDis(x1, y1, x2, y2)	2点間の距離を返す	
int(val)	整数を返す	少数以下切り捨て
line(x0, y0, x1, y1, col)	2点間に線を引く	colで色を指定
lineW(wid)	図形を描画する際の線の太さを指定する	
loadImg(n, filename)	画像ファイルを読み込む	256ファイル読み込めるようになっている
loadLS(kno)	ローカルストレージからのデータを読み込む	文字列、数値を元の状態(型)で読み込む
loadSound(n, filename)※2	サウンドファイルを読み込む	256ファイル読み込めるようになっている
log(str)	コンソールにログを出力する	
playBgm(n)	サウンドファイルn番をBGMとして出力する	無限ループで流れる

playSE(n)	サウンドファイルn番をSEとして出力する	1回のみ流れる
rnd(max)	0〜max-1の整数の乱数を返す	
saveLS(kno, val)	ローカルストレージへデータを書き込む	
sCir(x, y, r, col)	正円を描く	colの色の線で描く
setAlp(per)	アルファ値（透明度）を指定	引数は0〜100で指定
setFPS(val)	フレームレートを指定する	
sin(a)	三角関数sinの値を返す	引数は度で指定
sPol(xy, col)※1	多角形を描く	colの色の線で描く
sRect(x, y, w, h, col)	矩形を描く	colの色の線で描く
stopBgm()	ＢＧＭを停止する	
str(val)	文字列を返す	
sTri(x0, y0, x1, y1, x2, y2, col)	三角形を描く	colの色の線で描く
tan(a)	三角関数tanの値を返す	引数は度で指定

※1：多角形の頂点を一次元配列で指定する [x0, y0, x1, y1, x2, y2, ‥‥]
※2：スマートフォン用のブラウザは本書執筆時点（2022）、画面をタップしたタイミングでしかサウンドファイルを読み込めない。そのためWWS.jsはloadSound(n, fn)でファイルの読み込みを予約し、画面をタップした時点でファイルを読み込む仕組みになっている。

その他の関数と変数

getDate()	日時の取得

　この関数を実行すると、その時点の西暦、月、日、曜日、時間、分、秒がyear, month, date, day, hour, min, sec という変数に代入される。

変数一覧

変数名	説明	補足
inkey	現在押されているキーコードの値	
key[256]※3	複数のキーの同時入力を判定する配列	キーを押している間、key[n]が加算される
tapX, tapY	マウスポインタの座標、あるいはタップした座標	
tapC	マウスボタンをクリックしたか、あるいはタップしたか	クリックorタップした時に値1となる
img[n]※4	n番に読み込んだ画像	

※3：例えばスペースキーを押し続けている間、key[32]が1→2→3→‥‥と加算されていく。if(key[32] == 1)で押した瞬間を判定できる。押した時に1回だけ処理したいなら

```
if(key[32] == 1) {
    処理
    key[32] = 2;
}
```

とすればよい。
※4：img[n].width、img[n].heightで画像の幅と高さ（ドット数）を取得できる。

JavaScriptの主なキーコード

キー	値
方向キー　←↑→↓の順に	37,38,39,40
スペースキー	32
Enterキー	13
ESCキー	27
A〜Z	65〜90
数字キー　0〜9の順に	48〜57
Shiftキー	16
Ctrlキー	17

索引

記号・数字

-	23
!=	24
%	23
&&	24
*	23
/	23
||	24
+	23
<	24
<=	24
==	24
>	24
>=	24
1UP	153

英字

AI	210, 434
Array()	112
BGM	101
false	24
for	25
function	27
game.js	31
HTML	19
HTML5	28
HTMLファイル	21
if	23
JavaScript	22
JavaScriptプログラム	21
jsファイル	19
mainloop()関数	31, 37
PWA	438
setup()関数	31, 37
switch case	25
true	24
var	22
Webアプリ	436
while	25
WWS.js	12, 29, 442

あ行

アイテム	370
アニメーション	124, 238, 280
アルゴリズム	16
イベント	425
色指定	143
インスタンス	354, 356
インデックス	27, 99
エクステンド	153
エディタ	12
エフェクト	82
エンカウント	380
オートセーブ	415
オートロード	415
オブジェクト指向	354

か行

開発環境	12
解法	16
拡張子	21
画像ファイル	21
壁の判定	227
関数	26, 442
慣性	235
キーコード	57, 443
キー入力	57
キーリピート	119
機能	354
逆三角関数	187
キャラの個性	303, 312
クラス	354, 356
繰り返し	25
経験値	364
ゲームAI	434
高速化	432
コンストラクター	356
コンプリート	427

さ行

サーチ	432
サウンドファイル	21

三角関数 187
算術演算子 23
サンプル 14
シーン 45
思考ルーチン 206, 210, 434
自動生成 223
ジャンプ 232
条件式 23
条件分岐 23
衝突 182
初期化処理 30
スクロール 53, 225, 240
ステージ 155
スマートフォン 41, 94
世界観 155
戦闘システム 428
添え字 27
ソーシャルゲーム.......................................332
ソート 386
速度 182
素材 14

::: た行

ターン制 386
代入演算子 22
タイマー 99
ダメージ 392
通路 270
定数 180
データ 354
手続き型 354
デバッグ 31
動的処理 28
トータルプレイ時間.....................................349

::: な行

難易度 248
二次元配列 28, 111
二重ループ 190
二点間の距離の法則.................................... 75
ネイティブアプリ.......................................438

::: は行

背景 341
配列 27, 111
跳ね返り 39, 165
バブルソート..386
パラメーター..360

光の三原色 143
引数 26
ヒットチェック 43, 73
ブラウザ 12
フラグ 409
フレーム 37, 55
フレームレート 37
フロー 51
ブロック 24
プロパティ 356
ヘキサボタン 342
ベクトル 168
ペナルティ 402
変数 22, 443
変数宣言 22
変数名 63
捕獲 402

::: ま行

摩擦力 169
マジックナンバー 93
マップエディタ...260
マップチップ 218
マップデータ 219
無敵状態 78
迷路 432
メイン処理 30
メソッド 356
メッセージ表示...350
メニュー 346
戻り値 26
問題を解く手法... 17

::: や行・ら行

要素 27
予約語 23
ライフ 383
乱数 43
リセット 424
ループ 25
レアアイテム..427
レアキャラ 427
レーダーチャート 385
レトロゲーム 34
レベルアップ..397
レベルデザイン...260
ローカルストレージ.....................................415
ローグライクゲーム.....................................374

あとがき

みなさん、最後までお読み頂き、ありがとうございました。

本書執筆の機会を与えて下さった技術評論社の青木宏治様に心より感謝いたします。

デザイン素材とサウンド素材を用意してくれたクリエイターのみなさん、ありがとうございます。クリエイターの方々は、いつも素材作りを快く引き受けて下さり、本当に助かっています。

七つのゲームを用意し、それぞれの解説を執筆するのに一年掛かりとなりました。読者の方々にしっかり理解して頂けることを目標に、まず文章を書き、いや、もっと判りやすくすべきと修正し、それでも納得できずに何度も書き直すことを繰り返しながら、原稿を完成させました。

長年に渡るゲーム開発の仕事で著者が習得した知識と技術を、一人でも多くの方にお伝えできたのであれば何よりの幸せです。

この本で制作するゲームは、多くの方がご存知の、人気ジャンルばかりを集めました。しかし世の中には様々なコンピューターゲームがあり、人気ジャンルは他にもまだまだたくさんあります。今回取り上げることができなかったジャンルのゲーム開発を解説する機会に、またみなさんとお会いできることを願いつつ、筆をおかせて頂きます。

2022初春
ゲームクリエイター　廣瀬　豪

協力クリエイター

表紙と挿絵のキャラクター ■ 生天目麻衣

1章 ∷∷∷∷∷ **スカッシュ**
　　　　　　デザイン ■ 豊田翔琉

2章 ∷∷∷∷∷ **シューティングゲーム**
　　　　　　デザイン ■ セキリュウタ　横倉太樹
　　　　　　サウンド ■ WWS サウンドチーム

3章 ∷∷∷∷∷ **落ち物パズル**
　　　　　　デザイン ■ 遠藤梨奈
　　　　　　サウンド ■ WWS サウンドチーム

4章 ∷∷∷∷∷ **ボールアクションゲーム**
　　　　　　デザイン ■ WWS デザインチーム
　　　　　　サウンド ■ 折口月良

5章 ∷∷∷∷∷ **横スクロールアクションゲーム**
　　　　　　デザイン ■ 大森百華　セキリュウタ　横倉太樹
　　　　　　サウンド ■ 折口月良

6章 ∷∷∷∷∷ **タワーディフェンス**
　　　　　　デザイン ■ 横倉太樹　セキリュウタ　イロトリドリ
　　　　　　サウンド ■ WWS サウンドチーム

7〜8章 ∷∷ **ロールプレイングゲーム**
　　　　　　デザイン ■ 大森百華　イロトリドリ　WWS デザインチーム
　　　　　　サウンド ■ 青木しんたろう　WWS サウンドチーム

Special Thanks
菊地 寛之先生(TBC 学院)

■著者略歴

廣瀬 豪（ひろせ つよし）

早稲田大学理工学部卒。ナムコでプランナー、任天堂とコナミの合弁会社でプログラマー兼プロデューサーとして勤めた後、ゲーム制作会社のワールドワイドソフトウェア有限会社を設立。数多くの商用ゲームソフトを開発し、セガ、タイトー、ヤフー、ビーグリー、ケムコなどに納品してきた。現在は教育機関でゲーム開発やプログラミングを指導し、技術書を執筆している。主な著書に「Pythonでつくる ゲーム開発入門講座」「いちばんやさしいJava入門教室」（以上、ソーテック社）、「Pythonで学ぶアルゴリズムの教科書」（インプレス）、共著に「野田クリスタルのこんなゲームが作りたい！」（インプレス）などがある。

7大ゲームの作り方を完全マスター！
ゲームアルゴリズムまるごと図鑑

2022年3月12日　初版　第1刷　発行
2023年5月25日　初版　第2刷　発行

著　　　者　　廣瀬 豪
発　行　者　　片岡 巌
発　行　所　　株式会社技術評論社
　　　　　　　東京都新宿区市谷左内町21-13
　　　　　　　電話　03-3513-6150　販売促進部
　　　　　　　　　　03-3513-6160　書籍編集部

カバーデザイン　　ライラック
本文デザイン・DTP　マップス
編集　　青木宏治
製本／印刷　　図書印刷株式会社

定価はカバーに表示してあります。

ISBN978-4-297-12609-4　C3055
Printed in Japan

■お問い合わせについて

本書に関するご質問については、本書に記載されている内容に関するもののみとさせていただきます。本書の内容と関係のないご質問につきましては、一切お答えできませんので、あらかじめご了承ください。また、電話でのご質問は受け付けておりませんので、FAX、書面、またはサポートページの「お問い合わせ」よりお送りください。

＜問い合わせ先＞
　〒162-0846　東京都新宿区市谷左内町21-13
　株式会社技術評論社　書籍編集部
　「7大ゲームの作り方を完全マスター！
　ゲームアルゴリズムまるごと図鑑」係
　FAX：03-3513-6167
　Web：https://book.gihyo.jp/116

なお、ご質問の際には、書名と該当ページ、返信先を明記してくださいますよう、お願いいたします。お送りいただいたご質問には、できる限り迅速にお答えできるよう努力いたしておりますが、場合によってはお答えするまでに時間がかかることがあります。また、回答の期日をご指定なさっても、ご希望にお応えできるとは限りません。あらかじめご了承くださいますよう、お願いいたします。

▶本書サポートページ
　https://gihyo.jp/book/2022/978-4-297-12609-4
　本書記載の情報の修正・訂正・補足については、当該Webページで行います。